生物基材料木质素的功能化改性及应用

孔凡功　王守娟　刘忠明　高　超　著

中国轻工业出版社

图书在版编目(CIP)数据

生物基材料木质素的功能化改性及应用 / 孔凡功等著. --北京：中国轻工业出版社，2025.4.
ISBN 978-7-5184-5193-7
Ⅰ. O636.2
中国国家版本馆 CIP 数据核字第 2024PB5188 号

责任编辑：杜宇芳　　　责任终审：滕炎福
文字编辑：武代群　　　责任校对：刘小透　晋　洁　　　封面设计：锋尚设计
策划编辑：杜宇芳　　　版式设计：致诚图文　　　　　　　责任监印：张　可

出版发行：中国轻工业出版社(北京鲁谷东街5号，邮编：100040)
印　　刷：三河市万龙印装有限公司
经　　销：各地新华书店
版　　次：2025年4月第1版第1次印刷
开　　本：787×1092　1/16　印张：16.5
字　　数：330千字
书　　号：ISBN 978-7-5184-5193-7　定价：88.00元
邮购电话：010-85119873
发行电话：010-85119832　010-85119912
网　　址：http://www.chlip.com.cn
Email：club@chlip.com.cn
版权所有　侵权必究
如发现图书残缺请与我社邮购联系调换
211307K4X101ZBW

前言

木质素是自然界中仅次于纤维素的第二大天然有机生物质资源,是含量最为丰富的芳香族类聚合物。然而,木质素高度可变的复杂结构及多分散性抑制了其高价值商业应用前景,绝大多数木质素作为低质燃料燃烧。如何高效利用和高附加值转化木质素已成为研究热点。

木质素的定向改性技术和功能化结构设计可以实现木质素基功能高分子的高效合成和新型衍生物的创新制备。木质素的结构单元上含有多种功能基团,如苯环上的甲氧基、反应性能活泼的酚羟基和羧基、脂肪族羟基和碳碳双键等,木质素的化学性质和反应性能与官能团密切相关。对木质素常用的改性方法主要有酯化、醚化、离子化、接枝共聚等,通过改性可赋予木质素新的功能基团和性能。木质素的定向功能化改性和结构设计实现了木质素结构的高效调控,从而制备出木质素基复合隔膜、碳纤维、防腐蚀材料、凝胶材料等,实现了木质素在废水处理、金属缓蚀、纸张增强、生物医药等领域的高附加值利用。探讨和分析木质素的定向改性技术和功能化结构设计及其应用,对于推动木质素的高值化利用和工业化应用具有重要意义。

本书由齐鲁工业大学孔凡功、王守娟、刘忠明、高超著,主要就木质素基本性能、改性方法、不同类型木质素基功能高分子的制备及应用进行了介绍。全书共分九章:第一章为绪论;第二章为木质素的阳离子改性及应用;第三章为阴离子木质素-AA聚合物的制备及其机理研究;第四章为两性木质素的制备及应用;第五章为木质素凝胶材料的制备及应用;第六章为木质素基缓蚀剂的制备及其性能研究;第七章为木质素基疏水防腐材料的制备及应用;第八章为木质素基碳纤维的制备及性能分析;第九章为木质素基复合隔膜的制备及性能分析。

参与本研究工作的除作者外,还有傅成龙、宜延彬、张娜娜、刘盼生、刘雪、孙浩东、徐庆雨等研究生,在此表示感谢。本书是作者及上述研究人员近年来的研究成果,大部分内容尚未在生产实践中进行验证,仅供研究者和相关专业技术人员参考。

由于作者水平和时间有限,书中难免会存在不当之处,恳请各位读者批评指正。

作者
2024 年 2 月

目录 CONTENTS

第一章 绪论 ········· 1

第一节 木质素的结构 ········· 2
第二节 木质素的物理性质 ········· 4
第三节 木质素的分类 ········· 5
第四节 木质素的化学改性 ········· 6
一、胺化改性 ········· 6
二、磺化改性 ········· 7
三、接枝共聚改性 ········· 7
四、羟甲基化改性 ········· 8
五、羧甲基化改性 ········· 8
六、降解改性 ········· 9

第五节 木质素及其衍生物的应用 ········· 10
一、作为疏水材料 ········· 10
二、作为加固材料 ········· 10
三、作为抗氧化剂 ········· 11
四、作为紫外线吸收剂 ········· 11
五、作为抗菌剂 ········· 12
六、作为废水絮凝剂 ········· 12
七、作为吸附剂 ········· 12
八、作为碳材料 ········· 14
九、作为储能材料 ········· 14
十、木质素基水凝胶材料 ········· 15

参考文献 ········· 17

第二章 木质素的阳离子改性及应用 ········· 21

第一节 阳离子木质素-GTMAC 的制备及其在染料废水中的应用 ········· 21

　　　　一、木质素的阳离子改性机理……………………………………………… 22

　　　　二、木质素与 GTMAC 接枝反应条件的优化 …………………………… 22

　　　　三、阳离子木质素–GTMAC 的表征 ……………………………………… 26

　　　　四、木质素–GTMAC 在废水处理中的应用 ……………………………… 30

　　第二节　阳离子木质素–METAC 聚合物的制备及表征 ……………………… 31

　　　　一、硫酸盐木质素与 METAC 的聚合反应机理 ………………………… 32

　　　　二、木质素与 METAC 聚合反应的条件优化 …………………………… 33

　　　　三、木质素–METAC 聚合物的表征 ……………………………………… 36

　　参考文献 …………………………………………………………………………… 41

第三章　阴离子木质素–AA 聚合物的制备及其机理研究 …………………… 44

　　　　一、硫酸盐木质素（KL）和丙烯酸（AA）的共聚反应机理 ………… 45

　　　　二、反应条件对木质素与丙烯酸共聚效果的影响 ……………………… 51

　　　　三、木质素–AA 聚合物的表征 …………………………………………… 55

　　参考文献 …………………………………………………………………………… 57

第四章　两性木质素的制备及应用 ……………………………………………… 60

　　第一节　两亲性木质素基 MCADE–AL–DETA 的合成及性能分析 ………… 61

　　　　一、表面活性剂 MCADE–AL–DETA 的合成过程 ……………………… 61

　　　　二、表面活性剂 MCADE–AL–DETA 及其中间产物的表征与分析 …… 61

　　　　三、表面活性剂 MCADE–AL–DETA 的稳定性分析 …………………… 64

　　　　四、表面活性剂 MCADE–AL–DETA 的 Zeta 电位、表面张力和临界胶束

　　　　　　浓度的分析 ……………………………………………………………… 64

　　　　五、表面活性剂 MCADE–AL–DETA 亲水亲油平衡值（HLB）的测定 … 66

　　第二节　两性木质素–AA–METAC 聚合物的制备及应用 …………………… 66

　　　　一、木质素–AA–METAC 聚合物的制备 ………………………………… 67

　　　　二、木质素–AA–METAC 聚合物制备的影响因素 ……………………… 67

　　　　三、木质素–AA–METAC 聚合物的表征分析 …………………………… 68

　　　　四、木质素–AA–METAC 聚合物用作纸张增强剂 ……………………… 74

　　参考文献 …………………………………………………………………………… 75

第五章　木质素凝胶材料的制备及应用 ………………………………………… 78

　　第一节　疏水 LA–PVA–MTMS 复合气凝胶的制备及应用 ………………… 78

　　　　一、胺化木质素（LA）的制备及性能分析 ………………………………… 78
　　　　二、疏水 LA-PVA-MTMS 复合气凝胶的性能分析 ………………………… 80
　　　　三、疏水 LA-PVA-MTMS 复合气凝胶在油水分离中的应用 …………… 84
　　第二节　LA-PVA-GO 复合气凝胶的制备及其对 Cr（Ⅵ）的吸附性能 ……… 88
　　　　一、LA-PVA-GO 复合气凝胶性能分析 …………………………………… 89
　　　　二、LA-PVA-GO 复合气凝胶对 Cr（Ⅵ）的吸附性能分析 ……………… 91
　　第三节　抗紫外、抗氧化木质素-半纤维素基复合水凝胶的制备 …………… 96
　　　　一、木质素-半纤维素复合水凝胶的制备 ………………………………… 96
　　　　二、复合水凝胶的分析表征 ………………………………………………… 96
　　第四节　木质素磺酸钠单网络水凝胶的制备及性能分析 …………………… 104
　　　　一、单网络水凝胶制备方法 ………………………………………………… 104
　　　　二、木质素磺酸钠单网络水凝胶的影响因素 …………………………… 105
　　　　三、木质素磺酸钠单网络水凝胶的性能分析 …………………………… 111
　　第五节　木质素磺酸钠双网络水凝胶的制备及性能分析 …………………… 118
　　　　一、双网络水凝胶的制备方法 ……………………………………………… 118
　　　　二、木质素磺酸钠双网络水凝胶的性能分析 …………………………… 119
　　第六节　胺化改性木质素的制备及负载水凝胶的抗菌效果 ………………… 126
　　　　一、胺化改性木质素的制备 ………………………………………………… 127
　　　　二、改性木质素的性能分析 ………………………………………………… 127
　　参考文献 ……………………………………………………………………………… 134

第六章　木质素基缓蚀剂的制备及其性能研究 …………………………………… 139

　　第一节　木质素-METAC 共聚物的制备及其缓蚀性能研究 ………………… 139
　　　　一、木质素-METAC 的制备及表征 ………………………………………… 139
　　　　二、木质素-METAC 缓蚀性能测试 ………………………………………… 140
　　　　三、木质素-METAC 缓蚀机理 ……………………………………………… 147
　　第二节　木质素-AA 和木质素-AM 聚合物的制备及其缓蚀性能研究 ……… 147
　　　　一、木质素-AA 和木质素-AM 的制备及表征 …………………………… 148
　　　　二、木质素-AA、木质素-AM 缓蚀性能测试 ……………………………… 149
　　　　三、木质素-AA、木质素-AM 缓蚀机理 …………………………………… 154
　　第三节　木质素-GTMAC 的制备及其缓蚀性能研究 ………………………… 156
　　　　一、木质素-GTMAC 的表征 ………………………………………………… 156
　　　　二、木质素-GTMAC 缓蚀性能测试 ………………………………………… 156

参考文献 …… 164

第七章 木质素基疏水防腐材料的制备及应用 …… 167

第一节 无氟木质素基超疏水海绵材料制备及用于油水分离的研究 …… 167
一、改性木质素的表征 …… 169
二、超疏水海绵的表征 …… 170
三、超疏水海绵在油水分离领域的应用 …… 174

第二节 全氟硅烷改性木质素超疏水材料的制备及性能分析 …… 179
一、改性木质素的制备及表征 …… 180
二、木质素-PFDTES 超疏水涂层性能分析 …… 182

第三节 季铵化木质素/二氧化硅复合物的制备及其在疏水涂料中的应用 …… 188
一、季铵化木质素的合成与表征 …… 188
二、季铵化木质素/二氧化硅复合物（QAL/SiO_2）的合成与表征 …… 190
三、QAL/SiO_2 涂层的表征及应用 …… 195

第四节 烷基化季铵化木质素/二氧化硅复合物的制备及表征 …… 197
一、烷基化季铵化木质素（$QALC_{12}$）的合成与表征 …… 197
二、烷基化季铵化木质素/二氧化硅复合物（$QALC_{12}$/SiO_2）的表征 …… 199
三、烷基化季铵化木质素/二氧化硅复合物（$QALC_{12}$/SiO_2）涂层表征 …… 202

参考文献 …… 203

第八章 木质素基碳纤维的制备及性能分析 …… 205

第一节 木质素基碳纤维前驱体的制备及表征 …… 205
一、木质素磺酸钠的胺化（LA） …… 206
二、丙烯腈-胺化木质素磺酸钠（LA-AN）的合成及表征 …… 208
三、P（AN/LA-AN）共聚物的表征 …… 211

第二节 静电纺丝法制备木质素基碳纤维原丝 …… 217
一、纺丝电压的影响 …… 217
二、纺丝流速的影响 …… 219
三、辊筒转速的影响 …… 219
四、接收距离的影响 …… 220

第三节 木质素基碳纤维的制备及表征 …… 223
一、木质素基碳纤维的制备 …… 223
二、木质素基碳纤维的表征 …… 223

参考文献 ………………………………………………………… 229

第九章　木质素基复合隔膜的制备及性能分析 ………………………………… 232

第一节　木质素基隔膜前驱体的制备及表征 ……………………………… 232
一、木质素基隔膜前驱体 P（VAc/LVAc）制备原理 ………………… 232
二、胺化木质素（LA）的制备及表征 ………………………………… 232
三、木质素-乙酸乙烯酯单体（LVAc）的制备及表征 ………………… 235
四、P（VAc/LVAc）的制备与表征 …………………………………… 237

第二节　静电纺丝木质素基隔膜的制备及表征 …………………………… 240
一、P（VAc/LVAc）/PVC 复合隔膜的制备 …………………………… 241
二、P（VAc/LVAc）/PVC 复合隔膜的性能表征 ……………………… 245

参考文献 ………………………………………………………… 251

第一章　绪　　论

随着用于化学制品和燃料的石化资源的日益短缺，以及包括能源安全和环境问题在内的社会问题的增加，开发和利用天然可再生的生物质能源材料变得越发重要。生物质资源不仅符合自然界循环的"绿色能源"，同时也可转化为不同种类的生物质燃料、功能化材料及各类化工原料，能够满足人类对物质、能源的需求以及可持续发展的要求。进入21世纪以来，生物质资源的开发和利用得到世界范围内研究者的青睐。木质纤维原料作为植物生物质能源中最主要的组成部分，是地球上最丰富的可再生资源，主要由纤维素、半纤维素和木质素三种成分组成。纤维素是不溶于水的均一聚糖，是由D-葡萄糖单元通过1,4-β-苷键连接而成的线型高分子化合物是地球上最丰富的天然聚合物，木材中纤维素含量达40%~60%。半纤维素是由多种戊糖（如木糖、阿拉伯糖）和己糖（如半乳糖、葡萄糖和甘露糖）组成的具有多支链结构的不均一的聚糖，同时分子结构中也含有乙酰基及糖醛酸基。而木质素是由苯基丙烷结构单元通过各种醚键及碳碳键连接而成的具有三维空间结构的大分子聚合物，其在木材纤维原料中的含量为20%~30%，禾本科纤维原料中含量为10%~25%。三者在植物细胞中的结构组成如图1-1所示。

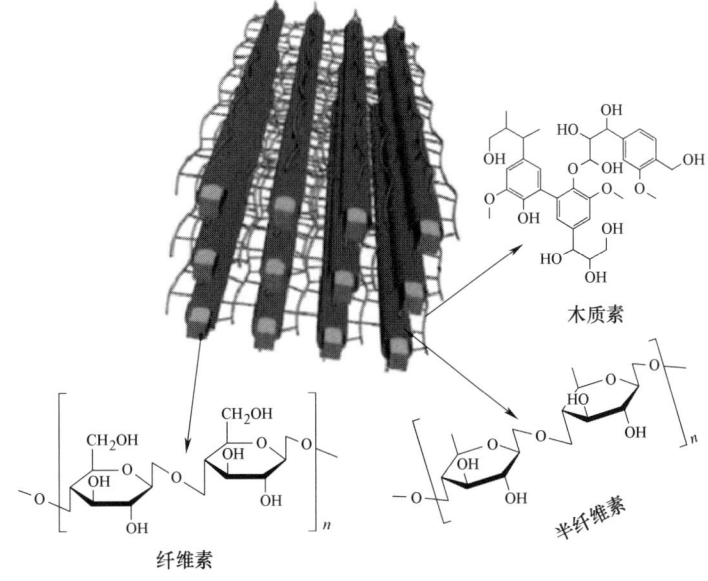

图1-1　植物骨架中纤维素、半纤维素和木质素的分布

木质素作为生物质资源的一大类，是自然界中仅次于纤维素的第二大天然有机生物质资源，而且是含量最为丰富的芳香族类聚合物。然而，绝大多数木质素被作为低质燃料燃烧或被作为污染物排放，这种处理方式不但经济效益低而且对环境有害。因此，合理使用木质素不仅可以充分利用木质纤维原料创造经济价值，而且可以减少环境污染，促进社会绿色可持续发展。木质素是由植物通过光合作用吸收二氧化碳后经过一系列酶的综合作用合成的，是最复杂的天然酚醛生物聚合物，并被定义为无定形、交联、三维网络大分子。地球植物每年生物合成约 1.5×10^{11} t 木质素，成为最有效的生物质来源之一，在地壳中储存了约 9.5×10^{10} t 碳，所受辐射约占地球表面截获的所有太阳辐射的 0.082%。木质素由于存在大量的官能团结构，如脂肪族和酚羟基、羧基，使其能够进行改性，进而利用其配位、绑定、分散、乳化稳定性等特性广泛应用于诸多领域。除了作为聚合物的高潜力应用外，它还有望在建筑领域或芳香族化学品（如阿魏酸、香草醛和苯酚等）的可持续生产中发挥重要作用。

第一节　木质素的结构

1830 年，法国植物学家 Anselme Payen 使用硝酸等处理不同品种的木料制备纤维素时发现，在提纯过程中被去掉的部分物质的碳含量比纤维素高，于是就将这些镶嵌于纤维素之间的物质命名为"镶嵌物"或"被覆物"，1857 年，这类高碳含量的溶出物被命名为"木质素"。由此，更多的科学家开始对木质素展开研究，木质素的结构也逐渐清晰。

在现代仪器表征手段的研究中，木质素被定义为由苯丙烷结构单元以醚键和碳碳键结合而形成的复杂支链网络结构的聚合物，其基本结构单元主要有紫丁香基丙烷（S 型）、愈创木基丙烷（G 型）及对羟苯基丙烷（H 型），如图 1-2 所示。不同材种植物中木质素的结构单元组分含量是有差异的，针叶木中木质素的结构单元主要为 G 型，阔叶木中主要为 G 型和 S 型，禾本科植物木质素则包含了上述三种结构单元。

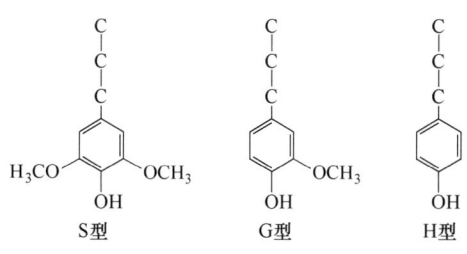

图 1-2　木质素三种基本结构单元

木质素的结构单元上连有各种功能基团，如苯环上的甲氧基、反应性能活泼的酚羟基和羧基、脂肪族羟基和碳碳双键等，木质素的化学性质和反应性能与官能团密切相关。^{31}P-NMR 能够测定木质素中的羧基、酚羟基与醇羟基；^{19}F-NMR 可定量分析出木质素中的醛基、酮基、醌基等；而固体核磁技术可对各碳原子类型进行原位识别。

Boeriu 等利用红外光谱对各类木质素结构的功能基团进行了对比(表 1-1)。从表 1-1 中可以看出,不同植物来源的木质素,甚至同种植物不同分离方法得到的木质素的功能基团是不同的。木质素结构中的羟基主要是酚羟基(phenolic hydroxyl group)和醇羟基(aliphatic hydroxyl group),这些羟基既可以游离的羟基存在,也可以醚的形式和其他烷基、芳基连接。羟基的存在使木质素具有很强的分子内和分子间的氢键。甲氧基一般是连接在苯环上的,它是木质素最有特征的功能基,这些功能基团的存在使木质素具有很强的反应活性。

表1-1 各类木质素的功能基团

原料	木质素类型	羧基含量/(mmol/g)	酚羟基含量/(mmol/g)	总糖含量/%
麦草	碱木质素(Soda)	2.1	2.43	—
亚麻	碱木质素(Soda)	1.9	1.1	1.7
针叶木	木质素磺酸盐	3.5	1.1	1.3
针叶木	Kraft 木质素	1.2	1.1	24.5
针叶木	碱木质素(Soda)	—	—	1.77
阔叶木	有机溶剂木质素	0.78	2.4	0.32

木质素中各结构单元之间主要连接方式如图 1-3 所示,包括:烷基芳基醚(β-O-4)、苯基香豆素(β-5)、1,2-二芳基丙烷(β-1)、二芳基(5-5′)木质素间基、二芳基醚(5-O-4)、松脂醇(β-β′)和二苯二氮杂环(β-β′)。众所周知,C_β 在最活跃的位置产生大量的 β-O-4、β-5 和 β-β′。

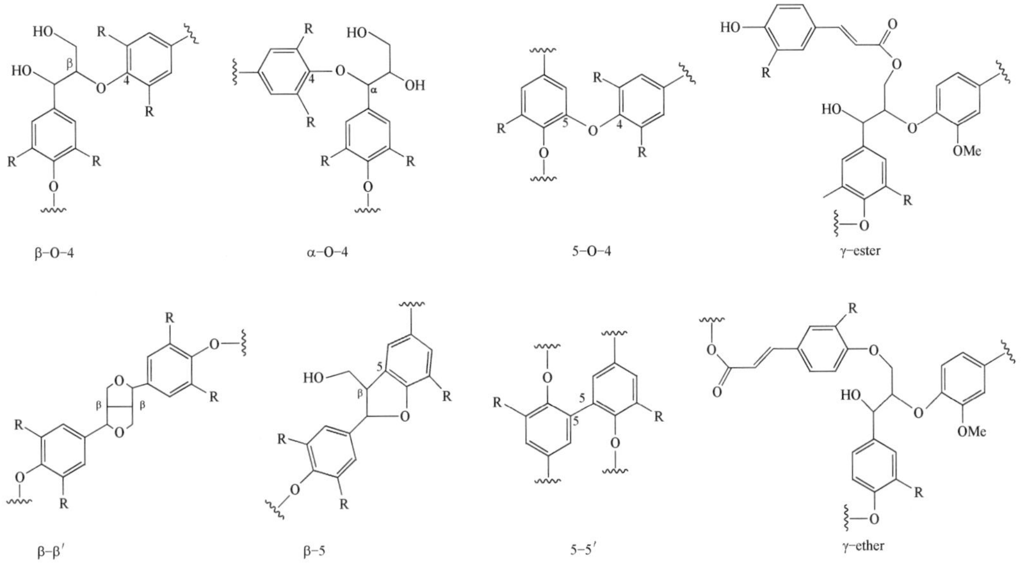

图1-3 木质素各结构单元之间主要的连接方式

主要的连接键 β-O-4 约占木质素键的 50%。与 α-O-4 键相比，β-O-4 键是最弱的键，最容易被裂解，在制浆过程中容易被破坏。在木质素大分子中，由于 3 种结构单元的比例以及连接方式不同，导致了木质素结构的复杂性与不均一性。

第二节　木质素的物理性质

木质素的物理性质主要包括颜色、相对密度、分子量和溶解度等。

从颜色上讲，木质素本身是一种白色或者接近白色的物质，而人们见到的木质素往往在黄色到深褐色之间。这种颜色的变化主要是因为木质素的分离提取方法多种多样，不同的提取方法，对木质素的结构破坏程度不同，造成木质素本身的发色基团和助色基团的数量不同，从而使人们看到的木质素颜色有所不同，Brauns 木质素呈浅奶油色，酸木质素、碱木质素则颜色较深。

从相对密度来说，对于不同类型的木质素甚至同类木质素的测定方法也不尽相同，这都会导致其密度有所差别。从木化植物中分离提取的木质素相对密度在 1.300~1.500，不同种类的木质素相对密度不同。相同种类的木质素，测定方法不同，木质素的相对密度也会有所差别。比如松木硫酸木质素用水测定的相对密度是 1.451，而用苯测定的相对密度则是 1.436。

与原本木质素相对分子质量相比，分离得到的木质素由于受到化学处理影响而发生不同程度的降解，相对分子质量有所降低。木质素相对分子质量范围较大，从几千到几万，其分子量的大小与木质素的类型及测定方法有关。

表 1-2 所示为各种可溶性木质素的质均相对分子质量 $\overline{M}_{r,m}$、数均相对分子质量 $\overline{M}_{r,n}$ 及质均相对分子质量和数均相对分子质量之比 $\overline{M}_{r,m}/\overline{M}_{r,n}$。

表 1-2　各种可溶性木质素的相对分子质量

木质素	$\overline{M}_{r,m}/(\times 10^3 \text{g/mol})$	$\overline{M}_{r,n}/(\times 10^3 \text{g/mol})$	$\overline{M}_{r,m}/\overline{M}_{r,n}$
云杉布朗斯天然木质素	2.8~5.7	—	—
云杉 MWL	15.0~20.6	3.4~8.0	2.6~4.4
云杉二氧己环木质素	4.3~8.5	—	3.1
云杉硫酸盐木质素	11.4~19.3	5.0~6.1	2.3~3.1
云杉碱木质素	10.0~14.0	5.5~5.8	1.8~2.4
松木硫酸盐木质素	—	3.5	2.2
阔叶木硫酸盐木质素	—	2.9	2.8
云杉木质素磺酸	5.3~13.1	—	3.1
云杉亚氯酸盐木质素	8.8~9.6		

就溶解性来说，木质素作为一种高分子聚集体，在水和通常的溶剂中大部分不溶解，也不能水解成为单个木质素单元。木质素在水和一般溶剂中溶解度较差，基本不溶解。Brauns木质素和有机溶剂木质素可溶于二氧六环、吡啶、甲醇、乙醇、丙酮和稀碱液，但必须在这些溶剂中加入少量水，否则几乎不溶。碱木素和硫木素在二氧六环中溶解后像胶体溶液。木质素磺酸盐可溶于水，其溶液是真正的胶体溶液。

第三节　木质素的分类

木质素根据植物种类的不同，其结构差别很大，大体可分为针叶木木质素类、阔叶木木质素类和禾本科木质素类，又可根据树种不同，分为杨木木质素类、桉木木质素类等。较容易利用的木质素主要是经过处理的工业木质素，它源自造纸工业中不同的制浆工艺。由于制浆工艺的不同，木质素又被分为碱木质素、硫酸盐木质素、木质素磺酸盐等。

（1）碱木质素和硫酸盐木质素。碱木质素是由烧碱法制浆产生的还是硫酸盐法制浆产生的，目前尚无明确的定论。碱法制浆分为硫酸盐法制浆和烧碱法制浆，硫酸盐法制浆产生的木质素很明确被认为是硫酸盐木质素，但提起碱木质素，很多人将硫酸盐木质素归于其中，但笔者认为，烧碱法制浆产生的木质素为碱木质素，这样划分比较明确。碱木质素不溶于水，分子量较低，甲氧基（—OCH_3）和酚羟基（—OH）含量相对较高，但醇羟基（—OH）含量低，常被用于制备胶黏剂、酚醛树脂等。硫酸盐木质素水溶性也很差，相比碱木质素，它含有少量的脂肪族硫醇（R—SH）基团，常在硫化或氨化后做分散剂、乳化剂等使用。

（2）木质素磺酸盐。木质素磺酸盐产生于亚硫酸盐法制浆，明显的特征是在保持木质素基本结构单元的基础上引入了磺酸基（—SO_3H），它具有多分散的聚电介质特性，可以以紧密凝胶微粒的形式存在于溶液中，并聚集成纳米尺度的不规则体。木质素磺酸盐外观一般呈现棕黄色，具有较强的分散、螯合、黏结性能，可作为阴离子表面活性剂使用。它因为磺酸基（—SO_3H）的存在而具有水溶性，可以溶于不同酸碱度的水中，但不溶于丙酮等有机溶剂，木质素磺酸盐表面有很多亲水基团，所以亲水性很强。它被用作分散剂是因为它的电负性，它可以在溶液中电离产生阴离子基团，当水溶液中存在悬浮颗粒时便吸附在其表面，并由于负电荷的相互排斥作用而使颗粒保持稳定的分散形态。由前文可知，植物体是由纤维素、半纤维素和木质素组成的，木质素在植物体中起到支撑和黏结的作用。作为制浆造纸工业的副产物，它在加工处理

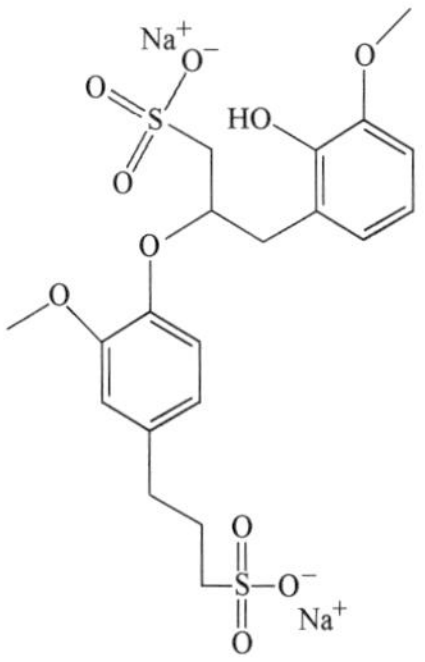

图1-4　木质素磺酸钠的分子结构

后仍然能够作为胶黏剂用于木材加工行业，而且比聚氨酯胶黏剂更环保。木质素磺酸盐分为木质素磺酸钠、木质素磺酸钙、木质素磺酸镁等。木质素磺酸钠的分子结构如图 1-4 所示，因为产量丰富，价格低廉，常被用于炼化或作为水泥添加剂、印染工业分散剂等。

第四节　木质素的化学改性

木质素作为一种复杂高分子化合物，由于其主体结构单元、单元间连接键的类型以及单元上的官能团种类与数量差异较大，从而导致其化学性质因结构差异存在不均一性，且差别较大。就木质素苯环结构上是否存在游离酚羟基，可将其分为酚型结构单元和非酚型结构单元。酚型结构单元的木质素由于其苯环上存在游离的羟基，可以通过诱导效应使其对位侧链上的 α-碳原子活化，因此，α-位上具有很强的反应活性。与之相反，非酚型结构单元，其苯环的酚羟基上有了取代基，使 α-碳原子难以像酚型结构那样活化，反应活性较弱。除了木质素的苯环结构上，侧链上也拥有许多具有很强反应活性的官能团，如羰基（—C=O）、脂肪族羟基（—OH）和碳碳双键（—C=C—）等，在一定条件下能与多种基团发生置换、取代、交联和接枝等化学反应。由于木质素拥有很多官能团和化学键，因此其具有很强的化学反应能力，这为木质素的高效利用提供了理论依据。

一、胺化改性

木质素的胺化改性是指在木质素结构中引入氨基。曼尼希（Mannich）反应是一种常见的胺化改性的手段，其主要是指胺类化合物与醛类和含有活泼氢原子的化合物进行的缩合反应，活泼氢化合物中的活泼氢原子被氨甲基取代，所以又称氨甲基化反应，反应过程如图 1-5 所示。在酸性条件下，氨基可电离并带正电荷，使木质素在水介质中高度反应。氨基还可以将疏水性木质素（如硫酸盐木质素）转化为高亲水性材料，改善其发泡性、乳化性、抗老化性并提高其机械强度。胺化木质素的种类繁多，主要包括季铵型木质素胺、叔胺型木质素胺、伯胺型木质素胺、磺甲基木质素胺以及氨化木质素胺等，每一种胺化木质

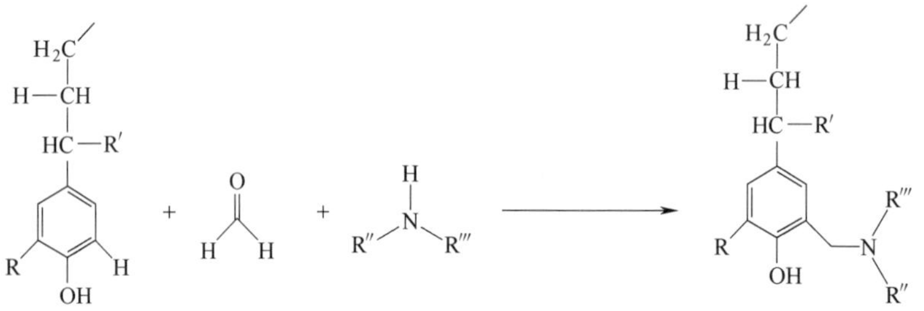

图 1-5　木质素的胺化改性

素都有其独特的性质，为木质素的高值化利用奠定了基础。

二、磺化改性

木质素的磺化改性是人们常用的一种化学改性，用硫酸或亚硫酸钠作为试剂，将磺化基团引入木质素中，可以得到水溶性较好的木质素磺酸盐，也被称为磺化木质素。木质素的磺化改性是指在特定条件下，木质素的苯环结构或者侧链上的氢原子、甲氧基、羟基等被磺酸基取代，通常采用高温磺化法，即将木质素与 Na_2SO_3 在 150~200℃ 条件下，在木质素的侧链上引入磺酸基，反应过程如图 1-6 所示。由于

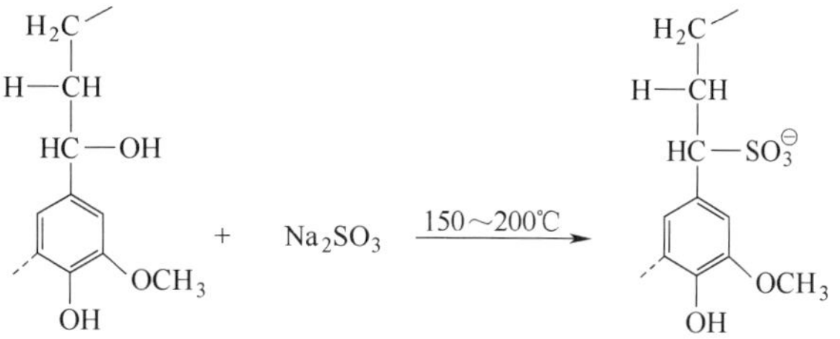

图 1-6 木质素的磺化改性

木质素磺酸盐既具有非极性的芳香基团，又具有极性的磺酸基团，所以常被作为天然的表面活性剂、分散剂和絮凝剂等。

三、接枝共聚改性

接枝共聚物通常由主链聚合物和一种或多种通过共价键连接到主链上的支链聚合物组成，所制备的共聚物具有可调性，其性质取决于接枝聚合物上的官能团、接枝长度和接枝密度，接枝方法如图 1-7 所示，在图 1-7（a）所示方法中，木质素通常作为主链聚合物，通过各种聚合方法，包括 ATRP、RAFT、开环聚合（ROP）和自由基聚合法，从木质素上的起始位置生长接枝聚合物。在接枝方法中，分别合成的聚合物与木质素共价结合，如图 1-7（b）所示。这种接枝方法需要木质素主链与接枝聚合物端基之间发生有效的共价键形成反应。点击法是木质素接枝聚合物过程中最常用的合成方法，具有效率高、实验方便等优点。在接枝-通过法中，大单体存在的情况下，一个常规单体被聚合，导致在共聚过程

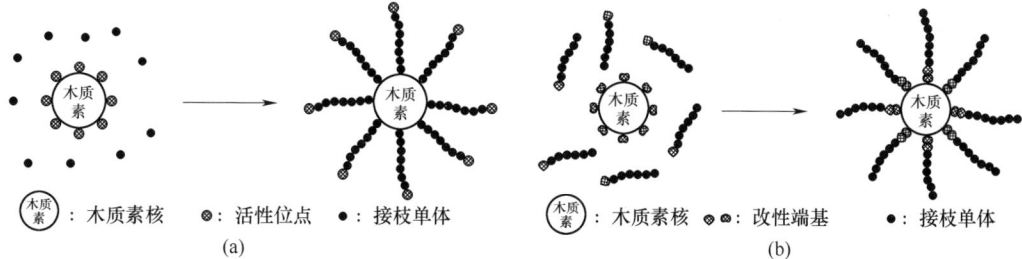

图 1-7 接枝法和接枝法合成木质素基共聚物

（a）接枝法 1 （b）接枝法 2

注：图中木质素结构简化为圆形，真正的木质素不是球形的。

中，主链被"缝"通过侧链的末端，由于木质素缺乏明确的化学结构和不规则的三维网络结构，利用该方法制备的木质素基共聚物的研究较少。

木质素的接枝共聚反应多属于自由基聚合反应，自由基聚合反应是单体在各种光、电或化学引发剂的作用下，变成具有活性的自由基，再与单体聚合，形成聚合物的化学反应。影响木质素发生共聚反应的条件包括木质素原料来源、制备过程和溶剂等。

木质素接枝共聚合成的单体包括丙烯酰胺、丙烯酸和丙烯腈等，根据应用要求，采用合适的单体与木质素进行接枝共聚，赋予其所需的活性功能基团，得到性能优良的材料。

采用水作为分散相，过硫酸钾和硫酸亚铁铵分别作为引发剂和催化剂，醋酸乙烯酯作为改性单体，制备木质素接枝产物。结果发现，在反应温度70℃，木质素与醋酸乙烯酯为1∶1.5，引发剂和催化剂初始浓度分别为 $9.24×10^{-2}$ mol/L 和 $5.10×10^{-4}$ mol/L 时，接枝率达到最大（60%），并通过FT-IR表征显示，接枝产物在 $1720cm^{-1}$ 和 $1210cm^{-1}$ 处出现功能单体的特征吸收峰，并通过DSC表明改性后的木质素玻璃化转变温度（T_g）降低，疏水性增加。

近年来，采用木质素制备高吸水性树脂的应用逐渐引起广大研究者的关注。由于木质素骨架结构上的芳香环结构具有疏水性，研究者们通过各种途径在木质素上引入亲水结构，如将木质素与乙烯基单体接枝共聚，并与水溶性高分子交联，或通过嵌入法将木质素引入水凝胶中，提高木质素基材料的吸水性能。通过将碱木质素和硫酸盐木质素分别与聚乙烯醇、丙烯酰胺接枝共聚，再将产物与丙烯酰胺单体发生聚合形成互穿网络，产生水凝胶，其吸水率可以达到自身重量的6~8倍。

四、羟甲基化改性

木质素与甲醛在碱性或酸性溶液中可以发生羟甲基化反应。苯环上游离的酚羟基在碱性条件下被激活，酚羟基的邻、对位反应点与甲醛反应，发生羟甲基化反应。刘文俊以碱木质素为原料，在碱性条件下，对碱木质素进行了甲醛羟甲基化，在发生反应之后，木质素中羟基的含量增多，具有了一定的亲水性能，反应能力也增强。我们通常用羟甲基化后的木质素制备酚醛胶，进而实现低毒性、低成本、高性能酚醛胶的制备。

五、羧甲基化改性

在碱性条件下，木质素的羟基与卤代乙酸分子通过发生双分子取代反应，引入羧酸基基团，使其水溶性提高，制备羧酸化水溶性木质素的衍生物。郝汉通过羧甲基化改性木质素制备了羧甲基化木质素，改性的羧甲基木质素除具备木质素中的疏水基团外，也兼具了羧甲基官能团的亲水性，在农作物利用过程中，分散了农药颗粒，有利于农作物的生长。改性后的木质素能够被降解，具有环保性，可将其用于制备农药分散剂，且其分散性能明显高于其他产品。

六、降解改性

木质素是唯一一类由芳香族化合物组成的可再生资源，在工业上有巨大的应用潜力，因此越来越多的人开始关注其高值化利用的领域研究，特别是木质素解聚制备酚类化学品方面的研究吸引了越来越多的目光。当前，木质素的降解方法主要有生物法、物理法和化学法三大类。

生物法是指木质素在白腐菌或多种酶的作用下发生降解，其中过氧化物酶、锰过氧化物酶和漆酶比较常用。生物法降解木质素反应条件温和，选择性高，但是对菌种培养的要求高且周期长，因此不利于大规模工业化。

物理法常用的供能方式有微波、超声和加热等，通过弱化或直接破坏木质素的化学键，产生新的活性官能团，从而提高木质素的化学反应能力，或使木质素直接发生降解。但因其对木质素的降解作用不是很大，一般只作为化学法的辅助手段。

化学法降解木质素制备芳香族化合物，具有选择性强、产率高的特点。化学法降解木质素的反应类型主要包括裂解、水解、催化还原和催化氧化等反应。水解和还原反应是通过破坏木质素的结构和化学官能团，来生成简单的酚类物质，而氧化反应则倾向于生成更加复杂的、附加值更高的芳香族平台化合物，产物易分离且具有目标可控性，这使得化学氧化降解木质素的方法更受青睐。

木质素的氧化降解需要有氧化剂的存在，常用的氧化剂有过氧化氢、氧气、硝基苯、金属氧化物等。硝基苯对木质素的氧化效率很高，但是它具有致癌性，对人类和环境都是不友好的。金属氧化物作为氧化剂需要的反应条件较为苛刻，且反应转化率不高。氧气作为氧化剂的一大优势就是它的廉价性，但选择性不佳，生成的小分子醛类物质容易被进一步氧化为相应的酸。目前常用湿空气氧化法（CWAO）来降解木质素，主要是利用一些催化剂（如过渡金属、贵金属等），与作为氧化剂的氧气共同作用来降解木质素，这种方法能在较短的时间和较温和的条件下，有选择性地降解木质素，并达到较高的产率，其缺点是催化剂价格昂贵且易失活。在木质素的氧化降解方面，到目前为止很难有一种能够带来可观经济效益的方法，因此寻求绿色高效、安全无毒的氧化剂，并开辟新的木质素氧化降解方法显得尤为重要。

Badamali 等研究证明在微波活化下，不含任何金属离子的介孔硅可以作为一种高效的氧化催化剂，它能够氧化 4-羟基-3-甲氧基苯乙醇，并生成香草醛、香草乙酮和 2-甲氧基苯醌等小分子芳香族化合物。Rangel 等探究了 CeO 纳米管/TiO、LaO 纳米管/TiO 和 C 纳米管/TiO 三种不同的催化剂对木质素光氧化降解的效果，结果表明，纳米结构的 CeO、LaO、

C的加入能够提高TiO的催化活性，因此可以通过将光催化剂与某些氧化物适当混合的方式来提高其催化效率。Son等报道了β-O-4键在催化剂[Ⅵ]作用下的有效断裂，同时发现钒催化剂也有选择性断裂木质素连接键的功能。谭雪松等通过对水相环境中多种固体酸催化剂作用下木质素降解反应的研究，发现具有大比表面积和强酸量的催化剂更有利于木质素的转化，单酚类产物的获得需要适当的酸性环境。Stärk等发现在[EMIM][CF_3SO_3]/Mn(NO_3)$_2$体系中（质量分数分别为2%和20%）氧化降解木质素的转化率高达63%，并得到了大量的2,5-二甲基-对苯醌物质。Pan等利用Ti/TiO_2NT/PbO_2电极在60℃条件下降解硫酸盐木质素，结果发现，生成的主要产物为香草醛和香草酸等，并且醚键含量下降，羰基含量则有所增加。

第五节　木质素及其衍生物的应用

木质素具有高可用性、低成本、生态友好等优点，具有刚度、抗紫外线、抗氧化、抗菌、高热稳定性和高碳含量等功能与特性。这使得木质素可以通过多种途径与不同的聚合物结合，成为开发复合功能材料的理想候选材料。然而，由于木质素的复杂结构和巨大的结构差异，其功能性质也存在较大差异。此外，未改性木质素的脆性和不溶性阻碍了其在复合材料中的广泛应用。对不同方法提取的不同生物质木质素的功能特性进行表征，并对其进行改性，可以使其更好地与聚合物基体结合，以实现不同的功能。

一、作为疏水材料

由于木质素具有苯环刚性结构，且本身具有一定的疏水性，所以被广泛应用于制备疏水材料，进一步应用于油水分离或自清洁等。Mya等以制浆造纸废弃物硫酸盐木质素为原料，非氟化硅烷为前驱体用于木质素改性，避免了由氟化前驱体引起的环境、成本和毒性问题。硅烷改性的木质素具有相当粗糙的花状表面微观结构，这些结构由密实排列的纳米到微米大小的孔洞组成了超疏水表面。Meng等利用木质素衍生物的胺基与氧化石墨烯和丙烯酸（AA）的羧基反应强烈的特性，使得到的凝胶具有较高的致密性和交联性。该凝胶在较低的退火温度下能达到超疏水性，并增强了机械性能。木质素衍生物与氧化石墨烯的超疏水协同作用和良好的力学性能保证了碳气凝胶应用于油水分离，可分别分离轻质油、重油和乳化油。

二、作为加固材料

木质素具有芳香结构和刚性，可作为高分子复合材料的增强剂。它在聚合物基体中的增强作用通常有助于提高聚合物的刚度。木质素的分散性对最终产物的物理、力学和形态性能有很大影响，掺混工艺可促进木质素的分散。例如，双螺杆挤出体系比单螺杆挤出体系具有更高的填料分散能力。除上述熔体共混工艺外，Iyer 和 Torkelson 还报道了一种新型的固态剪切粉碎（SSSP）方法，与文献报道的聚烯烃/木质素复合材料相比，该方法制备的复合材料具有更好的断裂应变。通过在木质素中引入高反应官能团和（或）加入相容剂，可以促进木质素与聚合物基体的相互作用。如羟丙基木质素与原木质素相比具有更高的反应活性，该木质素在合成木质素基热固性树脂方面得到了广泛的研究。近年来，木质素纳米粒子作为高分子复合材料的增强剂受到人们的广泛关注。Yang 采用稀酸性水溶液从乙二醇溶液中沉淀制备 LNPs，这些 LNPs 在面筋基体中表现为均匀分散，强相互作用使面筋膜的强度和模量增加。

三、作为抗氧化剂

木质素的抗氧化能力归因于它的官能团，如羟基和甲氧基，可以通过提供氢来捕获活跃的自由基。木质素的化学结构、分子量的不同和多分散性导致了其抗氧化活性的变化。Dizhibite 等发现，木质素的化学结构特征，如酚羟基的数量、芳香环的取代、饱和度和丙类侧链的取代，对其抗氧化性能有很大影响。一般来说，温度较高、反应时间较长、催化剂用量较多、乙醇稀释等条件下提取的木质素表现出较高的抗氧化活性。然而，这些方法通常要消耗高能量或涉及危险的化学品。一些创新的方法，如微波辅助提取或酶处理，提供了更高效、环保的方法来提取具有高抗氧化活性的木质素。特别是在酶处理的情况下，改性过程可以在室温下进行，并且不使用任何有毒化学物质。纳米化木质素也是一种很有前途的提高其抗氧化活性的方法，可以通过超临界抗溶剂法或纳米沉淀法制备木质素。通过这些方法，纳米木质素没有发生化学变化，但与非纳米木质素相比，其高比表面积具有更高的抗氧化活性。木质素因其低毒、生物降解性和生物相容性，被认为是包装材料和生物医学材料的理想抗氧化剂。木质素的加入不仅可以降低材料的降解速率，还可以用于延缓包装的氧敏感品的氧化，减少生物医学材料中 H_2O_2 的产生，降低细胞内氧化应激反应。

四、作为紫外线吸收剂

木质素在紫外/可见光区具有吸收能力，这是因为酚醛羟基与乙烯基的电子共轭的丧失导致偶联位点产生了紫外光发色团。木质素可用于制备生物可降解的紫外线屏蔽膜，在农业或食品包装材料方面具有潜在的应用。研究人员努力利用木质素开发出具有高应用价值的透明抗紫外线纤维素膜。木质素薄膜能有效阻挡紫外线，尤其是在 UVB 区。木质素在聚氨酯防紫外线涂料中的一些创新应用，表明木质素与纳米氧化锌（ZnO）、二氧化钛（TiO_2）等无机材料制备的纳米复合材料表现出优异的协同吸收紫外线性能和良好的相容性。由于木质素具有抗氧化活性、光保护特性、价格低廉、对细胞无毒，它可以保护我们的皮肤免受紫外线辐射的影响，在防晒霜和化妆品中得到越来越多的应用，木质素的引入可以显著提高商业唇霜和防晒霜的防晒性能。木质素也是昂贵的紫外线阻断剂（如槲皮素或化妆品中使用的合成抗氧化剂）的潜在替代品。

五、作为抗菌剂

木质素是一种具有抗菌活性的酚类化合物，但木质素的多相和复合作用导致其抗菌能力不同。根据之前的研究，木质素含有更多的烯烃双键、甲氧基和香豆素型结构，这可能是其具有抗菌活性的原因。在 Sunthornvarabhas 等的研究中，从甘蔗渣中提取的木质素被用于加工抗菌织物，这种木质素涂层织物被用于制作呼吸保护产品。木质素涂层织物可在 24h 内抑制和防止表皮葡萄球菌的形成。Alzagameem 等研发了一种具有抗菌活性的基于纤维素和木质素的潜在食品包装薄膜。在 35℃和低温（0~7℃）条件下，该薄膜对革兰氏阳性菌和革兰氏阴性菌均表现出较高的抗菌活性，且添加壳聚糖进一步增强了其抗菌活性。木质素还被应用于生物医学材料的抗菌涂层。Erakovic 等利用有机溶剂木质素为钛基质制备具有抗菌功能的羟基磷灰石涂层，该涂层对金黄色葡萄球菌 TL 具有抗菌效果。

六、作为废水絮凝剂

由于当前絮凝剂的局限性，木质素及其他天然聚合物由于其易降解、对人类和环境无害，已经被转化用作絮凝剂。由于其存在多酚类化学结构，木质素有作为分散剂和絮凝剂使用的巨大潜力。早在 1975 年，木质素磺酸盐即被开发用作絮凝剂以辅助分离钼精矿中的不溶物，如云母 $[Mg_3Si_4O_{10}(OH)_3]$ 及其他层状硅酸盐，结果发现大量的木质素磺酸盐与氢氧化钙（提高 pH）连接可沉降辉钼矿（MoS_2），并使黏土和滑石浮到悬浮液的表面，从而使其易于分离。近年来，Fang 等报道了将阳离子基团引入木质素磺酸盐上以增加其絮凝性的常用方法，并指出絮凝剂的分子量和电荷密度的增加对其絮凝效果的提高具有重要作用。然而，采用阳离子木质素基絮凝剂来处理工业废水的报道较少。国内方面，詹怀宇等通过 Mannich 反应将丙烯酰胺接枝到木质素磺酸钙上，制备了两性木质素絮凝剂（LS-DC）。研究表明，LSDC 在提高生物活性污泥的沉降速度、降低污泥的含水率和过滤比阻方面发挥着重要作用。刘千钧等采用相同的原料和方法制备了两性木质素絮凝剂，实验结果表明，通过控制合适的用量，可以使絮凝剂在染料废水的脱色处理中发挥重要作用，脱色率达到 82%以上，并且不会对环境产生二次污染。

七、作为吸附剂

木质素结构上含有羧基、羟基、磺酸基等基团，能够吸附重金属离子。这使得含木质素的吸水树脂在重金属处理方面也有一定程度的应用。Parajuli 等利用三种改性的木质素，分别为改性连苯三酚木质素、改性苯酚木质素和改性邻苯二酚木质素，将其分别与多聚甲醛进行交联反应制备出三种具有吸附性的木质素材料，并探讨了其对含 Fe^{3+}、Cu^{2+}、Au^{3+}、Pb^{2+}、Pt^{4+}、Zn^{2+} 和 Sn^{4+} 的混合溶液的吸附效果，同时采用活性炭作为对比，证明所制备的木质素基材料比活性炭对 Au^{3+} 的选择性更高。这种木质素基改性材料为 Au^{3+} 的选择性吸附处理在理论上提供了一定的指导。Peñaranda 等将木质素与泥炭分别通过互穿的形式嵌入淀粉/丙烯酰胺水凝胶中，通过扫描电子显微镜观察研究发现，木质素在水凝胶中具有较高的分散性，而泥炭与水凝胶只发生了互穿现象，而且木质素基水凝胶对 Cu^{2+} 与 Ni^{2+} 的吸附性能也高于泥炭水凝胶。Wu 等采用自由基引发接枝共聚的方式，将丙烯酸（AA）、丙烯酰胺按照不同的比例与木质素磺酸镁接枝反应制备出一种两性木质素基高吸附材料，其吸水能力可达自身重量的 1156 倍；对 Pb^{2+} 的吸附量可达 332mg/g。Xu 等采用微波辐射法，通过接枝共聚的方式，将丙烯酸（AA）和 2-丙烯酰胺基-2-甲基丙磺酸（AMPS）接枝到木质素分子链中，制备了一种木质素基水凝胶吸附剂（LS-g-PAMPS/AA），并进一步研究了其对亚甲基蓝（MB）染料的吸附效果，实验结果表明，在 MB 初始浓度为 1000mg/L、吸附剂用量为 0.1g 的条件下，吸附剂的吸附量可达 1914mg/g，对应吸附率为 95% 的超强吸附效果，这项研究为木质素基吸附材料作为阳离子染料废水吸附剂奠定了一定的基础。Yu 等以木质素磺酸钠为初始原料，丙烯酸为接枝功能单体，N,N'-亚甲基双丙烯酰胺为交联剂，漆酶/叔丁基过氧化氢为引发剂，采用接枝共聚的方式，制备了一种木质素基高吸附性水凝胶，并将其应用于阳离子印染废水的处理过程中，研究发现，在较优的吸附条件下，木质素基吸附剂对阳离子印染废水的吸附量可达 2013mg/g。Fang 等将二甲胺、丙酮和甲醛的曼尼希反应产品接枝到羟甲基木质素上，并将其应用于模拟纺织废水中的阴离子偶氮染料的处理工程中。研究表明，木质素基吸附剂对阴离子燃料的去除效果与其本身分子量的大小和表面阳离子电荷的多少有关，电中和引起的凝聚和通过桥接引起的絮聚可以使吸附剂在合适的吸附条件下，对染料的去除率达 95% 以上。

在木质素基改性吸附材料制备及其应用方面，国内相关研究人员也一直进行着不懈的探索。何新建等采用自由基引发接枝共聚的方式将丙烯酰胺（AM）、丙烯酸（AA）接枝到木质素磺酸盐上，并通过共混的方式，将高岭土嵌入聚合物中制备了一种高岭土/木质素磺酸钠-g-AA-复合高吸水树脂（LPAAM）。优化配方后可使该树脂吸附蒸馏水和 0.9%NaCl 溶液的能力分别达到自身重量的 1003 倍及 89 倍；对 Cu^{2+} 和 Zn^{2+} 的最大吸附量分别为 180mg/g 和 169mg/g。温咏兰等采用接枝共聚的方式将丙烯酰胺接枝到木质素磺酸盐上，制备了一种具有螯合重金属离子能力的木质素基高分子絮凝剂（LSAM），并对其进行含镍废水的絮凝性能研究，结果表明，LSAM 可使废水中镍离子去除率达 95% 以上，而且 LSAM 处理含镍废水时可以在适用范围较广的 pH 下进行。

八、作为碳材料

传统的碳纤维生产工艺可用于生产木质素基碳纤维。现在，木质素主要进行预处理，如有机改性或与聚合物混合，然后纺制成纤维原丝，再进行碳化制备碳纤维。

木质素基碳纤维湿纺过程适用于木质素与聚丙烯腈混合或以丙烯腈共聚物为原料制备的工艺。熔融纺丝是制备木质素基碳纤维最常用的方法，但是通过熔融纺丝只能生产通用级别的木质素基碳纤维，不适于制备纳米级材料，限制了其应用领域。静电纺丝是近年来迅速发展的一种纤维制造技术。将纺丝流体在强电场中喷射，可制备纳米纤维材料。但目前静电纺丝的产量低、取向性差、强度也低，所以木质素基纳米碳纤维静电纺丝大规模产业化还无法实现。

九、作为储能材料

木质素来源广泛，价格低廉且环保，具有生物降解性、高热稳定性、抗氧化性等优良的性能。这些优点使得很多研究者将目光聚焦于木质素在储能领域方面的应用研究。研究发现，木质素具有丰富的芳环结构和较高的碳含量、碳基共轭双键、脂肪族羟基等多种活性基团，通过光解、氧化还原、磺化、缩聚和接枝共聚等化学反应能带来分子和晶体结构的设计灵活性，这些化学多样性有利于制备具有特殊功能的电池以及超级电容器电极材料。

木质素在锂离子电池中也有一定的应用，赵曼等利用静电纺丝方法制备木质素/PAN复合隔膜并将其应用于锂离子电池中，该隔膜组装的电池表现出优异的电化学性能，且机械性能和热稳定性能都得到了提高。Gnedenkov等研制了以水解木质素为正极材料的锂离子电池，将放电电流密度设置为 $25\ \mu A/cm^2$ 时，比容量能达到 $450mAh/g$。还有一些研究者利用木质素含有丰富的苯环的特点，将其作为高压正极材料的黏结剂，结果表明，木质素基黏结剂能有效抑制电解液被自由基进攻，使电池具有稳定的电化学性能。Gong等研制了以木质素为基材的凝胶聚合物电解质（GPEs），开发出天然环保、安全可靠的电解质薄膜。在100℃以内，GPEs可保持不减重，并且能够保持良好的热稳定性。

木质素在铅酸蓄电池中的研究也有了一定的进展，张兴等研究了不同添加量的木质素对铅酸蓄电池负极性能的影响，研究发现，将木质素在活性物质中的质量分数控制在 $0.1\% \sim 0.3\%$ 时，提高木质素的浓度，电池负极在低温条件下（$-18℃$）的高倍率放电性能逐渐增强。Pavlov等研究了不同分子结构的木质素对电池性能的影响，研究表明木质素羧基含量对电池比容量有一定的影响，高羧基含量可提高电池容量降低自放电，随着甲氧基含量的增高，电池的冷启动能力有所减弱，苯酚基团对电池循环寿命和充电接受能力也有着重要影响。木质素也可应用于超级电容器中，其各种官能团（特别是苄基和酚基）为超级电容器储存离子提供了活性反应位点，并且其天然高含碳量和低成本是制备超级电容器的最佳条件。除此之外，木质素还可应用于太阳能电池以及微生物燃料动力锂电池等储能材料中。

十、木质素基水凝胶材料

木质素含有多种可利用的官能团，将木质素引入水凝胶体系可以得到具有各种功能类型的水凝胶。通常，木质素改性水凝胶的方法有：木质素与亲水性的聚合物单体接枝共聚、交联；木质素通过互穿、半互穿的方式加入水凝胶的体系中。木质素制备成的水凝胶不仅具有温度敏感、pH 敏感或者溶剂敏感的特性，而且在药物缓释、金属离子吸附、弹性体增强增韧、医用黏附包扎等方面具有利用价值。

温度敏感型水凝胶通常需要具备疏水和亲水两种基团。当外界温度低于水凝胶的最低临界溶解温度（LCST），水凝胶链段上的亲水基团通过氢键与水分子结合，导致吸水溶胀。当体系温度升高，氢键作用减小，链段中的疏水基团作用不断提高，当温度超过LCST，水凝胶链段通过疏水作用集聚，溶胀下降。木质素兼具疏水与亲水基团，而且具有生物相容性，可以制得性质良好的温敏型水凝胶。例如，Feng 等利用乙酸木质素与 N-异丙基丙烯酰胺的体系制备了多孔结构的温敏水凝胶，当调节乙酸木质素与 N-异丙基丙烯酰胺的比例时，水凝胶的 LCST 会发生变化。

不同类型的木质素有其独特的结构特点。由于木质素溶于碱性溶液和乙醇溶液中，所以使木质素改性的水凝胶能够具有在碱性溶液和乙醇溶液中的溶胀能力，这样在 pH 变化或者乙醇/水溶液变换时使水凝胶可以收缩或胀大，从而产生对 pH 敏感或者溶剂敏感的特性。例如，Peng 等用乙酸木质素与聚氨酯通过化学交联反应制备了水凝胶，这种水凝胶的溶胀率与 pH 变化有很大关系，应用于肥料缓释具有不错的效果。

木质素上的羟基和羧基能与金属离子相互作用，产生吸附能力。Penaranda 等将木质素通过互穿网络的形式引入淀粉/丙烯酰胺体系制备出水凝胶，吸附铜离子和镍离子，研究发现木质素改性的水凝胶的吸附能力强于泥炭改性的水凝胶。Qingxin Yao 等采用溶液接枝共聚法制备了膨润土/木质素磺酸钠接枝丙烯酰胺和马来酸酐的复合水凝胶（BLPAMA），将其应用于吸附铅离子，它的最大吸附量达 1.045mmol/g，铅离子可与水凝胶上的酰胺基、羧基和磺酸基形成络合物，并且木质素磺酸钠提供的钠离子与铅离子之间存在离子交换，主要吸附机理如图 1-8 所示。

木质素分子含有的官能团提供了很多氢键，它可以与一些橡胶弹性体构建动态氢键作用，大幅度提高复合材料的强度、模量和断裂韧性。Xueqing Qiu 等将少量金属配位键引入木质素与丁腈橡胶的相界面中，大幅度提高了橡胶的强度和韧性，在木质素替代 50% 的炭黑填料后，力学性能和高温耐油性能明显优于纯炭黑填料的橡胶。橡胶虽然不是标准意义的水凝胶，但这种弹性体增强的构造可以尝试应用于低含水量的水凝胶，从而构筑高强高

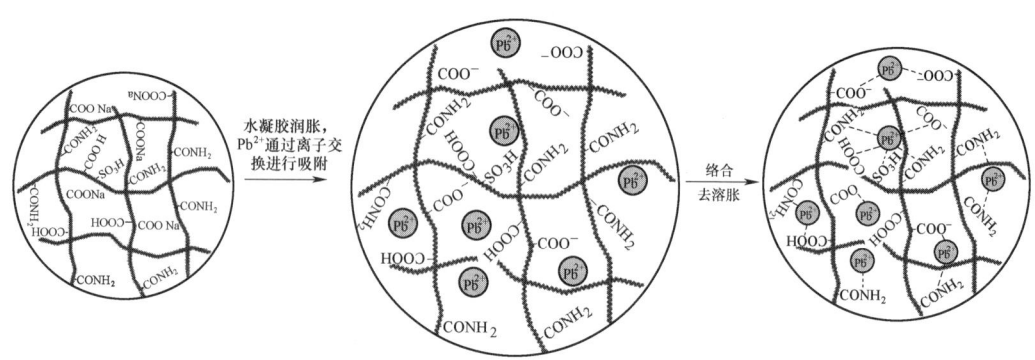

图 1-8 铅离子被 BLPAMA 吸附的主要吸附机理

韧的物质,充分提高木质素这一生物质资源的附加值和利用率。基于木质素纳米粒子 Ag-NPs 触发动态氧化还原儿茶酚化学,开发坚韧、抗菌的黏附水凝胶,如图 1-9 所示,木质

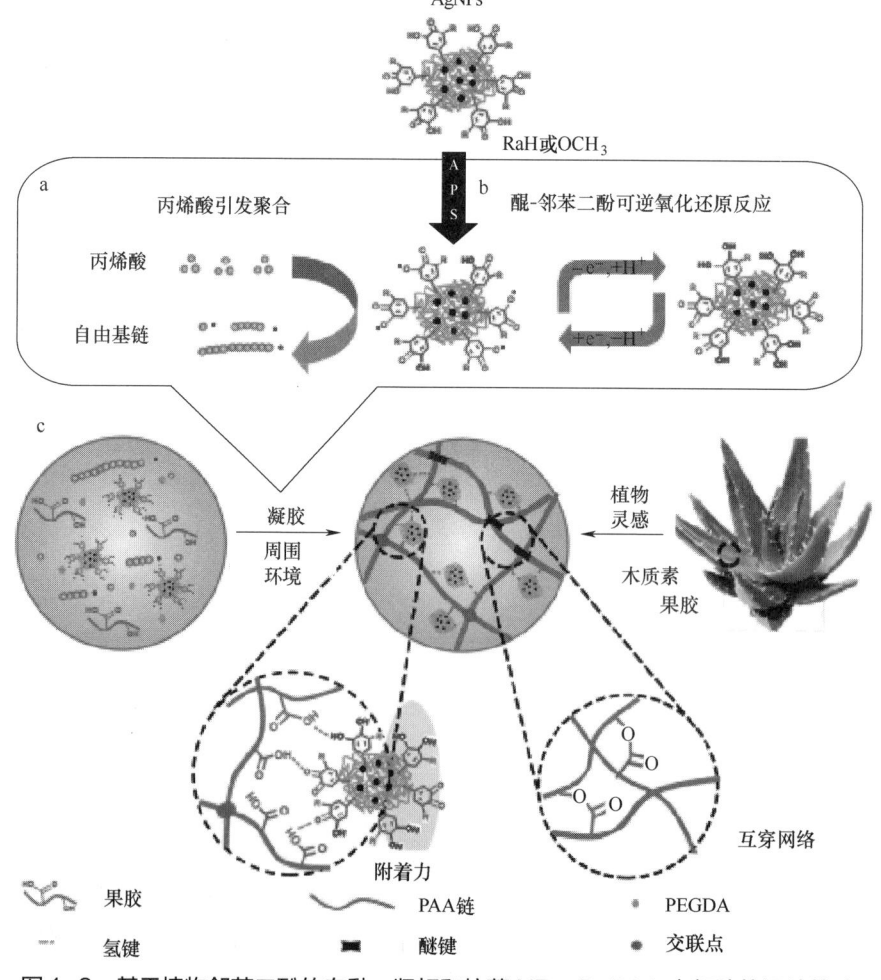

图 1-9 基于植物邻苯二酚的自黏、坚韧和抗菌 NPs-P-PAA 水凝胶的设计策略

素纳米粒子 AgNPs 构建动态儿茶酚氧化还原体系,得到持久的还原-氧化环境的水凝胶网络。该氧化还原系统连续产生儿茶酚基团,赋予水凝胶长期和可重复的黏附能力,该水凝胶网络中存在共价和非共价相互作用,具有高韧性,并且表现出良好的细胞亲和力和组织黏附性,将其用于皮肤伤口修复具有良好的效果。

众多木质素应用于水凝胶的案例说明,改性木质素水凝胶的开发策略是可行的,且潜力是巨大的。

参 考 文 献

[1] ZHANG X H,JIANG W K,MA H,et al. Relationship between the formation of oligomers and monophenols and lignin structure during pyrolysis process[J]. Fuel,2020,276:118048.

[2] HAN X,LV Z L,RAN F L,et al. Green and stable piezoresistive pressure sensor based on lignin-silver hybrid nanoparticles/polyvinyl alcohol hydrogel[J]. International Journal of Biological Macromolecules,2021,176:78-86.

[3] HAGE R E,BROSSE N,SANNIGRAHI P,et al. Effects of process severity on the chemical structure of Miscanthus ethanol organosolv lignin[J]. Polymer Degradation & Stability,2010,95(6):997-1003.

[4] ADLER E. Lignin chemistry—past,present and future[J]. Wood Science & Technology,1977,11(3):169-218.

[5] 黄进,付时雨. 木质素改性材料[M]. 北京:化学工业出版社,2014.

[6] BOERIU C G,BRAVO D,GOSSELINK R J A,et al. Characterization of structure-dependent functional properties of lignin with infrared spectroscopy[J]. Industrial Crops and Products,2004,20:205-218.

[7] HILTUNEN E,ALVILA L,PAKKANEN T T. Characterization of Brauns' lignin from fresh and vacuum-dried birch(Betula pendula) wood[J]. Wood Science & Technology,2006,40(7):575-584.

[8] 李忠正,孙润仓,金永灿. 植物纤维资源化学[M]. 北京:中国轻工业出版社,2012.

[9] 向育君. 改性木质素磺酸钠水凝胶的制备和应用研究[D]. 湖南大学,2013.

[10] ACHYUTHAN K E,ACHYUTHAN A M,ADAMS P D,et al. Supramolecular self-assembled chaos: polyphenolic lignin's barrier to cost-effective lignocellulosic biofuels[J]. Molecules,2010,15(12):8641-8688.

[11] LIM Z Q,AZIZ N A A,IDRIS A K,et al. Green Lignosulphonate as co-surfactant for wettability alteration[J]. Petroleum Research,2020,5(2):154-163.

[12] 刘文俊,孟令君,路祺,等. 碱木质素羟甲基化改性[J]. 东北林业大学学报,2013(6):130-134.

[13] 郝汉,陈保莹,陈维韬,等. 羧甲基化木质素在阿维菌素颗粒表面的吸附行为[J]. 林产化学与工业,2015,35(5):45-52.

［14］ ZAKZESKI J,BRUIJNINCX P C A,JONGERIUS A L,et al. The catalytic valorization of lignin for the production of renewable chemicals[J]. Chemical Reviews. 2013,110(6):3552-3599.

［15］ 张一鸣.碱性均相体系中 Pb/PbO_2 电极电催化降解木质素制备 2,6-二叔丁基-4-甲基苯酚的研究[D].河北工业大学,2013.

［16］ 谭友丹.碱木质素氧化降解制备单酚类化合物的研究[D].华南理工大学,2015.

［17］ 张海峰,杨军艳,吴建新,等.木质素氧化降解研究进展[J].有机化学,2016,36(6):1266-1286.

［18］ CHATEL G,ROGERS R D. Review:Oxidation of Lignin Using Ionic Liquids—an innovative strategy To produce renewable chemicals[J]. ACS Sustainable Chemistry & Engineering,2013,2(3):322-339.

［19］ 詹瑶,詹怀宇,罗小林,等.制浆废液中木素的氧化降解及小分子降解产物的高值化利用[J].造纸科学与技术,2009,28(2):55-60.

［20］ VILLAR J C,CAPEROS A,F. GARCíA-OCHOA. Oxidation of hardwood kraft-lignin to phenolic derivatives with oxygen as oxidant[J]. Wood Science and Technology,2001,35(3):245-255.

［21］ SALES F G,MARANHāO L C A,LIMA FILHO N M,et al. Kinetic evaluation and modeling of lignin catalytic wet oxidation to selective production of aromatic aldehydes[J]. Industrial & Engineering Chemistry Research,2006,45(20):6627-6631.

［22］ BADAMALI S K,LUQUE R,CLARK J H,et al. Unprecedented oxidative properties of mesoporous silica materials:Towards microwave-assisted oxidation of lignin model compounds[J]. Catalysis Communications,2013,31:1-4.

［23］ RANGEL R,MERCADO G J L,BARTOLO-PéREZ P,et al. Nanostructured-[CeO_2,La_2O_3,C]/TiO_2 catalysts for lignin photodegradation[J]. Science of Advanced Materials,2012,4(5):573-578.

［24］ 张学铭,吴苗,许凤.木质素化学催化解聚研究新进展[J].林业工程学报,2017,2(4):1-9.

［25］ 谭雪松,赵月,等.固体酸催化木质素水相降解的试验研究[J].太阳能学报,2017,38(11):3111-3116.

［26］ STARK K,TACCARDI N,BOSMANN A,et al. Oxidative depolymerization of lignin in ionic liquids[J]. Chem Sus Chem,2010,3(6):719-23.

［27］ PAN K,TIAN M,JIANG Z-H,et al. Electrochemical oxidation of lignin at lead dioxide nanoparticles photoelectrodeposited on TiO_2 nanotube arrays[J]. Electrochimica Acta,2012,60:147-153.

［28］ YU M D,MISHRA D,CUI Z Y,et al. Recycling papermill waste lignin into recyclable and flowerlike composites for effective oil/water separation-ScienceDirect[J]. Composites Part B:Engineering,2021,216:108884.

［29］ MENG Y,LIU T,YU S,et al. A lignin-based carbon aerogel enhanced by graphene oxide and application in oil/water separation[J]. Fuel,2020,278:118376.

［30］ IYER K A,TORKELSON J M. Sustainable green hybrids of polyolefins and lignin yield major improvements in mechanical properties when prepared via solid-state shear pulverization[J]. Acs Sustainable

Chemistry & Engineering,2015,3(5):959-968.

[31] YANG W J,KENNY J M,PUGLIA D. Structure and properties of biodegradable wheat gluten bionanocomposites containing lignin nanoparticles[J]. Industrial Crops and Products,2015,74:348-356.

[32] DIZHBITE T,TELYSHEVA G,JURKJANE V,et al. Characterization of the radical scavenging activity of lignins-natural antioxidants[J]. Bioresource Technology,2004,95(3):309-317.

[33] THAKUR V K,THAKUR M K,RAGHAVAN P,et al. Progress in green polymer composites from lignin for multifunctional applications:a review[J]. Acs Sustainable Chemistry & Engineering,2014,2(5):1072-1092.

[34] SUNTHORNVARABHAS J,LIENGPRAYOON S,SUWONSICHON T. Antimicrobial kinetic activities of lignin from sugarcane bagasse for textile product[J]. Industrial Crops and Products,2017,109:857-861.

[35] ALZAGAMEEM A,KLEIN S E,BERGS M,et al. Antimicrobial activity of lignin and lignin-derived cellulose and chitosan composites against selected pathogenic and spoilage microorganisms[J]. Polymers,2019,11(4):670.

[36] ERAKOVIC S,JANKOVIC A,TSUI G C P,et al. Novel bioactive antimicrobial lignin containing coatings on titanium obtained by electrophoretic deposition[J]. Internationl Journal of Molecular Sciences,2014,15(7):12294-12322.

[37] INWOOD J P W. Sulfonation of kraft lignin to water soluble value added products[D]. Lakehead University,2014.

[38] FANG R,CHENG X,XU X. Synthesis of lignin-base cationic flocculant and its application in removing anionic azo-dyes from simulated wastewater[J]. Bioresource Technology,2010,101(19):7323-7329.

[39] 詹怀宇,刘千钧,刘明华,等.两性木素絮凝剂的制备及其在污泥脱水的应用[J].中国造纸,2005,(2):14-16.

[40] 刘千钧,刘明华,詹怀宇,等.两性木质素絮凝剂的制备及脱色性能研究[J].福州大学学报(自然科学版),2007,35(1):152-156.

[41] PARAJULI D,ADHIKARI C R,KURIYAMA M,et al. Selective recovery of gold by novel lignin-based adsorption gels[J]. Industrial & Engineering Chemistry Research,2006,45(1):8-14.

[42] PENARANDA A J E,SABINO M A. Effect of the presence of lignin or peat in IPN hydrogels on the sorption of heavy metals[J]. Polymer Bulletin,2010,65(5):495-508.

[43] WU Y X,ZHOU J H,YE C C,et al. Optimized synthesis of lignosulphonate-g-poly(acrylic acid-co-acrylamide) superabsorbent hydrogel based on the taguchi method[J]. Iranian Polymer Journal,2010,19(7):511-520.

[44] XU J,MU X,HONG S,et al. Adsorption performance of methylene blue dye by lignin-based hydrogel[J]. Chinese Journal of Environmental Engineering,2015,9(10):4877-4882.

[45] YU C,WANG F,ZHANG C,et al. The synthesis and absorption dynamics of a lignin-based hydrogel for remediation of cationic dye-contaminated effluent[J]. Reactive and Functional Polymers 2016,106:137-142.

[46] FANG R,CHENG X S,XU X R. Synthesis of lignin-base cationic flocculant and its application in removing anionic azo-dyes from simulated wastewater[J]. Bioresource Technology,2010,101(19):7323-7329.

[47] 何新建,谢建军,张绘营,等. KLPAAM 复合高吸水树脂吸附[J]. 华工学报,2011,62(4):1162-1169.

[48] 温咏兰,张玉星. 接枝改性木素对含镍废水的絮凝性能研究[J]. 广州化工,2015,43(15):124-125,247.

[49] ZHAO M,WANG J,CHONG C,et al. An electrospun lignin/polyacrylonitrile nonwoven composite separator with high porosity and thermal stability for lithium-ion batteries[J]. Rsc Advances 2015,5:101115-101120.

[50] GNEDENKOV S V,OPRA D P,SINEBRYUKHOV S L,et al. Hydrolysis lignin:Electrochemical properties of the organic cathode material for primary lithium battery[J]. Journal of Industrial and Engineering Chemistry,2014,20(3):903-910.

[51] GONG S D,HUANG Y,CAO H J,et al. A green and environment-friendly gel polymer electrolyte with higher performances based on the natural matrix of lignin[J]. Journal of Power Sources,2016,307:624-633.

[52] PAVLOV D,MYRVOLD B O,ROGACHEV T. A new generation of highly efficient expander products and correlation between their chemical composition and the performance of the lead-acid battery[J]. Journal of Power sources 2000,85(1):79-91.

[53] FENG Q H,CHEN F G,ZHOU X S. Preparation of thermo-sensitive hydrogels from acrylated lignin and N-isopropylacrylamide through photocrosslinking[J]. Journal of Biobased Materials and Bioenergy,2012,6(3):336-342.

[54] PENG Z Y,CHEN F G. Synthesis and properties of lignin-based polyurethane hydrogels[J]. International Journal of Polymeric Materials,2011,60(9):674-683.

[55] SABINO M A. Effect of the presence of lignin or peat in IPN hydrogels on the sorption of heavy metals[J]. Polymer Bulletin,2010,65(5):495-508.

[56] YAO Q X,XIE J J,LIU J X,et al. Adsorption of lead ions using a modified lignin hydrogel[J]. Journal of Polymer Research,2014,21(6):1-16.

第二章 木质素的阳离子改性及应用

近些年，学者越来越重视对可持续性、可再生的高分子材料的研究，因此木质素得到了广泛的关注和应用。木质素是地球上仅次于纤维素的第二大储量的生物质天然高分子聚合物，其在木材中占20%~30%。在自然界中，它广泛存在于针叶材、阔叶材和草类等植物纤维原料中。通过生物转化技术、溶剂法制浆、碱法制浆得到的木质素被认为是低附加值的产品，主要作为燃料。虽然近几年对木质素的研究较多，但是木质素产品的工业化应用较少。

目前制浆方法最主要的为硫酸盐法制浆。纤维素、半纤维素是主要的制浆原料，而黑液中的木质素通常作为副产品被煅烧以回用制浆过程中的化学品。Lignoboost和LignoForce™技术可以从黑液中提取木质素，有利于木质素的工业化应用。

木质素结构上有酚羟基、脂肪族羟基及羧酸基等官能团，这些基团非常活跃，可以通过酯化反应、醚化反应、磺化反应、氯化反应和接枝共聚制备高附加值的木质素产品。

近年来，由于硫酸盐木质素的可再生性、无毒性以及生物可降解性，引起了广大科研工作者的重视。然而，硫酸盐木质素的一些物理化学性质，如仅溶于碱性溶液和有限的带电基团，限制了其在各个领域的广泛应用。因此，进一步扩大硫酸盐木质素的应用范围，提高其水溶性和表面电荷密度的相关研究，意义重大。

本章采用接枝改性技术和自由基聚合技术，对针叶木硫酸盐木质素进行了阳离子化改性，提高其水溶性及表面电荷密度。对改性后聚合物的特性及其结构进行了检测与分析，对改性后聚合物用作絮凝剂的效果进行了探讨，为木质素的高值化利用提供了技术支持和理论指导。

第一节 阳离子木质素-GTMAC的制备及其在染料废水中的应用

在碱性水相体系中，通过接枝反应将环氧丙基三甲基氯化铵（GTMAC）接枝到硫酸盐木质素骨架上，得到水溶性阳离子木质素-GTMAC，研究改性条件对硫酸盐木质素水溶性和电荷密度的影响，同时评估阳离子木质素-GTMAC作为絮凝剂对阴离子染料废水脱色的效果。

一、木质素的阳离子改性机理

阳离子木质素的制备过程类似于其他阳离子多糖的合成步骤。图 2-1 展示了硫酸盐木质素与 GTMAC 的反应过程。为了使硫酸盐木质素更好地溶于水中,同时提高其与反应位点的可及性和反应效率,反应中需添加氢氧化钠。在这个反应中,氢氧化钠作为一种催化剂,催化木质素产生木质素亲核中间体。这种木质素亲核中间体攻击具有高反应活性的位于环氧丙基三甲基氯化铵上的环氧基,通过环氧乙烷开环,从而将环氧丙基三甲基氯化铵接枝到木质素上,如图 2-1(a)所示。另外,在碱性条件下 GTMAC 上的环氧基能水解形成二醇结构,这是一个不利的副反应,降低了木质素-GTMAC 的接枝效率,如图 2-1(b)所示。此外,碱性体系中,阳离子聚合物在制备过程中也会发生水解,如图 2-1(c)所示。为了减少这些副反应的发生,提高接枝率,可基于阳离子木质素-GTMAC 的溶解性和电荷密度,优化反应的工艺条件。

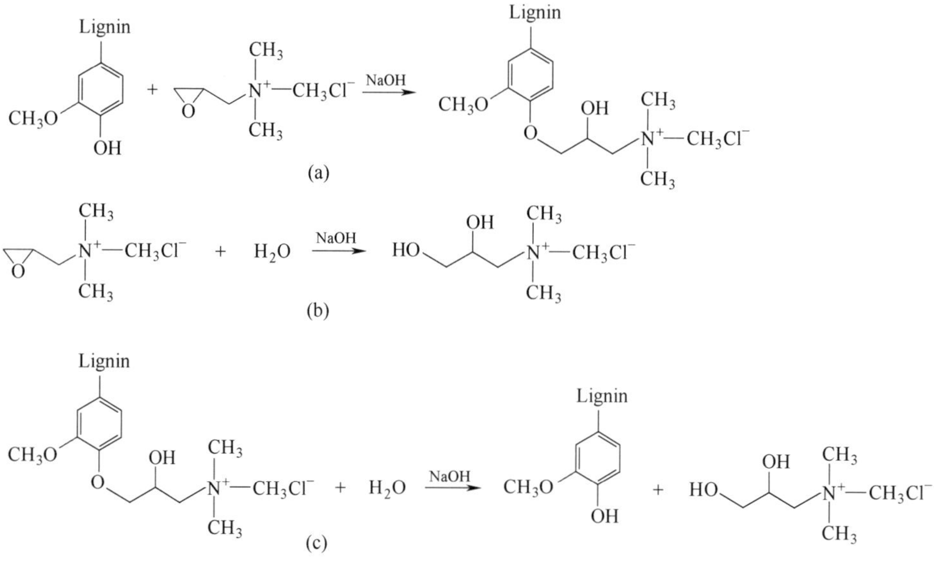

图 2-1 硫酸盐木质素与 GTMAC 的反应过程

(a)硫酸盐木质素的阳离子化开环聚合反应 (b)GTMAC 的水解反应 (c)碱性条件下阳离子木质素的水解

二、木质素与 GTMAC 接枝反应条件的优化

(一)反应温度对木质素-GTMAC 溶解度和电荷密度的影响

反应温度对阳离子木质素-GTMAC 溶解度和电荷密度的影响见图 2-2。当反应温度增加到 70℃时,可溶性阳离子木质素(SL)的电荷密度、不溶性阳离子木质素(IL)的电荷密度以及阳离子木质素的溶解度均达到最高,分别为 1.10mmol/g、0.17mmol/g 和 9.05g/L。随着聚合物电荷的增加,其溶解度也会增加。这是因为电荷量增加使得它们能够束缚大量

的水分子，另外，水溶性基团的引入对于提高阳离子木质素的溶解性能有较大贡献。由图2-2可以看到，在较高温度下阳离子木质素电荷密度的下降，归因于阳离子试剂GTMAC的无效水解和阳离子木质素的部分水解（图2-1），这与半纤维素的阳离子化改性相一致。

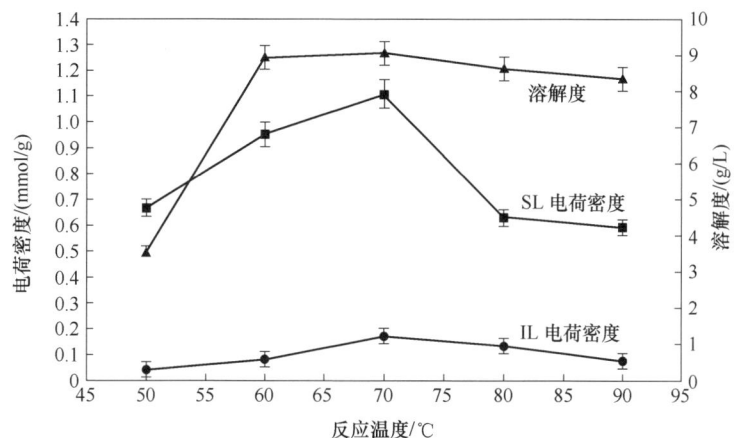

图2-2　反应温度对阳离子木质素-GTMAC溶解度和电荷密度的影响（反应条件：木质素浓度为1.0%，GTMAC/木质素的摩尔比为2，pH为12.5，反应时间为1h）

（二）木质素浓度对木质素-GTMAC溶解度和电荷密度的影响

图2-3所示为木质素浓度对阳离子木质素-GTMAC的溶解度和电荷密度的影响。木质素的浓度变化范围为0.67%~2.5%。

从图2-3中可以明显看到，在木质素浓度为1.0%时，可溶性阳离子木质素（SL）的电

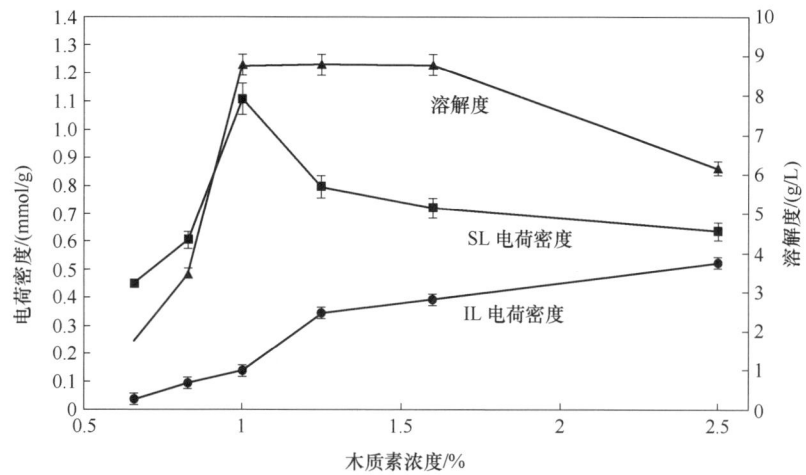

图2-3　木质素浓度对阳离子木质素-GTMAC溶解度和电荷密度的影响（反应条件：反应温度为70℃，GTMAC/木质素的摩尔比为2，pH为12.5，反应时间为1h）

荷密度达到最大，为1.10mmol/g。进一步增加浓度，电荷密度降低到了0.64mmol/g。阳离子木质素的溶解度在木质素浓度变化范围为1.0%~1.6%时，最高为8.79g/L。进一步增加木质素浓度到2.5%，不溶性木质素（IL）电荷密度增加到0.53mmol/g。GTMAC在作为阳离子化试剂的反应过程中存在着进行自身水解和参与阳离子化反应的竞争，其中作为阳离子试剂参与反应有利于最终产物的阳离子度的提高。在木质素浓度为1.0%时，随着木质素和GTMAC的碰撞接触机会的增多，阳离子木质素的电荷密度和溶解度增加，体系中阳离子试剂GTMAC的水解减少，从而使木质素阳离子化效率增高，相应的电荷密度和可溶性增加。然而，当木质素浓度超过1.0%，木质素分子会聚集形成胶束，从而降低了可及的木质素反应位点。此外，GTMAC和木质素在碱性条件下会发生不同程度的水解反应。因此，在木质素浓度较高时，木质素大分子的聚集、阳离子试剂GTMAC和阳离子木质素的水解都会导致可溶性木质素（SL）的溶解度和电荷密度的降低。

（三）反应时间对木质素-GTMAC溶解度和电荷密度的影响

图2-4为反应时间对阳离子木质素溶解度和电荷密度的影响。从图中可以看出，当反应时间为1h时，木质素的溶解度和可溶性木质素（SL）的电荷密度分别达到最大值，分别为8.75g/L和1.10mmol/g。不溶性木质素（IL）的电荷密度随着时间的延长基本未发生变化，说明其基本不受时间的影响。当反应时间从1h延长到3h时，可溶性木质素（SL）的电荷密度从1.10mmol/g降低到了0.70mmol/g，溶解度从8.75g/L降低到了1.81g/L。主要是因为随着反应时间的延长，阳离子试剂GTMAC和阳离子聚合物的碱性水解程度变大，从而降低了反应效率。可见，反应1h可达到较好的效果。

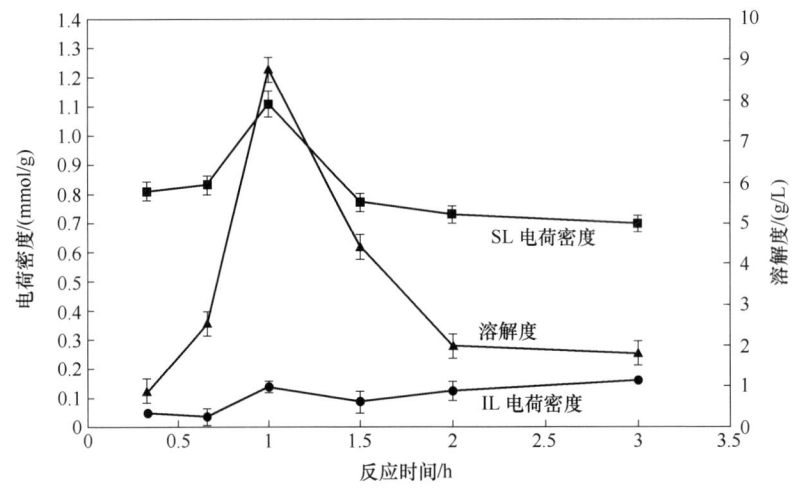

图2-4 反应时间对阳离子木质素溶解度和电荷密度的影响（反应条件：木质素浓度为1.0%，反应温度为70℃，GTMAC与木质素的摩尔比为2，pH为12.5）

(四) GTMAC/木质素摩尔比对木质素-GTMAC 溶解度和电荷密度的影响

阳离子木质素溶解度和电荷密度随着 GTMAC/木质素摩尔比的变化见图 2-5。当 GTMAC/木质素摩尔比增大到 2.5 时，木质素溶解度达到最大，为 9.02g/L。此外，当 GTMAC/木质素摩尔比从 0.25 增大到 2 时，可溶性木质素（SL）的电荷密度也有明显升高。不溶性木质素（IL）的电荷密度在摩尔比为 1.5 时，达到最高。综合来看，GTMAC/木质素摩尔比为 2 最佳。

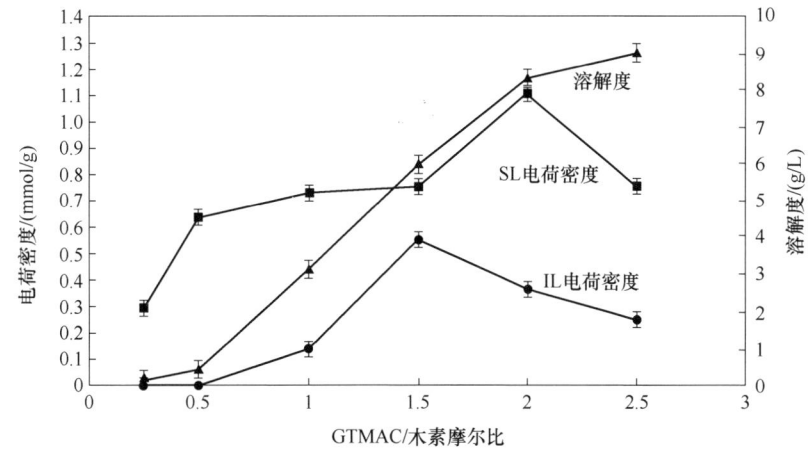

图 2-5　GTMAC/木质素摩尔比对阳离子木质素溶解度和电荷密度的影响（反应条件：木质素浓度为 1.0%，反应温度为 70℃，反应时间为 1h，pH 为 12.5）

(五) pH 对木质素-GTMAC 溶解度和电荷密度的影响

酸碱度对阳离子木质素溶解度和电荷密度的影响，如图 2-6 所示。随着反应 pH 的变化（2.0~12.5），可溶性木质素（SL）和不溶性木质素（IL）的电荷密度均表现为增加。当 pH 超过 7 后，木质素的溶解性和电荷密度变化更明显。在 pH 为 12.5 时，可溶性木质素（SL）的电荷密度和溶解度均达到了最大值，分别为 1.10mmol/g 和 9.01g/L。有文献报道，氢氧化钠在聚合物的阳离子化反应中起催化作用。由于硫酸盐木质素只能溶解于强碱溶液中（pH >10），该 pH 下，大分子木质素电离成为小分子木质素，同时由于木质素上酚羟基基团的解离会导致木质素大分子的伸展，最终会暴露出更多的反应位点与阳离子试剂 GTMAC 反应，从而导致了更高的阳离子化效率。在酸性条件下，硫酸盐木质素不溶于水。因此，阳离子反应仅发生在木质素颗粒的表面。尽管酸可以催化阳离子反应，但由于大量的反应位点被限制，反应效率降低，从而导致电荷密度和溶解度较低，如图 2-6 所示。

在碱性条件下硫酸盐木质素溶解到溶液中，形成均相体系，有利于 GTMAC 对木质素的阳离子化。反应温度为 70℃，木质素浓度为 1.0%，阳离子试剂 GTMAC/木质素的摩尔比为

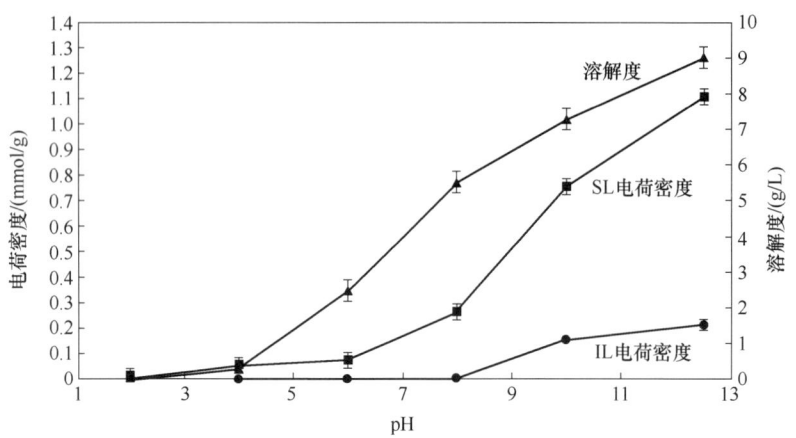

图2-6 pH对阳离子木质素溶解度和电荷密度的影响（反应条件：木质素浓度为1.0%，反应温度为70℃，GTMAC/木质素的摩尔比为2）

2，反应时间1h为最优条件。合成的阳离子木质素-GTMAC的溶解度和电荷密度分别为9.05g/L和1.10mmol/g。

然而，并不是所有被阳离子化的木质素都能溶解于中性水溶液，如图2-2~图2-6所示。在最优条件下，不溶性木质素的表面电荷密度为0.55mmol/g。有文献报道，采用3-氯-2-羟基丙基三甲基氯化铵作为阳离子试剂对农业副产物（如玉米芯、核桃壳）进行阳离子化以制备离子交换树脂，其表面电荷密度的范围为0.34~1.45mmol/g。不溶性木质素的阳离子电荷为0.14~0.55mmol/g，可以作为离子交换树脂或潜在的去除废水中染料的吸附材料。

三、阳离子木质素-GTMAC的表征

（一）红外分析（FT-IR）

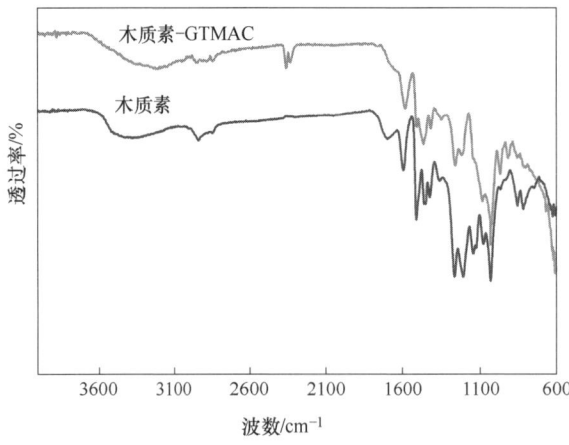

图2-7 木质素和木质素-GTMAC的红外谱图

木质素和木质素-GTMAC的红外谱图，如图2-7所示。木质素和木质素-GTMAC在3400cm^{-1}处的宽峰是酚羟基基团和碳水化合物中O—H振动的结果。2900cm^{-1}是甲基中的C—H伸缩振动产生的。在1600cm^{-1}处的吸收峰是由于芳香环共轭的羰基基团振动产生的。1425cm^{-1}和1418cm^{-1}处出现的吸收峰归因于甲氧基。1211cm^{-1}和

1028cm^{-1} 的吸收峰来源于愈创木基结构单元中 C—O 和 C—H 的伸缩振动，该结果证实了所使用的木质素是一种针叶木木质素。

从图 2-7 中的木质素-GTMAC 的红外谱图中可以看出，1032cm^{-1} 的吸收峰强度明显加强，这是由于 Ar—O 醚键的形成造成的，同时也证实了 GTMAC 和木质素之间醚键的形成。此外，出现在 1466cm^{-1} 和 966cm^{-1} 处的新吸收峰归属于 C—N 弯曲振动和 GTMAC 上的季铵盐甲基的特征吸收峰，这说明 GTMAC 成功地接枝到了木质素上。GTMAC 接枝到木质素上后，1466cm^{-1} 和 966cm^{-1} 处吸收峰明显增强。

（二）元素分析、分子量和酚羟基含量的测定

对在 105℃烘箱中过夜干燥的木质素和木质素-GTMAC 样品使用元素分析仪 Elementar Vario EL Cube Elemental Analyzer 进行碳、氢、氮、硫、氧元素分析，根据氮元素的含量，利用公式（2-1）计算木质素的取代度（DS）。

$$DS = \frac{\frac{180x}{14}}{100 - \frac{151.5x}{14}} \quad (2-1)$$

式中　x——元素分析中氮元素的含量，%；

　　180——木质素中 C_9 单元的相对分子质量；

　　151.5——GTMAC 的相对分子质量；

　　14——N 的相对原子质量。

采用凝胶渗透色谱仪（Malvern GPCmax VE2001 Module）分析木质素和木质素-GTMAC 分子量。未改性的木质素使用有机柱 PAS106M、PAS103 和 PAS102.5，用四氢呋喃作为溶剂和洗脱液。对于阳离子木质素-GTMAC，则使用 PAA206 和 PAA203 作为色谱柱，用 0.1mol/L NaNO$_3$ 溶液作为流动相和洗脱液。聚苯乙烯被作为有机相的标准样，聚环氧乙烷作为水相体系的标准样。

酚羟基含量通过自动电位滴定仪（785 DMP，瑞士）进行测定。根据公式（2-2）来计算样品中酚羟基的含量。

$$酚羟基含量（mmol/g） = \frac{c_{HCl} \times [(V'_2 - V'_1) - (V_2 - V_1)]}{m} \quad (2-2)$$

式中　c_{HCl}——盐酸标准溶液的浓度，0.1mmol/L；

　　m——木质素样品的质量，g；

　　V_1、V_2——盐酸在空白对照滴定中不同峰值所消耗的体积，mL；

　　V'_1、V'_2——盐酸在滴定样品中不同峰值所消耗的体积，mL。

木质素和木质素-GTMAC 样品的元素分析见表 2-1。

表2-1 硫酸盐木质素和阳离子木质素的元素含量和分子量分析

样品	木质素	木质素-GTMAC
N%	0.01	1.60
C%	62.60	60.38
H%	5.68	6.29
S%	1.29	1.06
O%	27.04	23.82
分子式	$C_9H_{9.60}O_{2.85}N_{0.00}S_{0.07}$	$C_9H_{11.261}O_{2.66}N_{0.20}S_{0.06}$
取代度	—	0.24
酚羟基含量/(mmol/g)	1.72	0.64
$\overline{M}_{r,n}$/(g/mol)	5150	9980
$\overline{M}_{r,m}$/(g/mol)	17890	32760
$\overline{M}_{r,m}/\overline{M}_{r,n}$	3.47	3.28

从表2-1中可以看到,木质素-GTMAC的氮元素含量从未改性木质素中的0.01%增加到了1.60%。阳离子试剂GTMAC中含有一个氮原子来自它的季铵盐基团,氮含量的增加说明GTMAC接枝到了木质素骨架上。基于木质素-GTMAC中氮元素的含量,计算其取代度为0.24,相比刘及任等得到的GTMAC对半纤维素进行阳离子化得到的取代度:0.12和0.19,以及GTMAC阳离子淀粉的取代度:0.1～0.9,得到了较好的木质素的取代度。另外,根据木质素-GTMAC中的氮含量计算出其理论上电荷密度为1.11mmol/g,这与实验结果的1.10mmol/g非常接近。由表2-1可以看出,与木质素相比,木质素-GTMAC中氧元素含量降低,而氢元素的含量升高。这是由于阳离子试剂GTMAC中氧元素的含量比木质素中的含量低,而氢元素高。改性之后,酚羟基基团由1.72mmol/g降低到了0.64mmol/g,这表明木质素中的酚羟基基团是与GTMAC发生接枝反应的位点。木质素-GTMAC的分子量是32760g/mol,高于木质素的分子量17890g/mol。通过取代度和元素分析,改性木质素的分子量应该接近于21000g/mol。而实际改性木质素的分子量增加到了32760g/mol,这很可能是由于木质素在阳离子化过程中发生了部分缩合造成的。

(三)核磁分析(^{1}H-NMR)

用核磁分析仪INOVA-500MHz(Varian,USA),以45°的脉冲和1.0s的弛豫时间测定未改性木质素和木质素-GTMAC氢谱。

图2-8(a)和图2-8(b)为木质素和阳离子木质素-GTMAC的^{1}H-NMR谱图。图2-8(a)中8.40mg/kg处的吸收峰归属于木质素游离酚羟基上的质子氢;5.99～7.42mg/kg处的吸收峰归属于芳香环上的质子氢;5.15～5.75mg/kg处的吸收峰归属于脂肪族上的$H_α$和$H_β$;3.05～4.05mg/kg处的吸收峰是由木质素上甲氧基上的质子氢产生的;3.24mg/kg处的吸收峰是亚甲基中的β-β结构造成的;4.5～4.9mg/kg处的吸收峰是由于溶剂(D_2O)中的氢产生的。出现在2.80mg/kg、1.68mg/kg和0.52mg/kg处的吸收峰归因于内标

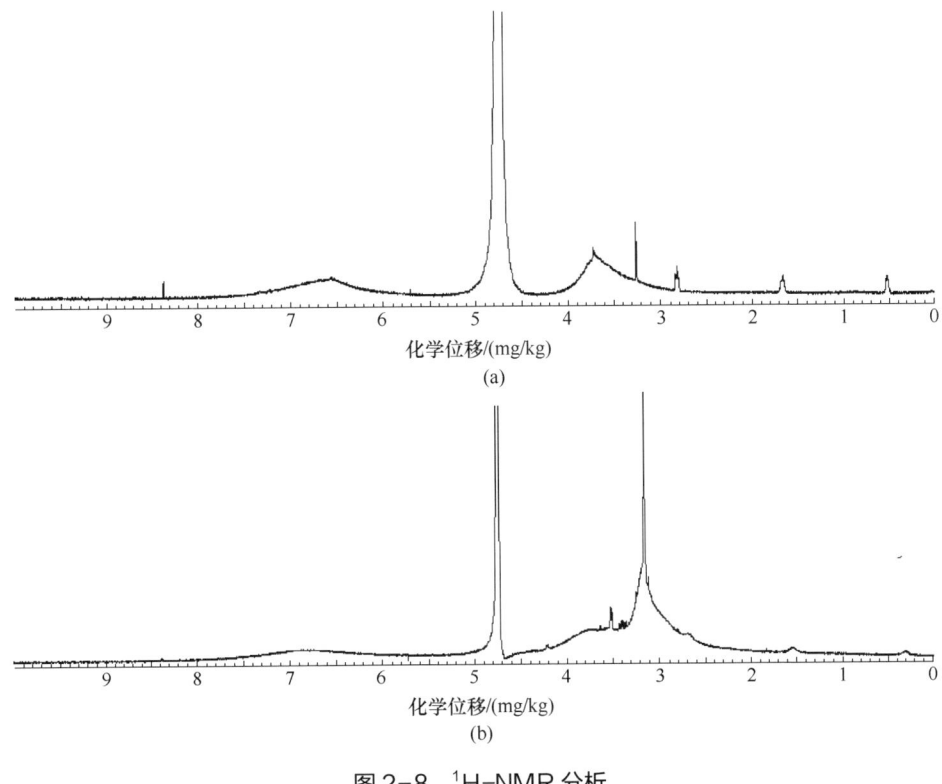

图 2-8 ¹H-NMR 分析
(a) 木质素 (b) 木质素-GTMAC

TMSP。在图2-8(b)中,除了上面的吸收峰外,还出现了两个新的吸收峰,分别是4.2mg/kg和3.4mg/kg处出现的亚甲基中的质子氢的吸收峰;3.5mg/kg和3.2mg/kg处出现的吸收峰分别归属于次甲基中的质子氢和三甲基氯化铵中的质子氢。5.99~7.42mg/kg和3.2mg/kg处的吸收峰被用于定量计算木质素-GTMAC的取代度。

(四) 热重分析 (TGA)

采用TGA(TGA i1000 Series System,Wisconsin,USA)对样品进行热失重和热稳定性分析。未改性硫酸盐木质素和阳离子木质素-GTMAC的热失重行为如图2-9所示。

由图2-9(a)可以看出,当温度升至240℃之前,样品只有稍微地失重,这是由试样中水分的蒸发造成的。进一步升高温度,无论是木质素还是木质素-GTMAC,均出现明显的失重现象,且两者大部分的热降解发生在250~450℃。在450℃时,木质素和木质素-GTMAC分别失重约35%和50%。由图2-9(b)可以看到,木质素失重峰值在400℃,而木质素-GTMAC在275℃和375℃的失重峰值比较大。其中,275℃处的峰,是由于季铵盐基团的降解造成的。由于木质素-GTMAC的取代度是0.24,通过计算,接枝到木质素上的GTMAC大约占改性后阳离子木质素的16.7%,木质素上氨基基团的重量百分比约为10.4%。从图

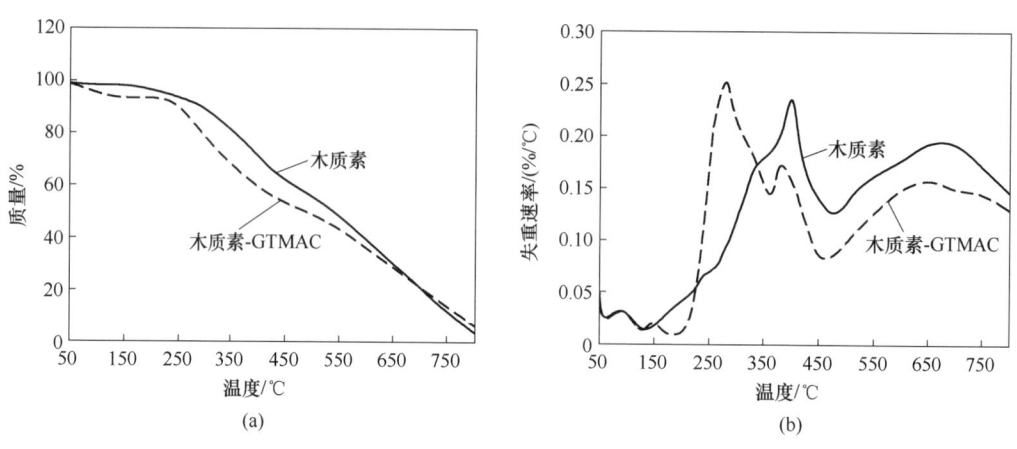

图 2-9 木质素和木质素-GTMAC 的热失重行为

(a)热失重分析曲线 (b)差热分析曲线

2-9（a）可以看出，这与接枝到木质素上的氨基基团的失重率基本一致。这说明，相对于木质素，由于季铵盐基团的引入，使得木质素-GTMAC 的热稳定性有所降低。类似的现象在 GTMAC 改性淀粉的研究文献中有过报道。

四、木质素-GTMAC 在废水处理中的应用

用木质素-GTMAC 来处理 100mg/L 的含染料 V5、B5 和 Y50 的模拟染料废水，通过测定废水的染料浓度变化，来评估阳离子木质素对染料废水的絮凝效果，结果见图 2-10。

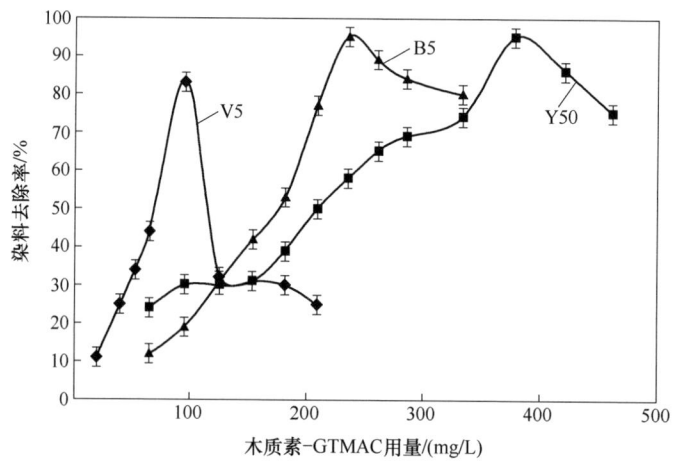

图 2-10 木质素-GTMAC 对染料去除率的影响

从图 2-10 中可以看出，100mg/L 的 V5、B5 和 Y50 染料废水溶液，在阳离子木质素用量分别为 95mg/L、235mg/L 和 378mg/L 时，能够获得最大的去除率，分别为 87%、95% 和 95%。阳离子木质素的电荷密度为 1.10mmol/g，染料 V5、B5 和 Y50 的电荷密度分别为

−1.29mmol/g、−4.05mmol/g 和−4.18mmol/g。基于上述电荷密度，理论上阳离子木质素能够中和的 V5、B5 和 Y5 染料的浓度最高分别为 117mg/L、368mg/L 和 380mg/L。图 2-10 中的实验值低于理论值，这说明用阳离子木质素来处理染料废水除了电荷中和外，还有其他的机理。根据文献，絮凝过程除了电荷中和机理，可能的机理还有：①阳离子木质素与染料粒子形成了桥联；②阳离子木质素的芳香族部分有助于木质素与染料的吸附；③染料和阳离子木质素之间或许存在其他化学作用。从图 2-10 中可以看到，当阳离子木质素的浓度高于最优浓度时，溶液中的染料粒子过度离子化，染料表面过多的电荷往往使染料粒子相互排斥，从而使其在溶液中重新稳定，导致去除率下降。另外，从图 2-10 中可以发现，不同的染料获得最大去除率时所用的阳离子木质素的浓度不同。染料 V5、B5 和 Y50 在最大去除率时对应的阳离子木质素用量分别为 95mg/L、235mg/L 和 375mg/L，对应的木质素与染料的质量比分别为 0.95、2.35 和 3.75。这说明，与 B5 和 Y50 相比，V5 染料更易于被阳离子木质素去除，这是因为不同染料具有不同分子量大小、电荷密度和化学结构，如表 2-2 所示。类似现象发生在利用氰基铵甲酸聚合物或者木质素基甲胺-丙酮-甲酸聚合物作为絮凝剂去除染料的研究中。

表 2-2　染料的特性

染料名	摩尔质量/(g/mol)	分子式	紫外最大吸收波长/nm	染料浓度标准曲线	电荷密度/(mmol/g)
Y50	956.82	$C_{35}H_{24}N_6Na_4O_{13}S_4$	390	$y=12.862x+0.0051$ $R^2=0.9999$	−4.18
V5	735.58	$C_{20}H_{16}N_3Na_3O_{15}S_4$	558	$y=12.862x+0.0051$ $R^2=0.9999$	−1.29
B5	991.82	$C_{26}H_{21}N_5Na_4O_{19}S_6$	597	$y=45.342x+0.0025$ $R^2=1$	−4.05

第二节　阳离子木质素-METAC 聚合物的制备及表征

木质素的接枝改性主要可以通过开环聚合、曼尼希反应（Mannich reaction）及自由基的共聚反应实现。在木质素上引入阳离子单体可以生成阳离子木质素，目前常用的单体有 N,N-二甲基二烯丙基氯化铵（DADMAC）、N,N'-亚甲基二丙烯酰胺及甲基丙烯酸甲酯-丙烯酰胺或醋酸乙烯酯。众所周知，天然木质素和碱性木质素是不溶于水的，这限制了它在工业领域的直接应用。而改性木质素可以将不溶性木质素转化为可溶性木质素，而且改性木质素的特殊官能团可以满足更多行业的需求。

本节主要对 2-（甲基丙烯酰氧基）乙基三甲基氯化铵（METAC）改性硫酸盐木质素得到的阳离子木质素-METAC 聚合物进行探讨。对单体的用量、反应 pH、反应时间和反应温度等参数进行了优化比较。利用 FT-IR、^{1}H-NMR、元素分析、电荷密度、动态粒径检测和 TGA 分析等方法分析和表征反应产物。

一、硫酸盐木质素与 METAC 的聚合反应机理

硫酸盐木质素与 METAC 通过自由基共聚反应生成木质素-METAC 聚合物,过硫酸钾为起始剂。反应机理如图 2-11 所示。反应过程中,过硫酸根离子在热作用下生成硫酸根自由基,从而引发不稳定的酚型木质素结构单元中的酚羟基形成木质素酚羟基自由基,木质素酚羟基自由基可以通过自共轭,自由基转移生成亚甲基醌自由基及其共振结构。酚羟基自由基和醌自由基作为木质素的骨架结构与单体 METAC 或者聚合的 METAC 反应生成木质素-METAC 聚合物,如图 2-11(a)所示。由于羟基、羧基等阴离子基团的存在,使得木质素带有负电性,本实验中 METAC 中铵基带有正电性,因此聚合物的正电性随着 METAC 的增加而增加。同时,随着水溶性单体 METAC 的引入,木质素在水溶液中的溶解性能有所改善。图 2-11(b)为副反应均聚物 PMETAC 的反应过程。

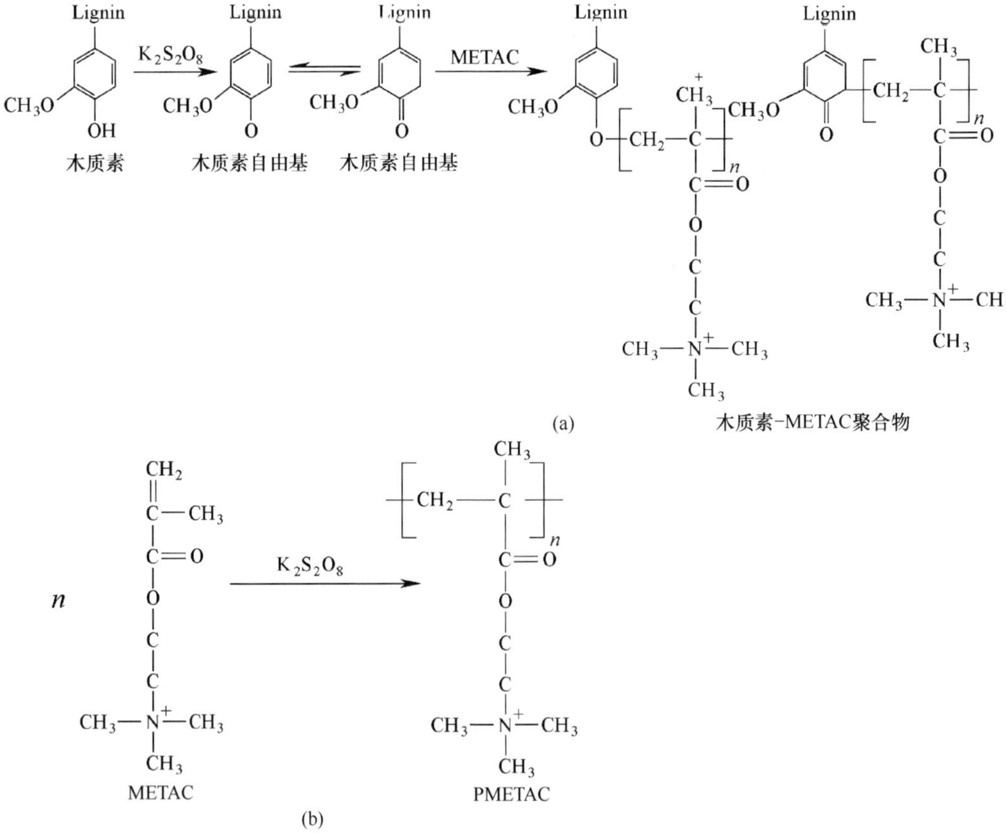

图 2-11 木质素与 METAC 的聚合反应机理
(a)木质素与 METAC 聚合　(b)METAC 自聚合

二、木质素与METAC聚合反应的条件优化

常温下，METAC和均聚物PMETAC都可以溶解到80%的乙醇溶液中，但是聚合物木质素-METAC可以沉淀出来。因此，可以采用乙醇沉淀法提纯聚合物。

（一）反应pH值对木质素-METAC聚合物的电荷密度和接枝率的影响

不同pH下木质素的溶解度不同，硫酸盐木质素在酸性条件下是难溶的，在碱性条件下是可溶的，这对均相反应是有利的。但是在碱性条件下，METAC容易分解，使其所带的正电性降低或丧失，所以pH值既要考虑木质素的溶解性，又要降低METAC的分解，因此pH对木质素-METAC聚合反应来说非常重要。图2-12为反应pH对木质素-METAC聚合物的电荷密度和接枝率的影响。可以看出，随着pH的增加，电荷密度和接枝率逐渐下降，尤其pH大于4.0时，下降比较明显。在pH为2.0时，电荷密度和接枝率最高，分别为2.94mmol/g和184.34%。考虑到在碱性条件下，季铵基非常不稳定，容易分解，转变为叔铵盐，从而使得最终的产物中没有了带有阳离子电荷的基团，最终产物呈弱阳离子性。pH为2.0和pH为4.0可以获得较好的聚合效果，由于pH为4.0更接近中性，对设备腐蚀小，实验操作方便安全，此反应可选择pH为4.0。

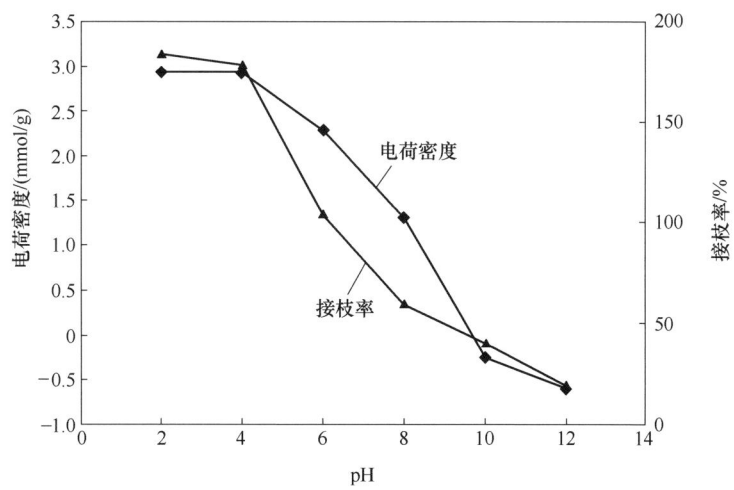

图2-12 反应pH对木质素-METAC聚合物的电荷密度和接枝率的影响
（反应条件：METAC/木质素摩尔比为1.6，反应温度为80℃，
反应时间为3h，1.5%过硫酸钾，木质素浓度为0.3mol/L）

（二）METAC/木质素摩尔比对木质素-METAC聚合物的电荷密度和接枝率的影响

METAC/木质素摩尔比越大，单体METAC加入量越多，单体的浓度越高，因此木质素与单体结合的机会增加，生成物的产率也增加。如图2-13所示，从0.8增加到1.6，METAC自由基与木质素自由基结合多，速度快，产率高，可以生成更多的木质素-METAC

聚合物，使得电荷密度和接枝率增加很快。随着 METAC/木质素摩尔比，从 1.6 增加到 2.2，反应逐渐趋于饱和，聚合物的电荷密度和接枝率变化缓慢。因此，METAC/木质素单元摩尔比为 1.6 更为合适。

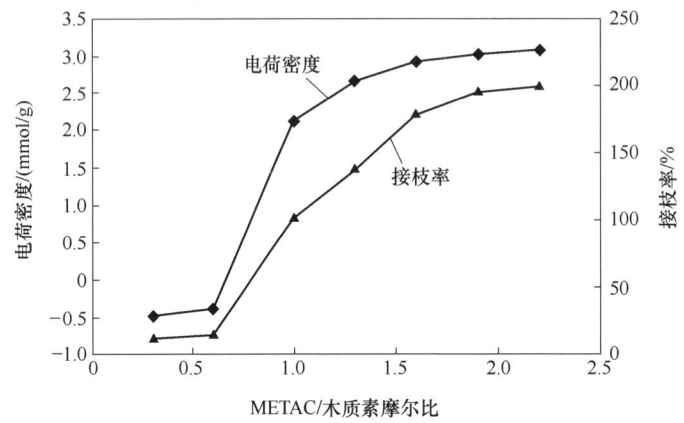

图 2-13　METAC/木质素摩尔比对木质素-METAC 聚合物的电荷密度和接枝率的影响（反应条件：pH 为 4.0，反应温度为 80℃，反应时间为 3h，1.5%过硫酸钾，木质素浓度为 0.3mol/L）

（三）反应温度对木质素-METAC 聚合物的电荷密度和接枝率的影响

由图 2-14 可以看到，在木质素-METAC 聚合反应中，随着温度从 50℃升高到 80℃，木质素-METAC 聚合物的电荷密度和接枝率明显增加，说明该反应为吸热反应。随着温度升高，反应物的活性增加，产生的自由基增加，产生更多的活性反应位点，使得自由基共

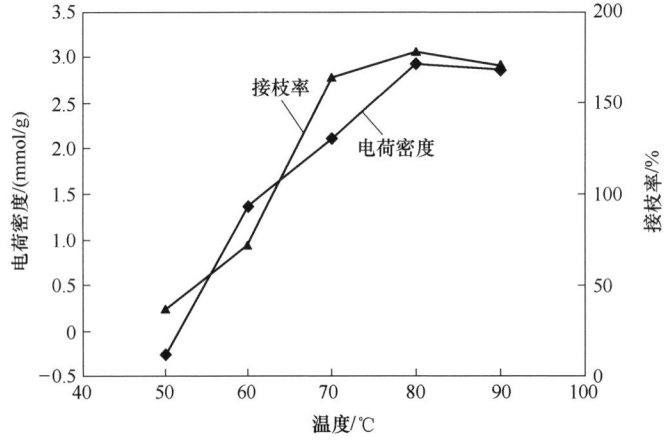

图 2-14　反应温度对木质素-METAC 聚合物的电荷密度和接枝率的影响（反应条件：METAC/木质素摩尔比为 1.6，pH 为 4.0，反应时间为 3h，1.5%过硫酸钾，木质素浓度为 0.3mol/L）

聚产物的产率增加。当温度超过 80℃时，由于链终止反应和链转移反应的产生，副反应增加，导致反应产物的产率下降。因此，木质素-METAC 聚合物的电荷密度和接枝率有所下降。

（四）反应时间对木质素-METAC 聚合物的电荷密度和接枝率的影响

理论上随着反应时间的延长，更多的自由基产生，聚合的机会越多，对反应是有利的。反应时间对木质素-METAC 的电荷密度和接枝率的影响如图 2-15 所示。从图 2-15 中可以看到，随着反应时间的延长，电荷密度和接枝率都迅速增加，到 3h 时达到最高，分别为 2.93mmol/g 和 178.47%。但是，随着时间的继续延长，由于副反应产生的均聚物 PMETAC 的产生量增加，最终导致木质素-METAC 聚合物的电荷密度和接枝率的下降。因此反应时间以 3h 为最佳。

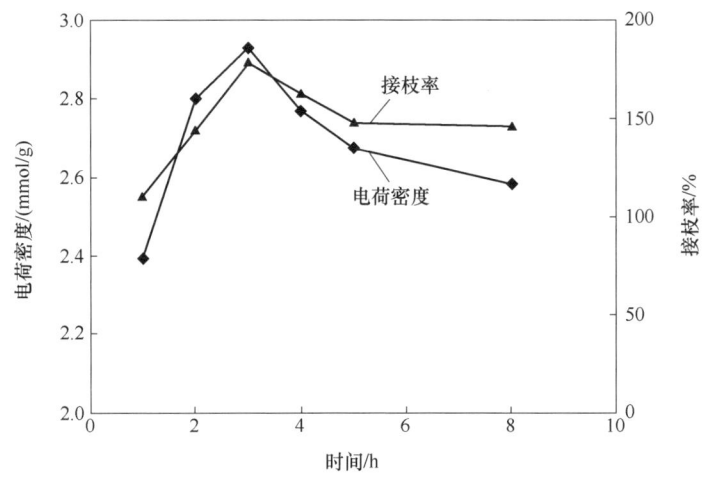

图 2-15　反应时间对木质素-METAC 聚合物的电荷密度和接枝率的影响
（反应条件：METAC/木质素摩尔比为 1.6，pH 为 4.0，反应
温度为 80℃，1.5%过硫酸钾，木质素浓度为 0.3mol/L）

综上所述，pH 为 4.0，METAC/木质素摩尔比为 1.6，反应时间为 3h，反应温度为 80℃，木质素浓度为 0.3mol/L 和过硫酸钾用量为 1.5%时，对反应是有利的。利用 GPC、DLSA、FT-IR、^{1}H-NMR 和 TGA 对在最优工艺条件下制备的试样进行了检测及表征。所得木质素-METAC 聚合物的电荷密度达到了 2.93mmol/g，氮含量为 4.32%，相应的接枝率为 178.47%。根据 Fatehi 等对电荷密度的理论分析，假定 1mol 季铵盐基团连接到木质素骨架上，聚合物的电荷为 1eq，通过理论计算 4.32%的氮含量的木质素-METAC 聚合物的电荷密度应为 3.08mmol/g，与通过 PCD 测定仪检测得到的 2.93mmol/g 接近。

通过分析，随着木质素-METAC 聚合物的电荷密度的增加，接枝率也增加，为了弄清楚电荷密度与接枝率之间的关系，对两者进行分析，如图 2-16 所示。可以看出，聚合物的电荷密度与接枝率之间呈现线性关系，这说明，聚合物的电荷密度的增加主要是由于 METAC 单体在木质素骨架结构上的接枝共聚产生的。

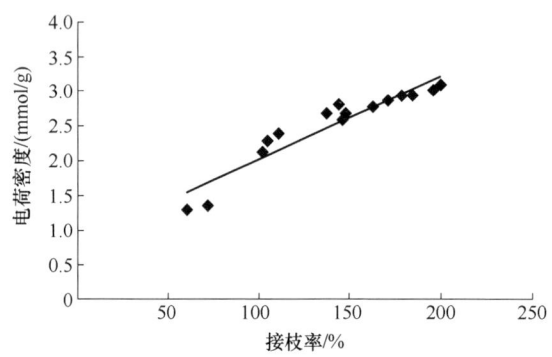

图 2-16　木质素-METAC 聚合物的电荷密度与接枝率之间的关系

硫酸盐木质素和木质素-METAC 聚合物的分子量和水力学粒径见表 2-3。可以看到，硫酸盐木质素的 $\overline{M}_{r,m}$ 仅为 17300g/mol，而木质素-METAC 的分子量达到了 8.94×10^6 g/mol，远远高于木质素的分子量。$\overline{M}_{r,m}/\overline{M}_{r,n}$ 值由 3.47 降至 1.05，接近 1，说明木质素与 METAC 共聚后，多分散性也得到了改善，分子量变得均一。同时，硫酸盐木质素的水力学粒径为 6.1nm，木质素-METAC 聚合物的水力学粒径为 43.9nm，比木质素高出 6 倍多。这表明，在木质素骨架结构上接枝了长的 PMETAC 链后，不仅改变了木质素的分子量，而且影响了木质素分子在水溶液中的形态，这种现象在 Sarkar 等研究支链淀粉和丙烯酸的聚合反应中也有报道。

表 2-3　木质素与木质素-METAC 聚合物的分子量和水力学粒径

样品	木质素	木质素-METAC
$\overline{M}_{r,n}/(g/mol)$	5150	8.52×10^6
$\overline{M}_{r,m}/(g/mol)$	17300	8.94×10^6
$\overline{M}_{r,m}/\overline{M}_{r,n}$	3.47	1.05
电荷密度/(mmol/g)	—	2.93
接枝率/%	—	178.47
水力学粒径/nm	6.1	43.9

三、木质素-METAC 聚合物的表征

（一）FT-IR 分析

木质素-METAC、木质素和 PMETAC 的 FT-IR 谱图见图 2-17。图 2-17 中 3300~3400cm^{-1} 为木质素单元酚羟基和脂肪族羟基的特征吸收峰。2900cm^{-1} 处为木质素单元甲氧

基 C—H 伸缩振动吸收峰。1022cm^{-1}、1188cm^{-1} 和 1562cm^{-1} 处的红外吸收峰分别为愈创木基苯环上 C—O、C—H 及苯环上 C═C 伸缩振动吸收峰，表明了针叶木木质素的存在。与木质素相比，木质素-METAC 聚合物出现了四个很强的吸收峰，分别为 1715cm^{-1}、1470cm^{-1}、1135cm^{-1} 和 950cm^{-1} 处。这几个峰值分别为 C═O 伸缩振动和 C—N 弯曲振动及季铵盐甲基的特征吸收峰，均出现在均聚物 PMETAC 的谱图上。这些峰的存在验证了 METAC 成功聚合到木质素上。

从图 2-17 中还可以看到，在 1400cm^{-1} 处出现的木质素结构单元中的酚羟基基团的特征吸收峰，其在木质素谱图上较强，而在木质素-METAC 聚合物中则弱得多，表明木质素结构单元中的酚羟基是共聚反应发生的活性位点，这与图 2-11 的机理分析是一致的。

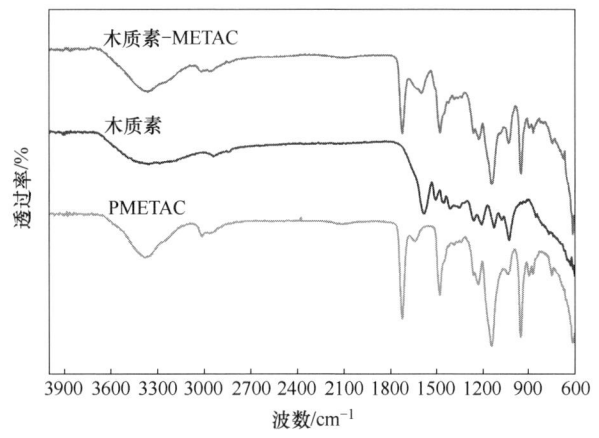

图 2-17　木质素-METAC、木质素和 PMETAC 的 FT-IR 谱图

（二）元素分析

未改性的木质素分子结构中没有氮元素，聚合物中的氮元素来自单体 METAC，因此氮元素的含量决定了 METAC 接到木质素的接枝率。氮元素含量越高，接枝率越高。通过元素分析可以确定氮元素的含量，从而计算出聚合物的接枝率。元素分析采用 CHNS Elementar vario EL 元素分析仪进行测定。基于房等研究酶解木质素-聚丙烯酰胺接枝率计算公式及木聚糖-METAC 聚合物的合成，确定木质素-METAC 聚合物的接枝率通过公式（2-3）计算得到：

$$接枝率 = \frac{x/14 \times \overline{M}_{r,m}}{100 - x/14 \times \overline{M}_{r,m}} \times 100\% \tag{2-3}$$

式中　x——聚合物中的氮含量，%；

$\overline{M}_{r,m}$——METAC 的质均相对分子量，207.7g/mol。

木质素及木质素-METAC 聚合物的元素含量分析结果如表 2-4 所示。可以明显地看到，木质素-METAC 中碳元素和氧元素的含量比木质素的低，这主要是因为在 METAC 单元结构中碳元素和氧元素的含量较低。木质素-METAC 聚合物中氮元素含量为 4.32%，而在硫酸盐木质素中仅为 0.01%，充分证明 METAC 确实聚合到了木质素上。另外，依据元素含量分析，经过计算得出的木质素和木质素-METAC 聚合物的 C9 结构式见表 2-4。

表 2-4 木质素和木质素-METAC 的元素含量分析   单位：%

样品	N 含量	C 含量	H 含量	O 含量	分子式
木质素	0.01	62.60	5.68	27.04	$C_9H_{9.60}O_{2.85}N_0$
木质素-METAC	4.32	55.14	7.71	21.18	$C_9H_{15.1}O_{2.59}N_{0.6}$

（三）^{1}H-NMR 分析

木质素、木质素-METAC 聚合物和均聚物 PMETAC 的核磁共振（^{1}H-NMR）谱图见图 2-18。由图 2-18（a）可以看出，9.35mg/kg 处的吸收峰归属于醛基上的质子氢；8.46mg/kg 处的吸收峰归属于游离酚羟基上的质子氢；7.42mg/kg 处的吸收峰归属于被取代的苯酚上的质子氢；6.00~7.00mg/kg 处的吸收峰归属于芳香族上的质子氢，包括连接到苯环上乙烯基的氢；5.15~5.75mg/kg 处的吸收峰归属于脂肪族上的质子氢，包括 H_α 和 H_β；3.45~4.05mg/kg 处的吸收峰归属于木质素甲氧基上的质子氢；1.75~3.2mg/kg 上的吸收峰归属于木质素脂肪族上的质子氢。4.7~4.9mg/kg 处的吸收峰归属于溶剂 D_2O。

由图 2-18（b）和图 2-18（c）可以看出，均聚物 PMETAC 的特征峰出现在 1.0~1.2mg/kg、2.0mg/kg、3.3mg/kg、3.85mg/kg 和 4.53mg/kg 处。1.0~1.2mg/kg 处的吸收峰归属于连接到主链 PMETAC 上—CH_3 的质子氢；2.0mg/kg 处的吸收峰归属于—CH_2 上的质子氢；3.3mg/kg 处的吸收峰归属于—$N^+(CH_3)_3$ 中的甲基中的质子氢；3.85mg/kg 处的吸收峰归属于—CH_2—$N^+(CH_3)_3$ 结构中的亚甲基质子氢；4.53mg/kg 处的吸收峰归属于酯化的 METAC 上—CH_2 的质子氢。

木质素-METAC 上除了有与 PMETAC 相同的特征峰外，也有与木质素相同的特殊吸收峰出现在 3.45~3.75mg/kg、5.15~5.75mg/kg、6.40~7.00mg/kg、7.42mg/kg、8.46mg/kg 和 9.35mg/kg 处。木质素-METAC 在 4.1mg/kg 处的吸收峰为—CH_2 与苯环通过酯键（—CH_2—O—C_6H_5）连接的质子氢，该吸收峰在木质素谱图上不存在。这充分表明木质素与 METAC 的共聚反应的产生，并且表明酚羟基是共聚反应发生的活性位点，这与前面的 FT-IR 分析结果是一致的。

（四）热重分析

通过热重分析可以比较聚合物的热分解/热稳定性。通过比较木质素和木质素-METAC 聚合物的 TGA，分析了两者的热失重。木质素、木质素-METAC 和均聚物 PMETAC 的热失

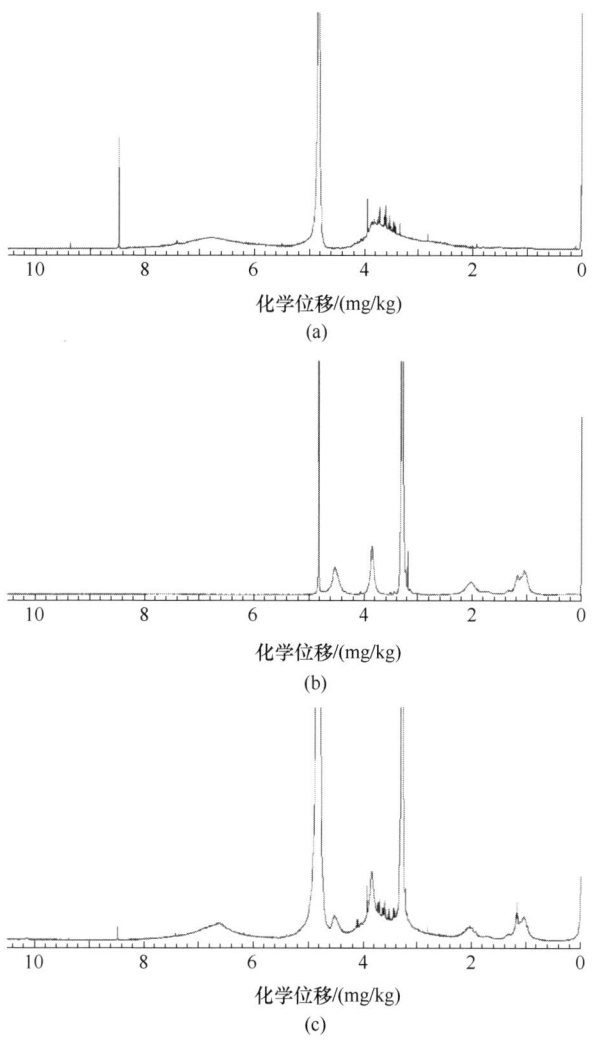

图 2-18　木质素及聚合物的 ^{1}H-NMR 谱图
(a) 木质素　(b) PMETAC　(c) 木质素-METAC

重和损失速率如图 2-19 所示。从图 2-19（a）中可以看到，温度升高到 200℃时所发生的失重主要是试样中水分的蒸发造成的。当温度升高到 400℃时，硫酸盐木质素失重为 38%（残留了 62% 的木质素），而木质素-METAC 聚合物的热失重为 60%，均聚物 PMETAC 的热失重则达到了 84%。与硫酸盐木质素相比，木质素-METAC 的热失重更高，这主要是由于季铵盐的热分解造成的。因此，木质素-METAC 的热稳定性比硫酸盐木质素差。Goel 等研究 METAC-棉纤维的聚合物的热失重变化结果表明，由于 METAC 的加入，使得棉纤维的热稳定性下降。

图 2-19（b）显示，木质素的失重速率峰值出现在 335℃，而 PMETAC 和木质素-

METAC 的失重速率峰分别出现在 250℃和 405℃。250℃的峰主要是由季铵盐的热分解造成的，而 405℃的峰主要指高分子有机物的热降解。当温度超过 700℃时，木质素-METAC 和 PMETAC 的热失重均达到了 100%，无残留物，而木质素仍有约 35%的残留质量。因此，METAC 与木质素的共聚，使得木质素的热稳定性明显下降。为了进一步验证 METAC 单元对木质素-METAC 热稳定性的影响，实验分析了不同接枝率对 TGA 的影响。如图 2-19（c）所示，其中样品 1，氮含量 3.4%，接枝率 101.78%；样品 2，氮含量 4.0%，接枝率 145.95%；样品 3，氮含量 4.46%，接枝率 195.59%。由图 2-19（c）可以看出，从样品 1

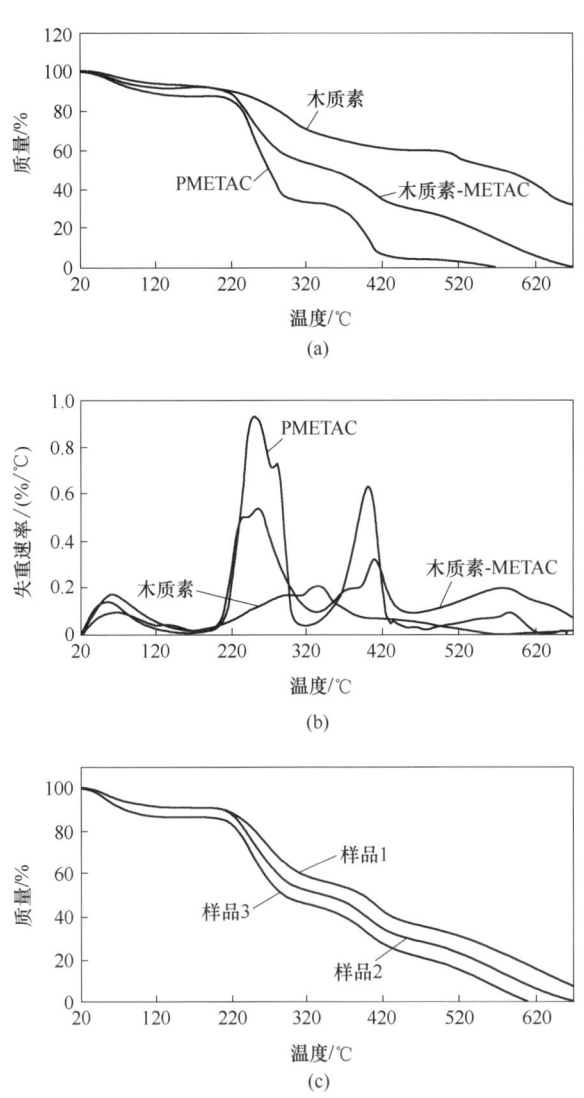

图 2-19　木质素、木质素-METAC 和 PMETAC 的热重分析

(a) TGA　(b) DTGA　(c) 不同接枝率的木质素-METAC 聚合物的 TGA

到样品 3，随着接枝率的增加，METAC 的比率增加，木质素的热稳定性能逐渐变差。

（五）木质素-METAC 聚合物的水溶性分析

参考 Lappan 等的方法测定试样的溶解度。木质素或木质素-METAC 聚合物的溶解度按照公式（2-4）进行计算。

$$溶解度 = \frac{m}{V} \tag{2-4}$$

式中　V——所取的木质素或木质素-GTMAC 滤液的体积，L；

　　　m——所取一定体积滤液烘干后所得固体质量，g。

图 2-20 为木质素-METAC 和木质素在不同 pH 水溶液中的溶解度变化。从图 2-20 中可以看到，木质素的溶解度随溶液 pH 的增加而增加，当 pH 大于 10.5 时，其可溶解性达到 100%，能够实现完全溶解，浓度达到 10g/L。当 pH 为 10 时，木质素的溶解度降低到 2g/L，而当 pH 小于 7 时，溶解度低于 0.2g/L，几乎是不溶解的。但是对于木质素-METAC 聚合物而言，在相同浓度（10g/L）下，当 pH 从 0.5～13 发生变化时其都是可溶解的，这表明，通过共聚反应，在木质素骨架结构中引入 METAC 基团，使得木质素的水溶性发生了巨大的改变，这对于木质素的工业化利用具有重要意义。

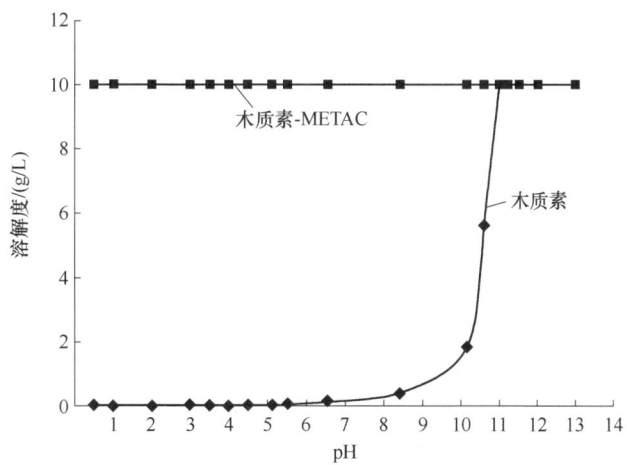

图 2-20　木质素-METAC 和木质素在不同 pH 下的溶解度（浓度为 10g/L）

参 考 文 献

[1] CHEN R, KOKTA B V, VALADE J L. Study on the graft-copolymerization of lignosulfonate and acrylic-monomers[J]. Journal of Applied Polymer Science, 1980, 25(10): 2211-2220.

[2] LORA J H, GLASSER W G. Recent industrial applications of lignin: A sustainable alternative to nonre-

newable materials[J]. Journal of Polymers and the Environment,2002,10(1-2):39-48.

[3] MACDONALD C. Bioproducts still seeking buyers[J]. Pulp & Paper Canada,2013,114(3):10-11.

[4] LIU Z H,NI Y H,FATEHI P,et al. Isolation and cationization of hemicelluloses from pre-hydrolysis liquor of kraft-based dissolving pulp production process[J]. Biomass & Bioenergy,2011,35(5):1789-1796.

[5] CHO J,GRANT J,PIQUETTE-MILLER M,et al. Synthesis and physicochemical and dynamic mechanical properties of a water-soluble chitosan derivative as a biomaterial[J]. Biomacromolecules,2006,7(12):3548-3548.

[6] COLLINS K D. Charge density-dependent strength of hydration and biological structure[J]. Biophysical Journal,1997,72(1):65-76.

[7] KAVALLAUSKAITE R,KLIMAVICIUTE R,ZEMAITAITIS A. Factors influencing production of cationic starches[J]. Carbohydrate Polymers,2008,73(4):665-675.

[8] QIU X,KONG Q,ZHOU M,et al. Aggregation behavior of sodium lignosulfonate in water solution[J]. Journal of Physical Chemistry B,2010,114(48):15857-15861.

[9] WARTELLE L H,MARSHALL W E. Quaternized agricultural by-products as anion exchange resins[J]. Journal of Environmental Management,2006,78(2):157-162.

[10] XU F,SUN R C,ZHAI M Z,et al. Comparative study of three lignin fractions isolated from mild ball-milled tamarix austromogoliac and caragana sepium[J]. Journal of Applied Polymer Science,2008,108(2):1158-1168.

[11] ZHOU S,LIU L,WANG B,et al. Microwave-enhanced extraction of lignin from birch in formic acid: Structural characterization and antioxidant activity study[J]. Process Biochemistry,2012,47(12):1799-1806.

[12] CHIEN S N,AMIDON T E,LAI Y Z. Fractionation of wood polymers by carboxymethylation: Exploring the strategy[J]. Tappi Journal,2012,11(1):29-37.

[13] REN J L,SUN R C,LIU C F,et al. Synthesis and characterization of novel cationic SCB hemicelluloses with a low degree of substitution[J]. Carbohydrate Polymers,2007,67(3):347-357.

[14] WANG Y B,XIE W L. Synthesis of cationic starch with a high degree of substitution in an ionic liquid[J]. Carbohydrate Polymers,2010,80(4):1172-1177.

[15] HENDRIKS A T W M,ZEEMAN G. Pretreatments to enhance the digestibility of lignocellulosic biomass[J]. Bioresource Technology,2009,100(1):10-18.

[16] LI M Y,FOSTER C,KELKAR S,et al. Structural characterization of alkaline hydrogen peroxide pretreated grasses exhibiting diverse lignin phenotypes[J]. Biotechnology for Biofuels,2012,5:1-15.

[17] LI Q,XU P,GAO W,et al. Graphene/graphene-tube nanocomposites templated from cage-containing

metal-organic frameworks for oxygen reduction in Li-O_2 Batteries[J]. Advanced Materials,2014,26(9):1378-1386.

[18] GOEL N K,RAO M S,KUMAR V,et al. Synthesis of antibacterial cotton fabric by radiation-induced grafting of [2-(Methacryloyloxy)ethyl]trimethylammonium chloride(MAETC) onto cotton[J]. Radiation Physics and Chemistry,2009,78(6):399-406.

[19] FANG R,CHENG X S,XU X R. Synthesis of lignin-base cationic flocculant and its application in removing anionic azo-dyes from simulated wastewater[J]. Bioresource Technology,2010,101(19):7323-7329.

[20] REN Y,LUO Y,ZHANG K,et al. Lignin terpolymer for corrosion inhibition of mild steel in 10% hydrochloric acid medium[J]. Corrosion Science,2008,50(11):3147-3153.

[21] YE D Z,JIANG L,MA C,et al. The graft polymers from different species of lignin and acrylic acid:Synthesis and mechanism study[J]. International Journal of Biological Macromolecules,2014,63:43-48.

[22] CONSTANTIN M,MIHALCEA I,OANEA I,et al. Studies on graft copolymerization of 3-acrylamidopropyl trimethylammonium chloride on pullulan[J]. Carbohydrate Polymers,2011,84(3):926-932.

[23] FATEHI P,SINGH R,ZIAEE Z,et al. Preparation and characterization of cationic poly vinyl alcohol with a low degree of substitution[J]. European Polymer Journal,2011,47(5):997-1004.

[24] SARKAR A K,MANDRE N R,PANDA A B,et al. Amylopectin grafted with poly(acrylic acid):development and application of a high performance flocculant[J]. Carbohydrate Polymers,2013,95(2):753-759.

[25] WANG X H,ZHANG Y K,HAO C,et al. Ultrasonic-assisted synthesis of aminated lignin by a Mannich reaction and its decolorizing properties for anionic azo-dyes[J]. Rsc Advances,2014,4(53):28156-28164.

[26] FANG R. Research on the graft copolymerization of EH-lignin with acrylamide[J]. Natural Science,2009,1(1):17-22.

[27] LUNDQUIST K. NMR studies of lignins. 5. Investigation of non-derivatized spruce and birch lignin by ^{1}H NMR spectroscopy[J]. Acta Chemica Scandinavica,1981,35:497-501.

[28] YANG J,HU D,XUE M,et al. Synthesis of P(AM-co-MAA)/AEM composite microspheres with lichi-like surface structure using porous microgel as template[J]. Journal of Colloid & Interface Science,2014,418:350-359.

[29] LAPPAN R E,PELTON R,MCLENNAN I,et al. Kraft lignin-poly(DADMAC) precipitate formation[J]. Industrial & Engineering Chemistry Research,1997,36(4):1171-1175.

第三章 阴离子木质素-AA聚合物的制备及其机理研究

近年来,木质素磺酸盐的产量以及质量在逐渐下降,然而对于木质素的需求在逐年上升,因此对于硫酸盐木质素的改性研究就显得尤为迫切和重要。硫酸盐木质素是通过对硫酸盐法制浆的黑液进行酸析得到的木质素,也是目前制浆造纸工业产量最大的木质素种类,但由于其仅在强碱性条件下是可溶的,从而限制了其应用领域。

对于木质素改性用于制备其他新型化合物的研究已有较多报道。Pang等利用过氧化氢在碱性条件下对木质素磺酸钙进行了氧化处理,制备了水泥分散剂,其分散效果提高了34.2%。Ouyang等对碱木质素进行了羟甲基化和羟乙基化以及磺化处理,其用作水泥分散剂时,效果比未使用分散剂提高了85%。He和Fatehi等对硫酸盐木质素进行了磺甲基化处理并制备了水泥分散剂。Aso等利用聚乙二醇缩水甘油醚、(2-乙氧基)丙基聚乙二醇缩水甘油醚和十二烷基聚乙二醇缩水甘油醚对硫酸盐木质素进行改性,制备了两性化合物并用作水泥分散剂。对于木质素的改性而言,改性后木质素所带有的功能基团及其分子量对于最终的使用效果具有至关重要的作用。研究表明,较低的分子量以及改性后木质素表面较低的功能基团含量均不利于其用作水泥分散剂的分散效果。当木质素磺酸钙的分子量由原来的30000g/mol降至1000g/mol时,其用作水泥分散剂时的分散效果降低了约45%。

接枝共聚反应作为一种有效提高分子量和功能基团的方法,对于木质素与功能基单体,如乙烯基单体的接枝共聚,已有一些报道,但大部分都是集中于木质素磺酸盐的改性,而对于硫酸盐木质素的接枝共聚改性研究相对较少。木质素与乙烯基单体的共聚反应可以采用不同的引发体系,如化学-酶引发体系、紫外光引发体系、Fe(Ⅱ)/Ca(Ⅱ)-H_2O_2体系、硝酸铈铵引发剂以及过硫酸盐引发剂等。

本章主要以硫酸盐木质素为原料,以丙烯酸(AA)为共聚改性单体,对其进行了阴离子化共聚改性研究,以期制备水溶性木质素-AA高分子聚合物,详细探讨水相体系碱性条件下木质素和丙烯酸共聚的相关工艺参数及其反应机理。利用红外光谱、核磁共振谱及凝胶渗透色谱等分析测试手段对反应产物的结构及性能进行一系列表征。其目的主要是探讨丙烯酸与硫酸盐木质素聚合后对木质素性能的影响,同时制备出中性条件下的水溶性木质素基功能化合物。

一、硫酸盐木质素（KL）和丙烯酸（AA）的共聚反应机理

目前，在木质素与乙烯基单体（如丙烯酸、丙烯酰胺）的共聚过程中，对于木质素所起的作用有两种不同的观点：①木质素的加入能起到加速单体共聚的作用，因为木质素中的酚羟基在共聚中能够提供反应的活化位点；②木质素的大分子结构会不同程度上抑制乙烯基单体的聚合。过去关于木质素磺酸盐与乙烯基单体共聚的研究表明，在共聚过程中，木质素磺酸盐（针叶木或阔叶木）的存在，在反应的初始阶段能够提高单体的转化率。而对于硫酸盐木质素与乙烯基单体共聚的作用机理至今未见报道。为了更好地理解硫酸盐木质素在与丙烯酸共聚的反应中所起的作用，我们对共聚反应中丙烯酸的转化率以及所产生的聚丙烯酸（PAA）和木质素-AA 聚合物（LCP）进行了检测分析，结果见图 3-1。

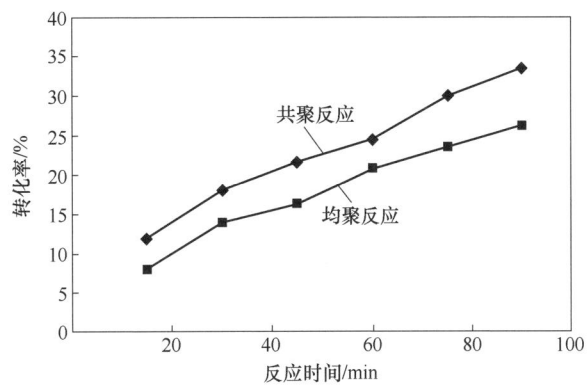

图 3-1 在制备木质素-AA 聚合物和聚丙烯酸时随着时间的延长丙烯酸的转化率变化

如图 3-1 所示，丙烯酸在生成 LCP 的共聚反应体系中比在合成聚丙烯酸的均聚反应体系中的转化率高。在 90min 的木质素与丙烯酸（AA）的共聚过程中，丙烯酸的最大转化率为 33.5%；而在均聚反应生成聚丙烯酸的体系中，丙烯酸的最大转化率仅为 26.2%。这表明，硫酸盐木质素的存在有利于丙烯酸的转化。由此可以看出，硫酸盐木质素促进了反应过程中丙烯酸的聚合。图 3-2 为硫酸盐木质素与丙烯酸共聚的相关机理。由于针叶木木质素主要是由愈创木基结构单元组成，主要为松伯醇结构单元，因此，图 3-2 中用松伯醇代表硫酸盐木质素。在共聚反应中，首先如反应（1）和（2）所示，$K_2S_2O_8$ 与 $Na_2S_2O_3$ 发生氧化还原反应产生硫酸根自由基，硫酸根自由基引发乙烯基单体形成自由基，从而发生自由基的均聚反应。同时，如反应（3）所示硫酸根自由基也会攻击不稳定的硫酸盐木质素中的酚羟基，从而产生酚氧自由基，使得共聚反应发生。

此外，酚氧自由基能够产生共振结构，如 C5 自由基、C1 自由基和 Cβ 自由基，这些共振结构（自由基）均能够参加共聚反应［反应（4）］，与扩散的单体或木质素共聚物大分子链发生自由基聚合反应［反应（5）］。如文献中报道，在这些反应中木质素起到了链

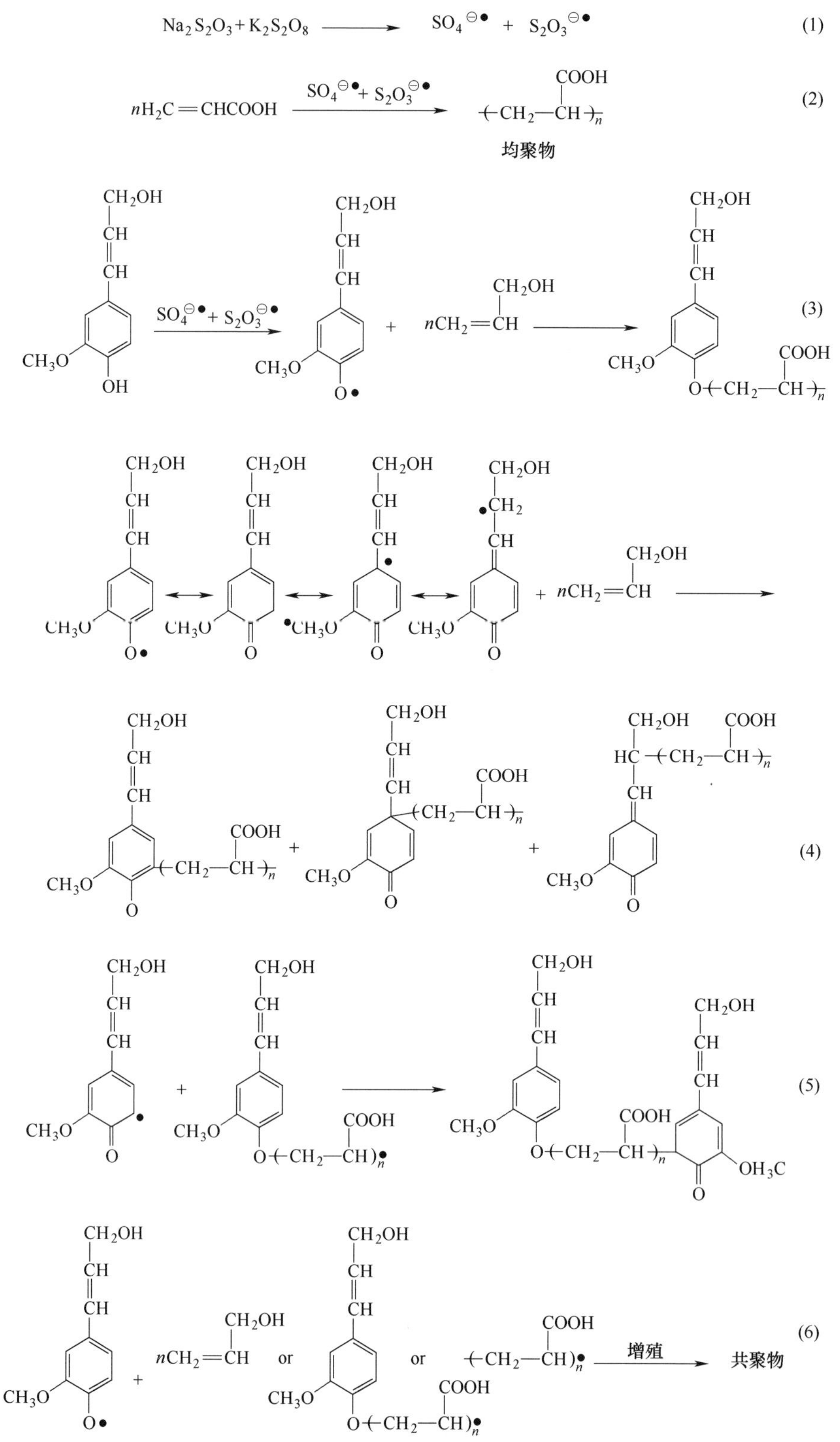

图 3-2　硫酸盐木质素与丙烯酸的共聚机理

转移的作用,在共聚体系中,这将会影响聚丙烯酸分子量的形成。为了阐明这一点,对聚丙烯酸的分子量和分子量分布进行了检测,所使用的聚丙烯酸(H-PAA)是在最优条件下制备的(不添加硫酸盐木质素)。同时对于有木质素存在的体系中产生的聚丙烯酸(S-PAA)的分子量和分子量分布也进行了检测,如表3-1以及图3-3、图3-4所示。

表3-1 H-PAA 和 S-PAA 的分子量检测结果

样品	$\overline{M}_{r,n}$/(g/mol)	$\overline{M}_{r,m}$/(g/mol)	$\overline{M}_{r,m}/\overline{M}_{r,n}$
H-PAA	5050	6900	1.366
S-PAA	4380	5700	1.301

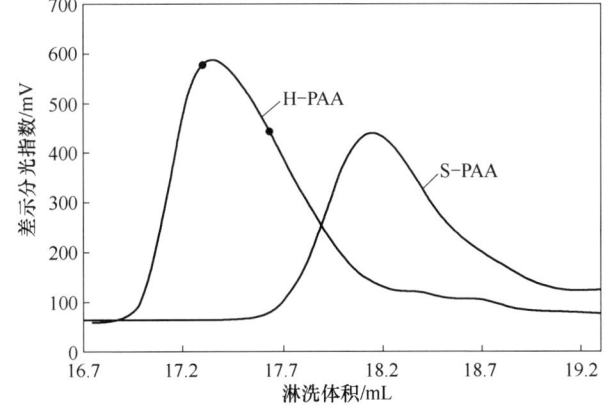

图3-3 H-PAA 和 S-PAA 的 GPC 色谱图

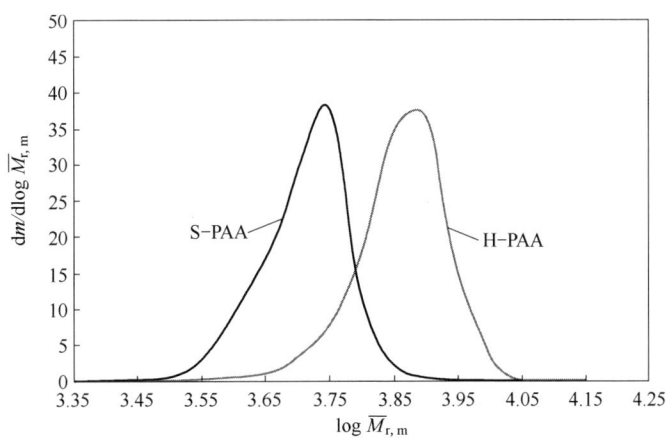

图3-4 H-PAA 和 S-PAA 的分子量分布图

研究发现,S-PAA 聚丙烯酸的分子量和分子量分布较 H-PAA 聚丙烯酸的低和窄,这就说明了硫酸盐木质素在共聚反应中确实扮演着链转移的角色,并能中止聚合物自由基的增长。

由于木质素上存在大量的酚羟基和脂肪族羟基，聚丙烯酸可能会通过聚丙烯酸中的羧基和木质素结构中的醇羟基的酯化反应接枝到硫酸盐木质素上。为了分析在木质素与丙烯酸的共聚反应中是否发生了酯化反应，将硫酸盐木质素在引发剂存在的条件下与聚丙烯酸进行了反应，最终的产物用核磁进行了氢谱分析，其结果见图3-5中。由图3-5中的谱图可以看出，在最终所得的产物中未能检测到聚丙烯酸特征峰的存在，这就意味着PAA并没有接枝到木质素上。因此，在这个体系中木质素与聚丙烯酸并没有发生酯化反应。

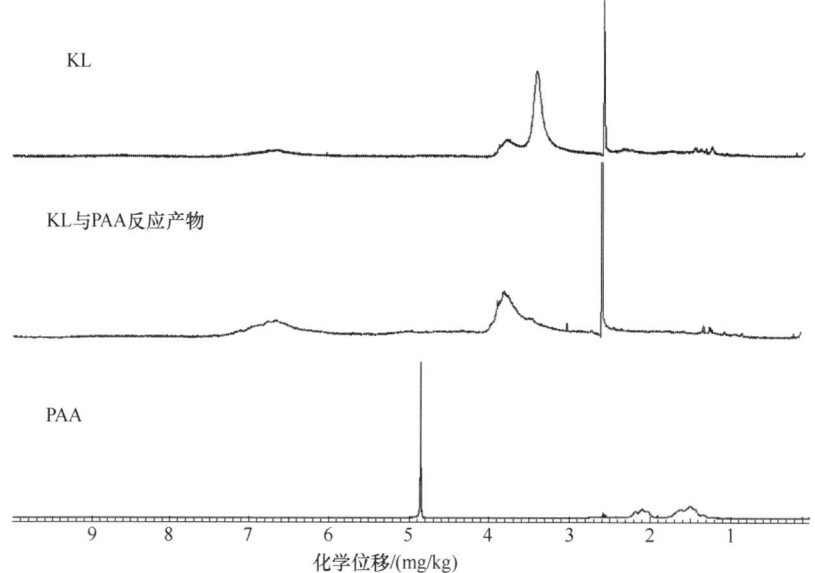

图3-5 硫酸盐木质素（KL）、聚丙烯酸（PAA）以及KL与PAA的反应产物的^{1}H-NMR谱图

正如文献报道所述，硫酸盐木质素是一种非常复杂的高分子化合物，其分子内含有不同的结构，如：α-羰基（共轭约10%）、对苯基乙烯（约5%）和乙烯醚（约3%～4%）。木质素结构单元中的这些共轭双键结构，在自由基共聚反应中是否能够被引发形成自由基，并最终参与到木质素与丙烯酸的共聚反应中呢？为解释该问题，对硫酸盐木质素进行了乙酰化处理。木质素的乙酰化可以保护木质素结构单元中的酚羟基和脂肪族羟基，同时其他结构不受影响（如共轭羰基结构）。

图3-6为硫酸盐木质素和乙酰化木质素的核磁磷谱图。为了判断其他功能键的存在是否会参与木质素与AA的共聚反应，我们将乙酰化KL与AA进行反应，并对最终反应所得产物进行了核磁氢谱分析，如图3-7所示。由图3-7中图谱可以看出，最终所得产物的谱图中并没有观察到PAA的特征峰，这就意味着AA并没有接枝到不含有酚羟基和脂肪族羟基的木质素上。这也表明了，木质素结构单元中的共轭双键结构并没有参与到木质素与AA

的共聚反应中来,也就是说木质素结构中的共轭双键结构对于硫酸盐木质素与 AA 的共聚反应没有贡献。

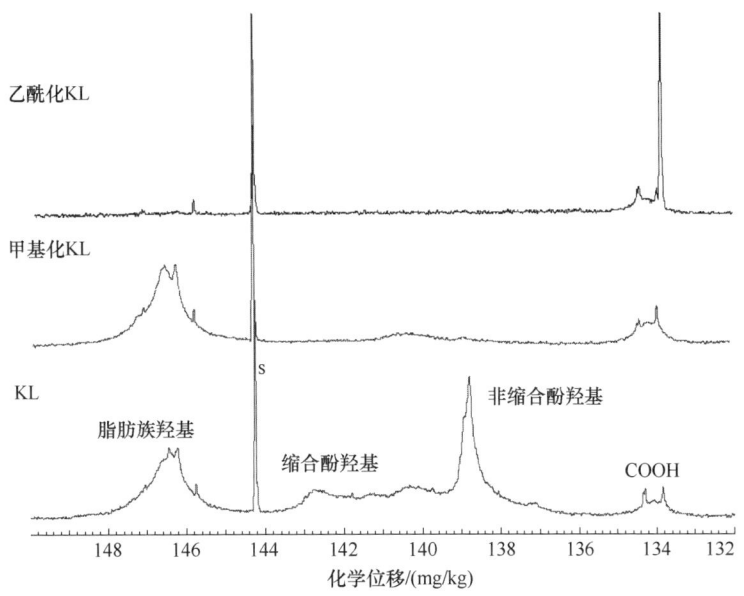

图 3-6　KL、甲基化 KL 以及乙酰化 KL 的 ^{31}P-NMR 谱图

在硫酸盐木质素与 AA 的共聚反应中,由于苯氧自由基的高稳定性和脂肪醇自由基的低稳定性,木质素自由基主要来源于酚羟基基团。为了证明在这个反应中木质素自由基来源于酚羟基基团,首先用硫酸二甲酯将硫酸盐木质素进行了甲基化,由于甲基化只发生在木质素结构单元的酚羟基基团上,因而甲基化后的木质素结构单元上仅存在脂肪族羟基,如图 3-6 所示。然后,利用甲基化后的木质素与 AA 进行共聚反应。对反应后的产物进行 ^{1}H-NMR 检测分析(图 3-7)。由图 3-7 可以看出,在最终反应产物的谱图中并没有发现 PAA 的特征峰,这表明:①AA 不能接枝到没有酚羟基结构的木质素单元上;②硫酸盐木质素上脂肪族羟基的存在并不会促进丙烯酸与木质素的接枝共聚反应。此外,硫酸盐木质素上酚羟基基团的含量从未共聚的 1.73mmol/g 下降到共聚后的 0.87mmol/g,表明硫酸盐木质素的酚羟基参与了共聚反应。

由于苯氧自由基存在其共振结构,如 C5 自由基、C1 自由基和 Cβ 自由基[图 3-2 反应(4)]。这些共振结构在该聚合反应中是否参与了共聚反应? 为弄清该问题,采用过氧化氢预处理的方法对硫酸盐木质素进行了处理,以便除去木质素结构中的羰基结构。图 3-8 为硫酸盐木质素以及用过氧化氢处理过的硫酸盐木质素的红外谱图。由图 3-8 可以看出,归属于木质素上的羰基结构特征峰的 1710cm^{-1} 处的吸收峰,在采用过氧化氢处理后的木质素中是非常弱的,而在未经过氧化氢处理的木质素中的吸收是很强的。这表明,采用

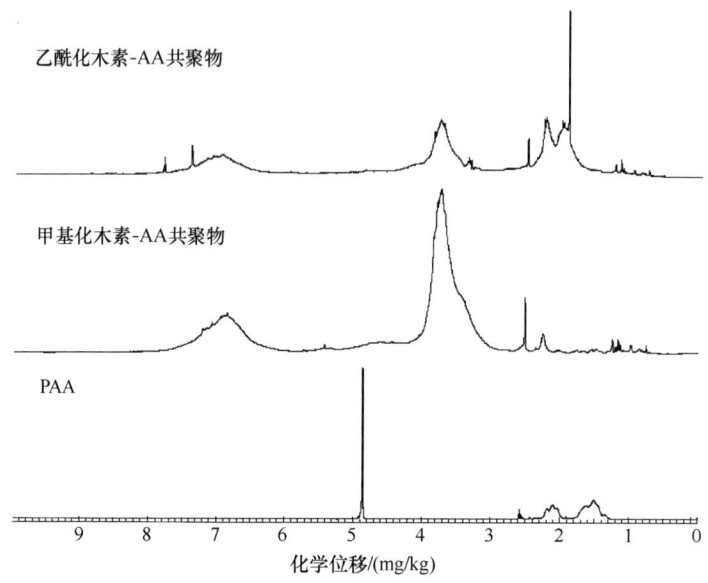

图3-7 乙酰化 KL-AA 共聚物、甲基化 KL-AA 共聚物以及 PAA 的 ^{1}H-NMR 分析

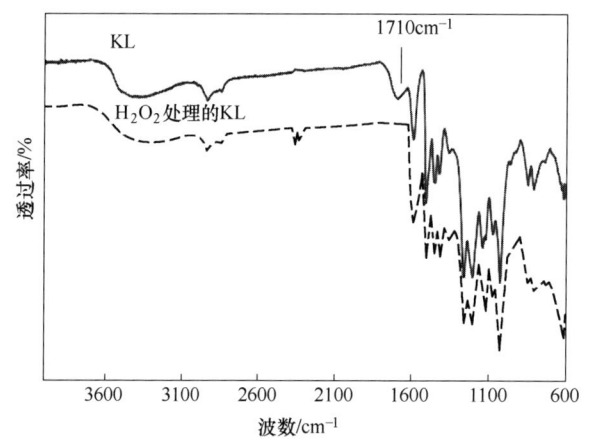

图3-8 过氧化氢处理的和未处理的 KL 的红外谱图

过氧化氢对硫酸盐木质素进行前期处理,可以有效地去除存在于硫酸盐木质素中的羰基结构。

图3-9 为 H_2O_2 处理后和未处理的木质素制备木质素聚合物 LCP 以及 PAA 的红外谱图。由图3-9 可以看出,两种不同方式处理的木质素制备的木质素聚合物中均含有羰基基团(其谱图均在 $1710cm^{-1}$ 处存在特征吸收峰)。因此,从图3-8 和图3-9 的结果中可以推断出,由苯氧自由基产生的共振结构自由基均参与了共聚反应,反应过程如图3-2 所示。类似的行为在阔叶木木质素磺酸盐与 AA 共聚的反应中曾有报道。因此,木质素苯氧基自由基能够与 AA 单体、聚合的单体大分子以及木质素单体大分子进行共聚反应,最终形成木质

素-AA 聚合物（LCP）[图 3-2 中反应（6）]。在该共聚过程中，来自单体（丙烯酸）的羧基基团被引入木质素聚合物分子上，从而能够增加其水溶性和电荷密度，同时也能够使木质素聚合物的分子量增加。

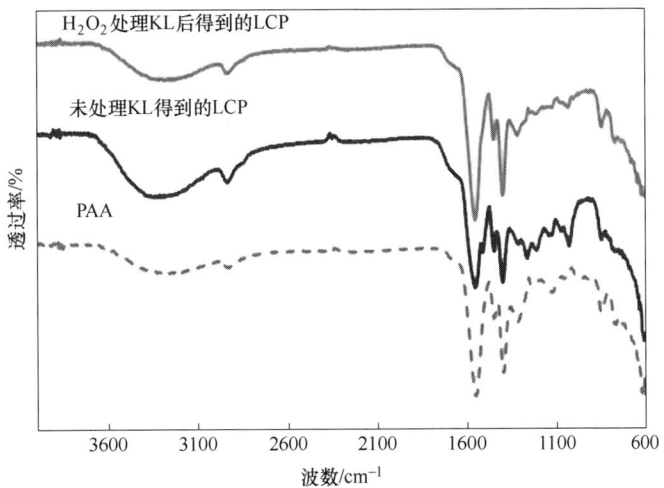

图 3-9　H_2O_2 处理后和未处理的木质素制备的聚合物 LCP 以及 PAA 的红外谱图

二、反应条件对木质素与丙烯酸共聚效果的影响

（一）引发剂用量对木质素-AA 聚合物电荷密度和接枝率的影响

引发剂用量对木质素-AA 聚合物的电荷密度和接枝率的影响如图 3-10 所示。由图 3-10 可以看出，木质素-AA 聚合物的接枝率和电荷密度随着引发剂用量的逐渐增加而增加，在引发剂用量为 1.5% 时，聚合物的接枝率和电荷密度达到最高，分别为 39.6% 和 1.38mmol/g，这是由于在该条件下产生了更多的自由基。当引发剂用量超过 1.5% 时，木质素聚合物的接枝率和电荷密度呈现下降趋势，这归因于单体分子之间碰撞的机会增多，使得副产物聚丙烯酸增加，增大了自由基的耦合终止反应。图 3-10 中给出了共聚过程中产生的聚丙烯酸与消耗的丙烯酸的比值的变化情况。由图 3-10 可知，反应过程中产生的聚丙烯酸与消耗的丙烯酸的比值随着引发剂的增加而逐渐增大。当引发剂用量为 3.0% 时，46.7% 的丙烯酸单体转化为聚丙烯酸。类似的结果在碱木质素与丙烯酰胺共聚的研究中也有报道。

（二）丙烯酸与木质素摩尔比对木质素-AA 聚合物电荷密度和接枝率的影响

图 3-11 为丙烯酸与木质素的摩尔比对聚合物电荷密度和接枝率的影响。由图 3-11 可以看出，聚合物的电荷密度与接枝率的变化趋势基本一致，均随着丙烯酸与硫酸盐木质素摩尔比的增加而逐渐增加。在摩尔比为 10 时，所得聚合物的电荷密度和接枝率达到最大值。当两者的摩尔比从 10 增加到 13.5 时，聚合物的电荷密度从 1.30mmol/g 降低到

0.80mmol/g，接枝率从 38.5%降低到 33.2%。聚合物电荷密度和接枝率的增加，归因于丙烯酸与木质素比例较高时，两者发生碰撞反应的机会增加。然而，当摩尔比过高（超过10）时，聚丙烯酸的形成占主导地位，这能够在图 3-11 的聚丙烯酸的产生和丙烯酸的消耗比例中得到证明。当丙烯酸与木质素的摩尔比增加到 13.5 时，58.3%的丙烯酸单体转化为聚丙烯酸，这与摩尔比为 10 时的转化率相比提高了 10%。

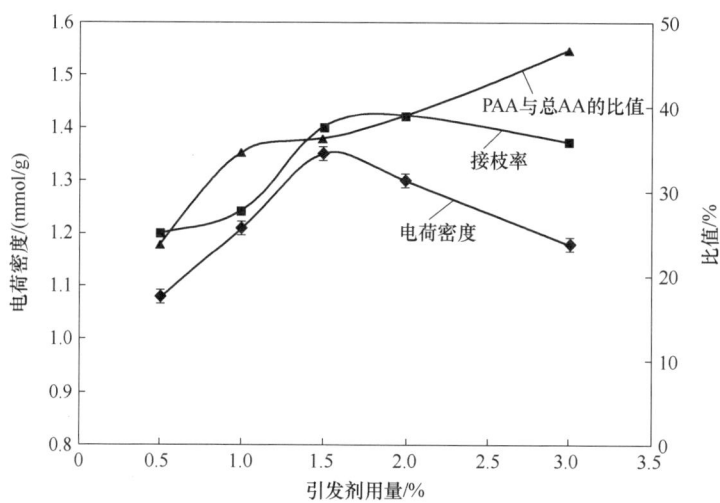

图 3-10　引发剂用量对木质素-AA 聚合物电荷密度和接枝率的影响
（反应条件：木质素浓度为 0.2mol/L，AA/KL 的摩尔比为 6，反应温度为 60℃，反应时间为 2h）

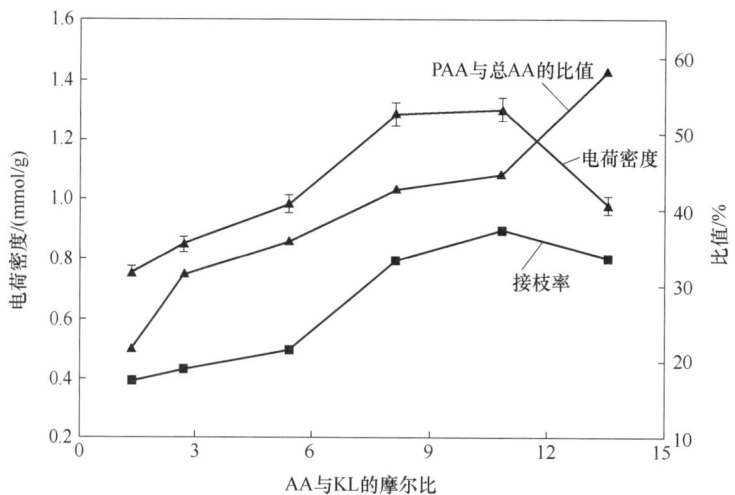

图 3-11　丙烯酸与木质素的摩尔比对木质素-AA 聚合物电荷密度和接枝率的影响
（反应条件：木质素浓度为 0.2mol/L，引发剂用量为 1.5%，反应温度为 60℃，反应时间为 2h）

（三）反应时间对木质素-AA 聚合物电荷密度和接枝率的影响

反应时间对木质素-AA 聚合物电荷密度和接枝率的影响见图 3-12。聚合物的接枝率和电荷密度均随着反应时间的延长而增加，当反应时间从 0.5h 增加到 2h 时变化非常明显，进一步延长反应时间，木质素-AA 聚合物的电荷密度和接枝率的增加变得缓慢。木质素-AA 聚合物的电荷密度和接枝率的增加主要是由于随着反应时间的延长，反应体系中木质素自由基与单体丙烯酸自由基之间发生了更多的链增长反应，从而使得木质素-AA 聚合物中的分子链越来越长，电荷密度增加，接枝率增加。

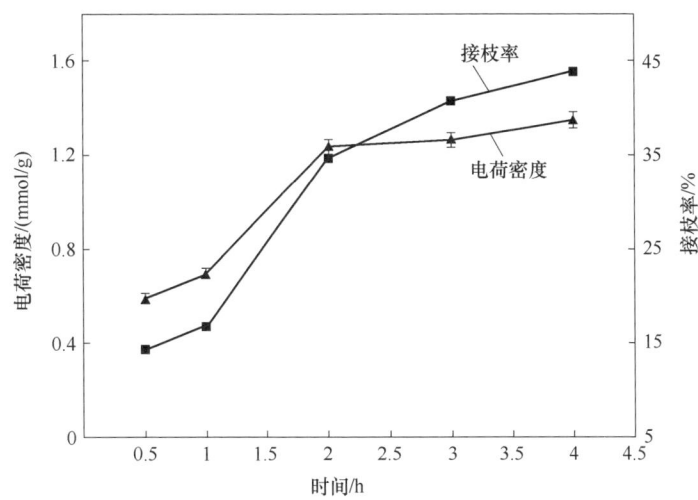

图 3-12 反应时间对木质素-AA 聚合物电荷密度和接枝率的影响（反应条件：木质素浓度为 0.2mol/L，引发剂用量为 1.5%，丙烯酸与木质素摩尔比为 6，反应温度为 60℃）

（四）温度对木质素-AA 聚合物电荷密度和接枝率的影响

温度对木质素聚合物的接枝率和电荷密度的影响如图 3-13 所示。随着反应温度的升高，最终所得聚合物的电荷密度以及接枝率均逐渐增加，当反应温度为 70℃时，电荷密度和接枝率达到最大值，分别为 1.35mmol/g 和 36%。

从图 3-13 中可以看到，当温度超过 70℃时，电荷密度和接枝率会轻微下降，这与引发剂较短的半衰期有关。这符合聚丙烯酸反应中的链中止和链转移现象。

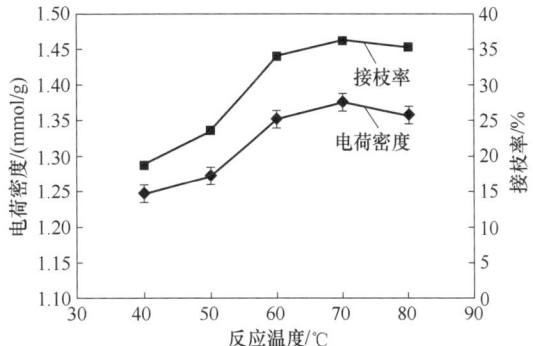

图 3-13 温度对木质素-AA 聚合物电荷密度和接枝率的影响（反应条件：木质素浓度为 0.2mol/L，丙烯酸与木质素摩尔比为 6，引发剂用量为 1.5%，反应时间为 2h）

为了探讨产生上述结果的主要原因，对木质素分子在不同温度下的水力学粒径进行了检测，结果见图3-14。木质素的平均水力学粒径和多分散性从40℃时的10.2nm和0.377分别降低到了80℃时的4.1nm和0.299。这些数值的下降意味着木质素分子在温度升高

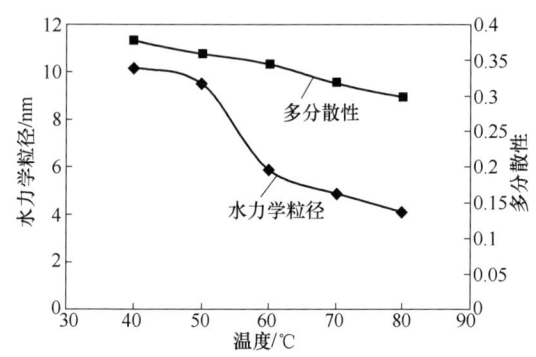

图3-14 在pH为11.0的水溶液中，温度对硫酸盐木质素的水力学粒径和多分散性的影响

时，其大分子聚集态发生了变化，由高聚集状态向低聚集态转变，木质素更多地以低聚集态存在于溶液中，也就是说，在高温下其位阻现象降低，这就使得丙烯酸单体能够更多地接触硫酸盐木质素上的反应位点，如图3-14所示。这种现象和一些文献报道的相一致，如高温下，针叶木木质素和磺酸盐木质素中的大分子往往有分离为单个木质素分子的趋势以及单个木质素分子有伸展的趋势。图3-14的结果表明，硫酸盐木质素与丙烯酸的共聚是一个吸热反应，高温有利于反应的进行。

（五）木质素浓度对木质素-AA聚合物电荷密度和接枝率的影响

木质素浓度对聚合物电荷密度和接枝率的影响如图3-15所示。当木质素浓度从0.05mol/L增加到0.35mol/L时，聚合物的电荷密度从0.52mmol/g增加到1.25mmol/g，同时接枝率从17.1%增加到42.1%。这些增加归因于浓度的增加使得聚合物中的木质素自由基、单体自由基和引发剂分子之间碰撞的机会增多，有利于反应的进行。

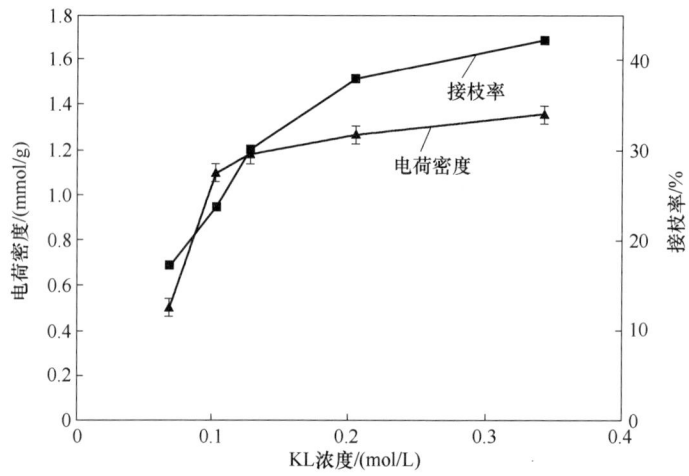

图3-15 木质素浓度对聚合物电荷密度和接枝率的影响（反应条件：丙烯酸与硫酸盐木质素的摩尔比为6，引发剂用量为1.5%，反应时间为2h，反应温度为60℃）

综上所述制备木质素-AA 聚合物的最优工艺条件为 0.35mol/L 的硫酸盐木质素、丙烯酸与硫酸盐木质素的摩尔比为 8、引发剂的浓度为 1.5%（基于木质素的绝干质量）、反应温度为 70℃、反应时间为 3h。在此条件下制备的木质素-AA 聚合物的特性列于表 3-2 中，木质素-AA 聚合物的负电荷密度为 1.86mmol/g，明显高于硫酸盐木质素，分子量也从木质素的 17890g/mol 增加到了 46420g/mol。

表 3-2　硫酸盐木质素和木质素-AA 聚合物的特性

样品	硫酸盐木质素	木质素-AA 聚合物
接枝率/%	—	45.3
电荷密度/(mmol/g)	-0.01	-1.86
$\overline{M}_{r,n}$/(g/mol)	5150	21360
$\overline{M}_{r,m}$/(g/mol)	17890	46420
$\overline{M}_{r,m}/\overline{M}_{r,n}$	3.47	2.173

三、木质素-AA 聚合物的表征

（一）硫酸盐木质素、木质素-AA 聚合物和聚丙烯酸的红外表征

硫酸盐木质素的红外谱图见图 3-8，木质素聚合物和聚丙烯酸的红外谱图见图 3-9。谱图中 1266cm^{-1} 和 1140cm^{-1} 处的红外吸收峰分别归属于愈创木基结构上 C—O 和 C—H 的伸缩振动，表明该硫酸盐木质素为针叶木木质素。3425cm^{-1} 处的吸收峰是由于羟基的振动产生的。硫酸盐木质素骨架的特征峰分别出现在 1591cm^{-1}、1510cm^{-1} 和 1423cm^{-1}。

图 3-9 中木质素-AA 聚合物（LCP）的图谱中显示在 1558cm^{-1} 和 1406cm^{-1} 处表现出了非常强烈的吸收峰，而硫酸盐木质素的图谱中显示在 1558cm^{-1} 和 1406cm^{-1} 处没有出现吸收峰（图 3-8）。1558cm^{-1} 和 1406cm^{-1} 处的吸收峰归属于羧基基团（阴离子羧基—COO—的对称伸缩振动），该基团在上述两个波数出现的特征吸收峰也同样存在于聚丙烯酸的图谱中，表明丙烯酸与木质素成功发生了共聚反应。同时，木质素聚合物在 1510cm^{-1} 处出现的吸收峰，证明了木质素中芳香环的存在，同时表明发生共聚反应后木质素中的苯环骨架结构仍旧存在，没有被破坏。由图 3-8 和图 3-9 还发现，归属于木质素结构中的游离酚羟基基团的 1028cm^{-1} 处的吸收峰的相对强度有所变化，表现为共聚后该处的相对吸收强度有所降低，表明经共聚反应后，木质素结构中未醚化的酚羟基基团的含量有所降低，证明共聚反应中木质素结构中的酚羟基参与了反应。

（二）木质素和木质素-AA 聚合物（LCP）的核磁氢谱分析

硫酸盐木质素（KL）和木质素-AA 聚合物（LCP）的核磁氢谱图分别见图 3-16（a）和图 3-16（b），聚丙烯酸的核磁谱图见图 3-5。图 3-16（a）中，在 9.4mg/kg 处的峰归属于

醛基上的质子氢；在 8.47mg/kg 处的峰归属于未被取代的酚羟基上的质子氢；7.42mg/kg 处的峰归属于被取代的苯酚上的质子氢；6.93～6.15mg/kg 处的峰归属于芳香族上的质子氢以及与苯环共轭的烯烃上的氢；5.75～5.15mg/kg 处的吸收峰归属于脂肪族上的质子氢，包括 $H_α$ 和 $H_β$。3.25～3.81mg/kg 处的吸收峰归属于木质素甲氧基上的质子氢，3.36mg/kg 处的吸收峰归属于 β-β 结构中的亚甲基质子氢。在图 3-5 中的聚丙烯酸谱图中可以看到，1.6mg/kg 处出现的吸收峰归属于丙烯酸单元结构中 C1 上的氢，2.2mg/kg 处出现的吸收峰归属于丙烯酸单元结构中的 C2，2.6mg/kg 处出现的吸收峰归属于聚丙烯酸中的氢氧末端基。

图 3-16（b）为木质素-AA 共聚物（LCP）的核磁氢谱图。由图中可以看出，代表聚丙烯酸链段部分的特征吸收峰，分别在 1.6mg/kg、2.2mg/kg 和 2.6mg/kg 处出现；代表木质素的吸收峰分别在 3.36mg/kg、3.81mg/kg、6.65mg/kg、7.42mg/kg、8.47mg/kg 和 9.4mg/kg 处出现。这些都证明了木质素和丙烯酸共聚反应的成功发生。此外，在 4.30mg/kg 处的吸收峰代表的是木质素聚合物（硫酸盐木质素图谱中未检测到该峰的存在）归属于—$CH_2COC_6H_5$ 中的 CH_2 结构上的质子氢。这进一步证明了木质素与丙烯酸的共聚反应是通过木质素苯环上的游离酚羟基发生的。这与前面的红外谱图中的分析结果是一致的。

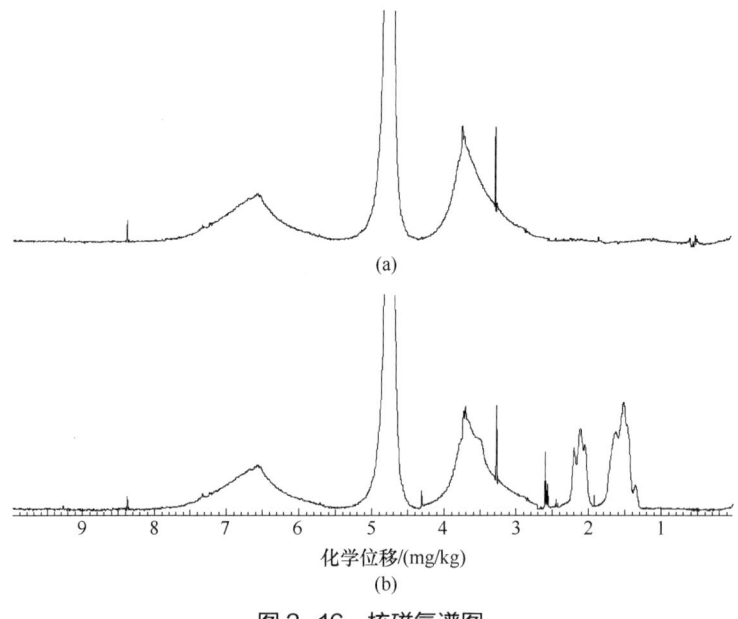

图 3-16 核磁氢谱图
(a)硫酸盐木质素(KL) (b)木质素-AA 聚合物(LCP)

（三）硫酸盐木质素和木质素-AA 聚合物溶解性分析

酸碱度对木质素-AA 聚合物（LCP）和硫酸盐木质素（KL）溶解度的影响见图 3-17。

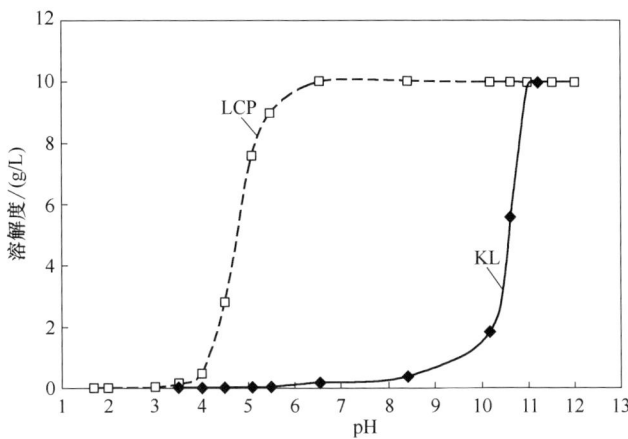

图3-17　pH对木质素-AA聚合物（LCP）和硫酸盐木质素（KL）溶解度的影响

由图3-17可知，当pH降至10时，硫酸盐木质素的溶解度明显下降，少于2g/L。而对于木质素聚合物，在pH为5时仍旧有较高的溶解度，只有当溶液的pH低于4时其溶解度才降低到很小。众所周知，羧酸的pKa在4.35左右，这说明木质素-AA聚合物的溶解是由于羧基基团的存在而引起的，当溶液的pH高于4.0时，其羧酸基团处于电离状态，从而使木质素-AA聚合物（LCP）可以溶解在溶液中。由图3-17可以看到，在pH为7时，硫酸盐木质素的溶解度较低，仅为0.18g/L，而木质素-AA聚合物的溶解度则可达到10g/L，这表明通过共聚反应后，木质素聚合物在水中的溶解性能得到了明显的改善。

参 考 文 献

[1] ASSAAD J J,ASSEILY S E. Use of water reducers to improve grindability and performance of portland cement clinker[J]. Journal of the American Concrete Institute,2011,108(6):619-627.

[2] LAURICHESSE S,AVEROUS L. Chemical modification of lignins:Towards biobased polymers[J]. Progress in Polymer Science,2014,39(7):1266-1290.

[3] SAAD R,HAWARI J. Grafting of lignin onto nanostructured silica SBA-15:preparation and characterization[J]. Journal of Porous Materials,2013,20(1):227-233.

[4] SHULGA G,SHAKELS V,ANISKEVICHA O,et al. Effect of alkaline modification on viscometric and surface-active properties of soluble lignin[J]. Cellulose Chemistry and Technology,2006,40(6):383-392.

[5] NORGREN M,EDLUND H. Lignin:Recent advances and emerging applications[J]. Current Opinion in Colloid & Interface Science,2014,19(5):409-416.

[6] PANG Y X,QIU X Q,YANG D J,et al. Influence of oxidation,hydroxymethylation and sulfomethylation on the physicochemical properties of calcium lignosulfonate[J]. Colloid Surface A,2008,312(2-3):154-159.

［7］ ONYANG X P,KE L X,QIU X Q,et al. Sulfonation of alkali lignin and its potential use in dispersant for cement［J］. Journal of Dispersion Science and Technology,2009,30(1):1-6.

［8］ HE W,FATEHI P. Preparation of sulfomethylated softwood kraft lignin as a dispersant for cement admixture［J］. RSC Advances,2015,5(58),47031-47039.

［9］ CHEN R,KOKKATA B V,VALADE J L. Study on the graft copolymerization of lignosulfonate and acrylic monomers［J］. Journal of Applied Polymer Science,1980,25(10):2211-2220.

［10］ ADLER E. Lignin chemistry-past,present and future［J］. Wood Science and Technology,1977,11(3):169-218.

［11］ ROJITH G,BRIGHT SINGH I S. Hydrogen peroxide pretreatment efficiency comparison and characterisation of lignin recovered from coir pith black liquor［J］. Journal of Environmental Research and Development,2013,7(4):1333-1339.

［12］ KODA K,GASPAR A R,YU L,et al. Molecular weight-functional group relations in softwood residual kraft lignins［J］. Holzforschung,2005,59(6):612-619.

［13］ YANG D J,QIU X Q,PANG Y X,et al. Physicochemical properties of calcium lignosulfonate with different molecular weights as dispersant in aqueous suspension［J］. Journal of Dispersion Science and Technology,2008,29(9):1296-1303.

［14］ YE D Z,JIANG X C,XIA C,et al. Graft polymers of eucalyptus lignosulfonate calcium with acrylic acid:synthesis and characterization［J］. Carbohydrate Polymers,2012,89(3):876-882.

［15］ LIU X Q,LU J L,ZHANG W N,et al. Radiation-induced graft polymerization of high reactive polyisobutylene on lignosulfonate［J］. Asian Journal of Chemistry,2011,23(9):4027-4030.

［16］ IBRAHIM M N M,AHMED-HARAS M R,SIPAUT C S,et al. Preparation and characterization of a newly water soluble lignin graft copolymer from oil palm lignocellulosic waste［J］. Carbohydrate Polymers,2010,80(4):1102-1110.

［17］ MOZE A,ZULE J. Graft copolymerisation of magnefite lignin with acrylamide and acrylic acid monomers［J］. Cellulose Chemistry and Technology,1999,33(5-6):415-422.

［18］ LIU X,XU Y,YU J,et al. Integration of lignin and acrylic monomers towards grafted copolymers by free radical polymerization［J］. International Journal of Biological Macromolecules,2014,67:483-489.

［19］ LIU X,WANG J,LI S,et al. Preparation and properties of UV-absorbent lignin graft copolymer films from lignocellulosic butanol residue［J］. Industrial Crops and Products,2014,52:633-641.

［20］ EL-ZAWAEY W K,IBRAHIM M M. Preparation and characterization of novel polymer hydrogel from industrial waste and copolymerization of poly(vinyl alcohol) and polyacrylamide［J］. Journal of Applied Polymer Science,2012,124(5):4362-4370.

［21］ CHEN R,KOKTA B V,VALADE J L. Graft co polymerization of lignosulfonate and styrene［J］. Journal of Applied Polymer Science,1979,24(7):1609-1618.

[22] MAI C,MAJCHERCZYK A,HUTTERMANN A. Chemo-enzymatic synthesis and characterization of graft copolymers from lignin and acrylic compounds[J]. Enzyme and Microbial Technology,2000,27(1-2):167-175.

[23] YE D Z,JIANG L,MA C,et al. The graft polymers from different species of lignin and acrylic acid:Synthesis and mechanism study[J]. International Journal of Biological Macromolecules,2014,63:43-48.

[24] SARKANEN K V,HERGERT H L. Lignins:occurrence,formation,structure and reactions[M]. Lignins Occurrence Formation Structure & Reactions,1971.

[25] HU L H,PAN H,ZHOU Y H,et al. Chemical groups and structural characterization of lignin via thiol-mediated demethylation[J]. Journal of Wood Chemistry and Technology,2014,34(2):122-134.

[26] PHILLIPS R,BROWN W,STANNETT V. The graft copolymerization of styrene and lignin. III. Chain transfer reactions of lignin and lignin model compounds[J]. Journal of Applied Polymer Science,1973,17(2):443-451.

[27] LUNDQUIST K. NMR-Studies of Lignins . 4. Investigation of Spruce Lignin by ^{1}H-NMR Spectroscopy [J]. Acta Chemica Scandinavica Series B-Organic Chemistry and Biochemistry,1980,34(1):21-26.

[28] PAN X,KADLA J F,EHARA K,et al. Organosolv ethanol lignin from hybrid poplar as a radical scavenger:relationship between lignin structure,extraction conditions,and antioxidant activity[J]. Journal of Agricultural and Food Chemistry,2006,54(16):5806-5813.

[29] SADEGHIFAR H,CUI C Z,Argyropoulos D S. Toward Thermoplastic Lignin Polymers. Part 1. Selective Masking of Phenolic Hydroxyl Groups in Kraft Lignins via Methylation and Oxypropylation Chemistries [J]. Industrial & Engineering Chemistry Research,2012,51(51):16713-16720.

第四章　两性木质素的制备及应用

木质素具有苯基丙烷结构单元,可作为制备苯及衍生物和芳香族化合物的原料,同时也可用作表面活性剂、合成黏合剂或燃料,具备较为可观的应用前景和经济效益。木质素作为生物质,具有储量丰富、可再生、环境友好和可生物降解等特点,已成为制备生物质表面活性剂的最佳原料之一。碱木质素具备一定的表面活性,但由于其分子量分布宽泛,结构复杂,缺少规律的亲油亲水基团,难以在两相界面上规则排列,表面活性功能的应用受到了限制。因此,需对碱木质素进行一定的化学修饰,以满足其产生表面活性的条件。Homma 等将长烷基聚乙二醇引入硫酸盐木质素和木质素磺酸盐结构中,利用十二烷氧基聚乙二醇缩水甘油醚(DAEO)与木质素进行接枝,制备了一系列高表面活性的木质素基表面活性剂。Kenny 等通过将木质素、胺(聚丙烯酰胺或六亚甲基四胺)和表面活性剂(十二烷基苯磺酸钠)在 NaCl 溶液中混合,制备出一种新型木质素基阴离子表面活性剂。Zhou 等通过将木质素磺酸钠和聚乙二醇的长链接枝来制备木质素基聚氧乙烯(SL-PEG),同时与十六烷基三甲基溴化铵(CTAB)以不同的质量比复配得到不同分子量的木质素基阴-阳离子表面活性剂(CA-SLs)。在二甲基苄胺存在的条件下,Chen 等将碱性木质素与月桂基缩水甘油醚反应以结合亲油性长烷基链,再与氯磺酸磺化,引入亲水性磺酸碱,合成一类阴离子表面活性剂。

α-甲基肉桂酸(MCA)及其衍生物具有重要的生物活性且来源广泛,具备一定的亲油疏水性能。二乙烯三胺(DETA)含有三个氨基基团,具有相对高效的亲水性。将这两种物质引入碱性木质素后,木质素不仅可以提高亲水性能,还可以在酸性条件下形成阳离子并作为阳离子表面活性剂。在各种表面活性剂中,阳离子表面活性剂有望成为未来最有发展前景的一种,这主要是由于其乳化性能和杀菌特性及其在化妆品和药物制剂中的多功能应用。因此,在碱性木质素中引入 α-甲基肉桂酸(MCA)或者其衍生物作为亲油基团,而二乙烯三胺(DETA)作为亲水基团可以得到两亲性的改性木质素。

同时,第二章第二节讨论了阳离子木质素-METAC 聚合物的性能,第三章讨论了阴离子木质素-AA 聚合物的制备和表征,在此基础上,以针叶木硫酸盐木质素为原料,以丙烯酸(AA)作为阴离子单体,以 2-(甲基丙烯酰氧基)乙基三甲基氯化铵(METAC)为阳离子单体在水溶液中可制备得到三元接枝共聚物,即木质素-AA-METAC 聚合物(两性硫酸盐木质素聚合物）。

本章主要介绍在有机相和水相体系下两亲性木质素基 MCADE-AL-DETA 和两性硫酸盐木质素-AA-METAC 的合成和性能表征。

第一节　两亲性木质素基 MCADE-AL-DETA 的合成及性能分析

本节主要以碱木质素为原料，通过胺甲基化反应和酮胺缩合反应，有机相中制备木质素基阳离子表面活性剂（MCADE-AL-DETA）。在这个基于碱木质素的阳离子两亲性衍生物中，使用 α-甲基肉桂酸（MCA）基团作为亲油基团以降低水的表面张力，使用二乙烯三胺（DETA）基团作为亲水基团提高亲水性，如图 4-1 所示。通过对该碱木质素衍生物的稳定性、Zeta 电位、表面张力、HLB 值等主要性能指标的评价，得出它可用作 W/O 型乳化剂中的阳离子表面活性剂。该表面活性剂聚合物由于其润湿和乳化作用，在加速药物溶解以及作为沥青乳化剂的应用方面具备潜力。因此，该木质素类表面活性剂在未来具有广阔的应用前景。

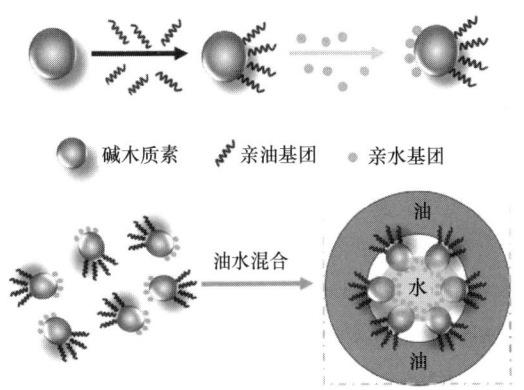

图 4-1　两亲性木质素基阳离子表面活性剂

一、表面活性剂 MCADE-AL-DETA 的合成过程

根据以往的报道，在分子结构中引入氨基，实现甲基肉桂酸衍生物的合成，从而在甲基肉桂酸基团上获得与碱性木质素反应的位点。α-甲基肉桂酸（MCA）、1-羟基苯并三唑（HOBt）和碳二亚胺盐酸盐（EDCI）在无水 DMF 中于室温下在氮气环境中搅拌。然后加入二乙烯三胺（DETA）反应后经纯化，得到 MCADE，为白色粉末。

将 MCADE、甲醛溶液（HCHO）和碱木质素（AL）在二甲基亚砜中溶解，反应一定时间后采用异丙醇沉淀，冷冻干燥得黑色粉末 MCADE-AL。

MCADE-AL 溶于二甲基亚砜中，加入 HCHO 溶液及 DETA，反应一定时间用异丙醇洗涤沉淀后得到 MCADE-AL-DETA。

合成反应过程如图 4-2 所示。

二、表面活性剂 MCADE-AL-DETA 及其中间产物的表征与分析

AL、MCADE-AL 和 MCADE-AL-DETA 的元素分析结果显示出了碳、氧和氮元素含量

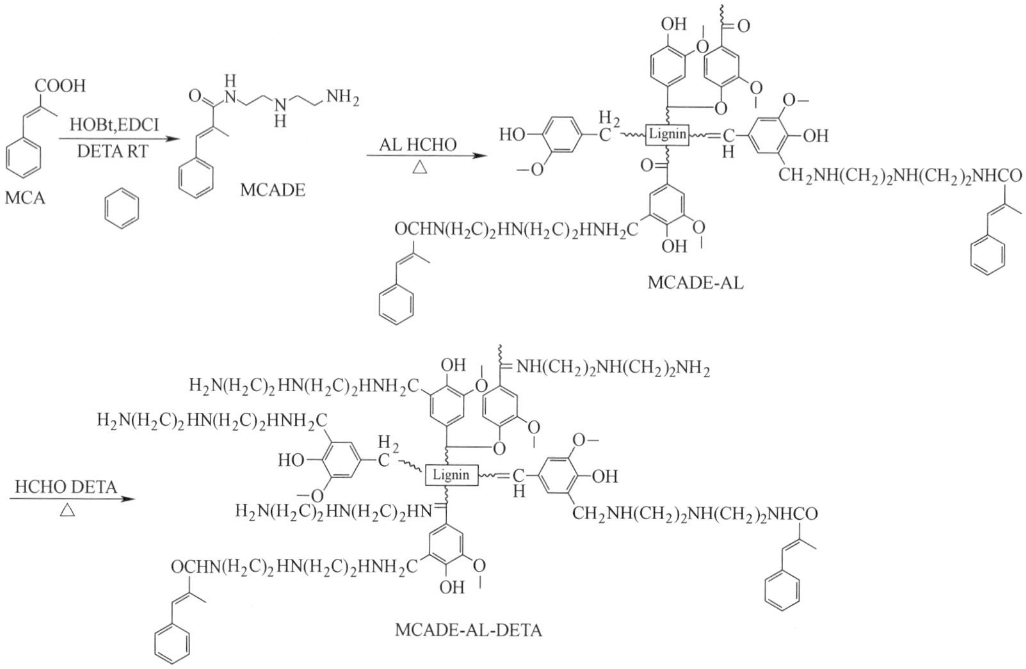

图4-2　表面活性剂 MCADE-AL-DETA 的合成反应过程

的变化（表4-1）。碱木质素中的氮含量为0%，在引入 MCADE 基团后，碱性木质素样品中氮的含氮量增加到3.5%，且与反应过程中 MCADE 的接枝程度有关。另外，与 DETA 反应后，样品 MCADE-AL-DETA 的氮含量进一步增加，这意味着通过胺甲基化反应成功地将亲油性和亲水性基团引入碱性木质素中。

表4-1　AL、MCADE-AL 和 MCADE-AL-DETA 的 C、O、N 元素含量　　单位：%

样品	N	C	O
AL	0	67.53	24.12
MCADE-AL	3.50	65.48	22.26
MCADE-AL-DETA	6.59	65.52	21.15

对 AL、MCADE-AL 和 MCADE-AL-DETA 进行了 ^{1}H-NMR 分析以进一步证明在碱性木质素中成功引入了 MCADE 和 DETA 基团［图4-3（a）］。在 MCADE-AL 光谱中得出化学位移 7~8mg/kg 处的芳香环上质子信号增强，表明 MCADE 已与碱性木质素接枝。除此之外，还在 1.5~2.5mg/kg 位移处出现了新的信号，这些信号归属于胺基（—CH_2—NH_2）。在 MCADE-AL-DETA 的谱图中，发现胺基（—CH_2—NH_2）在该化学位移处的质子信号强度显著增强。另外，利用傅里叶变换红外光谱分析进一步研究了碱木质素与 MCADE 和 DETA 的相互作用。AL、MCADE-AL 和 MCADE-AL-DETA 的 FT-IR 光谱如图4-3（b）所

示。光谱显示位于 1461cm^{-1}、1509cm^{-1}、1619cm^{-1}、2920cm^{-1} 和 3420cm^{-1} 处的主要吸收峰，分别对应于芳烃 C—H 变形、芳烃骨架振动、芳烃化合物—C═C—、甲基 C—H 振动和—OH 伸缩。MCADE-AL、MCADE-AL-DETA 和 AL 的一些位置表现出相同的特征峰，而另一些则表现出差异。由于—NH$_2$ 的伸缩振动，3410cm^{-1} 处的吸收峰位置向 3420cm^{-1} 处移动并变宽。同样的，由于—CO—NH—的伸缩振动，在 1638cm^{-1} 处出现新的肩峰（对应—C—NH 的伸缩）和 1619cm^{-1} 处峰的展宽也可以有力地证明对碱木质素的有效修饰。此外，与原料木质素的谱图相比，在 811cm^{-1} 附近与芳香族化合物的—CH 伸缩相关的峰变宽，表明胺甲基化反应在芳香核的 C5 位上进行。上述结果均表明碱木质素已成功引入 MCADE 和 DETA 基团。

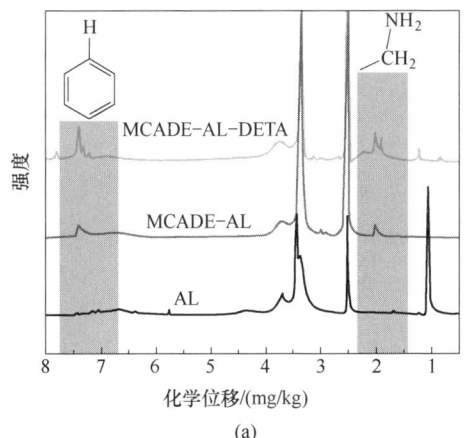 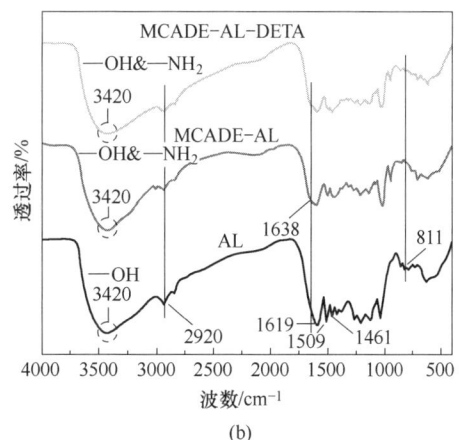

(a)　　　　　　　　　　　　　　　　(b)

图 4-3　谱图分析

(a) DMSO-d$_6$ 中 AL、MCADE-AL 和 MCADE-AL-DETA 400MHz 下的 ^{1}H-NMR 谱图　(b) FT-IR 谱图

用 XPS 分析对预期结果进行验证。在图 4-4（a）中，碱性木质素的 XPS 光谱显示了氧（O 1s, 533eV）和碳（C 1s, 286eV），但没有氮（N 1s, 400eV）。与原料碱性木质素的光谱谱图相比，MCADE-AL 和 MCADE-AL-DETA 的 XPS 光谱显示出相同的峰，但强度不同（强度逐渐增加）。此外，在 400eV 处观察到一个对应于氮元素结合能（N 1s）的新峰。该峰强度的增加趋势与元素分析显示的结果一致。另外，该峰的出现证明 AL 与 MCADE 和 DETA 的相互作用是由—C—N 键完成的。如图 4-4（b）所示，AL、MCADE-AL 和 MCADE-AL-DETA 的碳元素的 XPS 峰显示了三类 C 1s 键：C═O（287.8eV）、C—N/C—O（285.4eV）和 C—H/C—C（284eV）。由于在 MCADE-AL 和 MCADE-AL-DETA 分子中含有二乙烯三胺结构，故 C—O/C—N 峰的强度在逐渐增强。C═O 峰的强度在 MCADE-AL-DETA 中最低，这归因于碱性木质素的羰基基团与 DEAT 结构中的氨基基团的反应。

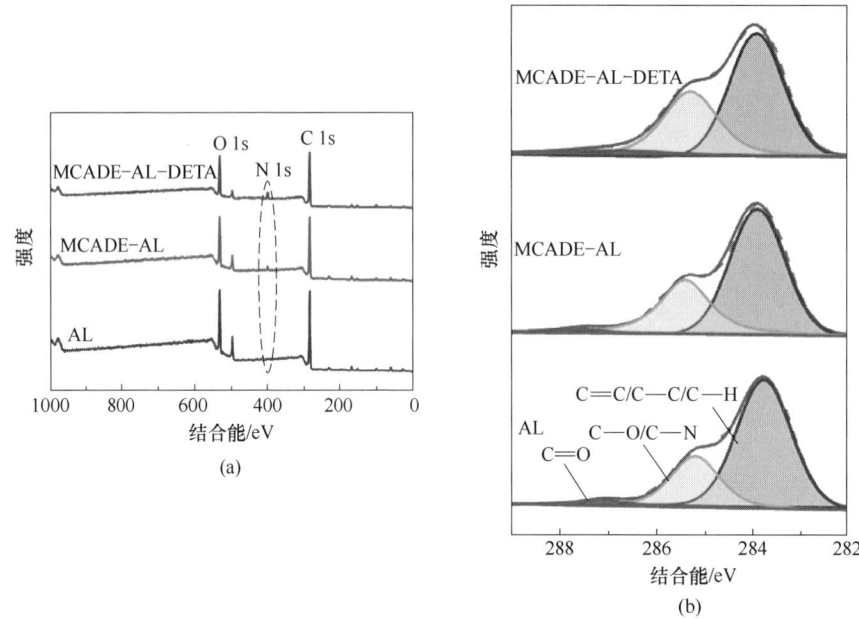

图 4-4 AL、MCADE-AL 和 MCADE-AL-DETA 的谱图

(a) XPS 光谱 (b) C 1s 高分辨率图

三、表面活性剂 MCADE-AL-DETA 的稳定性分析

在确定阳离子表面活性剂 MCADE-AL-DETA 的结构之后,对其进行了一系列性能测试。首先研究了在 pH 为 3 的条件下样品在水溶液中的稳定性。结果表明,待测物的浓度增加时,其溶液的颜色变深,导致透光率逐渐降低。但随着检测时间的推移,各个浓度的待测物溶液的透光率没有改变。如图 4-5 所示,各浓度的样品溶液在样品试管 110~125mm 处的透光率保持不变(无沉淀产生)。因此可以得出结论,MCADE-AL-DETA 在酸性条件下具有较好的稳定性,所以 MCADE-AL-DETA 具备了作为阳离子表面活性剂应用的条件之一。

四、表面活性剂 MCADE-AL-DETA 的 Zeta 电位、表面张力和临界胶束浓度的分析

通过改变 MCADE-AL-DETA 在 pH 为 3.0 水溶液中的浓度来测定其 Zeta 电位。如图 4-6(a)所示,MCADE-AL-DETA 在酸性条件下携带正电荷可归因于分子结构中形成了铵根离子。当样品浓度从 0 增加到 1g/L 时,Zeta 电位也不断变大,这是因为水溶液中低浓度样品还处于不饱和状态。当样品浓度继续从 1g/L 增加到 4g/L 时,Zeta 电位几乎保持不变,此时 MCADE-AL-DETA 分子在溶液中已经饱和并趋于形成胶束。在对样品的表面活性进行研究时首先测定了水溶液(pH=3.0)的表面张力为 72.5mN/m。如图 4-6(b)所示,MCADE-AL-DETA 水溶液的表面张力随着样品浓度的增加而明显降低,当 MCADE-AL-

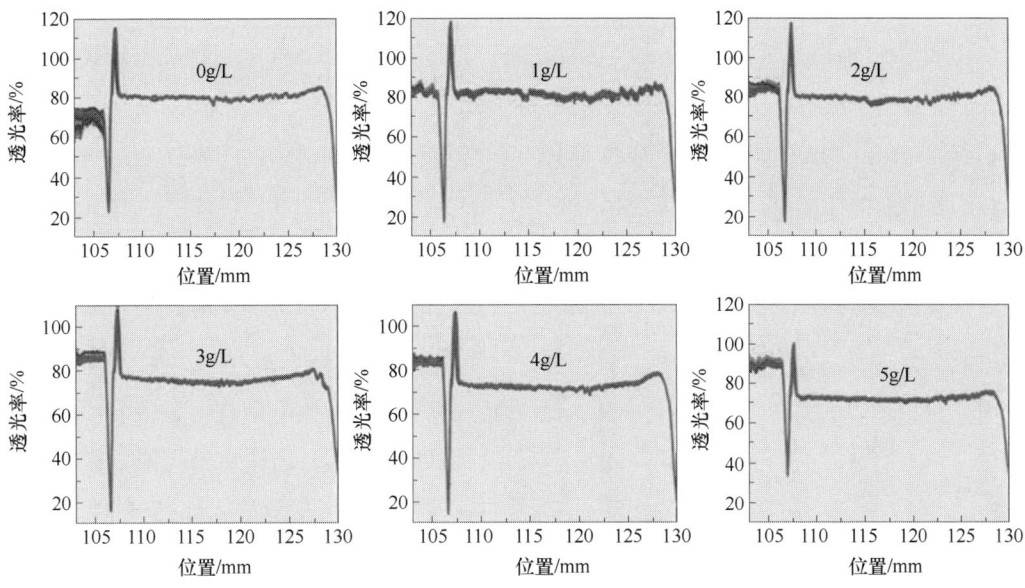

图 4-5　MCADE-AL-DETA 不同浓度下随时间变化的透光率

DETA 的浓度达到 6g/L 时，在 pH 为 3.0 条件下的表面张力降到了 45.21mN/m。随着样品浓度的增加，MCADE-AL-DETA 分子在空气-水界面的排列变得更加规则和紧凑。这归因于亲脂性甲基肉桂酸化合物和亲水性二乙烯三胺基团的引入，因此，聚合物 MCADE-AL-DETA 的形成能够有效降低水的表面张力。另外，数据表明在改性碱木质素溶液的浓度达到 5g/L 时，溶液的表面张力基本不再随浓度的增加而降低，并且在样品溶液中形成了明显的胶束，由此可知该表面活性剂 MCADE-AL-DETA 溶液的临界胶束浓度为 5g/L。

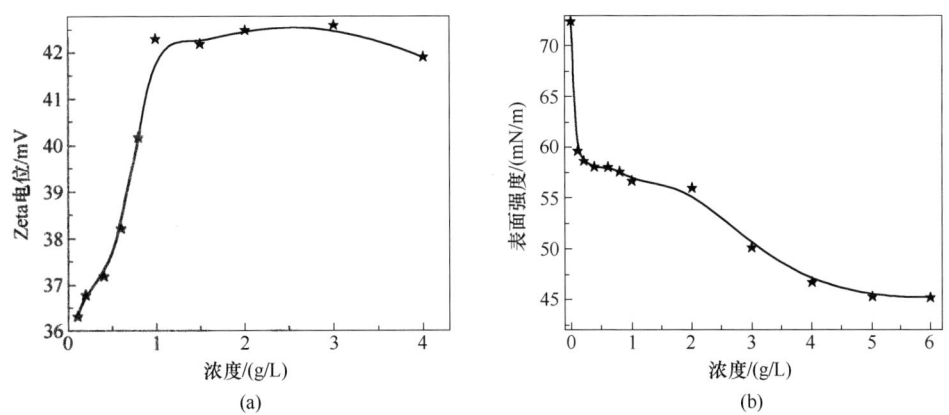

图 4-6　MCADE-AL-DETA 在 pH 为 3.0 的水溶液中的变化

(a) Zeta 电位变化　(b) 表面张力变化

五、表面活性剂 MCADE-AL-DETA 亲水亲油平衡值（HLB）的测定

HLB 值作为评估表面活性剂的重要参数之一，可以指导物质作为何种类型表面活性剂去应用。对于一般的水性表面活性剂，样品的 HLB 值是通过将一定量的大豆油（HLB=6）与松节油（HLB=16）混合，配制成具有 HLB 的标准油来测定的。如图 4-7 所示，使用大豆油和松节油的标准混合油来测定 MCADE-AL-DETA 在 pH 为 3.0 水溶液中的 HLB 值。浓度为 5g/L 的样品水溶液添加到各种 HLB 乳化标准油样中，2h 后记录分离水的体积。表面活性剂的 HLB 值与水分离体积最小油样的 HLB 值相等，因为样品水溶液的乳化能力已达到最高值，此时产生的乳液稳定性最好。如图 4-7 所示，MCADE-AL-DETA 的 HLB 值为 8，适用于 W/O 乳液。

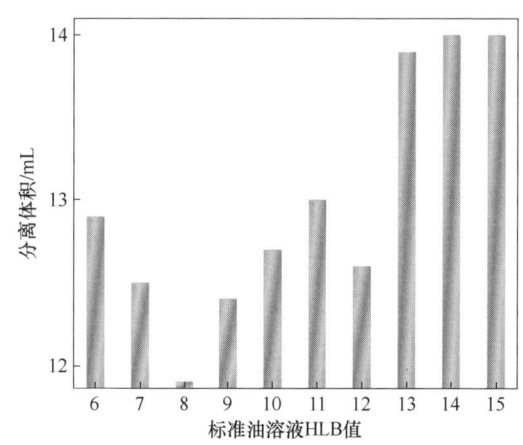

图 4-7　MCADE-AL-DETA 溶液在乳化标准油样过程中的油水分离体积

碱木质素通过胺甲基化反应和酮胺缩合反应进行化学修饰，分别引入二乙烯三胺和 α-肉桂酸基团作为聚合物的亲水基团和亲油基团，制备了阳离子两亲性碱木质素衍生物，可用作表面活性剂。通过水稳定性、Zeta 电位、表面张力和亲水-亲油平衡值（HLB）的测定分析了两亲性碱木质素聚合物基本的化学和物理性质。结果表明，该两亲性木质素聚合物在 pH 为 3 的水溶液中以阳离子形式存在且具有良好的稳定性。在该酸性条件下，当 MCADE-AL-DETA 浓度增加到 5.0g/L 时，样品溶液的表面张力可降至 45.21mN/m。该生物质表面活性剂的 HLB 值为 8，可适用于 W/O 型乳液。

第二节　两性木质素-AA-METAC 聚合物的制备及应用

为了充分利用木质素资源，通过化学改性的方法赋予其多种性能。由于接枝共聚反应的反应物和终产物的便于控制的优点，目前已广泛应用于木质素的化学改性。众多学者利用木质素或木质素磺酸盐等原料，与乙烯基单体、丙烯酸单体、丙烯酰胺单体进行接枝共聚反应以制备木质素基聚合物，目前关于两性硫酸盐木质素聚合物的研究较少。第二章第二节讨论了阳离子木质素-METAC 聚合物的性能，第三章讨论了阴离子木质素-AA 聚合物的制备和表征。在此基础上，本节主要讨论以针叶木硫酸盐木质素为原料，以丙烯酸

（AA）作为阴离子单体，以 2-（甲基丙烯酰氧基）乙基三甲基氯化铵（METAC）为阳离子单体在水溶液中制备三元接枝共聚物，即木质素-AA-METAC 聚合物（两性硫酸盐木质素聚合物）。

一、木质素-AA-METAC 聚合物的制备

木质素-AA-METAC 共聚物的制备体系为水溶液。针叶木硫酸盐木质素在 pH 为 11~12 的条件下溶解后调节 pH 至 4~5，加入一定量的引发剂过硫酸钾（$K_2S_2O_8$），然后加入阳离子单体 METAC，再加入阴离子单体 AA，反应一定时间后用无水乙醇洗涤，沉淀，烘干后得到木质素-AA-METAC 聚合物。

二、木质素-AA-METAC 聚合物制备的影响因素

为了考察各个因素对反应的影响程度，选用以下三个因素和三个水平值，做正交实验，以选取最佳的实验条件，如表 4-2 所示。

表 4-2　正交因素表

因素/水平	A-反应温度/℃	B-引发剂用量/%	C-单体摩尔比（AA/METAC）
1	55	1	7.5/2
2	65	2	8/1.6
3	75	3	8.5/1.3

测定不同反应条件下的接枝反应产率，其结果如表 4-3 所示。

表 4-3　正交实验分析表

试验号	A-反应温度	B-引发剂用量	C-单体摩尔比	产率/%
1	1	1	1	63.5
2	1	2	2	84.9
3	1	3	3	74.8
4	2	1	2	80.5
5	2	2	3	97.68
6	2	3	1	83.4
7	3	1	3	94.3
8	3	2	1	80
9	3	3	2	92.4
K_1	69.75	72.05	58.38	
K_2	76.8	84.14	84.11	
K_3	85.33	75.61	89.7	
R	15.59	12.15	30.98	

从表 4-3 中可以看出，在反应温度、单体摩尔比、引发剂浓度这三个因素中，单体摩

尔比的因素所占的极差 R 最大。这说明，在两性硫酸盐木质素聚合物的接枝共聚反应中，单体摩尔比的影响最大，反应温度的影响次之，引发剂用量的影响最小。

根据数据分析，两性硫酸盐木质素最佳接枝共聚条件为：反应温度为65℃，每克木质素所用单体摩尔比（AA/METAC）为8∶1.3。其中，AA 与木质素的摩尔比为8，METAC 与木质素的摩尔比为1.3，引发剂用量为2%。

三、木质素-AA-METAC 聚合物的表征分析

（一）傅里叶红外光谱分析

木质素、木质素-AA-METAC 聚合物及丙烯酸聚合物（PAA）、2-（甲基丙烯酰氧基）乙基三甲基氯化铵聚合物（PMETAC）的红外光谱图，如图4-8所示。

纯木质素的红外光谱如图4-8（a）所示，在3443cm^{-1}处的特征峰归咎于脂肪族羟基

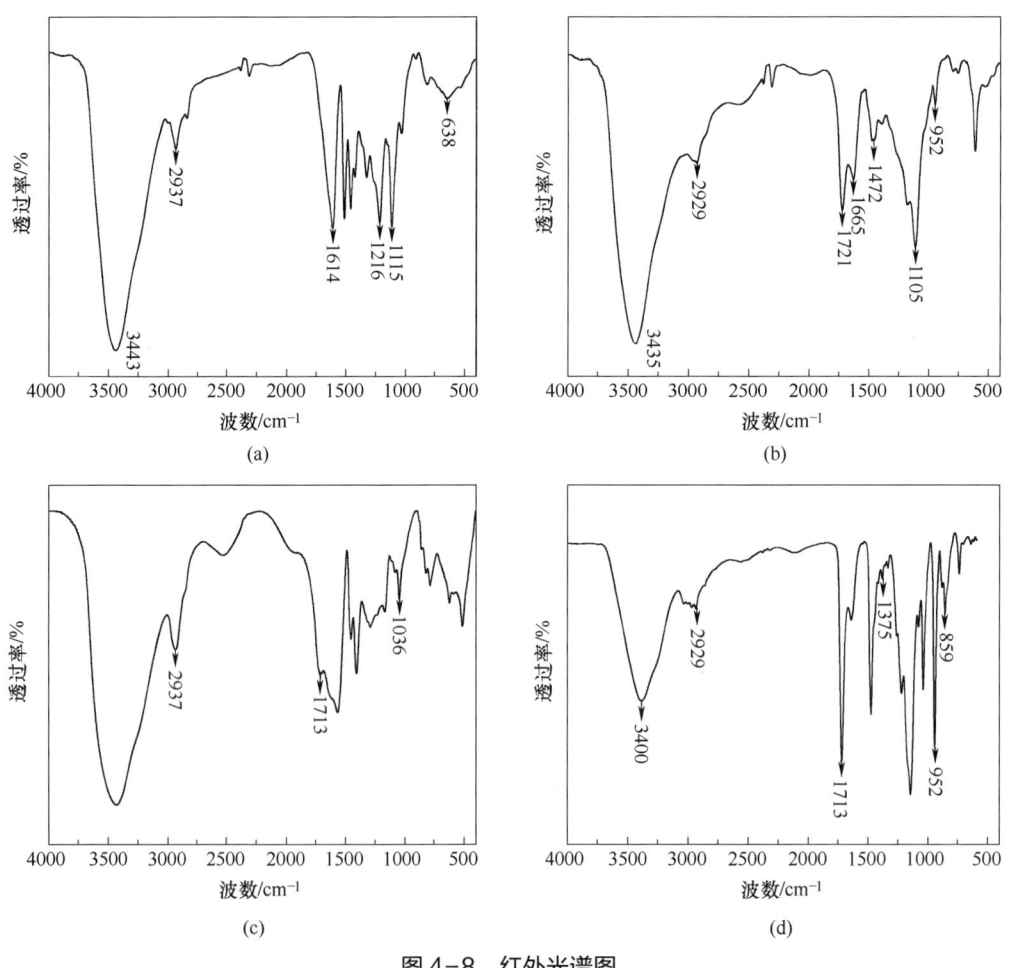

图4-8　红外光谱图
(a)木质素　(b)木质素-AA-METAC 聚合物　(c)PAA　(d)PMETAC

(—OH)的伸缩振动峰,在2937cm^{-1}处的特征峰由芳香族亚甲基(—CH$_2$—)的伸缩振动引起。木质素-AA-METAC聚合物的红外光谱如图4-8(b)所示,在3435cm^{-1}处出现的特征峰归咎于木质素的羟基(O—H)的伸缩振动,同时在1721cm^{-1}附近出现—C═O基团的伸缩振动峰,在1472cm^{-1}处出现较强的羧基(C═O)不对称伸缩振动吸收峰,说明丙烯酸单体已接枝于木质素分子中,1105cm^{-1}及1033cm^{-1}处的吸收峰应归属于烷基芳基醚C—O键的伸缩振动,952cm^{-1}处出现C—N键的伸缩振动吸收峰证明了季铵基—N$^+$(CH$_3$)$_3$的存在,说明阳离子单体METAC已接枝于木质素分子中。

为了与木质素-AA-METAC的红外光谱图作对比,丙烯酸聚合物(PAA)和2-(甲基丙烯酰氧基)乙基三甲基氯化铵聚合物(PMETAC)的红外光谱图被检测。其中,丙烯酸自聚的红外光谱如图4-8(c)所示,丙烯酸分子中缔合的羟基(O—H)的伸缩振动峰出现在3400cm^{-1}附近,1713cm^{-1}处为丙烯酸分子中羧基(C═O)的伸缩振动峰,这一峰值也在木质素-AA-METAC聚合物的红外光谱图中出现。2-(甲基丙烯酰氧基)乙基三甲基氯化铵自聚的红外光谱图如图4-8(d)所示,1375cm^{-1}处的谱带为季铵基—N$^+$(CH$_3$)$_3$中甲基的C—H对称弯曲振动峰,952cm^{-1}处的吸收峰证明了季铵基—N$^+$(CH$_3$)$_3$的存在,这一峰值在木质素-AA-METAC聚合物的红外光谱图中出现。以上结果表明,木质素-AA-METAC聚合物已经成功制备。

木质素与木质素-AA-METAC聚合物的红外光谱对比如图4-9所示。

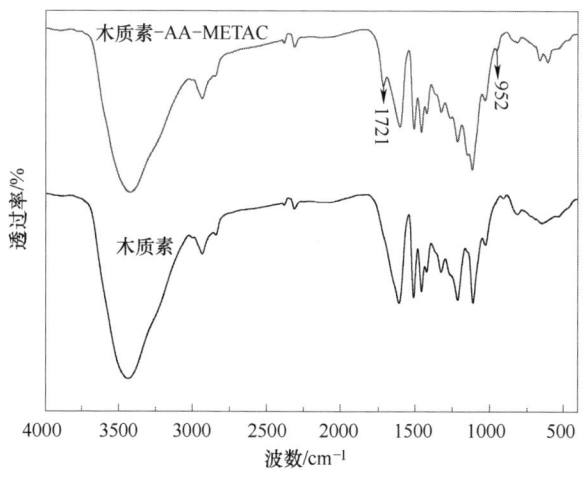

图4-9 木质素与木质素-AA-METAC聚合物的红外光谱对比

(二)核磁共振波谱分析

图4-10为木质素和木质素-AA-METAC聚合物的核磁共振氢谱图。木质素的氢谱图在4.7ppm处的特征峰是氘代水(D$_2$O)溶剂的吸收峰,在3.3~4.0ppm处的特征峰归咎于木

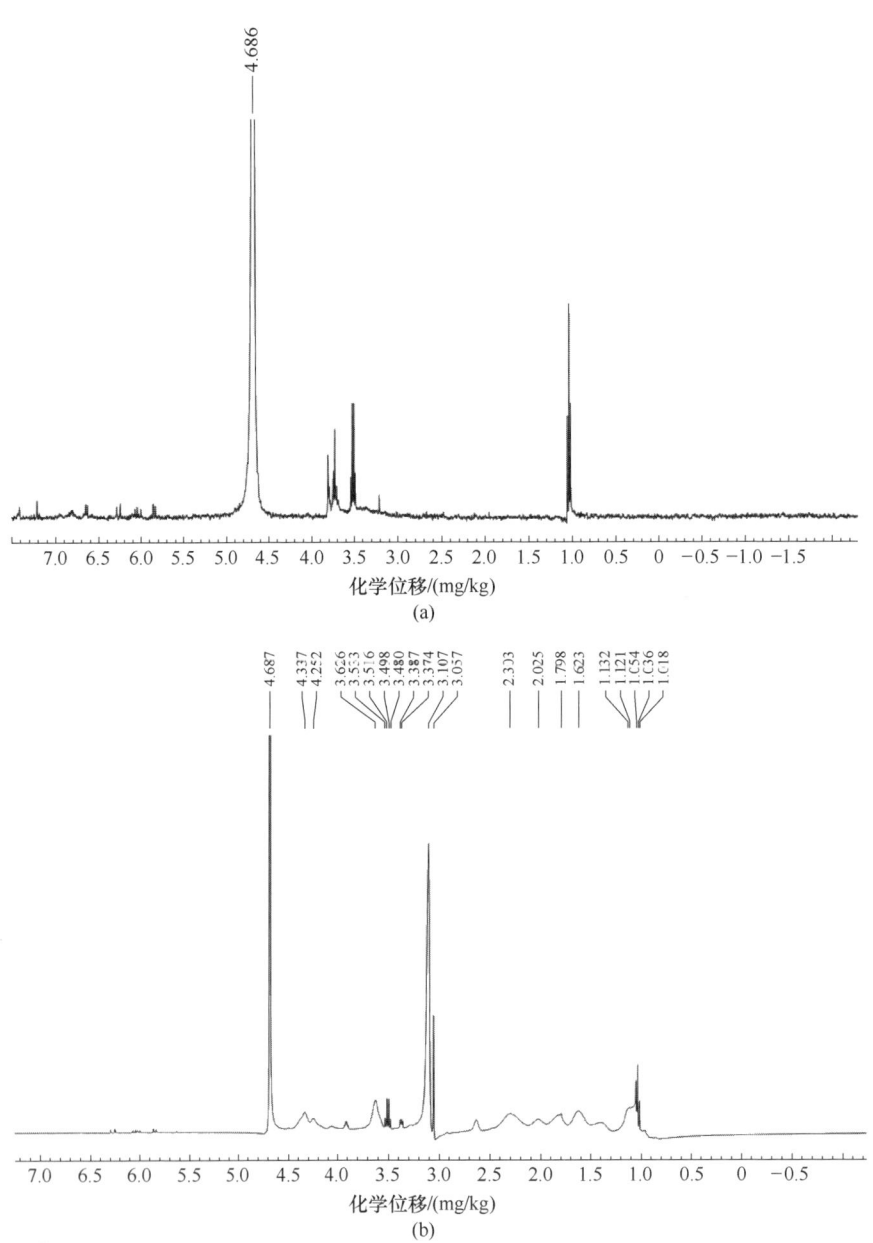

图4-10 木质素和木质素-AA-METAC聚合物的核磁共振氢谱图

(a)木质素 (b)木质素-AA-METAC聚合物

质素分子的甲氧基和脂肪族质子氢。与木质素的氢谱图相比,木质素-AA-METAC聚合物的氢谱图在4.30mg/kg处出现新的吸收峰,该峰值归咎于—CH_2CO—中的CH_2结构上的质子氢,表明AA成功接枝到了木质素大分子上。木质素-AA-METAC聚合物在3.9mg/kg处峰值是—CH_2—N^+(CH_3)$_3$亚甲基质子氢;在3.1mg/kg处具有很强的吸收峰,该峰值归属于—$N^+(CH_3)_3$ 的甲基氢。3.1mg/kg 处和 3.9mg/kg 处出现吸收峰，说明 METAC 与木质素发生了醚化反应，METAC 成功接枝到了木质素大分子上。由此证明木质素-AA-METAC 聚合物的成功制备。

（三）元素分析

采用元素分析仪分析不同反应条件下的木质素-AA-METAC 聚合物接枝 AA 和 METAC 单体的情况。木质素接枝共聚实验的反应条件如表 4-4 所示。木质素和木质素-AA-METAC 聚合物的氮、碳、硫、氢元素含量分析如表 4-5 所示。从表 4-5 中可知，纯木质素原料中氮元素含量极低，仅为 0.234%。木质素-AA-METAC 聚合物与纯木质素原料相比，氮元素的含量较高，如木质素-AA-METAC-3 中氮元素含量为 2.456%，表明 METAC 单体接枝到了木质素大分子上。木质素-AA-METAC 聚合物中增加的氮元素主要归咎于 METAC 单体中季铵基—$N^+(CH_3)_3$ 的存在，表明该阳离子单体已成功接枝到了木质素大分子上。木质素-AA-METAC 聚合物中氢元素的含量却有所减少，相应的硫元素含量有所增加，碳元素含量明显降低，如表 4-5 所示。以上结果表明木质素接枝共聚反应的发生。

表 4-4 木质素和 AA、METAC 单体接枝共聚的反应条件

聚合物	木质素/(g/L)	单体摩尔比(AA/METAC)	反应温度/℃	引发剂用量/%	反应时间/h
木质素-AA-METAC-1	25	7.5/2	75	1.5	3
木质素-AA-METAC-2	25	8/1.6	75	2	3
木质素-AA-METAC-3	25	8.5/1.3	75	3	3

表 4-5 木质素和木质素-AA-METAC 聚合物的元素含量分析　　单位：%

样品名称	N	C	S	H
木质素	0.234	63.51	1.399	5.846
木质素-AA-METAC-1	2.591	45.34	2.565	3.828
木质素-AA-METAC-2	2.487	47.51	2.458	3.795
木质素-AA-METAC-3	2.456	46.83	2.490	3.466

（四）热重分析

木质素和木质素-AA-METAC 聚合物的热重分析结果如图 4-11 所示。木质素和木质素-AA-METAC 聚合物的热重分析图谱中显示，当温度从 50℃升温到 225℃时，质量损失在 5% 左右，该阶段质量的损失主要归咎于水蒸气的挥发。225~400℃左右是木质素分解的第二阶段，该阶段木质素质量损失在 45% 左右，主要因为高温条件下木质素分子中的链接键发生断裂，释放出了二氧化碳、酚类单体等。木质素在 375℃左右时质量损失速率最高，说明此时分解速度最快。木质素-AA-METAC 聚合物在 200~350℃质量损失在 35% 左右，主

要是由于木质素-AA-METAC 聚合物主链的分解。木质素和木质素-AA-METAC 聚合物在 350~450℃，样品的质量损失在 30%左右，主要由于木质素及其聚合物降解生产二氧化碳和水。木质素和木质素-AA-METAC 聚合物在 450~600℃之间，木质素及其聚合物质量变化趋于平缓，在该温度范围内的质量变化主要是源于木质素及其聚合物降解后的产物发生碳化。木质素-AA-METAC 聚合物在 200~450℃，聚合物的质量下降较改性前纯木质素质量下降得快，主要归咎于 METAC 和 AA 单体的降解。

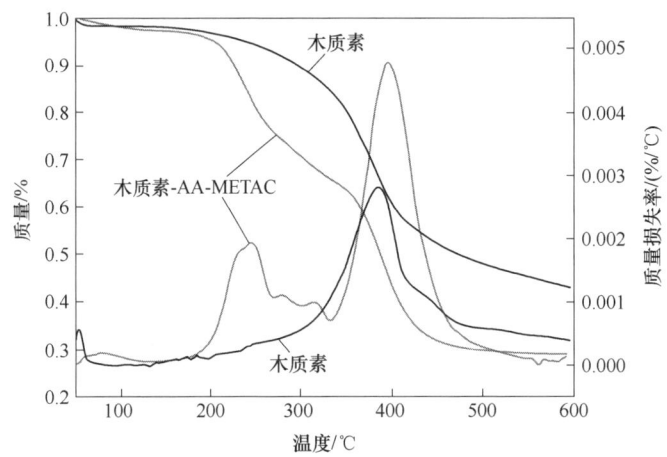

图 4-11　木质素与木质素-AA-METAC 聚合物的热重变化曲线

（五）电荷密度分析

木质素与木质素-AA-METAC 聚合物的电荷密度如表 4-6 所示，木质素的电荷密度是 -0.113mmol/g，这是由于木质素原料本身带负电。木质素-AA-METAC-1 的电荷密度是 +0.946mmol/g，木质素-AA-METAC 的电荷密度是+0.621mmol/g，这是由于阴离子单体 AA 和阳离子单体 METAC 接枝到木质素结构单元上导致电负性发生改变。由于接枝单体中不同单体配比的影响，阳离子单体 METAC 的接枝量较大，导致木质素-AA-METAC 聚合物整体带正电。以上结果表明 METAC 单体成功接枝到了木质素大分子上。

表 4-6　木质素与木质素-AA-METAC 聚合物的电荷密度

样品名称	木质素	木质素-AA-METAC-1	木质素-AA-METAC-2
电荷密度/(mmol/g)	-0.113	+0.946	+0.621

（六）扫描电镜（SEM）分析

将木质素与木质素-AA-METAC 聚合物分别喷金制样，在扫描电镜下放大不同倍数观察其表面形态，并对比木质素改性前后表面形态的变化。根据木质素-AA-METAC 聚合物的表面形态，可探索改性后其在分散、絮凝、水处理、纸强增强等领域潜在的应用前景。

图 4-12 为木质素-AA-METAC 聚合物在不同放大倍数下的电镜图像。图 4-13 为木质素在不同放大倍数下的电镜图像。通过对比发现，木质素与 AA 阴离子单体和 METAC 阳离子单体接枝聚合后，其表面形态发生了较大的变化，未经改性的木质素表面较光滑，孔隙较少，孔径较小，而改性之后得到的木质素聚合物的表面变得疏松多孔，有明显的接枝聚合现象，表面结构、物理性质均发生了明显变化。

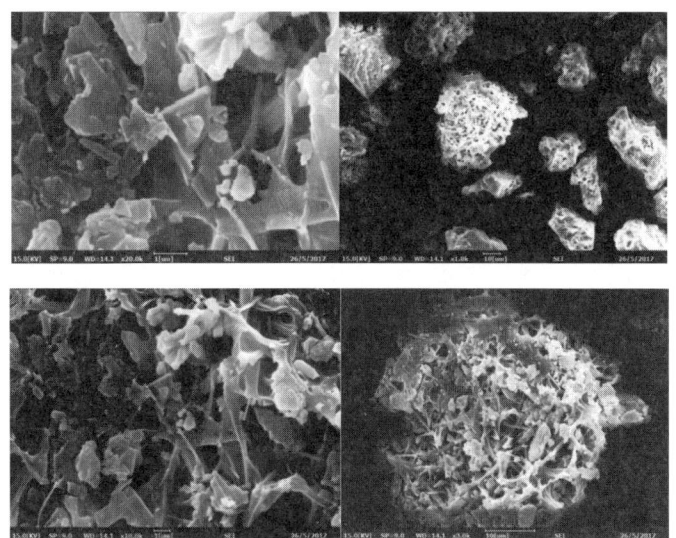

图 4-12　木质素-AA-METAC 聚合物在不同放大倍数下的电镜图像

图 4-13　木质素在不同放大倍数下的电镜图像

通过对比木质素与木质素-AA-METAC 聚合物的电镜图像，可以根据木质素-AA-METAC 聚合物表面疏松多孔的特点，制造出一种新型的吸附材料，应用于废水的净化研究等。同时可以将木质素-AA-METAC聚合物表面的化学基团与纸浆纤维进行静电吸附，作为纸张添加剂增加纸张的物理性能，进一步拓宽木质素产业的应用领域，具有良好的经济效益和社会效益。

四、木质素-AA-METAC聚合物用作纸张增强剂

图4-14结果表明木质素-AA-METAC聚合物可以作为纸浆添加剂来改善纸张的物理性能。随着木质素-AA-METAC聚合物用量的增加，纸张的耐破指数、抗张指数和撕裂指数显著增加。纸张强度的增加是由于木质素-AA-METAC聚合物和纤维之间形成了氢键。在木质素-METAC-AA共聚物质量分数2.0%用量下，耐破指数、抗张指数和撕裂指数的增加量最大，分别为48.8%、71.4%和65.1%。然而，当木质素-AA-METAC聚合物的用量进一步增加时，纸张的物理性能略有下降。主要是由于纤维总量保持不变，木质素-METAC-AA共聚物的正负离子通过吸附固定在纤维表面的数量，受到纤维比表面积的限制，木质素-METAC-AA聚合物过量，降低了其在纤维上的保留率。纸张物理强度的提高主要是由于木质素-AA-METAC聚合物的酰胺基与纸浆纤维的负电荷之间形成了离子键。

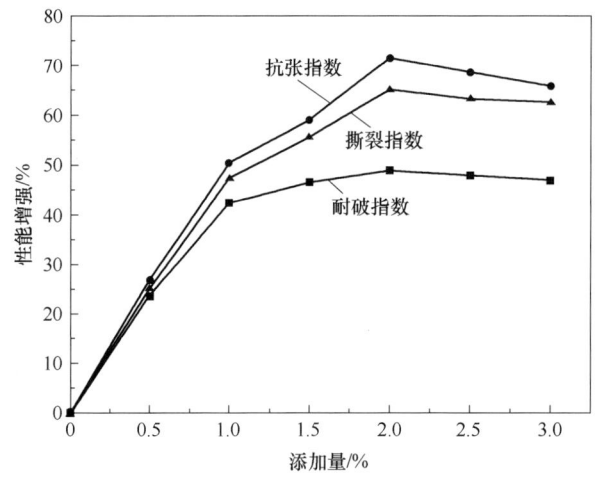

图4-14　木质素-AA-METAC聚合物在不同添加量下纸张的物理性能

此外，木质素-AA-METAC聚合物与纸浆纤维的氢键形成将促进木质素-AA-METAC聚合物在纤维上的吸附。木质素-AA-METAC聚合物的部分基团吸附在相邻纤维之间（图4-15），木质素-AA-METAC聚合物的METAC和AA链将相互桥联纤维两端，并显著增强纤维之间的结合。以上结果表明，木质素-AA-METAC聚合物能显著增强纸浆的物理性能，可以作为纸浆的增强剂提高纸张的各种物理性能，从而合理高效利用木质素资源。

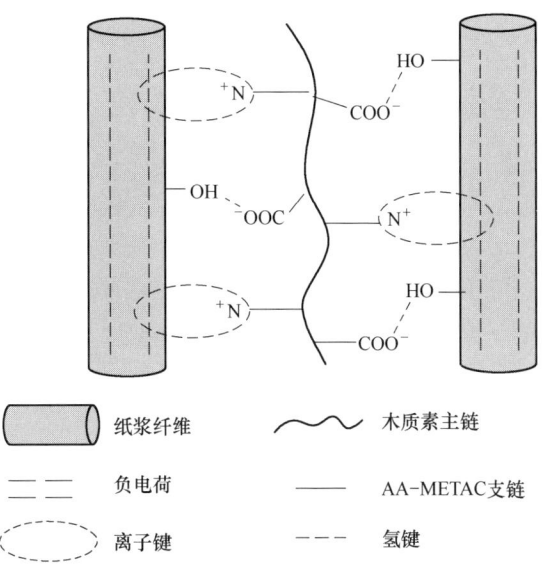

图 4-15 木质素-AA-METAC 聚合物和纸浆纤维的桥联机理

参 考 文 献

[1] CHEN N,LIU W,HUANG L,et al. Preparation of octopus-like lignin-grafted cationic polyacrylamide flocculant and its application for water flocculation[J]. International Journal of Biological Macromolecules,2020,146:9-17.

[2] HOMMA H,KUBO S,YAMA DA T,et al. Conversion of Technical Lignins to Amphiphilic Derivatives with High Surface Activity[J]. Journal of Wood Chemistry and Technology,2010,30(2):164-174.

[3] GANIE K,MANAN M A,IBRAHIM A,et al. An experimental approach to formulate lignin-based surfactant for enhanced oil recovery[J]. International Journal of Chemical Engineering,2019,2019(1):4120859.

[4] ZHOU M,WANG W,YANG D,et al. Preparation of a new lignin-based anionic/cationic surfactant and its solution behaviour[J]. RSC Advances,2014,5(4):2441-2448.

[5] CHEN C Z,LI M F,WU Y Y,et al. Modification of lignin with dodecyl glycidyl ether and chlorosulfonic acid for preparation of anionic surfactant[J]. RSC Advances,2014,4(33):16944.

[6] FAIT M E,BAKAS L,GARROTE G L,et al. Cationic surfactants as antifungal agents[J]. Applied Microbiology and Biotechnology,2019,103:97-112.

[7] RAI U S,ISLOOR A M,SHETTY P,et al. Synthesis and in vitro biological evaluation of new pyrazole

chalcones and heterocyclic diamides as potential anticancer agents[J]. Arabian Journal of Chemistry, 2015,8(3):317-321.

[8] PELCKMANS M,RENDERS T,VYVER S,et al. Bio-based amines through sustainable heterogeneous catalysis[J]. Green Chemistry,2017,19:5303-5331.

[9] YIXIN,SHI,XIN,et al. Synthesis of N-doped carbon quantum dots from bio-waste lignin for selective irons detection and cellular imaging[J]. International Journal of Biological Macromolecules,2019,128:537-545.

[10] LIU P,ZHANG N,YI Y,et al. Effect of lignin-based monomer on controlling the molecular weight and physical properties of the polyacrylonitrile/lignin copolymer[J]. International Journal of Biological Macromolecules,2020,164:2312-2322.

[11] CHEN H,LIU T,MENG Y,et al. Novel graphene oxide/aminated lignin aerogels for enhanced adsorption of malachite green in wastewater[J]. Colloids and Surfaces A Physicochemical and Engineering Aspects,2020,603:125281.

[12] ZHANG J,GE Y,QIN L,et al. Synthesis of a lignin-based surfactant through amination, sulfonation, and acylation[J]. Journal of Dispersion Science & Technology,2017,39(8):1140-1143.

[13] LLEVOT A,GRAU E,CARLDTTI S,et al. ADMET polymerization of bio-based biphenyl compounds [J]. Polymer Chemistry,2015,6(44):7693-7700.

[14] LIU F,WANG D,SUN C,et al. Influence of polysaccharides on the physicochemical properties of lactoferrin-polyphenol conjugates coated β-carotene emulsions[J]. Food Hydrocolloids,2016,52:661-669.

[15] HE C,HU Y,YIN L,et al. Effects of particle size and surface charge on cellular uptake and biodistribution of polymeric nanoparticles[J]. Biomaterials,2010,31(13):3657-3666.

[16] WEI Z,GAO Y. Physicochemical properties of β-carotene bilayer emulsions coated by milk proteins and chitosan-EGCG conjugates[J]. Food Hydrocolloids,2016,52:590-599.

[17] LIN X,ZHOU M,WANG S,et al. Synthesis,structure,and dispersion property of a novel lignin-based polyoxyethylene ether from kraft lignin and poly(ethylene glycol)[J]. ACS Sustainable Chemistry & Engineering,2014,2(7):1902-1909.

[18] PASQUALI R C,TAUROZZI M P,BREGNI C. Some considerations about the hydrophilic-lipophilic balance system[J]. International Journal of Pharma Ceutics,2008,356(1-2):44-51.

[19] WANG S,HOU Q,KONG F,et al. Production of cationic xylan-METAC copolymer as a flocculant for textile industry[J]. Carbohydrate Polymers,2015,124:229-236.

[20] LI B,YUAN Z,SCHMIDT J,et al. New foaming formulations for production of bio-phenol formaldehyde foams using raw kraft lignin[J]. European Polymer Journal,2019,111:1-10.

[21] LI J,ZHANG J,ZHANG S,et al. Fast curing bio-based phenolic resins via lignin demethylated under

mild reaction condition[J]. Polymers,2017,9(9):428.

[22] BANIASAD A,GHORBANI M. Thermal stability enhancement of modified Carboxymethyl cellulose films using SnO_2 nanoparticles[J]. International Journal of Biological Macromolecules,2016,86:901-906.

[23] WANG S,SUN Y,KONG F,et al. Preparation and characterization of lignin-acrylamide copolymer as a paper strength additive[J]. Bioresources,2016,11(1):1765-1783.

第五章　木质素凝胶材料的制备及应用

气凝胶作为一种低质、高孔隙率、高比表面积的物质，可以作为一种很好的吸附剂，在废水的油污染处理方面有着巨大的发展潜力。木质素作为一种具有生物可降解性，相容性好的天然高分子物质，同样可以引入气凝胶的制备中，为木质素在油水分离等方面的开发和利用，开辟新的应用领域。

水凝胶是三维网络的亲水性聚合物，在保持其结构的同时，可以在水中膨胀并保持大量的水在其内部。它的交联结构可以分为由共价键形成和由分子间结合作用形成这两大类。前者称为化学凝胶，后者称为物理凝胶。水凝胶由于其独特的性能，常被应用于化学材料、生物医学等领域。将木质素或改性木质素引入水凝胶体系中，能够提高水凝胶的抗紫外、抗氧化、高强度及抗菌等性能。

本章对木质素或改性木质素的几种复合气凝胶和水凝胶的制备、性能表征及应用进行论述。

第一节　疏水 LA-PVA-MTMS 复合气凝胶的制备及应用

为了提高木质素的活性，利用二乙烯三胺（DETA）通过 Mannich 反应对碱木质素（AL）进行胺化改性得到胺化木质素（LA），胺化木质素（LA）与聚乙烯醇（PVA）以及甲基三甲氧基硅烷（MTMS）制备得到疏水 LA-PVA-MTMS 复合气凝胶。本节主要对气凝胶性能进行分析，对复合气凝胶在油水分离上的应用进行初步探讨。

一、胺化木质素（LA）的制备及性能分析

利用二乙烯三胺（DETA），通过 Mannich 反应对碱木质素（AL）进行胺化改性，制备获得胺化改性木质素（LA）。通过元素分析、红外光谱分析、核磁共振光谱分析、XPS 分析对胺化改性木质素的结构进行分析。

（一）元素分析

碱木质素（AL）与胺化木质素（LA）元素含量分析结果如表 5-1 所示。结果表明，LA 中的氮元素含量明显高于 AL，这主要是由于 AL 与二乙烯三胺（DETA）发生化学反应，引

入氮元素所致。通过对比不同 AL 与 DETA 配比对 LA 中氮元素含量的影响发现，当 AL 与 DETA 的比例为 1∶1 时，LA 中氮元素的含量从 0.13% 增加到 5.10%，之后，随着 AL 与 DETA 的配比增加到 1∶2，氮元素的含量只是略微增加，为 5.85%。当 AL 与 DETA 的配比增加到 1∶3，氮元素的含量反而减少到 4.96%，这一现象可能是由于木质素中的苯酚结构的活性位点趋于饱和。木质素作为生物质材料，其碳氮比低于 20 时，容易被土壤中的微生物降解。通过元素数据分析对制备 LA 进行 C/N 比值计算，评价其生物可降解性，结果表明，所有 LA 的 C/N 比值均低于 20，说明制备得到 LA 具有良好的生物可降解性。

表 5-1 碱木质素（AL）和胺化木质素（LA）元素含量分析   单位：%

样品	N	C	H	O	C/N
AL	0.13	51.28	4.43	31.38	425.23
LA(1∶1)	5.10	55.46	6.84	29.77	10.88
LA(1∶2)	5.85	56.05	5.80	26.50	9.58
LA(1∶3)	4.96	54.72	7.76	27.04	11.03

（二）红外光谱分析（FT-IR）

通过红外光谱对碱木质素（AL）和胺化木质素（LA）的化学结构和官能团进行了研究，结果如图 5-1 所示。从图中可以明显地看到木质素的特征吸收峰，例如，3435cm^{-1} 处的峰为脂肪族和酚类结构中的 —OH 特征峰。2936cm^{-1} 和 2837cm^{-1} 处的峰值分别归因于甲基和亚甲基结构中 C—H 不对称伸缩和弯曲振动，1600cm^{-1} 和 1512cm^{-1} 处的峰值为芳香骨架的伸缩振动，1459cm^{-1} 和 834cm^{-1} 处的峰值分别为 C—H 弯曲和伸缩振动。经过胺化改性后 LA 的红外光谱中，在 2936cm^{-1} 和 2837cm^{-1} 处由甲基和亚甲基结构中 C—H

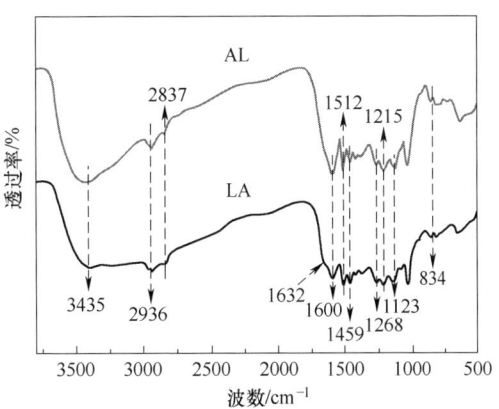

图 5-1 碱木质素（AL）和胺化木质素（LA）的 FT-IR 光谱图

伸缩振动引起的特征峰在改性后变宽，木质素芳香骨架在 1600cm^{-1}、1512cm^{-1}、1459cm^{-1} 和 834cm^{-1} 处的 C—H 振动峰强度显著降低，这是由于 Mannich 反应发生在木质素的苯环上。值得一提的是，LA 在 1632cm^{-1} 处出现了一个新的特征吸收峰，这归因于伯胺结构（—NH$_2$）的 N—H 弯曲振动。在 1268cm^{-1}、1215cm^{-1} 和 1123cm^{-1} 处的吸收峰归因于木质素中的愈创木基、丁香基和醚键，这些特征吸收峰并没有改变，表明 Mannich 反应过程中，木质素的主要结构没有被破坏。

（三）氢谱分析（^{1}H-NMR）

通过^{1}H-NMR对胺化木质素（LA）的化学结构进行分析，为胺基的成功引入提供更多的证据。如图5-2所示，在AL的^{1}H-NMR谱中，在6~8mg/kg处显示出明显的芳香质子强度信号，而在LA的^{1}H-NMR光谱中，这些信号强度显著降低，这表明通过Mannich反应利用DETA对碱木素AL的胺化改性是成功的。此外，在LA的光谱中还出现了胺基质子在2~3mg/kg处的新信号，这些变化与FT-IR结果一致，表明LA的成功制备。

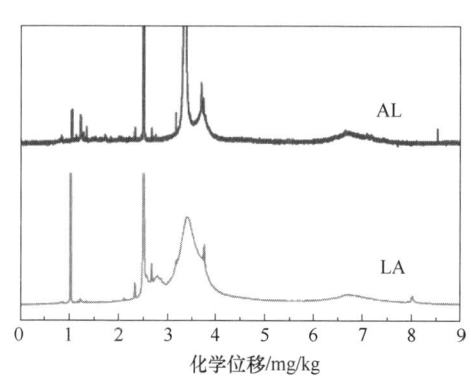

图5-2 碱木质素（AL）和胺化木质素（LA）的^{1}H-NMR谱图

（四）XPS分析

对木质素和胺化木质素元素及化学组成进行了X光电子能谱（XPS）分析，结果如图5-3所示。图5-3（a）中AL的XPS总谱明显地显示出了碳（C 1s，284.8eV）和氧（O 1s，530.7eV）的特征峰，这是因为木质素主要由碳、氢和氧三种元素组成。与AL的XPS光谱相比，LA的XPS光谱呈现出相同的峰，但强度有所不同，并且在398.4eV处有一个新的峰，这是由于氮（N 1s）元素的引入所致。该峰的出现表明，木质素与DETA的相互作用是成功发生的。在XPS高分辨率C 1s比较图5-3（b）和图5-3（c）中也表现出，LA在285.3eV处出现一个新的峰，该峰归属于木质素与DETA相互作用产生的C—N基团。这些特征峰的出现表明我们成功地制备了胺化木质素，为后期木质素的高值化利用奠定了基础。

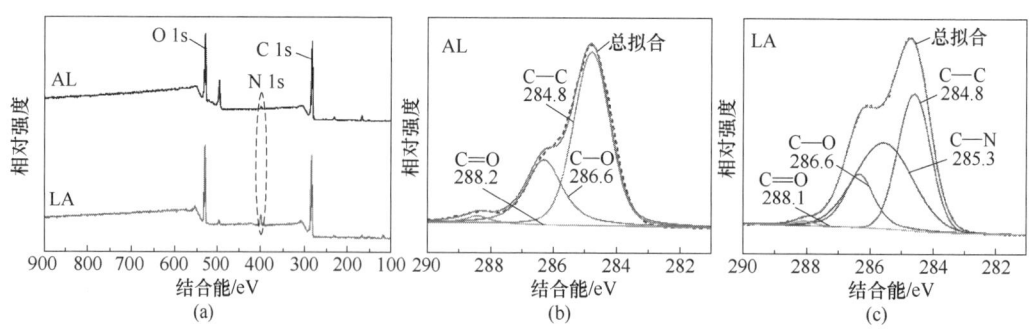

图5-3 碱木质素（AL）和胺化木质素（LA）的XPS谱图

(a)XPS总谱 (b)AL的C 1s高分辨率图 (c)LA的C 1s高分辨率图

二、疏水LA-PVA-MTMS复合气凝胶的性能分析

利用胺化木质素（LA）与聚乙烯醇（PVA）通过氢键作用相结合，再通过甲基三甲氧

基硅烷（MTMS）经气相沉积的方式制备疏水 LA-PVA-MTMS 复合气凝胶。通过红外、XPS 对其化学结构进行分析，通过 TGA 对其热稳定性进行分析，通过力学性能分析并探究其可压缩性能。

（一）红外光谱分析（FT-IR）

通过 FT-IR 光谱对 PVA、LA-PVA、LA-PVA-MTMS 复合气凝胶的化学结构进行分析，结果如图 5-4 所示。PVA 气凝胶主要特征峰位于 $3475cm^{-1}$、$2922cm^{-1}$、$1275cm^{-1}$ 和 $1072cm^{-1}$ 处，分别属于 —OH 的伸缩振动，—CH_2 的不对称振动，以及 —CH_3 和 C—O 键的伸缩振动，而在 $1728cm^{-1}$ 和 $1635cm^{-1}$ 处的峰值分别与 C=O 和 C=C 拉伸振动有关。与 PVA 气凝胶相比，LA-PVA 复合气凝胶，在 $3475cm^{-1}$ 处的羟基峰向低波数 $3380cm^{-1}$ 处移动，这是由于 PVA 中的 —OH 与 LA 中的 N—H 和 —OH 形成氢键。疏水 LA-PVA-MTMS 复合气凝胶的光谱在 $1275cm^{-1}$ 和 $775cm^{-1}$ 处出现了新的峰值，分别对应于 Si—CH_3 的弯曲振动和 Si—O—Si 的拉伸振动，证实了 LA-PVA 与 MTMS 之间的相互作用。

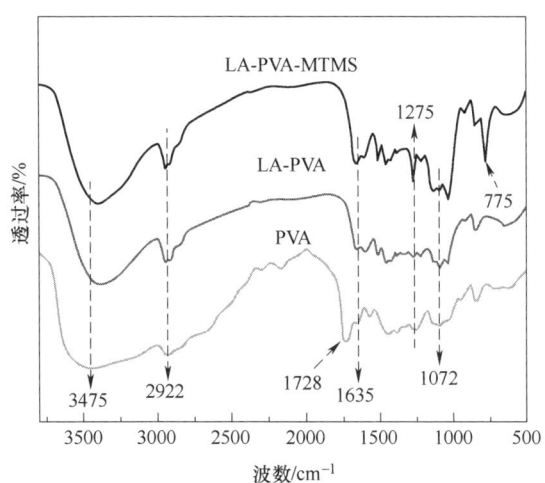

图 5-4　PVA、LA-PVA 和 LA-PVA-MTMS 复合气凝胶的 FT-IR 光谱图

（二）元素分析

利用元素分析仪测定了不同气凝胶的元素组成和含量，其元素含量分析结果如表 5-2 所示。与纯的 PVA 气凝胶相比，LA-PVA 复合气凝胶引入了新的元素，这是由木质素胺化过程中引入的胺基衍生而来的，氮元素含量为 3.22%。而硅烷化后的 LA-PVA-MTMS 复合气凝胶同样引入新的元素硅，硅元素含量达 14.01%，这使我们制备的复合气凝胶具有良好的疏水效果，在油水分离的应用中具有广泛的应用前景。

表 5-2　PVA、LA-PVA 和 LA-PVA-MTMS 复合气凝胶元素含量分析

单位：%

样品	C	O	N	Si
PVA	67.75	31.42	—	—
LA-PVA	51.95	31.47	3.22	—
LA-PVA-MTMS	49.77	27.46	3.17	14.01

（三）XPS 分析

通过 X 光电子能谱（XPS）测定了不同气凝胶的元素组成和化学结构，如图 5-5 所示。从 PVA、LA-PVA 和 LA-PVA-MTMS 复合气凝胶的 XPS 光谱图中可以看出，所有的光谱都显示了结合能在 286.3eV 和 533.2eV 处的峰，分别属于 C 1s 和 O 1s。随后，在 LA-PVA 和 LA-PVAMTMS 复合气凝胶的 XPS 光谱中，这些峰的强度发生了变化，并且出现了新的峰，这些变化是由于 LA 和 MTMS 的引入造成的。不仅如此，在 LA-PVA 和疏水 LA-PVA-MTMS 复合气凝胶 XPS 光谱的 397.8eV 处出现了新的结合能，证实了气凝胶中 LA 的存在。需要注意的是，在 LA-PVA-MTMS 的 XPS 光谱的 149eV 和 100eV 处出现了新的峰，分别属于 Si 2s 和 Si 2p。

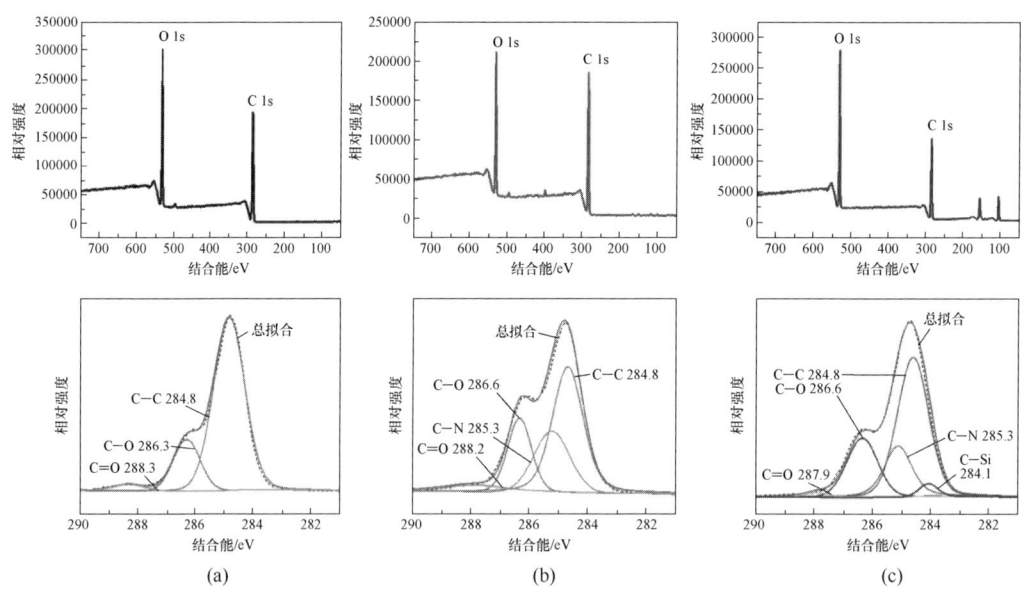

图 5-5　PVA、LA-PVA 和 LA-PVA-MTMS 复合气凝胶的 XPS 光谱图和 C 1s 高分辨率图

(a)PVA　(b)LA-PVA　(c)LA-PVA-MTMS

此外，通过 C 1s 高分辨率光谱图可以证实 LA、PVA 和 MTMS 之间的相互作用。从 C 1s 的 XPS 高分辨率图中可以看出，PVA 气凝胶表现出两个碳特征峰，分别为 284.8eV

（C—C）和286.3eV（CH—OH）。而在与LA共混反应后得到的LA-PVA复合气凝胶中，CH—OH的强度明显降低。这是因为PVA中的羟基反应发生了不可逆化学作用，从而导致C1s（CH—OH）的强度出现了明显降低。因此，这些结果证明了PVA和LA之间的相互作用是通过一个简单的缩合反应发生的。图5-5（b）和5-5（c）中285.3eV证明C—N的存在，C—Si的特征峰为284.1eV。这些特征峰的变化说明LA-PVA-MTM复合气凝胶的制备是成功的。

（四）热重分析

为了研究复合气凝胶的热稳定性，对复合气凝胶进行了热稳定性分析（TGA）。图5-6为复合气凝胶（PVA、LA-PVA和LA-PVA-MTMS）的TGA和DTGA曲线。如图5-6所示，所有复合气凝胶的TGA曲线都主要表现出三个阶段。第一阶段（0~200℃），即水的蒸发阶段。第二阶段（200~400℃），与复合凝胶的热降解、聚合物主链的断裂、裂解有关。LA的添加减缓了PVA的失重速率，而继续加入MTMS后的LA-PVA-MTMS复合气凝胶更加显著地减缓了失重率。PVA、LA-PVA和疏水LA-PVA-MTMS复合气凝胶在此阶段的最大失重温度也在逐步升高，分别为344℃、362℃和390℃。这些结果表明，LA和MTMS的加入提高了复合气凝胶的最大降解温度，提高了气凝胶的热稳定性而不易发生降解和裂解。在最后阶段（400~800℃），复合气凝胶进一步降解成碳，从图中可以看到，随着温度的升高，LA-PVA-MTMS的质量损失率变得平缓且趋于稳定。过程结束时，由于LA和MTMS的影响，气凝胶的保留量从PVA气凝胶的质量分数100%显著增加到LA-PVA和疏水LA-PVA-MTMS复合气凝胶的质量分数21.0%和质量分数44.5%。因此分析得出，MTMS引入LA-PVA气凝胶能够提高气凝胶的热稳定性。

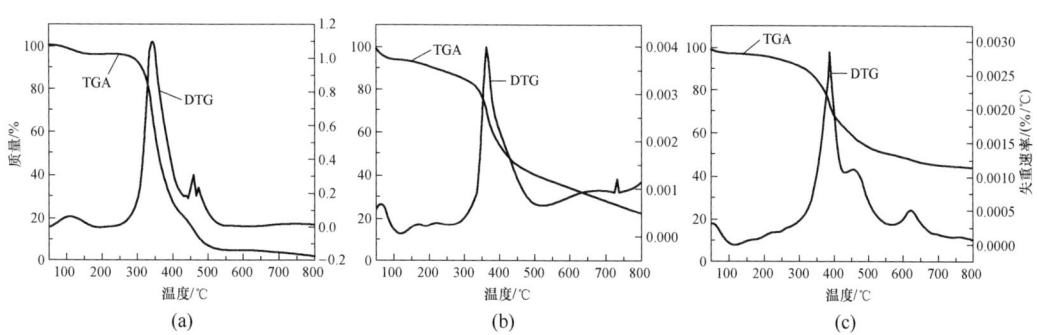

图5-6 复合气凝胶的TGA和DTGA曲线图

(a)PVA (b)LA-PVA (c)LA-PVA-MTMS

（五）力学性能分析

为了研究复合气凝胶的力学性能，对其压缩行为进行了测试。如图5-7所示，纯的

PVA气凝胶具有非常低的弹性特性，压缩应变超过30%时，它会永久变形。然而，LA-PVA和疏水LA-PVA-MTMS复合气凝胶由于它们的高孔隙率，使它们的压缩形变可以超过50%。不仅如此，LA-PVA和疏水LA-PVA-MTMS复合气凝胶的回弹性在一定程度上得到了提高，力学性能得到了明显的改善。在50%压缩应变下，LA-PVA复合气凝胶的最大压缩应力达到310kPa，而疏水LA-PVA-MTMS复合气凝胶的最大压力达到373kPa，这是因为LA、PVA和MTMS之间的相互作用，使气凝胶的内部结构得以增强。这与文献报道的结果一致。值得注意的是，疏水LA-PVA-MTMS复合气凝胶在承受50%的应变后可以完全恢复原来的形状，没有产生永久形变，这样优异的力学性能拓宽了其应用范围和领域。

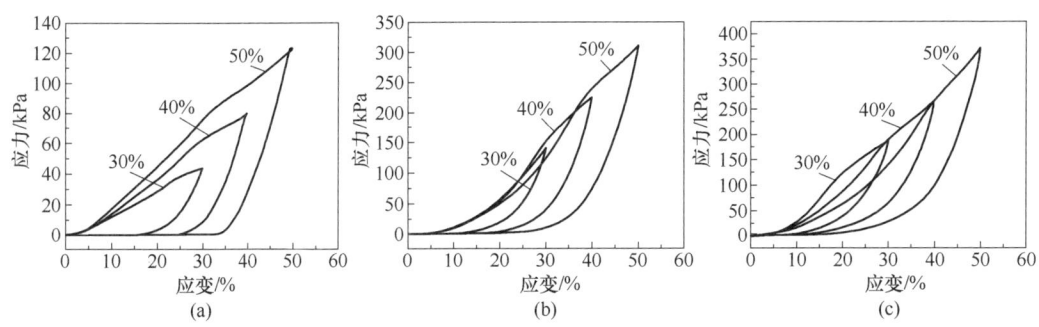

图5-7　气凝胶压缩性能曲线

(a)PVA　(b)LA-PVA　(c)LA-PVA-MTMS

三、疏水LA-PVA-MTMS复合气凝胶在油水分离中的应用

通过对气凝胶材料的密度、孔隙率、表观形貌、接触角进行分析，得出复合气凝胶可作为吸附材料，用于废水处理。

（一）密度及孔隙率分析

对PVA、LA-PVA和疏水LA-PVA-MTMS复合气凝胶的密度及孔隙率进行了研究，结果如表5-3所示。通常人们把密度范围从0.0011~0.5g/cm³的气凝胶归类为低密度气凝胶。PVA气凝胶的密度为0.0275g/cm³，孔隙率为96.55%，LA-PVA复合气凝胶密度为0.0813g/cm³，孔隙率为88.73%。这是由于在气凝胶中引入木质素基团导致密度增加和孔隙率降低。而疏水LA-PVA-MTMS复合气凝胶的密度为0.1150 g/cm³，高于文献中提到的超轻气凝胶，例如碳/PVA气凝胶（0.03g/cm³）、纤维素/PVA气凝胶（0.013g/cm³）、亚硝酸硼/PVA气凝胶（0.06g/cm³）和氧化石墨烯/PVA混合气凝胶（0.02g/cm³）。另外，用MTMS硅烷化改性后，疏水LA-PVA-MTMS复合气凝胶的孔隙率从88.73%（LA-PVA）略微降低到87.54%，这是由于引入了硅烷所致。尽管如此，复合气凝胶具有高度多孔结构和低密度，有望表现出高吸油能力。值得注意的是，这种生物质气凝胶由于其简便且廉价的合成方法，易于大规模商业应用推广。

表 5-3　PVA、LA-PVA 和疏水 LA-PVA-MTMS 复合气凝胶的密度和孔隙率

样品	密度/（g/cm³）	孔隙率/%
PVA	0.0275	96.55
LA-PVA	0.0813	88.73
LA-PVA-MTMS	0.1150	87.54

（二）扫描电子显微镜分析

通过环境扫描电子显微镜（SEM）观察 LA-PVA 和疏水 LA-PVA-MTMS 复合气凝胶的表观形貌结构，如图 5-8 所示。SEM 显示，LA-PVA 和疏水 LA-PVA-MTMS 复合气凝胶均具有多孔结构，这些多孔结构归因于通过冷冻干燥去除水的过程。这种多孔性结构增大了气凝胶的比表面积，有利于提高气凝胶对油的吸附性能。在高倍镜的观察下，LA-PVA 复合气凝胶的表面形貌较为光滑，而疏水 LA-PVA-MTMS 复合气凝胶由于 MTMS 的存在，表面形貌呈现出一定的粗糙结构，从而影响了气凝胶的润湿性，改善了复合气凝胶的疏水能力。更重要的是，所制备的复合气凝胶拥有三维结构，具有大量的多孔和隧道结构，可以引起毛细管力的作用，增加比表面积，提高吸附效率。

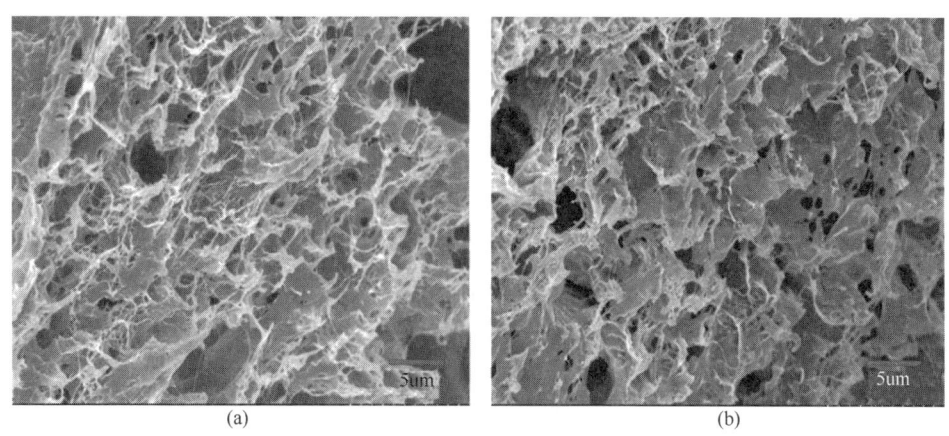

图 5-8　SEM 图

（a）LA-PVA　（b）疏水 LA-PVA-MTMS 复合气凝胶

（三）接触角分析

为了测定气凝胶的疏水性能，通过测试水接触角进行评估。众所周知，通过水接触角的大小可以判断材料亲水疏水性能，当水接触角小于 90°时，材料归类为亲水材料，当水接触角大于 90°时，材料归类为疏水材料，而当水接触角大于 150°时，该材料则被称为超疏水材料。如图 5-9（a）和图 5-9（b）所示，LA-PVA 气凝胶的水接触角为 0°，经 MTMS 修饰

后的疏水 LA-PVA-MTMS 复合气凝胶的水接触角为 143°，表现出高疏水性。在图 5-9（c）和图 5-9（d）中，未改性的气凝胶完全吸收了被亚甲基蓝染色的水，而经过 MTMS 修饰后，水滴在气凝胶表面形成球形，未能渗入凝胶材料中。此外，如图 5-9（e）所示，疏水 LA-PVA-MTMS 复合气凝胶在不同 pH（pH=1、7、13）下均表现出较高的疏水性。结果表明，所制备的气凝胶在较宽的 pH 范围内具有良好的分离性能，这是由于气凝胶中各元素之间良好的相互作用，使气凝胶成分具有较高的化学耐久性，以及粗糙的表面结构使其在不同 pH 下能够稳定存在。有趣的是，从图 5-9（f）中可以看出，水在改性气凝胶表面形成水滴，煤油（苏丹Ⅲ染色）迅速被完全吸收。结果表明，经过硅烷化改性的复合气凝胶具有亲油疏水性，可有效用于油水分离。LA-PVA-MTMS 的水接触角达 143°，高于大多数文献报道的疏水纳米纤维素/PVA 气凝胶，如 PVA/纳米纤维素/Fe_2O_3、PVA/氮化硼、PVA/细菌纤维素纳米纤维，且这些材料制备成本昂贵。总体来说，本章制备的疏水 LA-PVA-MTMS 复合气凝胶表现出低密度、高孔隙率、高疏水性、成本低、耐腐蚀等优点，能够有效吸附水中的油和有机溶剂。

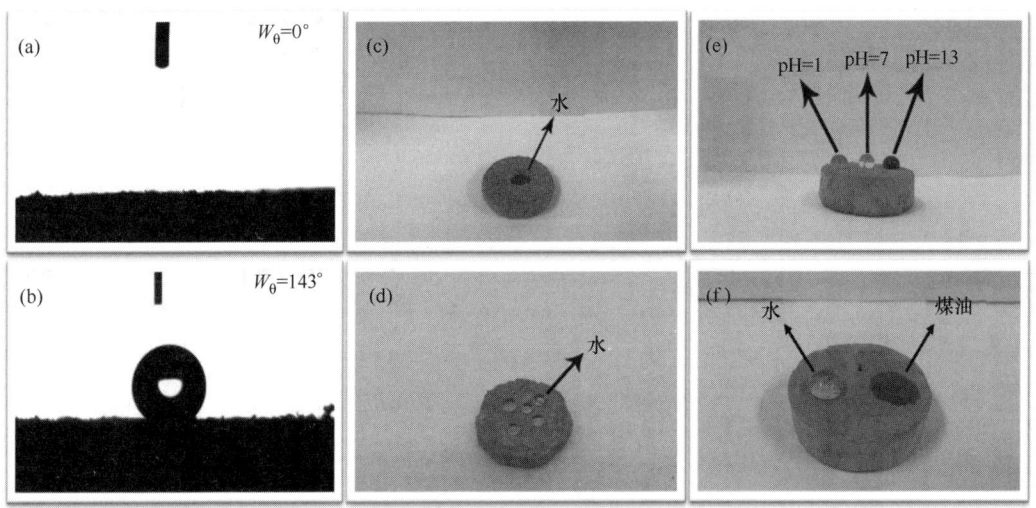

图 5-9 复合气凝胶疏水性能分析

水接触角：(a)LA-PVA 气凝胶 （b）LA-PVA-MTMS 气凝胶；润湿性：(c)LA-PVA 气凝胶 （d）LA-PVA-MTMS
气凝胶；(e)LA-PVA-MTMS 气凝胶在不同酸碱性条件下 （f）LA-PVA-MTMS 气凝胶在油水条件下

（四）油水分离分析

为了探究疏水 LA-PVA-MTMS 复合气凝胶在油水分离应用中的潜力，对其吸附性能及油水分离性能进行初步探讨。众所周知，有机溶剂是威胁生态系统和人类健康的主要污染源。选取大豆油和一些有机溶剂（包括甲苯、石油醚、煤油、正庚烷、三氯甲烷）作为目标有机污染物。疏水 LA-PVA-MTMS 复合气凝胶对油和有机溶剂的吸附性能结果如图 5-10

所示。结果表明，复合气凝胶对三氯甲烷、甲苯和石油醚具有优异的吸附能力。尽管疏水 LA-PVA-MTMS 复合气凝胶在吸附量上略低于 PVA 与纳米纤维素、亚硝基硼纳米片、碳纳米管和石墨烯共混制备的吸收剂，然而，这些气凝胶由于合成复杂、成本高，在工业应用中受到了一定限制，相反，疏水 LA-PVA-MTMS 复合气凝胶可以作为一种可替代的、廉价的、可持续的含油废水处理吸附剂。

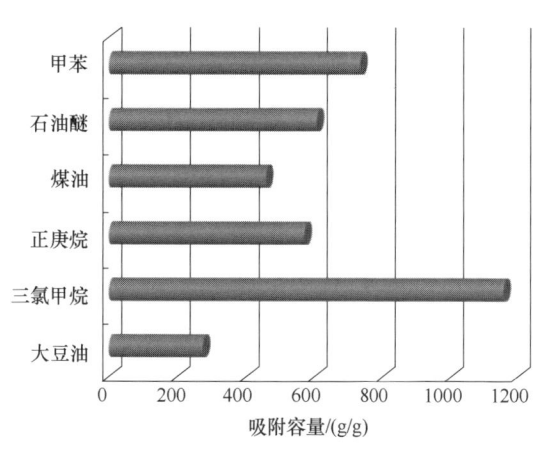

图 5-10　疏水 LA-PVA-MTMS 复合气凝胶对各种油脂及有机溶剂的吸附容量

溢油事故对水环境造成了严重的污染，水体中油类和有机污染物的处理引起了学者们极大的研究兴趣和商业兴趣，疏水 LA-PVA-MTMS 复合气凝胶的多孔结构以及疏水性使其具有优异的选择吸附性能和高效吸附有机溶剂的性能。如图 5-11（a）~图 5-11（d）所示，当疏水 LA-PVA-MTMS 复合气凝胶与水体中经苏丹Ⅲ染色的甲苯层（红色）接触时，甲苯迅速被吸附到疏水 LA-PVA-MTMS 复合气凝胶中，吸附后未发现残留物。如图 5-11（e）~图 5-11（h）所示，在装满水的烧杯中加入染色的氯仿，将疏水 LA-PVA-MTMS 复合气凝胶强行浸入水-氯仿溶液中并在底部与氯仿接触，氯仿会在几秒钟内被迅速吸入复合凝胶中。取出凝胶时，在烧杯底部未观察

图 5-11　疏水 LA-PVA-MTMS 复合气凝胶的选择性吸附的照片

(a)~(d)甲苯　(e)~(h)氯仿

到氯仿液滴。结果表明,改性后的 LA-PVA-MTMS 复合气凝胶具有良好的吸附潜力,优良的选择吸附性能,使其有望成为去除有机溶剂和泄漏溢油的吸附材料。

(五)分离效率与可重复性分析

通过 LA-PVA-MTMS 复合气凝胶对油水混合物和不同有机溶剂的吸附试验来进一步评价其分离效率。如图 5-12(a)所示,疏水 LA-PVA-MTMS 复合气凝胶的分离效率达 94% 以上。这是由于疏水 LA-PVA-MTMS 复合气凝胶具有较高的比表面积和大量的大孔、微孔结构,为其在油水分离中的应用奠定了基础。疏水 LA-PVA-MTMS 复合气凝胶的可回收性作为实际应用的重要标准,应予以认真考虑。以甲苯为被吸附溶剂代表,探索该复合气凝胶的吸收循环性能。如图 5-12(b)所示,经过 10 个循环的测试,疏水 LA-PVA-MTMS 复合气凝胶的分离效率有所降低,但仍能达到 90% 以上,说明该复合气凝胶具有良好的循环使用性能。分离效率的降低,归因于解吸过程中甲苯的残留。

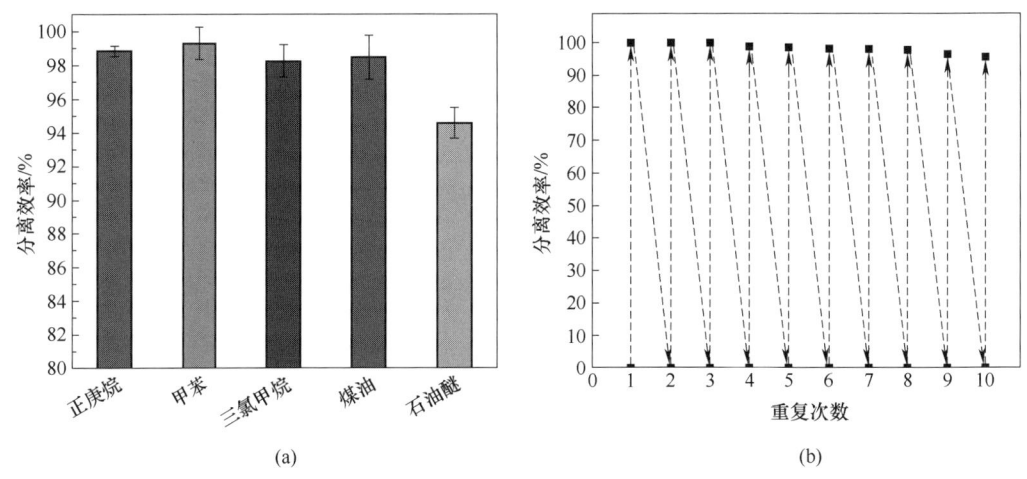

图 5-12 疏水 LA-PVA-MTMS 复合气凝胶的分离效率及可回收性测试
(a)不同油脂的分离效率 (b)对甲苯的可回收性测试

第二节 LA-PVA-GO 复合气凝胶的制备及其对 Cr(VI)的吸附性能

随着社会的发展,重工业也在不断地进步,伴随而来的是巨大的工业废水污染,对环境构成了严重威胁。这些工业废水中经常伴随着大量的重金属污染,这些重金属元素对生态环境以及人类健康和生命安全都会造成严重威胁。气凝胶作为一种新型吸附剂,低质量、高孔隙率等优异特性对重金属的吸附也有着巨大的发展潜力。

本节介绍利用胺化木质素(LA)与聚乙烯醇(PVA)和氧化石墨烯(GO)共混制备

LA-PVA-GO 复合气凝胶。通过红外、XPS 以及 XRD 对复合气凝胶的化学结构及性质进行表征，通过 SEM 对复合气凝胶的表观结构进行观察。以铬 [Cr(Ⅵ)] 离子为吸附目标，研究 LA-PVA-GO 复合气凝胶对重金属的吸附行为，探究其吸附动力学模型、吸附等温曲线以及吸附机理，为木质素的高值化利用拓展新的路径。

一、LA-PVA-GO 复合气凝胶性能分析

（一）红外光谱分析

为了研究复合气凝胶的化学结构，对 PVA、LA-PVA 和 LA-PVA-GO 复合气凝胶进行了红外光谱（FT-IR）分析，如图 5-13 所示。PVA 凝胶主要是由于聚乙烯醇分子间氢键的作用，在 3437cm^{-1} 处出现较宽的羟基吸收峰。2935cm^{-1} 处为 CH_2 的不对称伸缩振动，在 1255cm^{-1} 和 1092cm^{-1} 处分别是 —CH_3 和 C—O 键的特征吸收峰。与 PVA 气凝胶相比，LA-PVA 复合气凝胶除了 PVA 的特征峰，还明显地出现了木质素的特征峰，1640cm^{-1} 和 1501cm^{-1} 处是芳香族骨架的伸缩振动，1450cm^{-1} 处为芳香族 C—H 的弯曲振动。由于 PVA 中的 OH 与 LA 中的 OH 和 N—H 形成氢键，PVA 在 3437cm^{-1} 处的羟基峰向低波数 3380cm^{-1} 移动。在 LA-PVA-GO 复合气凝胶光谱中，在 1608cm^{-1} 处出现的峰值归因于氧化石墨烯（GO）中羧基的 C=O 键伸缩振动。

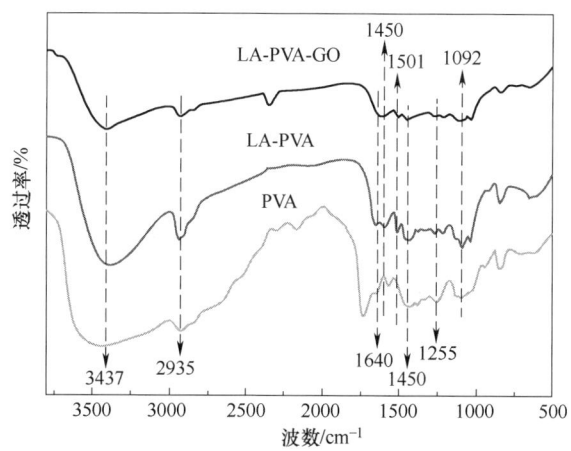

图 5-13 PVA、LA-PVA 和 LA-PVA-GO 复合气凝胶的 FT-IR 图

（二）X-射线衍射分析

图 5-14 为 GO、LA-PVA 以及 LA-PVA-GO 复合气凝胶的 X 射线衍射分析（XRD）谱图。从 GO 的 XRD 谱图中可以看到，在 $2\theta=10.14°$ 处有一个尖锐的衍射峰，其对应的层间距为 0.8722nm，这表明 GO 为单层片状结构。对比 GO 的 XRD 谱图，我们发现 LA-PVA-GO 的 XRD 谱图在 $2\theta=10.14°$ 处的衍射峰出现了明显的减弱，而对比 LA-PVA 的 XRD 谱

图，LA-PVA-GO 复合气凝胶同样在 $2\theta =20.16°$ 处衍射峰出现了增强，说明此峰与 GO 无关，而是 LA-PVA 的特征峰，GO 与 LA 和 PVA 发生相互作用，使部分 GO 发生了还原，形成还原性氧化石墨烯（rGO）。

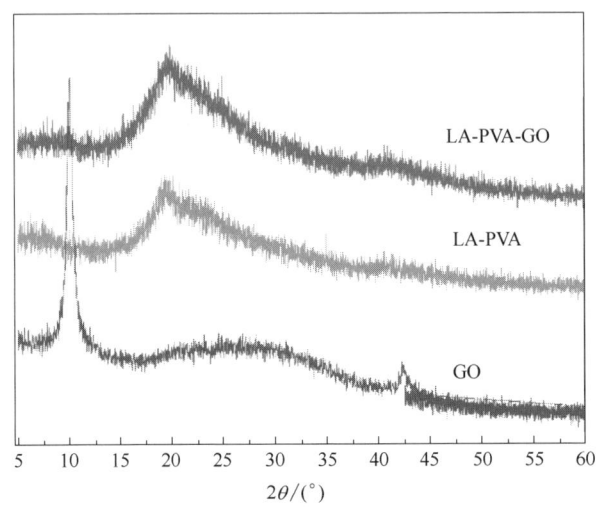

图 5-14　GO、LA-PVA 和 LA-PVA-GO 复合气凝胶的 XRD 谱图

（三）X-光电子能谱分析

LA-PVA 和 LA-PVA-GO 复合气凝胶的 X-光电子能谱（XPS）如图 5-15 所示。图 5-15（a）为 XPS 全谱图，与 LA-PVA 相比，LA-PVA-GO 的碳、氧、氮和硫的特征峰并没有消失，元素百分比（at.%）中，含氧量从 23.98% 增加到 30.53%，含氮量从 3.28% 增加到 4.2%，含硫量从 0.37% 增加到 0.72%，含碳量从 72.32% 减少到 64.55%。从 LA-PVA 和 LA-PVA-GO 复合气凝胶的 C 1s 谱图［图 5-15（b）和图 5-15（c）］中可以看出，引入 GO 后，含氧官能团从 34.59% 增加到 42.61%，这些结果表明，GO 的加入可以引入很多含氧官能团，如羟基、羧基等，导致氧元素含量增加，其中明显的变化就是 C—O 的面积从

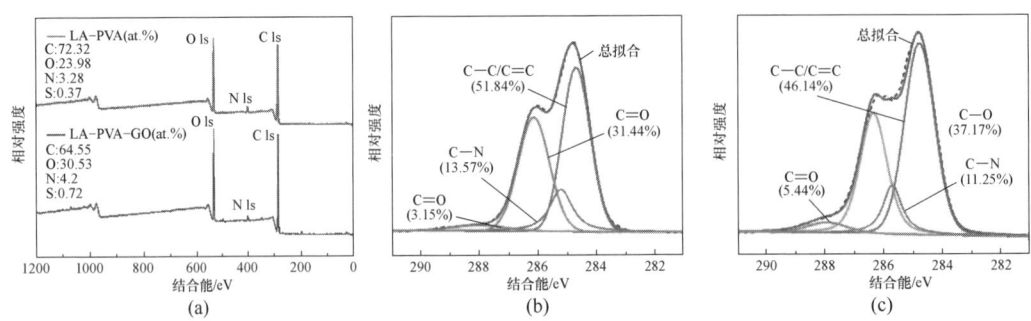

图 5-15　LA-PVA 和 LA-PVA-GO 复合气凝胶的 XPS 谱图

（a）XPS 全谱图　（b）LA-PVA 复合气凝胶 C 1s 高分辨图　（c）LA-PVA-GO 复合气凝胶 C 1s 高分辨率图

LA-PVA 中的 31.44% 增加到 LA-PVA-GO 中的 37.17%，C=O 的面积从 3.15% 增加到 5.44%。C 1s 谱带中在 284.8eV、285.3eV、286.2eV 和 288.2eV 的峰，分别属于 C—C 或 C=C、C—N、C—O 和 C=O 键。

（四）扫描电镜分析

通过扫描电镜（SEM）观察 LA-PVA 和 LA-PVA-GO 复合气凝胶的微观形貌图，如图 5-16（a）和（b）所示。LA-PVA 和 LA-PVA-GO 复合气凝胶的 SEM 图显示，两种凝胶材料均具有较多的大孔结构，这样的网络结构使气凝胶具有一定的吸附性能。而与 LA-PVA 气凝胶相比，GO 的引入使 LA-PVA-GO 复合气凝胶呈现片层结构，孔结构更加致密，孔径更加规则均匀，这种三维多孔的网络结构可以增加气凝胶的比表面积，有助于对金属离子的吸附。表 5-4 显示了 LA-PVA 和 LA-PVA-GO 复合气凝胶的密度及孔隙率。结果显示，随着 GO 的引入，复合气凝胶的密度仅从 0.0813g/cm³ 增加到 0.0822g/cm³，但孔隙率却从 88.73% 增加到 97.55%。这是因为氧化石墨烯本身就是低密度、高孔隙率物质，有助于复合气凝胶孔隙率的增加，从而提高复合气凝胶的吸附性能。

表 5-4　LA-PVA 和 LA-PVA-GO 复合气凝胶的密度和孔隙率

气凝胶	密度/(g/cm³)	孔隙率/%
LA-PVA	0.0813	88.73
LA-PVA-GO	0.0822	97.55

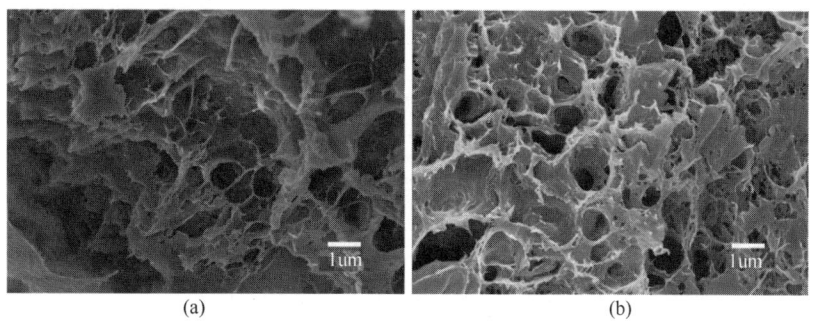

图 5-16　SEM 图像

(a)LA-PVA　(b)LA-PVA-GO 复合气凝胶

二、LA-PVA-GO 复合气凝胶对 Cr(Ⅵ) 的吸附性能分析

LA-PVA-GO 复合气凝胶具有多孔及高孔隙率的性能，可用于吸附废水中的金属离子。以铬[Cr(Ⅵ)]离子为吸附目标，研究 LA-PVA-GO 复合气凝胶对重金属的吸附行为，并探究其吸附动力学模型、吸附等温曲线以及吸附机理。

（一）pH 对 Cr(Ⅵ) 吸附的影响

在废水处理中，废水的 pH 是影响重金属吸附过程的一个重要参数，例如，在 Cr(Ⅵ)

的吸附过程中，pH 会对铬的阴离子的存在形式以及对吸附剂的质子化具有很大影响。为了研究 pH 对 Cr（Ⅵ）的吸附行为的影响，设定 Cr（Ⅵ）的初始浓度为 100mg/L，LA-PVA-GO 复合气凝胶的投放量为 20mg/50mL，在 pH 为 2.0~8.0 的范围内，探究 pH 对 Cr（Ⅵ）溶液吸附行为的影响。结果如图 5-17 所示。结果显示，当 pH 为 4 时，LA-PVA-GO 复合气凝胶对 Cr（Ⅵ）的吸附效果达到最佳，其去除率达到 80.41%，当 pH 小于 4 时，其吸附效果随着 pH 的减小而出现了轻微的减小，而当 pH 大于 4 时，其吸附效果随着 pH 的增大而迅速减小。但是，在 pH 在 2~5 范围内，LA-PVA-GO 复合气凝胶可以保持一个相对较高的吸附效果。这是因为 Cr（Ⅵ）在酸性条件下具有两种主要存在形式 $HCrO_4^-$ 和 $Cr_2O_7^{2-}$，而 LA-PVA-GO 复合气凝胶中含有大量

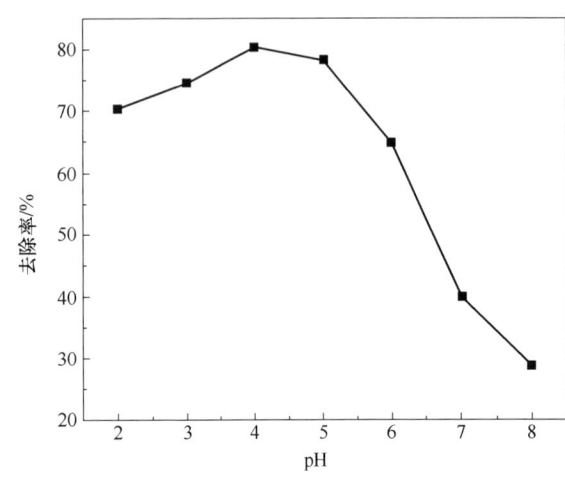

图 5-17　溶液 pH 对 Cr（Ⅵ）的吸附效果影响
[Cr（Ⅵ）溶液的初始浓度为 100mg/L，
LA-PVA-GO 复合气凝胶投放量为 20mg/50mL]

的—COOH 和—NH—等基团，这些基团能够在酸性条件下发生质子化，对 $HCrO_4^-$ 和 $Cr_2O_7^{2-}$ 有较强的亲和力，可以通过静电作用进行吸附。而随着 pH 的增加，溶液中的 H^+ 含量减少，质子化能力减弱，从而导致对 Cr（Ⅵ）的吸附能力减弱。

（二）吸附动力学模型分析

为了评价 LA-PVA-GO 复合气凝胶的吸附性能是否优良，不仅要考虑吸附材料的吸附能力，还需要考虑其吸附效率，即当达到吸附平衡时所需要的时间。结果如图 5-18 所示，LA-PVA-GO 复合气凝胶的吸附容量在开始的 100min 内迅速增加，并在经过 150min 后达到吸附平衡。Cr（Ⅵ）在 LA-PVA-GO 复合气凝胶中能够被快速吸附是因为在吸附的初始阶段，LA-PVA-GO 复合气凝胶上存在着大量的活性吸附位点，例如—NH—和—COOH 等活性基团。随着吸附过程的进行，LA-PVA-GO 复合气凝胶表面的活性吸附位点逐渐和 Cr（Ⅵ）结合并达到饱和，吸附效率下降，最终达到吸附平衡状态。

为了更好地理解 LA-PVA-GO 复合气凝胶的吸附过程，我们进一步进行了伪一级动力学和伪二级动力学模型拟合，其数学表达式如下：

伪一级动力学模型：

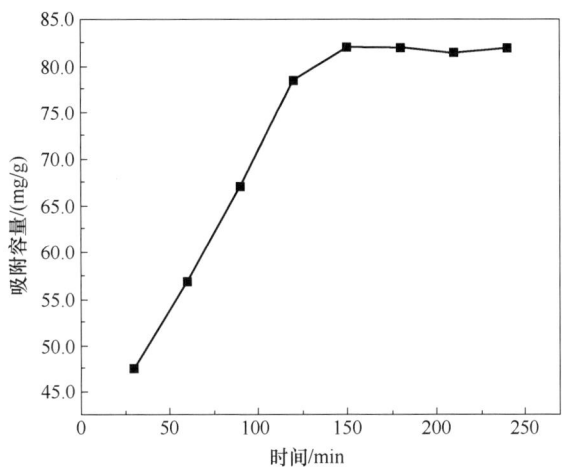

图 5-18 吸附时间对 Cr（Ⅵ）的吸附效果的影响 [Cr（Ⅵ）初始浓度为 100mg/L，LA-PVA-GO 复合气凝胶的投放量为 20mg/50mL，pH 为 4]

$$\ln(Q_e - Q_t) = \ln(Q_e) - k_1 t \tag{5-1}$$

伪二级动力学模型：

$$t/Q_t = 1/k_2 Q_e^2 + t/Q_e \tag{5-2}$$

式（5-1）和式（5-2）中 Q_t 是对应时间 t 的吸附容量，mg/g；Q_e 是平衡时的吸附容量，mg/g；k_1（min^{-1}）和 k_2 [g/（mg·min）] 分别是伪一级动力学模型和伪二级动力学模型的速率常数。

为了探究 LA-PVA-GO 复合气凝胶的吸附过程中两种动力学模型的差异，采用伪一级动力学和伪二级动力学吸附模型拟合动力学数据，其结果如图 5-19 和表 5-5 所示。从表 5-5 中可以清楚地看出，通过伪一级动力学模型拟合的理论吸附值 95.04mg/g 与实际吸

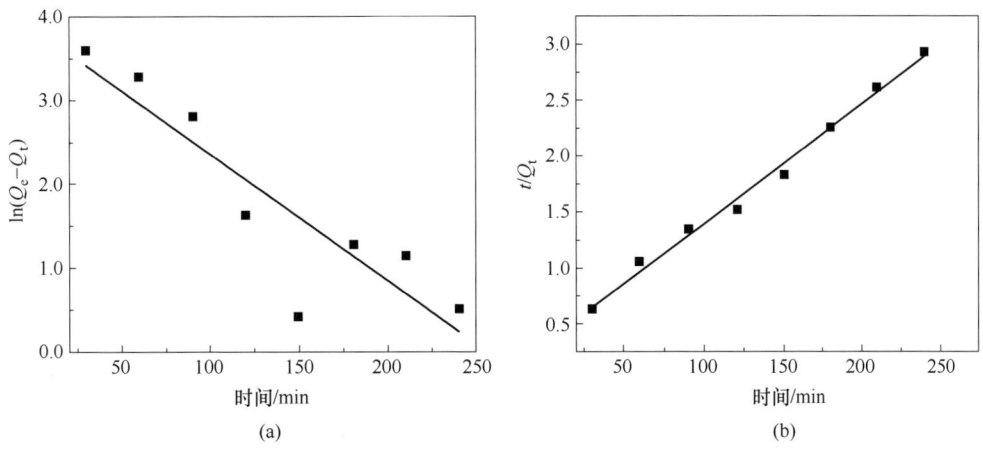

图 5-19 LA-PVA-GO 复合气凝胶吸附 Cr（Ⅵ）的动力学模型图
(a) 伪一级图　(b) 伪二级图

附值 82.04mg/g 具有较大的差异，并且其 $R^2 = 0.8035$，表明通过伪一级动力学方程并不能很好地描述 LA-PVA-GO 复合气凝胶的吸附过程。然而，通过伪二级动力学方程拟合的理论吸附值 83.60mg/g，与实际吸附值接近，并且 $R^2 = 0.9929$，更接近于 1。这些数据说明伪二级动力学方程可以更好地解释 LA-PVA-GO 复合气凝胶的吸附过程，LA-PVA-GO 复合气凝胶对 Cr（Ⅵ）的吸附过程主要依靠的是化学吸附，表明所含有的吸附位点数量是影响吸附效果的主要因素。

表 5-5　LA-PVA-GO 复合气凝胶吸附 Cr（Ⅵ）的伪一级动力学模型和伪二级动力学模型参数

吸附量/(mg/g)	伪一级动力学模型			伪二级动力学模型		
	Q_e/(mg/g)	k_1/min^{-1}	R^2	Q_e/(mg/g)	k_2/[g/(mg·min)]	R^2
82.04	95.04	0.0234	0.8035	83.60	3.1728	0.9929

（三）吸附热力学模型分析

众所周知，等温吸附曲线在吸附系统中有着重要作用，而 Langmuir 和 Freundlich 等温吸附模型是常用的两种吸附热力学模型，不仅运用于染料的吸附研究，也常被用于重金属离子的吸附研究。通过等温吸附曲线，可以更加容易地帮助人们理解平衡条件下吸附质在液相和固相之间的分布情况。

在等温吸附曲线中，Langmuir 吸附模型是单层吸附，是假设固体表面是均匀的，每个吸附位点对分子的亲和力是相同的，吸附容量特性也大致相同，每个吸附位点只能吸附一个分子。而 Freundlich 吸附模型是假设固体表面是不均匀的，每个分子可以和固体表面多个吸附位点相结合，其吸附能力是指所有吸附位点的总和。

Langmuir 吸附方程：

$$1/Q_e = 1/Q_m + 1/bQ_m\rho_e \tag{5-3}$$

Freundlich 吸附方程：

$$\log(Q_e) = \log(K_f) + 1/n\log(\rho_e) \tag{5-4}$$

式（5-3）和式（5-4）中 ρ_e 是平衡状态时的 Cr（Ⅵ）浓度，mg/L；Q_e 是平衡时的吸附容量，mg/g；Q_m 是最大吸附容量，mg/g；b、n 和 K_f 分别是 Langmuir 和 Freundlich 吸附模型的常数。

探究不同初始浓度的 Cr（Ⅵ）对 LA-PVA-GO 复合气凝胶吸附性能的影响，结果如图 5-20 所示。我们可以很清楚地看出，随着 Cr（Ⅵ）初始浓度的增加，LA-PVA-GO 复合气凝胶对 Cr（Ⅵ）的吸附量也在增加。这是因为 Cr（Ⅵ）在低浓度时，LA-PVA-GO 复合气凝胶活性位点相对较多，使更多的 Cr（Ⅵ）可以进一步被吸附到 LA-PVA-GO 复合气凝胶上，而在较高浓度下具有更大的驱动力来克服液相和固相之间的传质阻力。

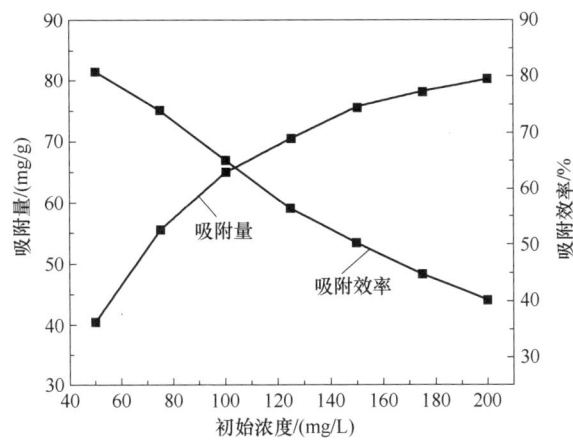

图 5-20　Cr（Ⅵ）初始浓度对吸附性能的影响（LA-PVA-GO 复合
气凝胶的投放量为 20mg/50mL，吸附时间为 150min，pH 为 4）

LA-PVA-GO 复合气凝胶的 Langmuir 和 Freundlich 等温吸附模型的数据拟合结果如图 5-21 和表 5-6 所示。从拟合结果可以看出，Langmuir 的拟合系数（R^2）高于 Freundlich 的拟合系数，说明 Langmuir 模型更适合于 LA-PVA-GO 复合气凝胶吸附行为，LA-PVA-GO 复合气凝胶对 Cr（Ⅵ）的理论最大吸附容量为 86.80mg/g。

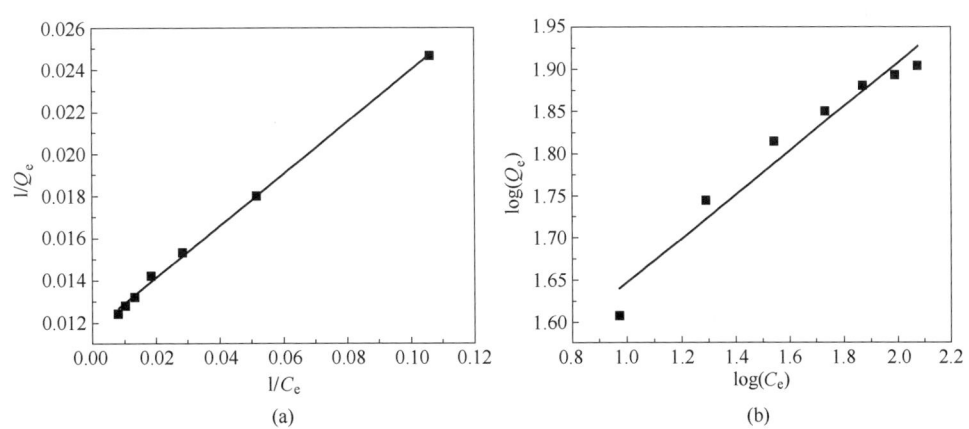

图 5-21　LA-PVA-GO 复合气凝胶吸附 Cr（Ⅵ）的等温吸附模型
（a）Langmuir 模型　（b）Freundlich 模型

表 5-6　LA-PVA-GO 复合气凝胶吸附 Cr（Ⅵ）的 Langmuir 模型和 Freundlich 模型参数

Langmuir 模型			Freundlich 模型		
Q_m/(mg/g)	b	R^2	n	K_f	R^2
86.7963	0.0893	0.9964	4.1538	28.9145	0.9601

第三节 抗紫外、抗氧化木质素-半纤维素基复合水凝胶的制备

水凝胶是一种具有亲水性的三维网络状结构,在水中可以迅速膨胀,由于其具有柔韧性好、水分丰富、生物相容性好等一系列优点,广泛应用于给药、组织工程等领域。木质素和半纤维素作为可持续发展的原材料,由于价格低廉、生物可降解性好、来源丰富,近年来越来越受到人们的关注。将木质素、半纤维素等生物质能源与水凝胶相结合,制备出理想的生物相容性和组织亲和性的水凝胶,是很有意义的课题。

本节主要介绍了以丙烯酰胺(AM)为单体,引入木质素、半纤维素,通过交联反应制备木质素-半纤维素基复合水凝胶。通过傅里叶变换红外光谱(FT-IR)、热重分析(TGA)和环境扫描电镜(SEM)等对复合水凝胶的化学结构和表观形貌进行分析,使用质构仪和旋转流变仪对复合水凝胶的力学性能和流变性能进行探讨。同时对复合水凝胶的溶胀性能、紫外屏蔽性能和抗氧化性能进行探究。

一、木质素-半纤维素复合水凝胶的制备

为了提高半纤维素的化学活性,利用氯乙酸钠对木聚糖进行羧甲基化改性得到羧甲基木聚糖,将其标记为 CMX。将丙烯酰胺(AM)溶解在去离子水中,然后加入羧甲基木聚糖(CMX),待其完全溶解后,加入不同含量的碱木质素(AL),通入 N_2 用于提供无氧环境。在冰浴(0℃)的条件下,加入 N,N-亚甲基双丙烯酰胺(MBA)、四甲基乙二胺(TEMDA)以及过硫酸铵(APS),然后将搅拌均匀的溶液转移至模具中,在 60℃下进一步聚合得到复合水凝胶。复合水凝胶的制备条件如表 5-7 所示,木质素复合水凝胶的合成机理见图 5-22。

表 5-7 复合水凝胶的制备条件

样品	CMX 质量/g	AL 质量/g	AM 质量/g	MBA 质量/g	TEMDA 体积/mL	APS 质量/g	L 含量/%
PAM	0	0	5.0	0.15	0.75	0.075	0
AL-0%	0.5	0	5.0	0.15	0.75	0.075	0
AL-10%	0.5	0.05	5.0	0.15	0.75	0.075	10
AL-20%	0.5	0.1	5.0	0.15	0.75	0.075	20
AL-35%	0.5	0.175	5.0	0.15	0.75	0.075	35
AL-50%	0.5	0.25	5.0	0.15	0.75	0.075	50

二、复合水凝胶的分析表征

(一)羧甲基木聚糖(CMX)的表征

1. 红外光谱分析

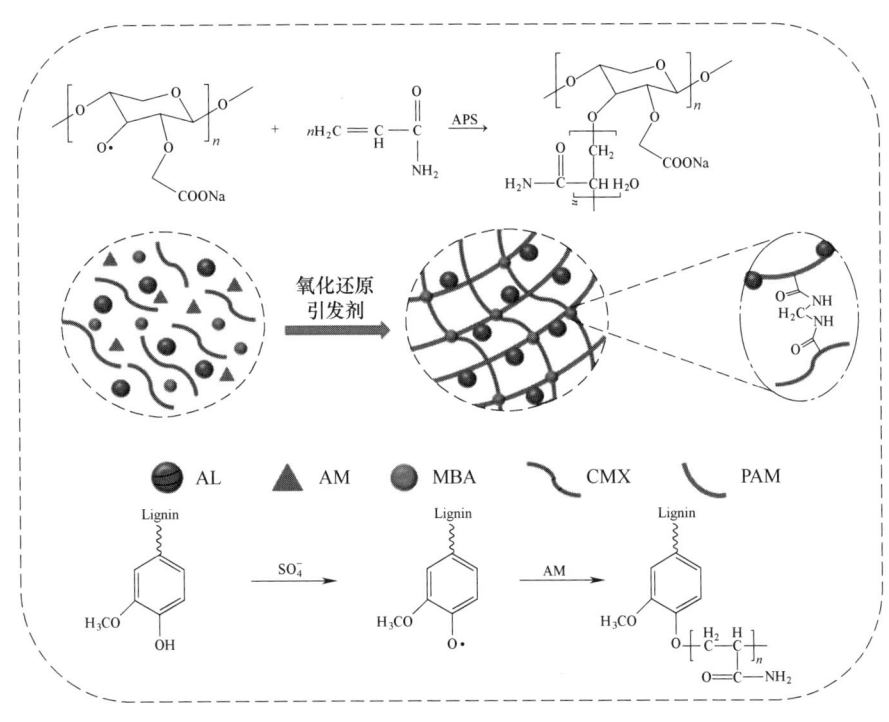

图 5-22 木质素复合水凝胶的合成机理

木聚糖羧甲基化改性得到 CMX,通过傅里叶变换红外光谱(FT-IR)对其化学结构进行分析,如图 5-23 所示。在 3415cm^{-1}、2917cm^{-1}、1641cm^{-1}、1041cm^{-1} 和 891cm^{-1} 处出现的特征吸收峰归属于木聚糖。在 3415cm^{-1} 和 2917cm^{-1} 处的特征吸收峰,分别对应的是 O—H 和 C—H 的伸缩振动。1641cm^{-1} 处出现的特征峰归属于 C—C 的伸缩振动,而在 1041cm^{-1} 处的特征峰归属于醚键中的 C—O—C 的伸缩振动。与木聚糖的特征峰相比,CMX 在 1601cm^{-1} 处有一个较强的吸收峰,这归因于 COO^-。而在 1421cm^{-1} 和 1312cm^{-1} 处分别为 CH 和 OH 的弯曲振动。这些特征峰强度的变化以及新的特征峰的出现,说明羧甲基木聚糖被成功制备。

2. ^{13}C-NMR 分析

对木聚糖(Xylan)和羧甲基木聚糖(CMX)进行了 ^{13}C-NMR 分析,图 5-24 为 Xylan 和 CMX 的 ^{13}C-NMR 光谱图。由光谱图可以看出,在 101.63mg/kg、75.58mg/kg、73.62mg/kg、72.74mg/kg 和 60.57mg/kg 处出现的信号峰分别对应木糖单元的

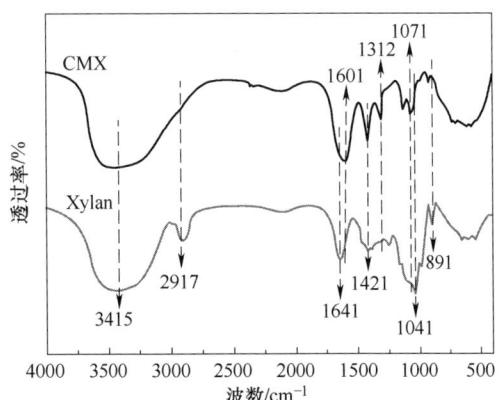

图 5-23 木聚糖(Xylan)和羧甲基木聚糖(CMX)的 FT-IR 光谱图

C1、C4、C3、C2 和 C5。相较于木聚糖，羧甲基木聚糖在 177.32mg/kg 和 69.16mg/kg 处出现了新的信号峰。69.16mg/kg 的信号归属于羧甲基木聚糖中的 CH_2，而 177.32mg/kg 处的信号归属于羧甲基木聚糖中的羧基。这两个新的特征峰的出现证明了 CMX 的成功制备。

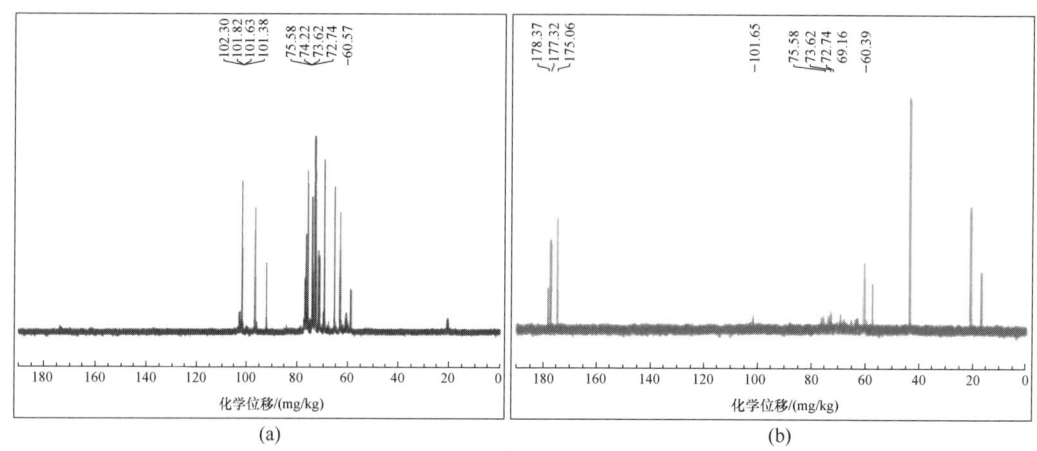

图 5-24 ^{13}C-NMR 谱图

(a) 木聚糖 (Xylan)   (b) 羧甲基木聚糖 (CMX)

（二）木质素-半纤维素复合水凝胶表征

1. 红外光谱分析

为了探究复合水凝胶的化学结构，下面对 PAM、AL-0%（PAM-CMX）和 AL-50%（PAM-CMX-AL）复合水凝胶进行了红外光谱分析，红外光谱图如图 5-25 所示。结果显示，这三条曲线在 $3424cm^{-1}$ 和 $3167cm^{-1}$ 处表现出 PAM 的典型吸收峰，这是由 N—H 键之间的对称和非对称振动造成的。而在 $2931cm^{-1}$ 和 $2783cm^{-1}$ 处的峰值分别归因于甲基和亚甲基结构中 C—H 的不对称伸缩振动，在 $1658cm^{-1}$ 处的特征峰归因于 C=O 的伸缩振动。与 PAM 水凝胶相比，AL-0% 复合水凝胶在 $1610cm^{-1}$ 和 $920cm^{-1}$ 处有羧甲基木聚

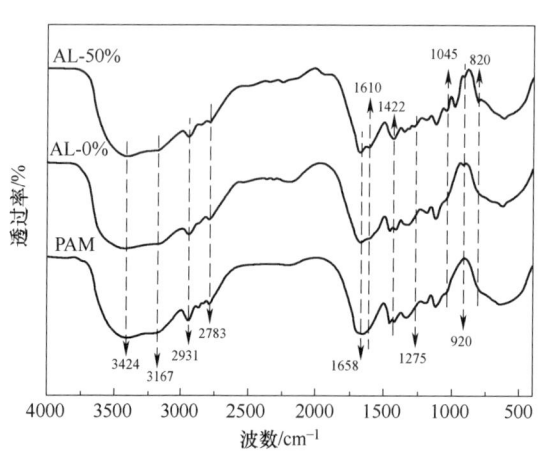

图 5-25 PAM、AL-0% 和 AL-50% 复合水凝胶的 FT-IR 光谱图

糖的特征峰，这主要归因于羧甲基木聚糖 COO⁻ 和阿拉伯糖单元的存在。而在 AL-50% 复合水凝胶的光谱中，在 $1422cm^{-1}$ 处峰值对应于苯环骨架的伸缩振动。$1275cm^{-1}$ 和 $820cm^{-1}$ 处

的吸收带为愈创木基单元的 C—O 和 C—H 伸缩振动。此外，在引入 CMX 和木质素后，PAM 酰胺基非弯曲拉伸振动（N—H）在 3167cm^{-1} 处的峰向更高的波数偏移，变得更宽。与此同时，在 1045cm^{-1} 处的 C—O—C 峰值强度显著增强。这些变化说明木质素、CMX 和 PAM 经过化学共聚反应形成了化学网络结构。

2. 热重分析

PAM、AL-0% 和 AL-50% 复合水凝胶的热重分析图如图 5-26 所示，在氮气环境下以 10℃/min 的加热速率测试复合水凝胶的热稳定性。结果显示，复合水凝胶的失重分为三个主要阶段。在第一阶段（75~180℃），所有曲线均表现出轻微的失重，主要与样品中自由水和结合水的蒸发有关。之后随着温度的升高，PAM、AL-0% 和 AL-50% 复合水凝胶在 200~340℃ 之间失重率有所增加，当温度超过 350℃ 时，复合水凝胶的失重率达到最大。这些变化主要是与复合水凝胶中羧甲基木聚糖、木质素等高分子物质主链断裂及裂解有关。数据还表明，PAM、AL-0% 和 AL-50% 复合水凝胶的残留物百分比分别为质量分数 18.0%、质量分数 20.9% 和质量分数 24.1%。这些变化表明，随着木质素的引入，PAM 和 AL-0% 水凝胶的稳定性得到了改善。DTGA 曲线代表 TGA 曲线中相应样品的分解温度。DTG 曲线的特征峰对应样品的主要失重阶段。从图中可以看出，DTGA 曲线在 428℃、378℃ 和 446℃ 处有三个显著的特征峰，分别对应着 PAM、AL-0% 和 AL-50% 复合水凝胶的最大降解温度。与 AL-0% 水凝胶相比，木质素的引入可以有效地提高复合水凝胶的最大分解温度。

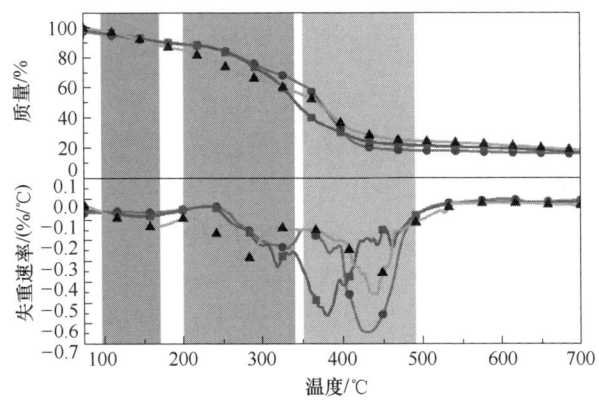

图 5-26　PAM、AL-0% 和 AL-50% 复合水凝胶的 TGA（上）和 DTGA 曲线（下）
　　—●— PAM　　—■— AL-0%　　—▲— AL-50%

3. SEM 及孔隙率分析

用 SEM 观察 PAM 和复合水凝胶的形貌和结构。图 5-27 中的 SEM 图显示了 PAM、AL-0% 和 AL-50% 复合水凝胶的形态。如图 5-27（a）所示，PAM 凝胶具有规则的孔洞和致密的结构。当添加 CMX 时，制备的水凝胶的孔变大［图 5-27（b）］，AL-0% 水凝胶的孔隙率增加到 34.75%［图 5-27（d）］，这归因于 CMX 的成孔作用以及 PAM 含量的降低。PAM 具有很强的交联作用，PAM 含量的降低可以显著增加水凝胶的孔隙率，从而提高其溶胀率。图 5-27（c）显示了 AL-50% 复合水凝胶的表面形态。显然，含有 CMX 和木质素的水凝胶具有不同大小的孔洞。AL-50% 水凝胶的孔隙率达到 51.70%，远高于 PAM 和 AL-0%［分别为 22.56% 和 34.75%，图 5-27（d）］，这使得 AL-50% 的溶胀率最高。木质素的引入，使得复合水凝胶的黏弹性和机械性能共同得到改善，为了进一步验证这一点，测量了其流变性能和机械性能。

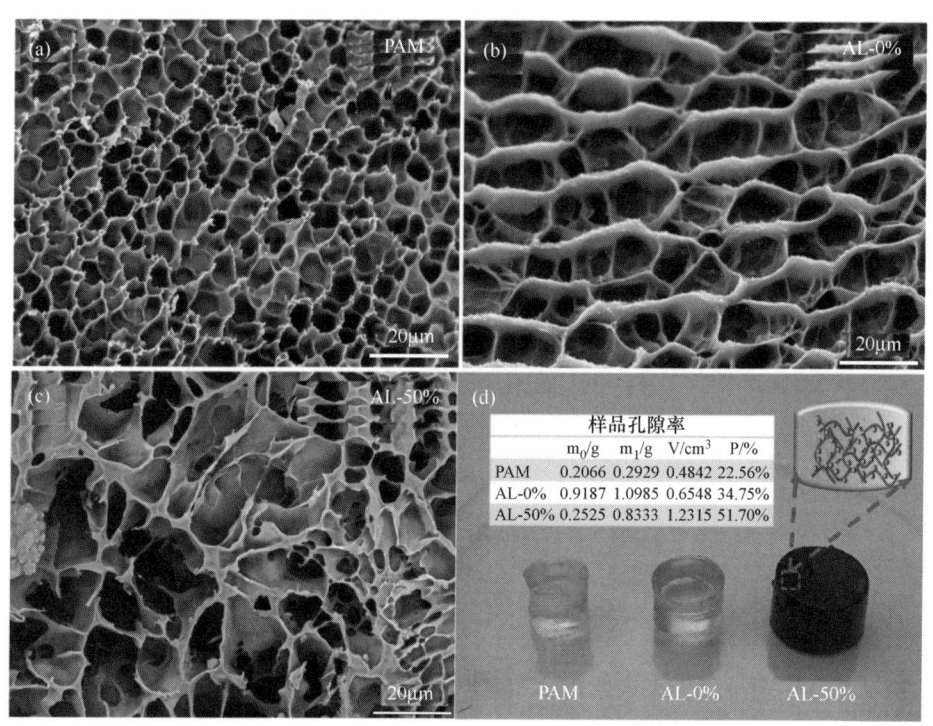

图 5-27　SEM 图及示意图

(a)PAM　(b)AL-0%　(c)AL-50%复合水凝胶　(d)示意图

4. 流变行为分析

图 5-28 为不同木质素含量复合水凝胶的储能模量（G'）和损耗模量（G''）随频率变化图。可以看出，在整个频率范围内，复合水凝胶的储能模量 G' 不随频率的变化而变化，并且储能模量 G' 大于损耗模量 G''，表现出凝胶特性。如图 5-28 所示，AL-0% 水凝胶的储能模量 G' 和损耗模量 G'' 曲线均高于 PAM 水凝胶，这表明添加木聚糖有利于增加水凝胶的弹性行为和黏性行为，这与 SEM 图中呈现的形态一致。而木质素复合水凝胶的储能模量和损耗模量则随着木质素含量的增加而减小，说明木质素的加入降低了水凝胶的黏弹性，提高了

水凝胶的力学性能,这一点在下面的实验中得到了证实。对比图5-28(a)和图5-28(b),所有复合水凝胶在整个频率范围内的储能模量 G' 远大于其相应的损耗模量 G'',说明水凝胶的结构主要受其弹性行为的影响,而不是其黏度。这是由于PAM、CMX和木质素之间具有一定的交联结构和力学稳定性。

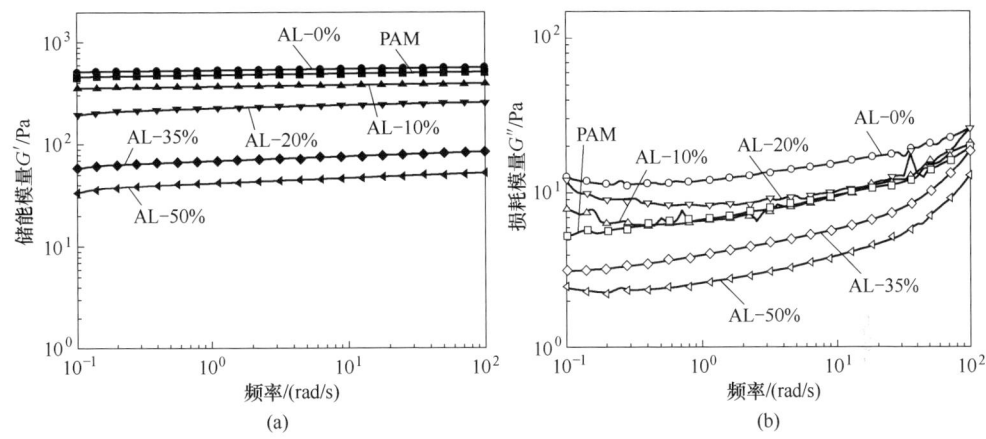

图5-28　不同木质素含量的复合水凝胶中模量随频率变化图

(a)储能模量 G'　(b)损耗模量 G''

5. 力学性能分析

为了研究制备的复合水凝胶的力学性能,对其压缩应力、应变及其循环压缩行为进行了测试。如图5-29(a)所示,在未引入CMX和AL之前,纯的PAM水凝胶的压缩应力较

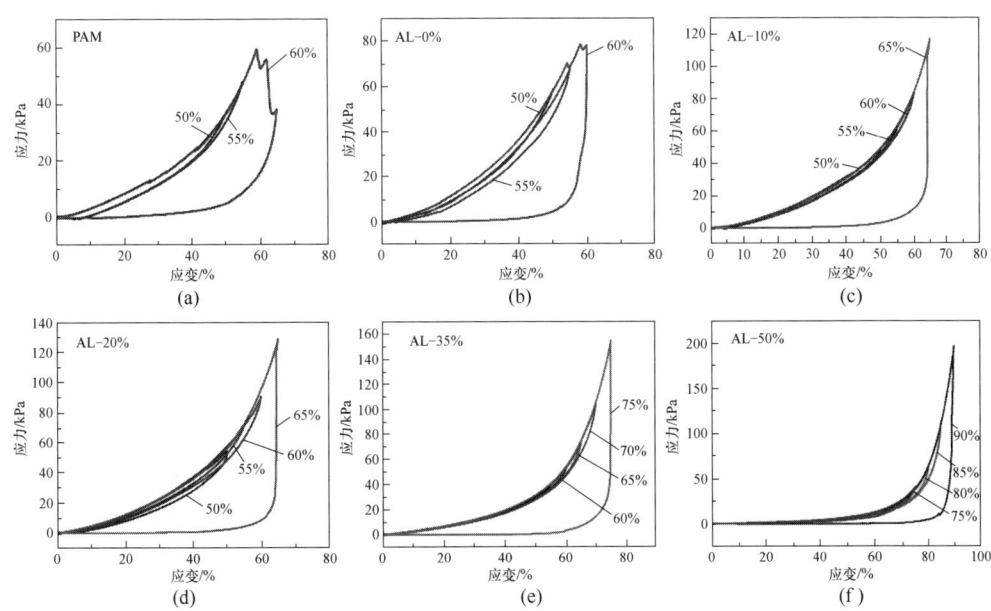

图5-29　不同木质素含量复合水凝胶的力学性能

低，仅为59kPa，当其压缩形变达到自身的59%时，水凝胶便会破裂，并产生永久变形。与纯的PAM水凝胶相比，如图5-29（b）所示，CMX-PAM（AL-0%）的压缩应力略高，为78kPa，压缩形变可以达到自身的60%。而有木质素参与的AL-50%复合水凝胶，其压缩应力可达到196kPa，压缩形变也已达到自身的90%。这是因为木质素的引入，复合水凝胶的网络结构得到增强，压缩性能得到改善。不仅如此，随着木质素含量的增加，复合水凝胶的压应力也随之增大，如图5-29（c）到图5-29（f）所示，这与流变学分析的结果一致。结果表明，改变木质素的含量可以调控复合水凝胶的压缩形变和压缩应力，这使木质素-半纤维素复合水凝胶在生物医药领域具有一定的发展潜力。

图5-30为木质素复合水凝胶压缩性能的可循环检测。选用AL-50%复合水凝胶，在85%的压缩应变条件下，对其压缩性能进行了25次测试。从图5-30中可以看出，经过25次压缩循环后，复合水凝胶的最大压应力变化不大，仅从104kPa下降到96kPa，说明木质素复合水凝胶具有良好的恢复能力及优异的循环使用性能。

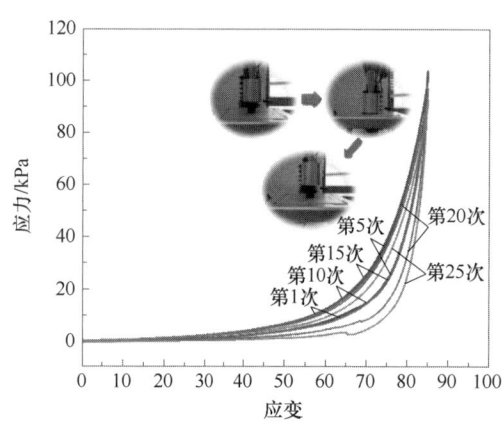

图5-30　AL-50%复合水凝胶的力学循环性能（压缩形变在85%条件下）

6. 溶胀性能分析

水凝胶的溶胀行为是生物医学的一个重要参数。从图5-31（a）可以看出，所有复合水

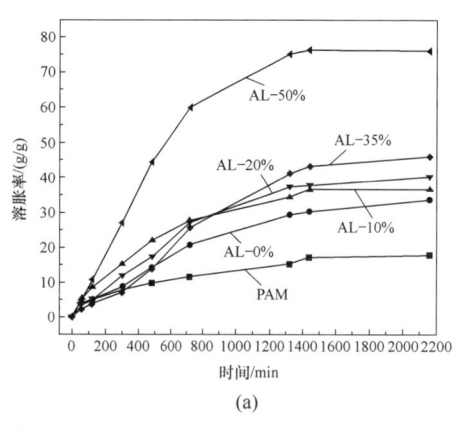
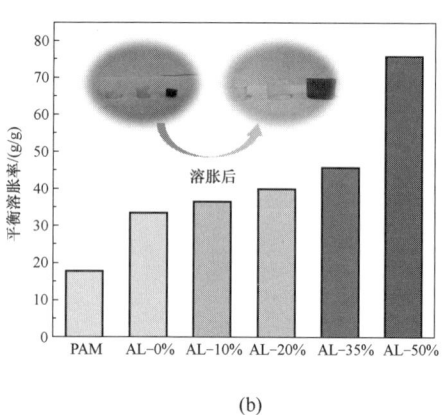

(a) 　　　　　　　　　　　　　(b)

图5-31　不同木质素含量的复合水凝胶的溶胀率
(a)溶胀率　(b)平衡溶胀率

凝胶在800min内都表现出快速膨胀行为，随后膨胀率开始减缓，最终在1400min后达到平衡。由图5-31（b）可知，PAM水凝胶和AL-0%水凝胶在平衡溶胀状态下的溶胀比分别为17.8g/g和33.8g/g。与PAM水凝胶和AL-0%水凝胶相比，木质素复合水凝胶AL-50%具有较高的平衡溶胀率，随木质素含量的增加，复合水凝胶在平衡状态下的溶胀率也随之上升。AL-50%复合水凝胶达到平衡时，其溶胀率可达到79.9g/g。这是因为木质素的引入，使复合水凝胶中形成了更多的微孔结构，这些微孔结构增加了复合水凝胶对水的亲和力。优异的溶胀能力为木质素复合水凝胶后期在生物医用领域的应用奠定了良好的基础。

7. 紫外屏蔽性能分析

为了初步探索复合水凝胶的潜在应用，对木质素复合水凝胶的抗紫外线性能进行了测试。如图5-32所示，PAM水凝胶在紫外光谱的波长范围内（280~400nm）表现出较高的透射率（透射率在70%~90%），表明其具有较差的紫外屏蔽性能，屏蔽效果仅有10%~30%。与纯的PAM水凝胶相比，AL-0%水凝胶在紫外波段的透射率降低，在280nm处的最低透射率为18.4%。与之相比，木质素复合水凝胶在280~400nm波长范围内的透光率显著降低，表现出优异的抗紫外线性能。这种优良的抗紫外线性能主要与木质素中的发色基团，如羰基、羟基和酚羟基等有关。木质素复合水凝胶优异的抗紫外线性能无疑拓宽了其应用领域。

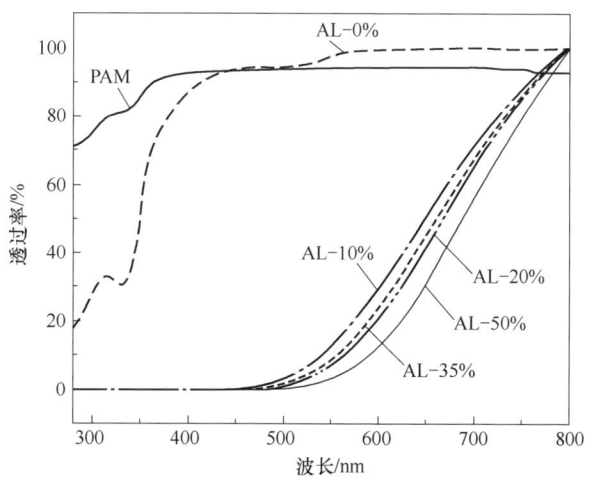

图5-32　PAM和不同木质素含量复合水凝胶的抗紫外线性能

8. 抗氧化性能分析

图5-33为不同木质素含量的复合水凝胶的抗氧化性能。如预期那样，纯的PAM水凝胶没有显示出任何DPPH自由基清除活性（图中未显示）。AL-0%水凝胶具有一定的自由基清除能力，但其去除率（RAS）仅为40.8%。而将木质素引入水凝胶后，制备的复合水凝

胶的抗氧化活性显著提高。AL-50%复合水凝胶的自由基去除率达到84.9%，这归因于木质素结构中含有大量的羧基、酚类和脂肪族羟基等功能性基团，由于这些官能团的存在，氧化增殖反应可以通过供氢终止，从而具有很高的抗氧化性能。

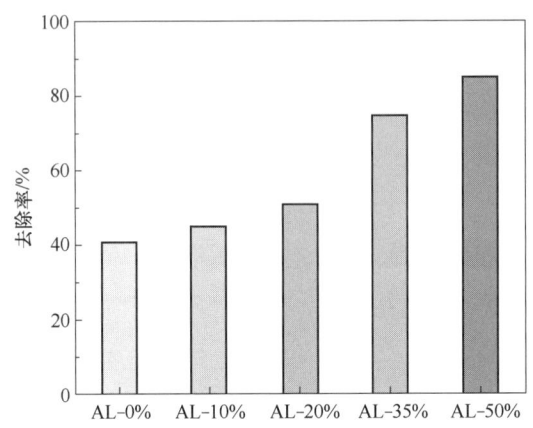

图5-33 不同木质素含量的复合水凝胶的抗氧化性能

第四节 木质素磺酸钠单网络水凝胶的制备及性能分析

水凝胶是能吸水膨胀，可以保持大量水分并且不被溶解的一种具有三维网络结构的物质，将木质素与水凝胶结合制备木质素水凝胶是木质素高值化利用的一条很好的途径。木质素磺酸钠（LS）作为工业木质素产品之一，它的亲水性很强，能够很好地溶解在不同pH的水中，而且它具有强阴离子性，所以常用它制备成水凝胶来吸附废水中的金属离子或染料。利用N,N'-亚甲基双丙烯酰胺作为交联剂通过交联共聚的方法制备得到木质素磺酸钠单网络水凝胶。通过改变木质素磺酸钠、单体和交联剂用量来探讨水凝胶交联网络密度、溶胀率和二次溶胀状态，分析木质素磺酸钠单网络水凝胶的结构特性等信息。通过测试木质素磺酸钠单网络水凝胶前期共混溶液黏度、水凝胶的触变性等流变行为分析水凝胶的内部结构及性质。通过压缩、拉伸实验测试水凝胶的力学性能。利用水凝胶的黏附性，黏附各种材料，在不锈钢、有机玻璃和纸三种材料上定量测试水凝胶的黏附强度。

一、单网络水凝胶制备方法

木质素磺酸钠单网络水凝胶以木质素磺酸钠和丙烯酸为原料，借助简单的溶液共混聚合的方法制备。以N,N'-亚甲基双丙烯酰胺（MBA）为交联剂，过硫酸铵（APS）为引发剂，反应一段时间后，得到木质素磺酸钠单网络水凝胶，样品如图5-34所示。将水凝胶样品放进超低温冰箱冷冻5h，然后将水凝胶样品转移到真空冷冻干燥机冻干得到气凝胶再进行溶胀等实验。

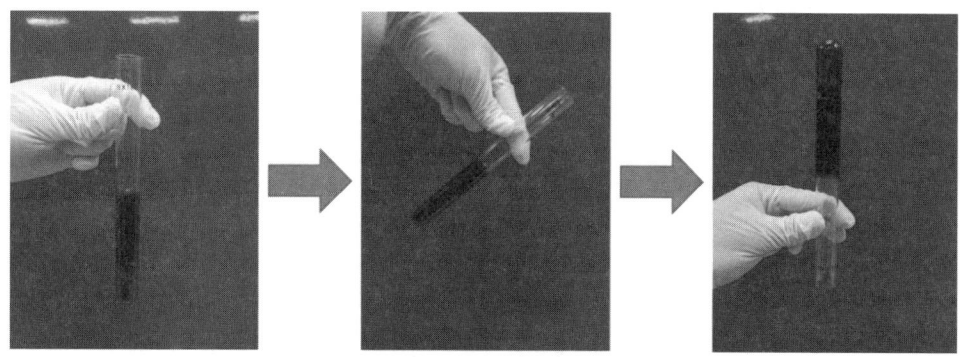

图 5-34　木质素磺酸钠单网络水凝胶示意图

二、木质素磺酸钠单网络水凝胶的影响因素

（一）交联剂用量对水凝胶的影响

交联剂是组成水凝胶的重要组成部分，它可以与单体一起投放，等单体聚合或缩聚到一定程度，在聚合物分子链之间形成桥键，使水凝胶变成三维不溶结构的物质，所以又叫架桥剂。N,N'-亚甲基双丙烯酰胺作为一种常见的交联剂，常被应用于石油开采、防水堵漏、高吸水树脂制备等。N,N'-亚甲基双丙烯酰胺也是生物质类水凝胶的常用交联剂。故选用 N,N'-亚甲基双丙烯酰胺作为制备木质素磺酸钠单网络水凝胶的交联剂。

交联剂用量与水凝胶的交联密度密切相关。控制交联剂 MBA 的用量分别为 0.02g、0.05g、0.1g、0.15g，木质素磺酸钠为 0.2g，丙烯酸为 3g，过硫酸铵为 0.02g，制备木质素磺酸钠单网络水凝胶。如图 5-35 所示，对不同交联剂用量的水凝胶进行挤压测试，发现交联剂加入的量不同，水凝胶的韧性和脆性不同。当水凝胶的 MBA 添加量为 0.02g 时，凝胶很容易被挤压，但不容易被挤破，而且很有弹性，撤去挤压力后迅速恢复原状；当水凝胶的 MBA 用量为 0.05g 时，也具有这种性质，只是用的力更大。但水凝胶的 MBA 用量为 0.1g 和 0.15g 时，不但没有弹性，而且水凝胶被挤碎了。因此，交联剂用量越多，凝胶越"刚"，弹性越低，更硬，且易碎；相反，交联剂越少，水凝胶的弹性越好。

图 5-36 所示为 MBA 的添加量分别为 0.02g、0.05g、0.1g 和 0.15g 的 SEM 图。从图中可以看到，当交联剂用量为 0.02g 时，水凝胶的表面结构呈现出很多的网孔，大小孔洞错落分布。随着交联剂的增加，网孔结构变得更厚实，水凝胶上的网孔结构逐渐变小甚至消失，由网孔结构逐渐变成了带孔隙的块状结构。

将冷冻干燥后的水凝胶进行溶胀测试，把溶胀结束后的样品放入超低温冷冻冰箱冷冻5h，然后再放入真空冷冻干燥机干燥。刚取出时，凝胶样品像吹足气的气球，放置在室温下一段时间，凝胶样品又像放了气的气球逐渐萎缩，最后缩成绵软有弹性的一团。如

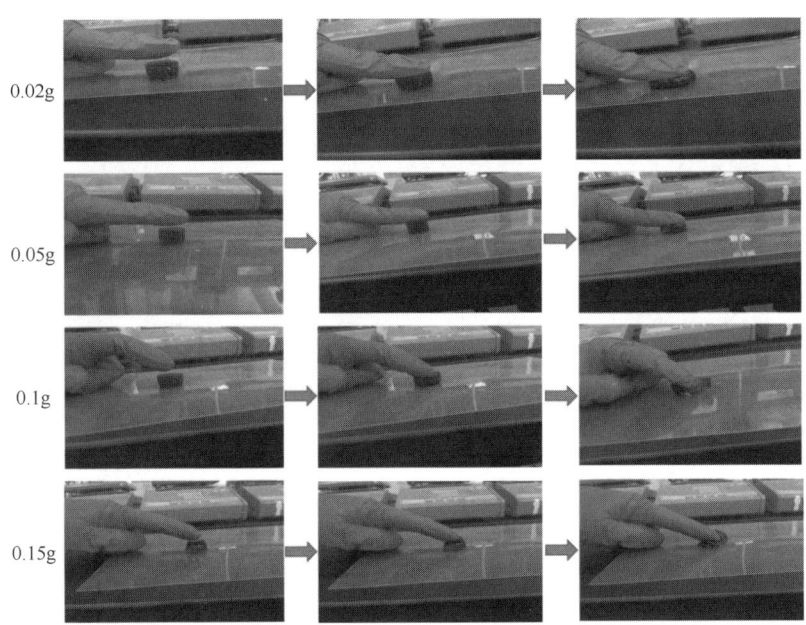

图 5-35　不同交联剂用量的水凝胶挤压示意图

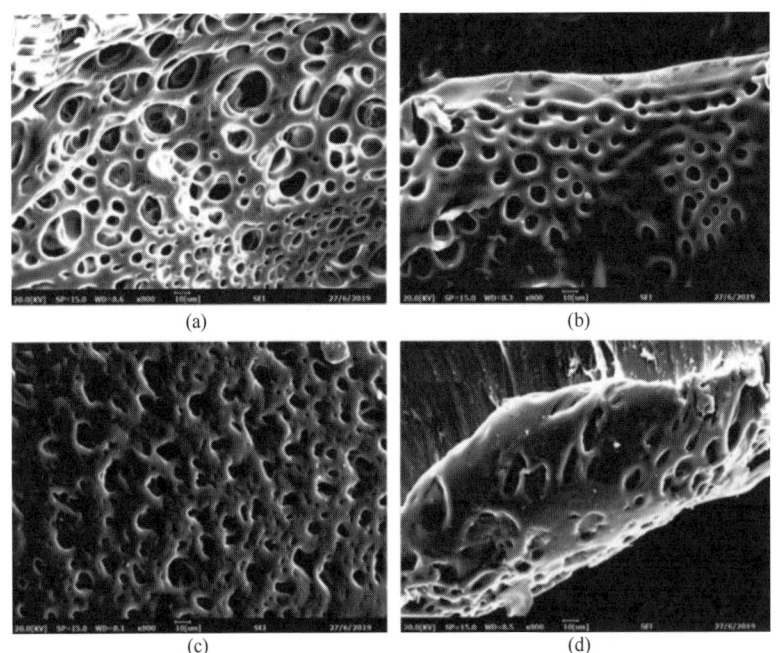

图 5-36　不同 MBA 用量的木质素磺酸钠单网络水凝胶 SEM 图

(a)0.02g　(b)0.05g　(c)0.1g　(d)0.15g

图 5-37 所示为溶胀结束后再冻干后的水凝胶的 SEM 图。可以观察到，当 MBA 的量为 0.02g 时，凝胶样品表面十分的褶皱，且没有孔洞和明显的网络结构；当 MBA 的量为 0.05g

时，凝胶样品表面的褶皱变少，出现了一些孔洞，但是也没有发现网络结构；当 MBA 的量为 0.1g 时，出现了很明显的孔洞和网络结构；当 MBA 的量提高到 0.15g 时，出现了很厚的边缘和光滑的表面。

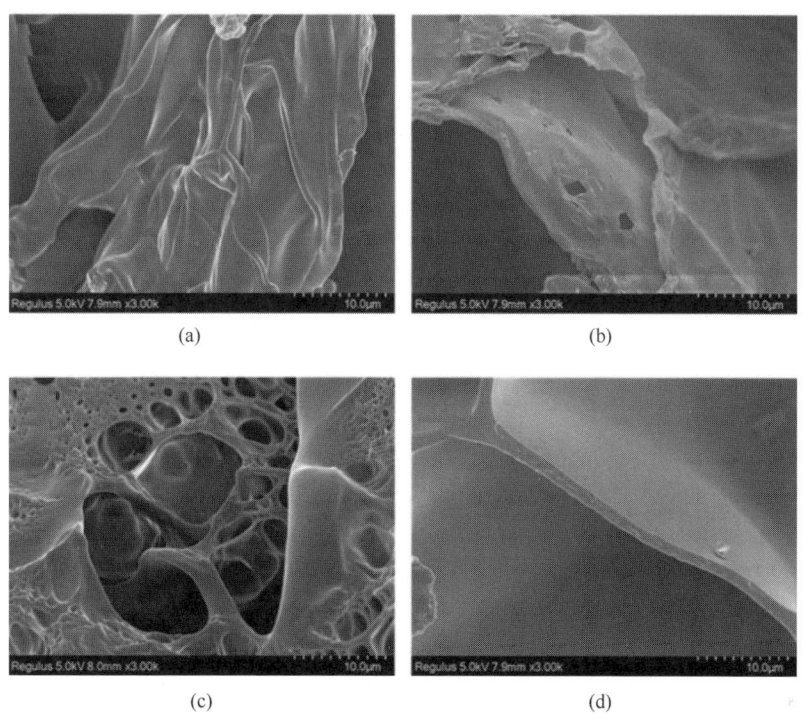

图 5-37　水凝胶经过溶胀再冻干后不同 MBA 用量的 SEM 图
(a)0.02g　(b)0.05g　(c)0.1g　(d)0.15g

溶胀率是表征水凝胶样品吸水程度的一个指标。图 5-38 为不同交联剂用量的木质素磺酸钠单网络水凝胶的溶胀率图。可以看到，当交联剂用量为 0.02g 时，水凝胶的溶胀率达到原产品的 110 倍，当增加交联剂用量后，溶胀率都在 20 倍以下。随着交联剂用量的增加，凝胶溶胀率也随之减少，吸水量也降低。结合电镜扫描图看到，交联剂用量越多，交联密度也越大，由此得出，交联密度越大，溶胀吸水越低。这是因为当交联密度小时，水凝胶具有更多的孔，多孔的性质使水凝胶与水溶剂的接触面积要比交联密度大的多得多，

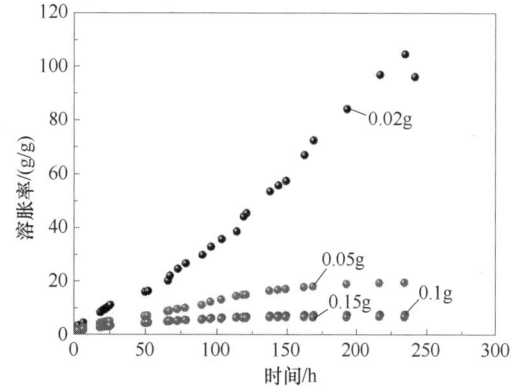

图 5-38　不同 MBA 用量的木质素磺酸钠单网络水凝胶溶胀率图

更多的接触面积使溶剂更有利于扩散。

（二）丙烯酸单体用量对水凝胶的影响

调控丙烯酸单体的量分别为 1.5g、2g、2.5g、3g，交联剂 MBA 的用量为 0.02g，木质素磺酸钠为 0.2g，过硫酸铵为 0.02g 制备水凝胶。如图 5-39 所示，当丙烯酸单体的添加量低于 2g 时，木质素磺酸钠水凝胶不能成型，也就是不呈框架结构，可见单体的用量对于水凝胶框架的搭建很重要。

图 5-40 是丙烯酸单体的量分别为 1.5g、2g、2.5g、3g 时制备的水凝胶经冷冻干燥后的 SEM 图。当丙烯酸单体的添加量为 1.5g 时，水凝胶呈松散状，没有呈现网络状的结构；当丙烯酸单体用量为 2g 时，水凝胶有了一定的聚合状态，但孔隙很大，构造的结构松散。当继续增加单体的用量为 2.5g 和 3g 时，水凝胶才逐渐拥有了致密的孔隙和网络状结构，并构造一定的形状。

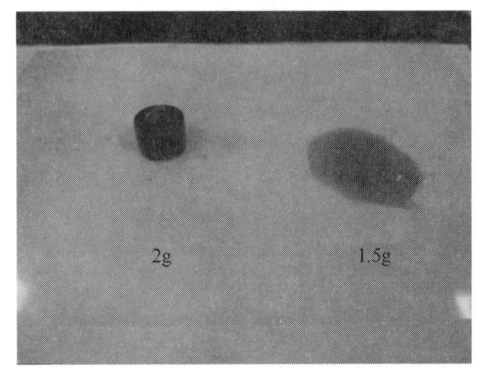

图 5-39　不同丙烯酸单体用量的水凝胶展示图

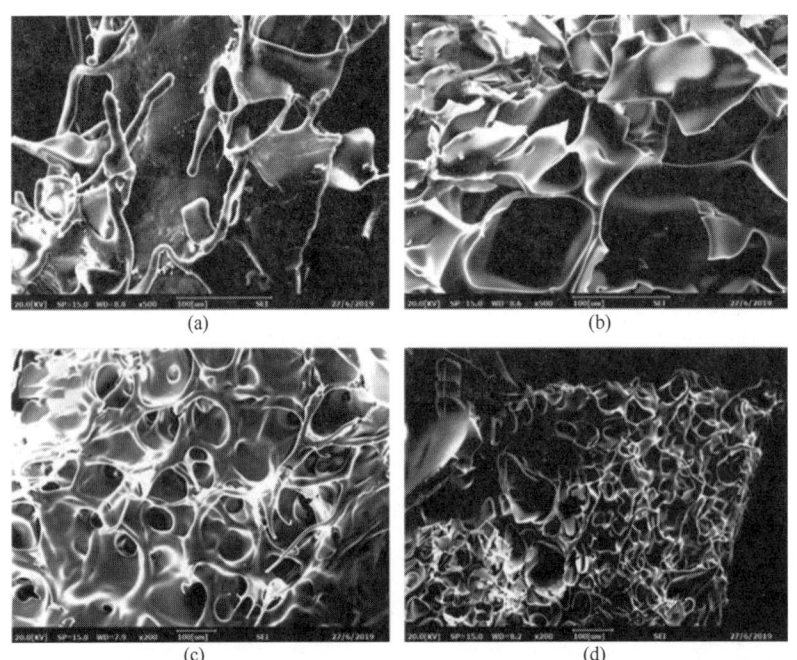

图 5-40　不同质量丙烯酸单体制备的木质素磺酸钠单网络水凝胶的 SEM 图

(a)1.5g　(b)2g　(c)2.5g　(d)3g

由于在丙烯酸单体用量为 1.5g 时，在水中呈溶融态，无法取出测算溶胀度，因此只观察了溶胀后丙烯酸单体的量为 2g、2.5g、3g 时的 SEM 图片，如图 5-41 所示。图中干燥后的水凝胶都有褶皱状形貌，这是水凝胶失去水分之后塌陷导致的结果。当溶胀发生时，水分子向水凝胶网络内部扩散，水分子的溶剂化作用使木质素磺酸钠水凝胶网络结构链段之间产生松弛，网络链段向三维空间伸展，当达到溶胀平衡后，将它转移到超低温冷冻冰箱迅速冷冻，然后通过冷冻干燥将水分子抽出，水凝胶网络来不及恢复，依然保持着松弛，就像一个充满气的气球，在突然失去气体却来不及恢复原状，呈涨瘪的状态，如图 5-42 所示。

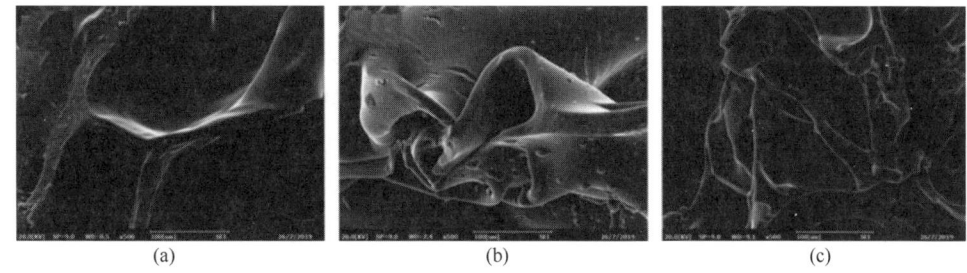

图 5-41　不同质量丙烯酸单体制备的木质素磺酸钠单网络水凝胶
经溶胀平衡后冷冻干燥得到的 SEM 图

（a）2g　（b）2.5g　（c）3g

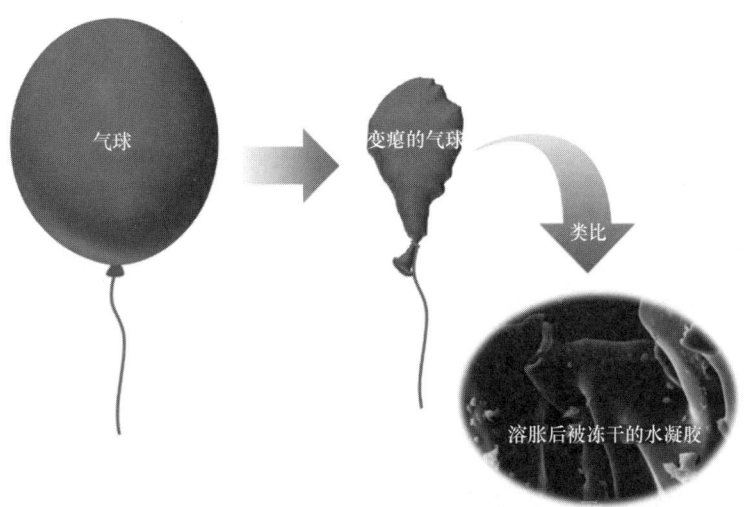

图 5-42　溶胀平衡后被冷冻干燥的水凝胶类比变瘪气球的示意图

图 5-43 是丙烯酸单体的量为 2g、2.5g、3g 时的水凝胶溶胀率图。可以观察到，当单体用量为 2g 时，溶胀率最大，达到 120 倍以上。木质素磺酸钠单网络水凝胶的溶胀率随着单体用量的增加而减少，前期的溶胀是很快的，后期趋于平稳，达到溶胀平衡。

(三)木质素磺酸钠用量对水凝胶的影响

木质素磺酸钠在水凝胶中充当"填充剂",对提高水凝胶的力学强度、结构的组建等起重要作用。图 5-44 是木质素磺酸钠的用量为 0.05g、0.1g、0.15g、0.2g,交联剂 MBA 的用量为 0.02g,丙烯酸为 3g,过硫酸铵为 0.02g 时的水凝胶样品。在合理的范围内,随着木质素磺酸钠用量的增加,水凝胶颜色越深,结构也越牢固。

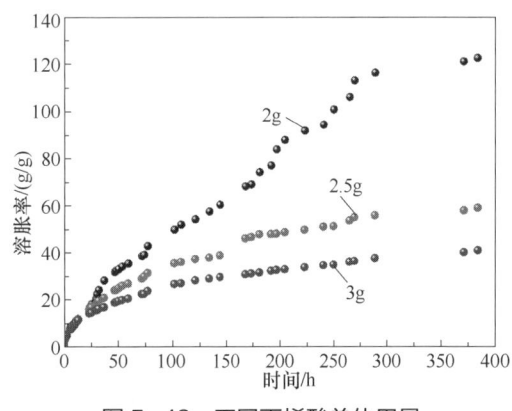

图 5-43 不同丙烯酸单体用量时的水凝胶溶胀率图

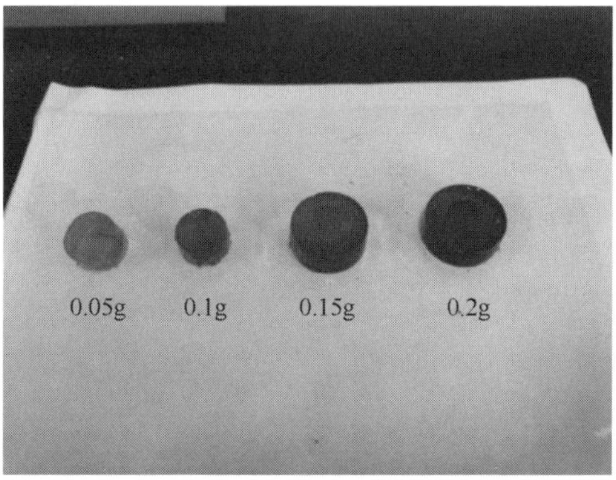

图 5-44 不同木质素磺酸钠的用量时的水凝胶样品展示图

图 5-45 是不同木质素磺酸钠用量的单网络水凝胶 SEM 图像。随着木质素磺酸钠用量的增加,水凝胶的孔隙和网络状结构减少,但是结构变得更牢固。

图 5-46 是溶胀后单网络水凝胶的 SEM 图像。溶胀后失去水分子的水凝胶像抓皱的毛

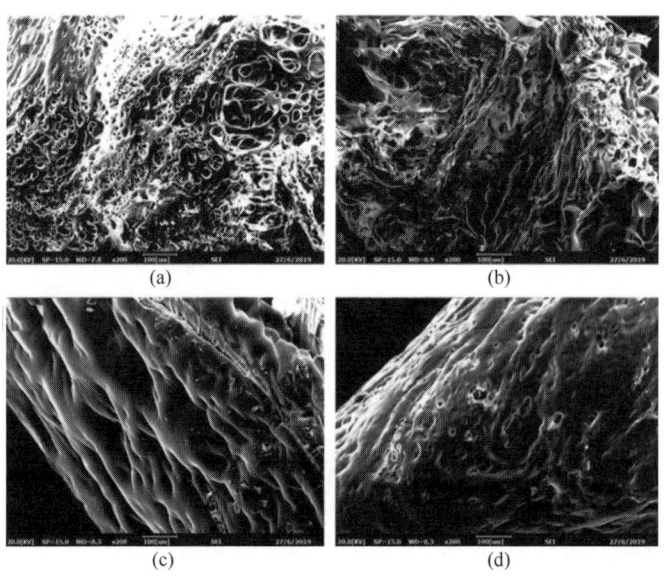

图 5-45 不同用量木质素磺酸钠的单网络水凝胶 SEM 图

(a)0.05g (b)0.1g (c)0.15g (d)0.2g

毯或者变瘪的气球。对不同木质素磺酸钠用量的水凝胶进行溶胀测试（图5-47），溶胀率随木质素磺酸钠用量的增多而总体减小。

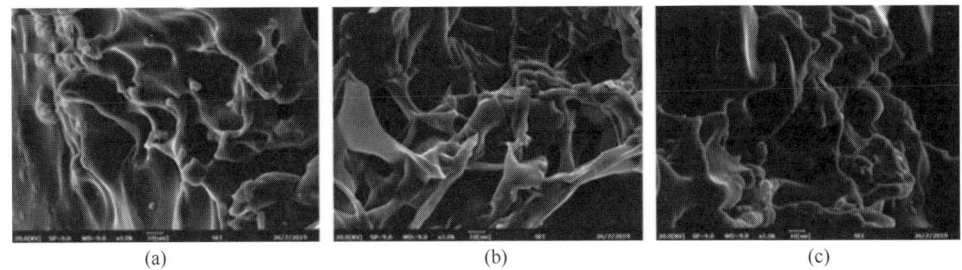

图5-46　不同用量经溶胀平衡后冷冻干燥的木质素磺酸钠的单网络水凝胶SEM图

(a)0.1g　(b)0.15g　(c)0.2g

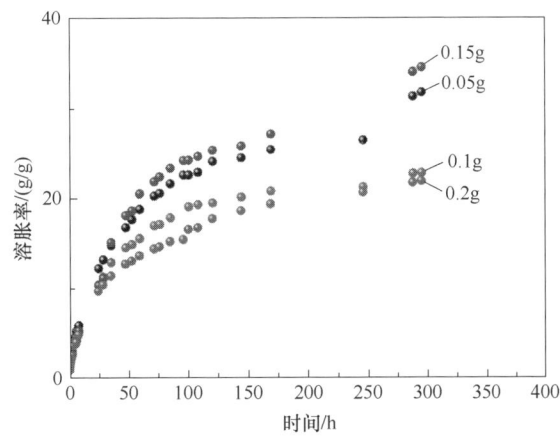

图5-47　不同木质素磺酸钠的用量时的单网络水凝胶溶胀率图

图5-48是不同木质素磺酸钠用量的水凝胶的热重分析图。不同用量的木质素磺酸钠水凝胶基本没有区别。从图上可以看到，水凝胶的热失重主要有三个部分组成。第一阶段失重在208℃之前，大约失重为6.99%，这主要是由水分的蒸发导致的；第二阶段（208~366℃）和第三阶段（366~646℃）是最主要的失重部分，热损失大约在35.71%和43.24%，这主要是由聚丙烯酸和木质素磺酸钠支链的分解和大分子骨架碳-碳键的断裂造成的。

三、木质素磺酸钠单网络水凝胶的性能分析

（一）水凝胶及前期共混溶液的流变行为研究

如图5-49（a）所示，共混溶液在形成水凝胶前，溶液的黏度是非常低的，而且随着剪切速率的提高，溶液的黏度不断降低，呈现明显的剪切变稀，在达到一定的剪切速率后保持一个值不变，说明溶液中的分子已经达到最佳取向位置。图5-49（b）显示，在无木质素

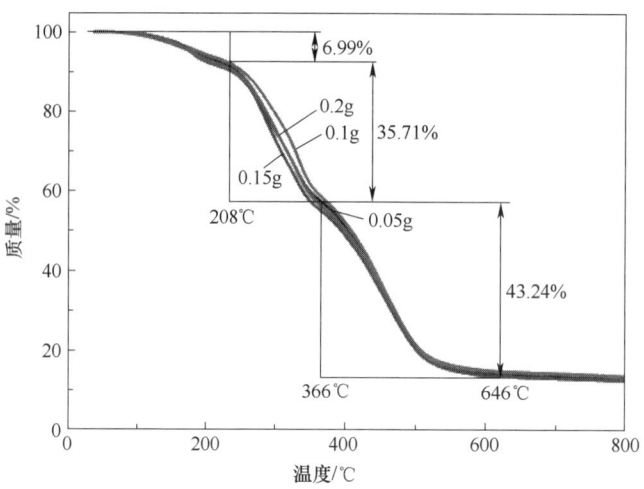

图 5-48　不同木质素磺酸钠的用量时的
水凝胶热重分析图

磺酸钠的溶液中也呈现与图 5-49（a）一致的特性，说明木质素磺酸钠的添加并没有改变水凝胶共混溶液的性质。加入木质素磺酸钠的溶液黏度值相对于无木质素磺酸钠的要大一些，而且随着剪切速率的加快，加入木质素磺酸钠的溶液要更稳定，这是因为木质素磺酸钠作为一种天然高分子聚合物，具有很强的分散能力，很容易将固体分散在水中，使共混溶液趋于稳定。

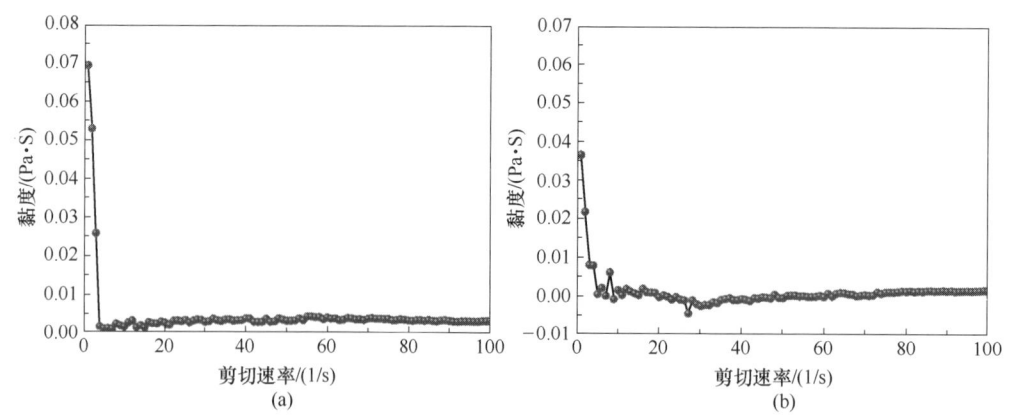

图 5-49　丙烯酸用量为 3g，交联剂用量为 0.02g 时，木质素磺酸钠
添加前后形成的凝胶溶液黏度变化

(a) 木质素磺酸钠 0.05g　(b) 无木质素磺酸钠

木质素磺酸钠水凝胶的形成过程是由引发剂在高温下产生自由基，引发丙烯酸单体发生自由基聚合反应，同时又产生高分子交联反应，进而形成三维网络结构。二维变三维，即由液体变为固体，这个过程牵扯到一个黏度的变化。如图 5-50 所示，溶液随温度的升

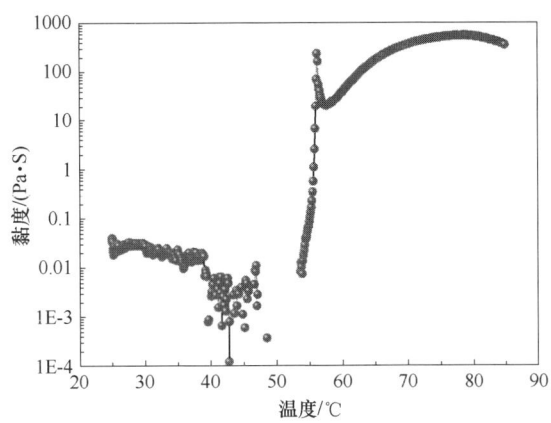

图 5-50　木质素磺酸钠用量为 0.05g，丙烯酸用量为 3g，交联剂为 0.02g，
过硫酸铵为 0.02g 的共混溶液的黏度随温度的变化

高，黏度在起初上下浮动，在 40~50℃ 的过程中，黏度变得极其不稳定，在 55℃ 以后，黏度开始急剧上升，这是引发剂产生的自由基开始引发丙烯酸单体聚合。在 70℃ 以后，黏度达到稳定，水凝胶三维网络结构形成。在温度升高过程中，溶液黏度跳了四个数量级，并最终形成固体凝胶，在 55℃ 以后，黏度开始急剧升高，达到最高点后逐渐稳定，由此断定，凝胶点在 55℃。

如图 5-51 所示，样品 a 是木质素磺酸钠用量为 0.05g，丙烯酸用量为 3g，交联剂为 0.02g 的水凝胶；样品 b 是木质素磺酸钠用量为 0.2g，丙烯酸用量为 3g，交联剂为 0.02g 的水凝胶；样品 c 是木质素磺酸钠用量为 0.05g，丙烯酸用量为 3g，交联剂为 0.05g 的水凝胶。样品 c 与样品 a 相比，水凝胶的交联密度更高，由图 5-51 可以看出，样品 c 的储能模

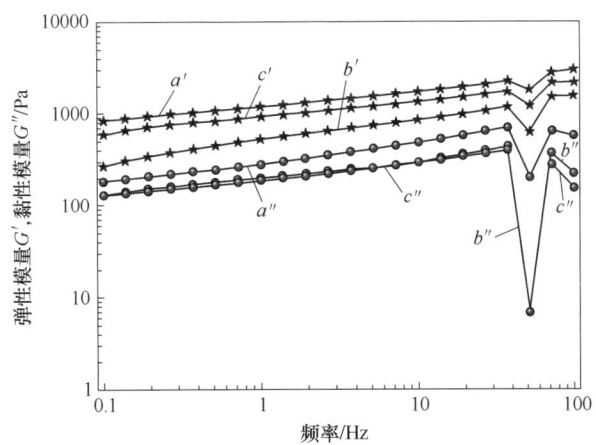

图 5-51　不同样品的 G' 和 G'' 随频率的变化曲线

a'—样品 a 的弹性模量　a''—样品 a 的黏性模量　b'—样品 b 的弹性模量
b''—样品 a 的黏性模量　c'—样品 c 的弹性模量　c''—样品 c 的黏性模量

量和损耗模量都要低于样品 a，这说明在木质素磺酸钠单网络水凝胶中，更高的交联密度会降低它的弹性和黏性。样品 b 与样品 a 相比，样品 b 的储能模量和损耗模量同样比不上样品 a，这可能是因为过量的木质素磺酸钠影响到水凝胶三维网络的交联，使水凝胶的网络结构达不到完善。参考水凝胶的储能模量和损耗模量的数据，可以根据实际需求调节水凝胶的配比，从而得到想要的产品。

（二）木质素磺酸钠单网络水凝胶的机械力学分析

水凝胶一般都会具有弹性、拉伸性和坚韧性等特点（图 5-52）。作为由高分子网络和溶剂组成的并通常兼顾固液两方面性质的特殊物质，水凝胶正在成为一种新的可应用型材料。水凝胶中的高分子网络附近的水分子与水凝胶网络有很强的相互作用，在极低的温度下也不会结冰，而离网络较远的水分子却与普通水一样。水凝胶的性质一般由水凝胶网络结构、网络和溶剂的相互作用决定。水凝胶网络的强度一方面受交联结构的限制，另一方面受网络内部

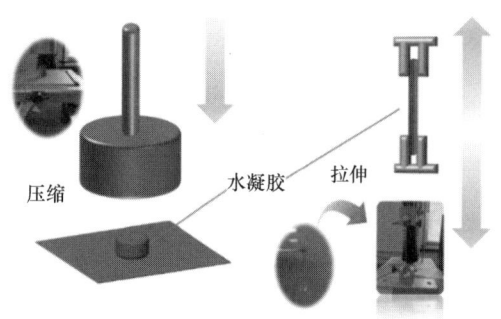

图 5-52　木质素磺酸钠单网络水凝胶进行压缩和拉伸示意图

的溶剂与网络结构的作用制约。因此，通过改变水凝胶交联密度和构建水凝胶的框架等方法，探讨了水凝胶的强度变化，如图 5-53 所示。

在图 5-53（a）中，当交联剂为 0.02g 时，形变量为 95%，压缩强度为 134.12kPa，而且没有被压碎；而交联剂为 0.05g 和 0.1g 的水凝胶在形变量没有达到 80% 就被压碎了，而且强度只有 71.12kPa 和 61.06kPa。图 5-53（b）中，当交联剂为 0.02g 时，形变量为 95%，压缩强度为 369.18kPa，而且没有被压碎；交联剂为 0.05g 和 0.1g 的水凝胶在形变量没有达到 70% 就被压碎了，而且强度只有 81.18kPa 和 55.41kPa。在图 5-53（a）和图 5-53（b）中比较得出，在交联剂为 0.02g，同一木质素磺酸钠用量下，当作为构建水凝胶框架结构的丙烯酸用量提高后，水凝胶的抗压强度提高大约 3 倍。图 5-53（c）和图 5-53（d）相比图 5-53（a）和图 5-53（b），木质素磺酸钠提高了一倍，在交联剂用量为 0.02g 时，虽然在不同丙烯酸用量下依然没有被压碎（形变量为 95%），并且具有不错的恢复力，但强度却有一部分下降；然而，在交联剂用量为 0.05g 时，抗压强度大幅提升，为 173.12kPa（形变量为 83.48%，丙烯酸用量为 2g）和 509.82kPa（形变量为 90%，丙烯酸用量为 3g），但结构都遭到了破坏，不可恢复。图 5-53（c）和图 5-53（d）的这种现象在继续增加木质素磺酸钠用量后［图 5-53（e）和图 5-53（f）］得以继续，低交联剂（0.02g）的水凝胶不容易被压碎，具有可恢复性；在交联剂为 0.05g 时，强度为 159.53kPa（形变量为

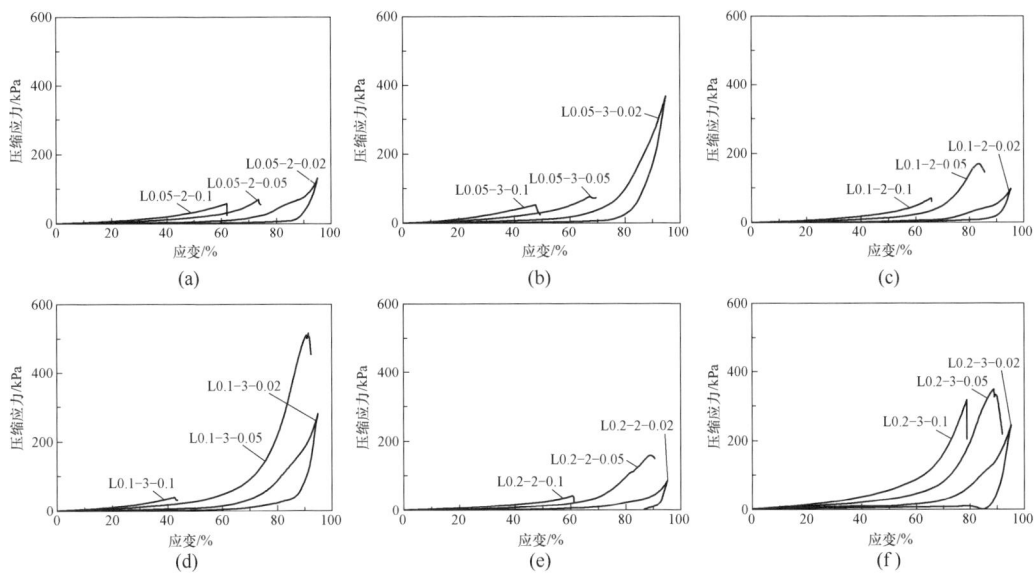

图 5-53 不同组成水凝胶的抗压性能比较

(a) 木质素磺酸钠 0.05g，丙烯酸 2g　(b) 木质素磺酸钠 0.05g，丙烯酸 3g　(c) 木质素磺酸钠 0.1g，丙烯酸 2g
(d) 木质素磺酸钠 0.1g，丙烯酸 3g　(e) 木质素磺酸钠 0.2g，丙烯酸 2g　(f) 木质素磺酸钠 0.2g，丙烯酸 3g

注：$Lx-y-z$，x 表示木质素磺酸钠用量，y 表示丙烯酸用量，z 表示交联剂用量。

89%，丙烯酸用量为 2g) 和 350.53kPa（形变量为 88.61%，丙烯酸用量为 3g），相比于木质素磺酸钠用量为 0.1g 时，强度有所下降。在交联剂用量合适的范围内，提高丙烯酸的用量，对于水凝胶的强度是有利的，而且合适的交联剂用量可以使水凝胶具有高形变量且结构依然具有可恢复性。木质素磺酸钠可以改善水凝胶的抗压强度，但是过量则会适得其反。

对于水凝胶来说，除了具备高抗压性能，如果具有一个高的延展性，那它的应用范围将会大大拓展。如图 5-54 (a) 所示，在木质素磺酸钠用量为 0.05g 下，分别对丙烯酸单体用量为 2g 或者 3g 对应的不同交联剂用量 (0.02g、0.05g、0.1g) 的水凝胶进行拉伸实验。在丙烯酸单体用量为 2g 时，随着交联剂的提高，水凝胶的抗拉强度由不到 10kPa 提升到 20kPa 以上，但应变由 398% 降到了 210%。当丙烯酸单体用量提升到 3g，在应变和抗拉强度上都有所改善，在 L0.05-3-0.02 这个配比的水凝胶的应变达到 427%，抗拉强度达到 15kPa，而当交联剂用量提升到 0.1g，水凝胶的抗拉强度达到 37.6kPa。交联剂用量与水凝胶的应变性和抗拉强度密切相关，交联剂越多，抗拉强度越高，而应变迅速降低。图 5-54 (b) 增加了一倍木质素磺酸钠用量，水凝胶的强度并没有明显改变。图 5-54 (c) 相对于图 5-54 (b) 又增加了一倍木质素磺酸钠用量，水凝胶的抗拉强度和应变性都有很大下降。说明木质素磺酸钠在水凝胶中充当填充剂的作用，当水凝胶中交联密度大或者不足时，过

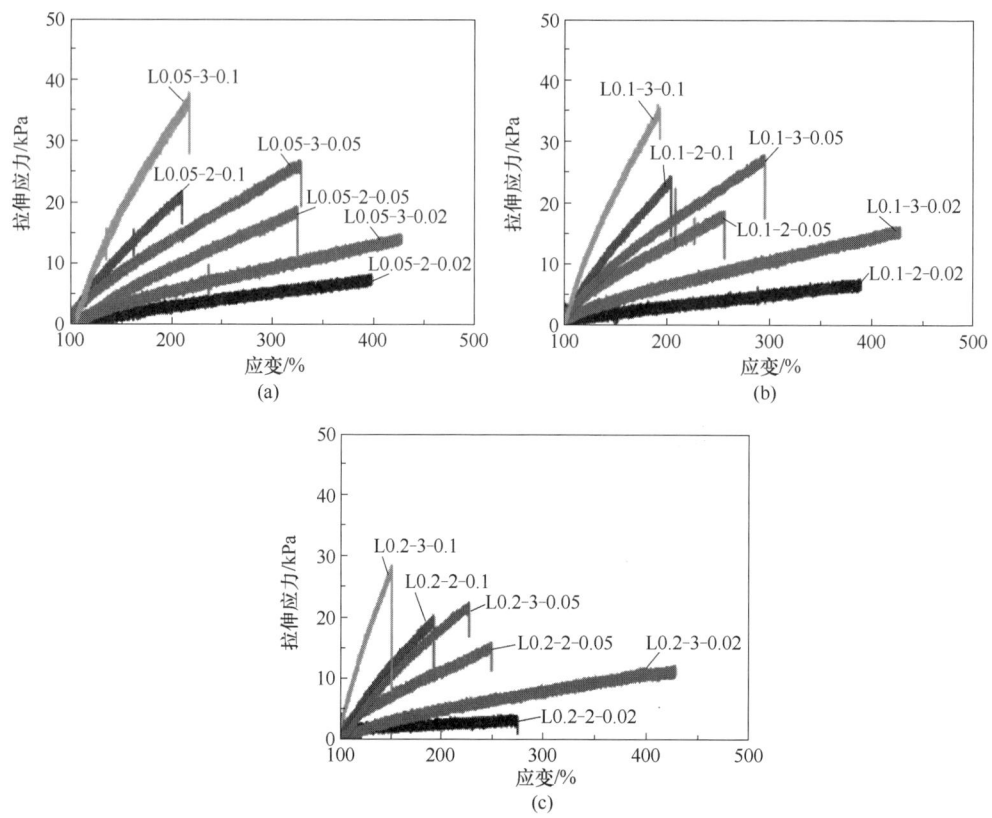

图 5-54 不同组成水凝胶的拉伸性能比较

(a)木质素磺酸钠 0.05g (b)木质素磺酸钠 0.1g (c)木质素磺酸钠 0.2g

注：Lx-y-z，x 表示木质素磺酸钠用量，y 表示丙烯酸用量，z 表示交联剂用量。

量的木质素磺酸钠会影响水凝胶的抗拉强度和应变性。

（三）水凝胶作为固体胶黏剂的潜力分析

木质素磺酸钠单网络水凝胶具有类似于黏合剂的黏附物体的能力。制备的水凝胶如果用手套取出，它将黏附在手套上很难取下来，越用力越黏附，只有在表面沾上水，它才会减轻黏附。利用水凝胶的这种黏附性，测试了水凝胶黏附各种材料的性能。将水凝胶的一端黏附在一块木板上，另一端黏附物体。橡胶吸液球、100g 不锈钢块、木块、铝质试管架、250mL 玻璃烧杯、塑料收纳盒、大理石研钵、铁制工具、500mL 塑料瓶、贴有胶纸的模型块，这些材料都能够很容易黏附上，如图 5-55 所示。为了定量测试不同用量水凝胶黏附物体的能力，设计了不锈钢片、有机玻璃（亚克力板）和胶纸的黏附试验，如图 5-56 所示。

如图 5-56 所示，对于所有的模具，MBA0.02 水凝胶比 MBA0.05 水凝胶的黏合强度高很多，这说明，交联密度越高越不利于水凝胶黏合强度的提高，一个低网络密度的水凝胶

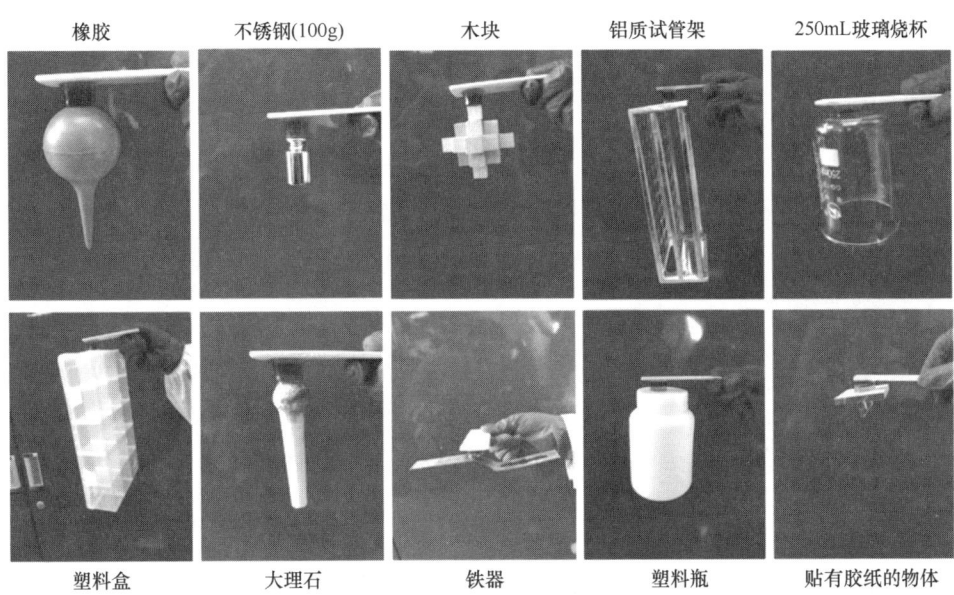

图5-55 木质素磺酸钠单网络水凝胶黏附各种材料示意图

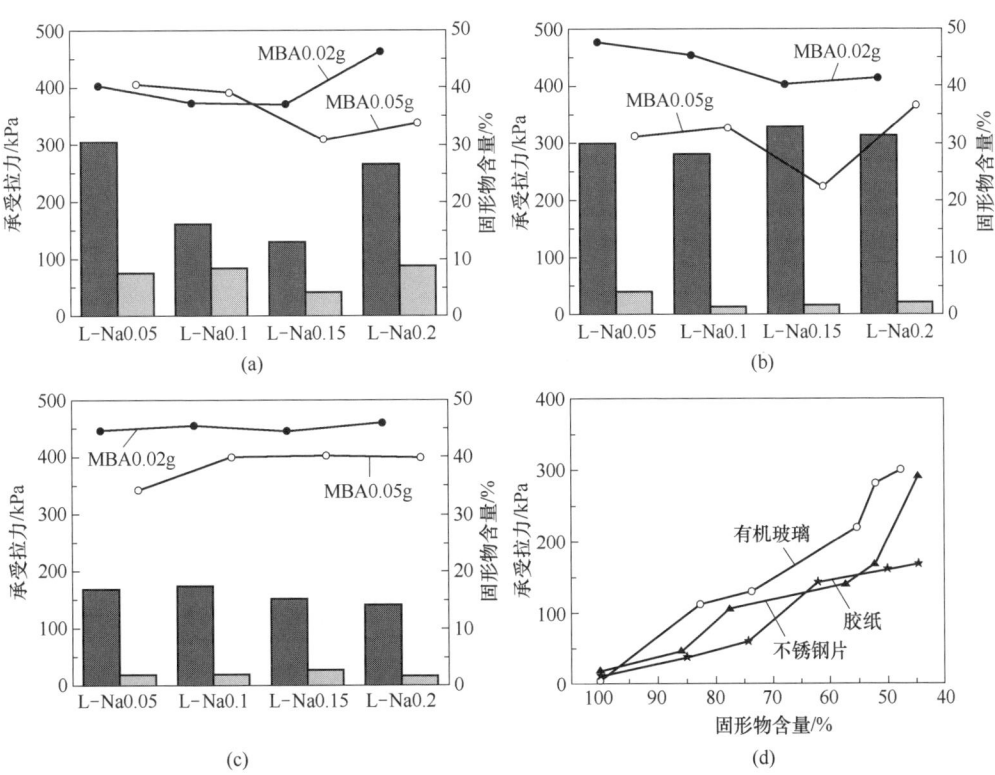

图5-56 不同含量的木质素磺酸钠在交联剂MBA下制备的水凝胶对不同模具的黏附性测试

■ MBA 0.02g ■ MBA 0.05g

(a)不锈钢片 (b)有机玻璃 (c)胶纸 (d)水凝胶对不同模具的黏附力曲线

能够更具黏合力。在水凝胶固形物含量差不多的情况下，木质素磺酸钠用量为0.05g，交联剂用量为0.02g的水凝胶黏合不锈钢强度达到了300kPa以上，木质素磺酸钠用量为0.15g时黏合有机玻璃的强度达到320kPa，而木质素磺酸钠的用量对黏合胶纸的强度影响不大。如图5-56（d）所示，测试木质素磺酸钠0.5g，交联剂0.2g，不同固形物含量的水凝胶与不锈钢片、有机玻璃和胶纸的黏合强度关系。随着水凝胶固形物含量增加，水凝胶黏附不锈钢片、有机玻璃和胶纸这三种材料的强度也不断提高。

木质素磺酸钠水凝胶之所以具有黏结各种材料的能力，这主要归因于丙烯酸提供的羧基，另外，还归因于丙烯酸通过加成反应提供了一些活跃的化学键，再加上木质素磺酸钠本身众多的活性基团产生的氢键等作用。因此在材料与水凝胶之间施加一定的挤压力，它们之间会产生一定的吸附能力。

第五节　木质素磺酸钠双网络水凝胶的制备及性能分析

近年来，许多研究工作都致力于提高水凝胶的力学性能。通过添加黏土、纤维素、碳纳米管等有机/无机材料制备的复合水凝胶被认为是改善水凝胶力学性能的简单方法。目前具有良好力学性能的水凝胶有"拓扑（TP）凝胶""纳米复合材料（NC）凝胶"和"双网络（DN）凝胶"。其中，DN水凝胶，包括两个独立的交联网络，通常被认为是一种有效且简单的制造机械强度高的水凝胶的方法。海藻酸钠（SA）是从海藻中提取的天然多糖类物质，作为一种新型材料，被广泛应用于医学产品。它可以在二价阳离子（如钙离子）的存在下形成水凝胶，这是由于相邻链上的甘露糖酸（M单位）和古罗糖醛酸（G单位）之间通过钙桥进行离子交联。Fan等通过将海藻酸钠引入丙烯酰胺水凝胶网络，合成了GO/SA/PAM纳米复合水凝胶。离子交联海藻酸钠和共价交联的丙烯酰胺的网络具有很高的机械性能。

增加加固的填充物和引入新的交联网络都被认为是改善水凝胶力学性能的有效方法。如果将这两种方法结合在一起，水凝胶的力学性能应该能够得到明显的改善。因此，本节主要介绍将海藻酸钠引入木质素磺酸钠/丙烯酸水凝胶中，然后离子交联钙离子，制备双网络水凝胶。通过分析水凝胶的压缩和循环压缩参数研究其力学性能。

一、双网络水凝胶的制备方法

双网络水凝胶的制备如图5-57所示，用单体（木质素磺酸钠、海藻酸钠和丙烯酸）、交联剂（N,N'-亚甲基双丙烯酰胺）、引发剂（过硫酸铵）组成的初始溶液，通过简单的混合和溶液聚合制备双网络水凝胶。取一定量木质素磺酸钠和海藻酸钠加入烧杯中，搅拌至海藻酸钠溶解，然后向溶液中加入丙烯酸和 N,N'-亚甲基双丙烯酰胺，磁力搅拌直至得到均匀混合溶液，然后添加过硫酸铵（APS）继续搅拌一定时间，将混合溶液转移到密闭容器中，放在80℃烘箱反应3h，得到单网络水凝胶，然后将制备的单网络水凝胶放入氯化钙水溶液中，通过24h钙离子的离子交联后，取出并用去离子水将制备的双网络水凝胶中的未反应物清洗干净。

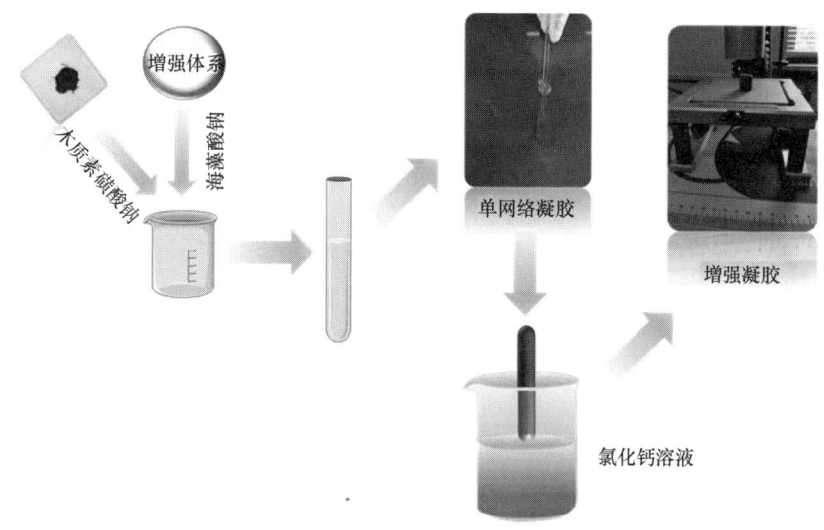

图 5-57　双网络水凝胶制备示意图

二、木质素磺酸钠双网络水凝胶的性能分析

（一）水凝胶的吸水溶胀性

水凝胶的最大特点就是溶胀，水凝胶网络可以响应外部不断变化的环境，通过吸收溶剂而溶胀，排除溶剂而收缩，直到达到一种平衡状态。溶胀所达到的平衡点取决于水凝胶与溶剂的相互作用，但即使是同一种凝胶网络，平衡点也会因为温度、pH、水凝胶质量、静水压和电场等条件的不同而产生很大差异。此处，在水凝胶网络上加入特定离子，溶胀度也会发生显著变化。将外部环境的干扰尽可能地降到最低，然后对双网络水凝胶在不同木质素磺酸钠用量和不同交联剂用量的条件下的溶胀率进行比较，当然，水凝胶需要经过冷冻干燥，变成干凝胶样品，然后再进行溶胀实验。可以从图5-58观察到，木质素磺酸钠的用量为0.2g的双网络水凝胶相比于用量为0.4g的木质素磺酸钠水凝胶拥有更高的溶胀率，而且随着交联剂用量的增加，双网络水凝胶的溶胀率呈现明显的下降趋势。这说明溶胀率与交联网络密度有很大的相关性，更高的交联网络密度会降低水凝胶的溶胀率，不利于水凝胶的吸水溶胀。

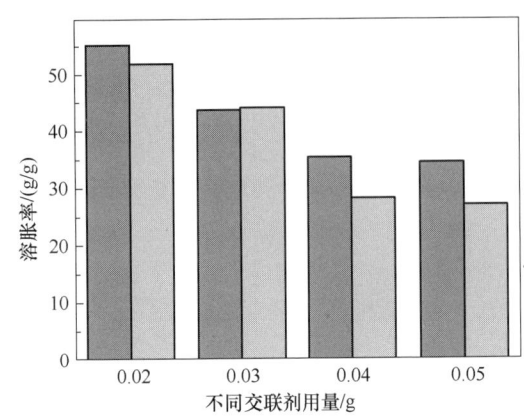

图 5-58 双网络水凝胶在不同木质素磺酸钠用量和不同交联剂用量条件下的溶胀率比较[温度(25±2)℃,水凝胶质量(0.2±0.03)g,溶胀时间 48h]

(二)水凝胶的热重分析

借助热重分析仪可以分析出各种凝胶的热稳定性,进而了解凝胶网络的结构。图 5-59 是无海藻酸钠的木质素磺酸钠/丙烯酸水凝胶、有海藻酸钠的双网络水凝胶、纯木质素磺酸钠和无海藻酸钠与木质素磺酸钠的丙烯酸水凝胶这四种物质的热重曲线图(注:水凝胶样品均为冷冻干燥过的干凝胶)。木质素及其衍生物由于具有复杂的化学组成和结构,其玻璃化转变温度比合成高分子高,因此热稳定性也相对较高。由图 5-59 可知,纯木质素磺酸钠样品的热稳定性比三种凝胶样品的更高,这是因为,三种凝胶样品中含有大量合成高分子网络结构,它们的结构热稳定性比木质素磺酸钠差。可以观察到,无海藻酸钠与木质素磺酸钠的丙烯酸水凝胶相比于其他两种水凝胶具有更差的热稳定性,在温度达到 800℃时,剩下的固含比其他两种少很多,且中间失重更快。无海藻酸钠的木质素磺酸钠/丙烯酸水凝胶和有海藻酸钠的双网络水凝胶这两种样品的共同特点就是含有木质素磺酸钠,由两者的热重曲线可以得出,木质素磺酸钠可以提高水凝胶的热稳定性。

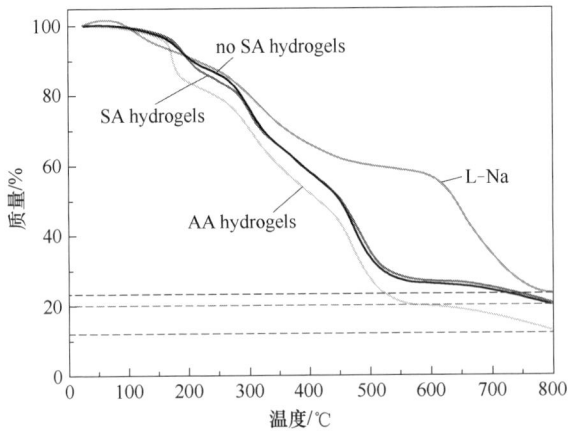

图 5-59 无海藻酸钠的木质素磺酸钠/丙烯酸水凝胶(no SA hydrogels)、有海藻酸钠的双网络水凝胶(SA hydrogels)、纯木质素磺酸钠样品(L-Na)和无海藻酸钠与木质素磺酸钠的丙烯酸水凝胶(AA hydrogels)的热重曲线图

(三)水凝胶的压缩性能分析

采用压缩试验对水凝胶的力学性能进行了表征。对压缩时的形变和破坏情况以及压缩时的承载压应力进行了比较。图 5-60(a)和图 5-60(b)分别展示了在无海藻酸钠下,木质素磺酸钠用量为 0.2g 和 0.4g 时不同交联剂用量的单网络水凝胶的压缩性能。在木质素磺酸钠用量为 0.2g,交联剂用量为 0.05g 时,单网络水凝胶的抗压缩强度达到 632.43kPa,这是在单网络水凝胶上测得的最大值,并且水凝胶的强度随着交联剂用量的提高而增强,这与水凝胶的交联网络密度有关。交联剂起到的作用就是将聚丙烯酸单链连接起来,使丙烯酸形成网络。当交联剂用量提高时,丙烯酸形成的单链结构会连接成密集的网络,施加外力时,密集的网络会将力量分散到各处,网络间的孔隙可以起到缓冲作用。因此交联网络密度提高,使得水凝胶在抵抗外力的过程中更加游刃有余。木质素磺酸钠和聚丙烯酸之间存在非共价相互作用,即氢键作用,在大变形下耗散能量,改善了水凝胶的力学性能。木质素磺酸钠具有复杂的化学组成和结构,拥有众多的氢键基团,将它加入水凝胶体系中,

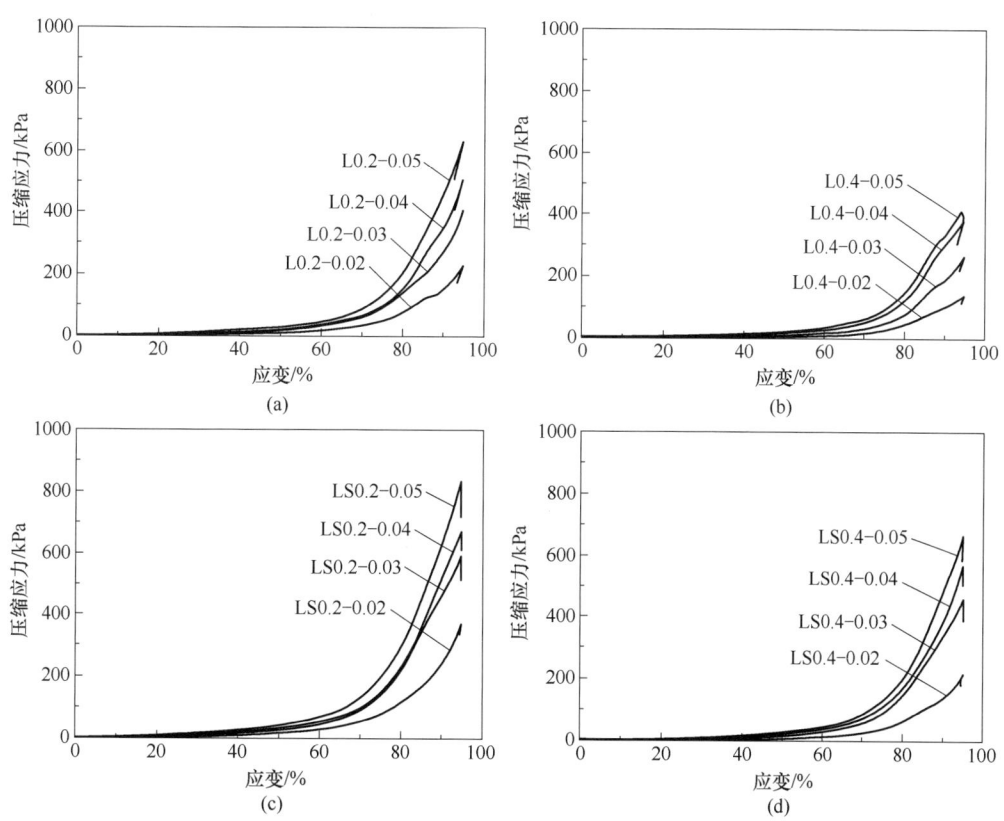

图 5-60 不同交联剂用量的单网络水凝胶的压缩性能比较

(a)无海藻酸钠,木质素磺酸钠 0.2g (b)无海藻酸钠,木质素磺酸钠 0.4g
(c)海藻酸钠 0.1g,木质素磺酸钠 0.2g (d)海藻酸钠 0.1g,木质素磺酸钠 0.4g

由于水凝胶中含有大量的液体，木质素磺酸钠可以依靠氢键基团与丙烯酸链形成牢固的氢键结构，这对于改善水凝胶的强度是有帮助的。当然，木质素磺酸钠能够提高水凝胶的压缩强度还在于它能够溶于水溶液，可以更均匀地分散在水凝胶中。但是，木质素磺酸钠属于一种填充物，当加入过量的木质素磺酸钠时，单网络水凝胶的抗压强度降低了，在木质素磺酸钠用量为 0.4g 时，水凝胶的最高抗压强度只有 409.72kPa，当交联剂用量为 0.02g 时的强度为 138.13kPa，与木质素磺酸钠为 0.2g 时的 227.98kPa 相比，也有不小的下降。导致强度下降的原因可能是，在水凝胶形成的过程中，过多的木质素磺酸钠阻碍了丙烯酸链和网络的产生，水凝胶中产生的化学键更少，从而使强度下降。另外，没有加入海藻酸钠的水凝胶，不仅其抗压强度提高，而且自身的脆性也有一定的降低，但是黏附性大大降低。另外，氯化钙溶液浸泡处理可能改变水凝胶的表面和内部结构，这使得水凝胶的抗压强度和韧性得到增强。

图 5-60（c）和图 5-60（d）分别展示了在添加海藻酸钠 0.1g 下，木质素磺酸钠用量为 0.2g 和 0.4g 时不同交联剂用量的双网络水凝胶的压缩性能。在木质素磺酸钠用量为 0.2g，交联剂用量为 0.05g 时，双网络水凝胶压缩强度最大，为 835.53kPa，比起同等条件的单网络水凝胶增强超过 200kPa；当交联剂为 0.02g 时，压缩强度为 370.21kPa，比单网络水凝胶增强约 150kPa。在木质素磺酸钠用量为 0.4g，交联剂用量为 0.05g 时，压缩强度为 660.52kPa，交联剂为 0.02g 时，压缩强度为 215.39kPa，分别比单网络水凝胶增强了约 250kPa 和 80kPa。相较于单网络水凝胶，双网络水凝胶的压缩强度全面提高，最大提高超过 50%。双网络水凝胶包括两个独立的交联网络，通常被认为是一种有效且简单的制造机械强度高的水凝胶的方法。利用海藻酸钠与钙离子的离子交联得到的第二种凝胶网络——双网络的水凝胶结构提高了水凝胶的抗压缩强度。

图 5-61（a）和图 5-61（b）分别是交联剂用量为 0.02g、木质素磺酸钠用量为 0.2g 和 0.4g 时不同海藻酸钠用量的双网络水凝胶的压缩性能比较图。可以观察到，随着海藻酸钠的用量提高，双网络水凝胶的强度也不断增强。当木质素磺酸钠用量为 0.2g，海藻酸钠为 0.2g 时，水凝胶的压缩强度为 724.32kPa；当木质素磺酸钠用量为 0.2g，海藻酸钠为 0.05g 时，压缩强度为 336.26kPa；当木质素磺酸钠用量为 0.4g，海藻酸钠为 0.2g 时，压缩强度为 323.68kPa；当木质素磺酸钠用量为 0.4g，海藻酸钠为 0.05g 时，压缩强度为 144.86kPa。海藻酸钠与钙离子的离子交联网络对于水凝胶力学强度的提高是很重要的，而且海藻酸钠的加入量是一个很重要的提高因素，当然，过量的木质素磺酸钠对于力学强度的改善依然是一个阻碍。那么，减少木质素磺酸钠的用量，提高海藻酸钠的用量，会不会使双网络水凝胶有更好的力学强度改善效果呢？

图 5-61（c）和图 5-61（d）分别是木质素磺酸钠用量为 0.1g 和 0.2g 时不同交联剂用

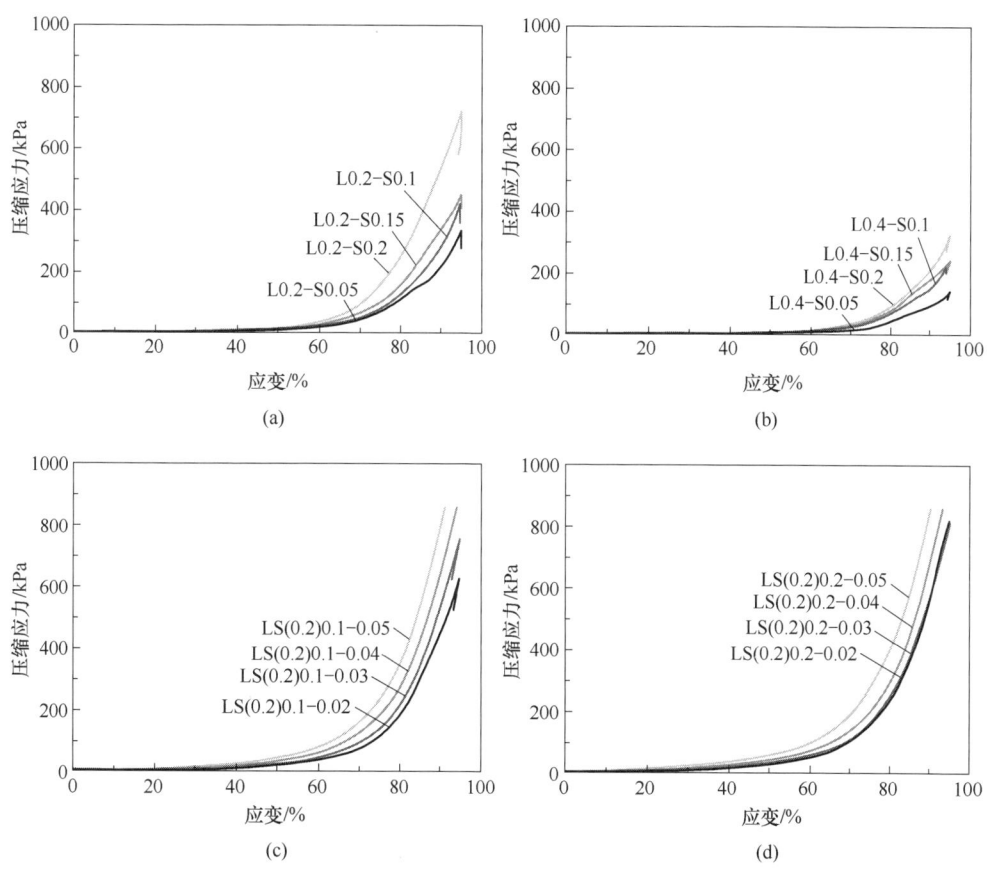

图 5-61 不同木质素磺酸钠用量的单网络水凝胶的压缩性能比较

(a)木质素磺酸钠 0.2g　(b)木质素磺酸钠 0.4g　(c)海藻酸钠 0.2g、
木质素磺酸钠 0.1g　(d)海藻酸钠 0.2g、木质素磺酸钠 0.2g

量的双网络水凝胶的压缩性能比较图。木质素磺酸钠用量为 0.1g，交联剂为 0.05g 和 0.02g 时，压缩强度分别为 856.60kPa 和 628.33kPa；木质素磺酸钠用量为 0.2g，交联剂为 0.05g 和 0.02g 时，压缩强度分别为 857.77kPa 和 809.48kPa。在不同的木质素磺酸钠用量比较中，当交联剂用量为 0.02g 和 0.03g 时，木质素磺酸钠用量为 0.1g 时的压缩强度低于用量为 0.2g 时的压缩强度，交联剂为 0.04g 和 0.05g 时，压缩强度的差别并不明显，这说明，木质素磺酸钠的用量在一个适当值时有利于水凝胶强度的提高，偏小或者偏大都会阻碍水凝胶的强度改善。此外，交联剂的增加提高了水凝胶网络的交联密度，交联网络填补了填充物不足的缺陷，所以，交联剂用量提高后，水凝胶强度和木质素磺酸钠用量的关系不明显。交联剂用量的提高使双网络水凝胶可以在一个低的形变量下达到一个高的压缩强度。

(四)水凝胶循环压缩性能分析

双网络水凝胶具有弹性和韧性。它还在承受了很高的压缩与大的变形后却没有断裂;压缩载荷被移除后,水凝胶自动并且快速恢复到初始形状。载荷-卸载压缩应力-应变曲线,也就是循环压缩曲线,表明双网络水凝胶具有良好的可恢复性。

图5-62(a)和图5-62(b)分别是木质素磺酸钠用量为0.2g,海藻酸钠为0.1g时不同交联剂用量下的循环压缩比较。可以观察到,在形变量80%下进行20次左右的快速循环压缩后,水凝胶的抗压缩能力并没有下降,这说明水凝胶网络结构的稳定性还是很不错的。在同样的形变量下,交联剂用量为0.05g比0.02g抗压缩能力多100kPa,在增加交联密度的情况下,水凝胶不仅抗压缩强度提高了,形变恢复力也并没有明显的下降。图5-62(b)与图5-62(c)比较,过量的木质素磺酸钠虽然对水凝胶的形变恢复力没有影响,但是对水凝胶提高压缩强度有阻碍,过多的木质素磺酸钠阻碍了水凝胶化学网络的产生,交联密度下降是压缩强度降低的原因。

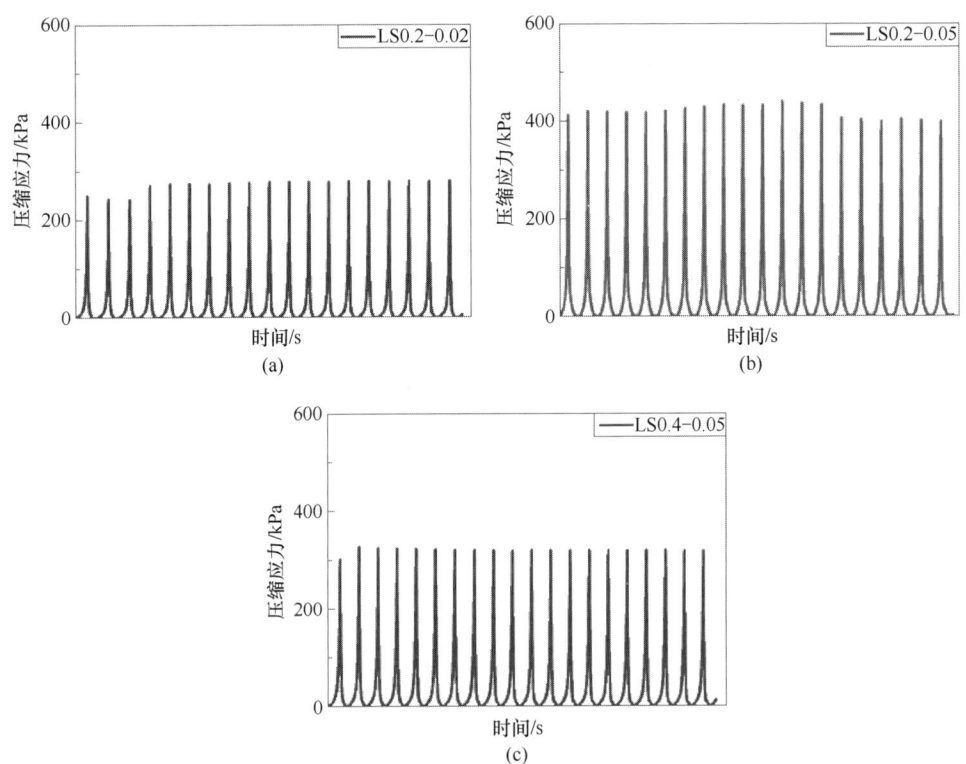

图5-62　0.1g海藻酸钠下不同木质素磺酸钠及交联剂用量的双网络水凝胶的循环压缩曲线
(a)木质素磺酸钠0.2g,交联剂0.02g　(b)木质素磺酸钠0.2g,交联剂0.05g　(c)木质素磺酸钠0.4g,交联剂0.05g

图5-63所示是在海藻酸钠用量为0.2g,交联剂用量为0.02g时,不同木质素磺酸钠用量对水凝胶循环压缩的影响。在木质素磺酸钠用量为0.1g时,循环压缩20次的压缩强度维

持在 350kPa 左右；当提高木质素磺酸钠用量到 0.2g 时，循环压缩强度并没有改变，依然维持在 350kPa；但当把木质素磺酸钠用量提高到 0.4g 时，循环压缩强度迅速降到 200kPa，这与前面的分析一致，过量的木质素磺酸钠对水凝胶是不利的。

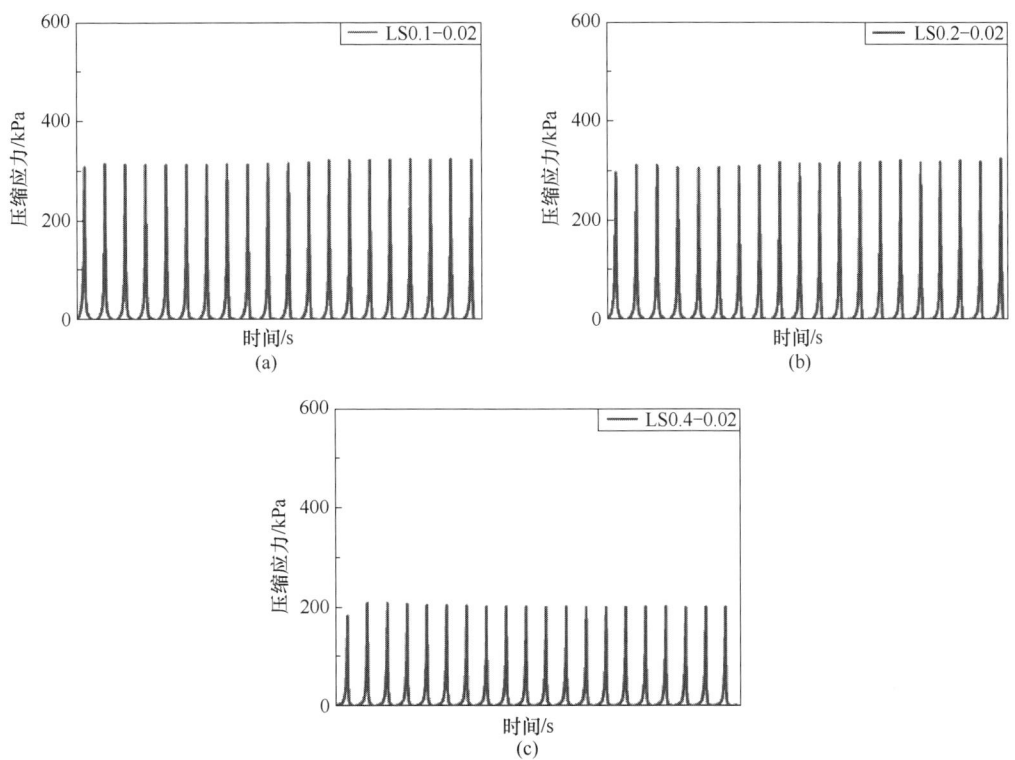

图 5-63　0.2g 海藻酸钠下不同木质素磺酸钠用量的双网络水凝胶循环压缩曲线

(a) 0.1g　(b) 0.2g　(c) 0.4g

提高交联剂用量到 0.05g，在海藻酸钠用量为 0.2g 下，比较木质素磺酸钠用量对水凝胶的影响。如图 5-64（a）所示，交联剂用量提高后，水凝胶压缩应力变大，随着压缩次数的增加，压缩强度呈现下降趋势。当木质素磺酸钠用量从 0.1g 提高到 0.2g 时，水凝胶的循环压缩强度又变得稳定，而且每次循环压缩的强度维持在 500kPa 左右，相较于木质素磺酸钠用量为 0.1g 时，压缩强度提高了 100kPa［图 5-64（b）］。原因可能是木质素磺酸钠用量的提高提供了更多氢键，不仅提高了水凝胶的压缩强度，还维持了水凝胶结构的稳定性。

如图 5-65 所示，当循环压缩 91 次时，水凝胶结构发生了改变，压缩强度出现了下降，但强度依然维持在 258kPa，一段时间后才出现一个很大的下降，这可能是因为水凝胶内部网络结构遭到了严重破坏。通过多次循环压缩来探讨寻找水凝胶的抗疲劳程度，有利于寻找适合的应用方向。

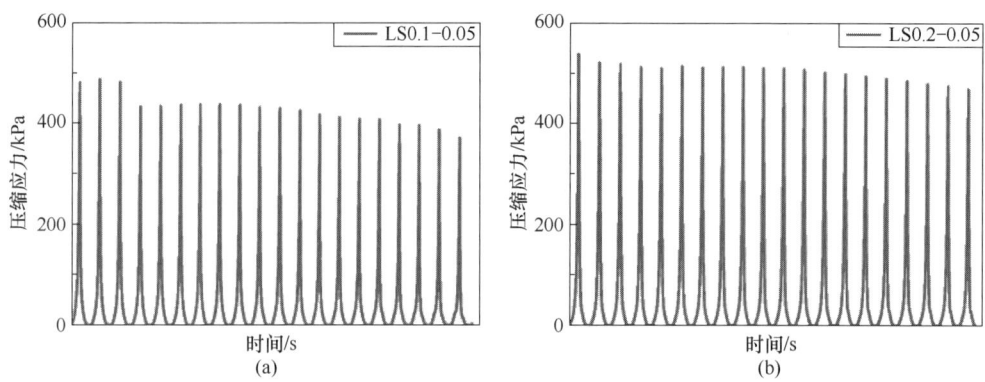

图 5-64　0.2g 海藻酸钠下不同木质素磺酸钠用量的双网络水凝胶的循环压缩曲线

(a) 0.1g　(b) 0.2g

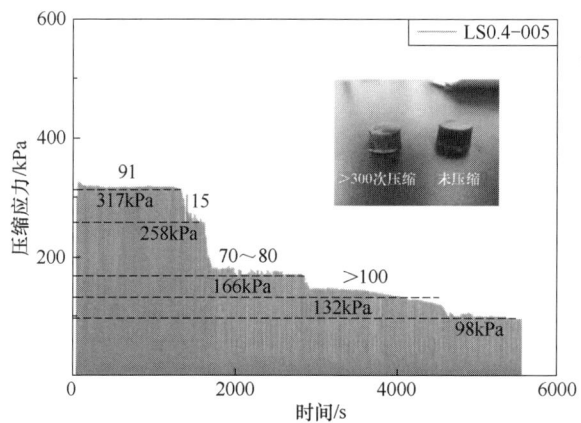

图 5-65　木质素磺酸钠用量 0.4g，海藻酸钠 0.1g，交联剂用量 0.05g 时的循环压缩曲线图

第六节　胺化改性木质素的制备及负载水凝胶的抗菌效果

由于木质素复杂的结构，一般会将木质素进行羧甲基化、酚醛化、烷基化或者胺化改性后再进行应用。胺化改性作为木质素改性的一种常用手段，被认为很有发展前景。Jiebing Li 等对工业针叶木硫酸盐木质素胺化改性后包覆尿素发现可提高氮肥效率。Xiaogang Luo 等用三亚乙基四胺对木质素胺化再螯合 Fe(Ⅲ) 做高效磷酸盐吸附剂；Yixin Shi 等通过 mannich 和 michael 加成反应在碱木质素上引入仲胺基然后与碳量子点结合用于选择性铁的检测和细胞成像等，这些是具体胺化改性木质素的成功应用。壳聚糖被认为是一种抗菌生物聚合物，其分子量和氨基在抗菌活性中起着重要的作用，在具有丰富酚结构的木质素上安装氨基基团可能会对抗菌产生积极的作用。目前木质素胺基化用于抗菌还鲜有报道。

木质素的酚类成分尤其是侧链结构和官能团的性质都能够有一定的抗菌作用。除了其化学结构，木质素的来源及细菌的种类等都会影响抗菌效果。但总体而言，木质素作为抗菌剂，抗菌效果极其有限，但针对广泛的微生物并不都有很高的抵抗性。采用硫酸盐木质素为原料，首先对它进行磺酰化处理，然后通过亲核反应制备胺化木质素。胺化策略如图5-66所示。采用革兰氏阴性菌（大肠埃希菌和假单胞菌）和革兰氏阳性菌（金黄色葡萄球菌），通过抗菌活性试验，研究了胺化木质素作为抗菌剂的抗菌效果，发现胺化木质素具有很高的抗菌性，将胺化改性的木质素负载在琼脂水凝胶上对大肠杆菌进行繁殖培养实验，结果发现，此水凝胶依然具有很高的抑制大肠杆菌的效果。

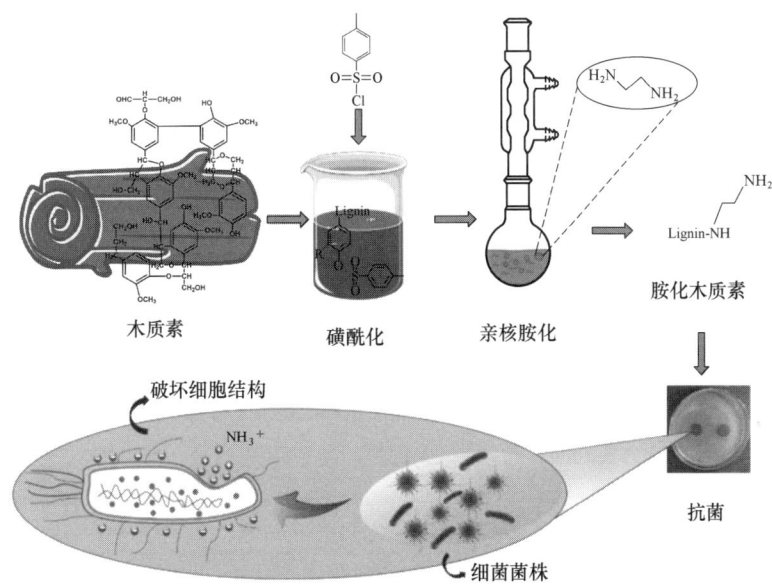

图5-66 胺化改性木质素合成及抗菌策略示意图

一、胺化改性木质素的制备

如图5-66所示，将对甲苯磺酰氯溶于乙腈中，一同加入含硫酸盐木质素的氢氧化钠溶液中反应制备磺酰化木质素（Lignin-TsO）。将Lignin-TsO加入无水乙二胺中，亲核胺化反应后得到胺化改性木质素（Lignin-NH_2）。

二、改性木质素的性能分析

（一）氢谱分析（^{1}H-NMR）

如图5-67所示，与木质素的氢谱图相比，胺化木质素在2.782mg/kg和1.871mg/kg处出现了两个新的信号峰，这被认为是在胺化木质素中乙二胺的氢元素导致的，所以认为硫酸盐木质素成功参与了胺化反应。

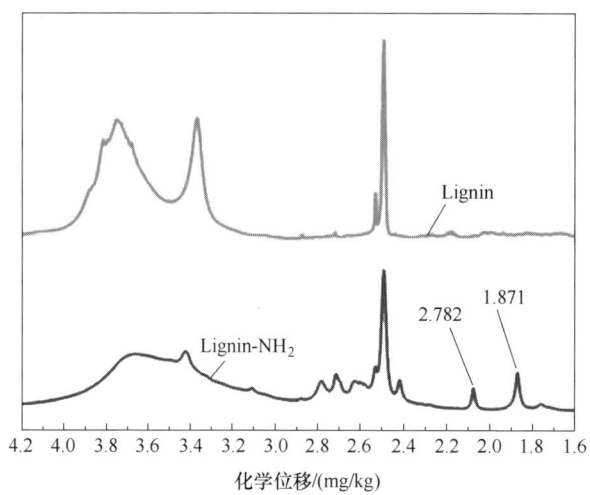

图 5-67　胺化改性木质素（Lignin-NH$_2$）和木质素（Lignin）的 ^{1}H-NMR 光谱分析

（二）红外光谱分析

傅里叶变换红外光谱仪（FT-IR）是分析聚合物结构的关键手段。图 5-68 所示是木质素（Lignin）、磺酰化木质素（Lignin-TsO）和胺化木质素（Lignin-NH$_2$）的红外光谱图。在 Lignin 和 Lignin-TsO 图谱中均出现了 3400cm^{-1} 峰，是—OH 的拉伸振动峰。在 Lignin-NH$_2$ 的图谱中，在大约 3400cm^{-1} 位置处出现一个很宽的峰，这被认为是—OH 和—NH 层叠振动导致的。在三个图谱中出现的 1638cm^{-1} 的吸收峰是木质素大分子芳香族 C=C 键的伸缩振动产生的，而 Lignin-TsO 在 1453cm^{-1} 位置处的峰是对甲基苯磺酰氯的苯环上 C=C 的伸缩

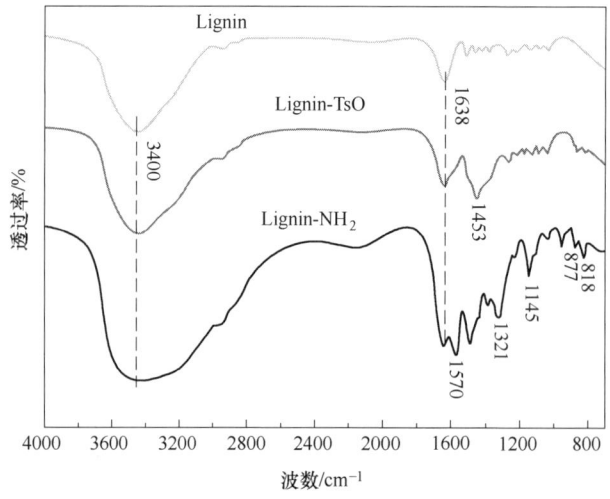

图 5-68　木质素（Lignin）、磺酰化木质素（Lignin-TsO）和胺化木质素（Lignin-NH$_2$）的红外光谱图

振动产生的。Lignin-NH$_2$ 在 1321cm^{-1} 和 1141cm^{-1} 位置上的吸收峰是 C—N 键拉伸振动产生的。在 877cm^{-1} 和 823cm^{-1} 处的谱带是—NH$_2$ 扭曲振动的结果，同时，在 1570cm^{-1} 处出现的新峰属于—NH—CO—基团，表明木质素被成功胺化。

（三）激光粒度分析

硫酸盐木质素和胺化后的木质素的颗粒大小及分布情况由激光粒度仪测得。激光粒度仪是通过光照射颗粒时产生的散射和衍射的结果来得出颗粒粒径分布的情况。如图 5-69 所示，木质素和胺化木质素的浓度为 0.01% 时的粒径分布。结果显示，木质素的粒径主要分布在 0.594~1.450μm 和 3.55~400μm 这两个区间，而胺化木质素的粒径分布在 0.405~0.991μm 和 1.650~666μm 区间。这表明，胺化后的木质素的粒径分布更广。胺化木质素的体积的 10% 由尺寸小于 6.370μm 的颗粒组成，而木质素的体积的 10% 由尺寸小

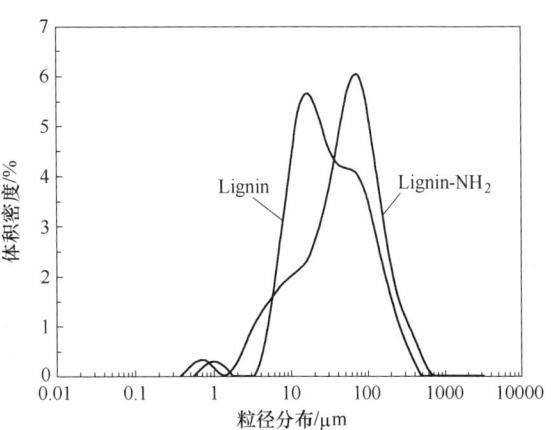

图 5-69 木质素（Lignin）和胺化木质素（Lignin-NH$_2$）的粒径分布图

于 8.390μm 的颗粒组成，因此，胺化木质素的尺寸小的颗粒更多。

（四）热重分析

用热重分析（TGA）探究木质素和胺化木质素随着温度的升高而产生的质量损失情况可以了解这两种物质的热稳定性，从而量材而用。如图 5-70 所示，木质素和胺化木质素在温度升到 150℃ 前都有一段很少的质量损失，这主要是样品中留存的水分蒸发导致的。对于木质素的热分解反应，在 200~600℃ 下产生的质量损失，是由木质素单元之间的 C—C 键裂解导致的。在胺化木质素的热失重曲线上出现了两个大的质量损失阶段，这一方面是在对木质素改性的过程中产生的一些低分子量的碎片导致的，另一方面是氨基基团的消除和 C—C 键的断裂造成的。900℃ 时样品

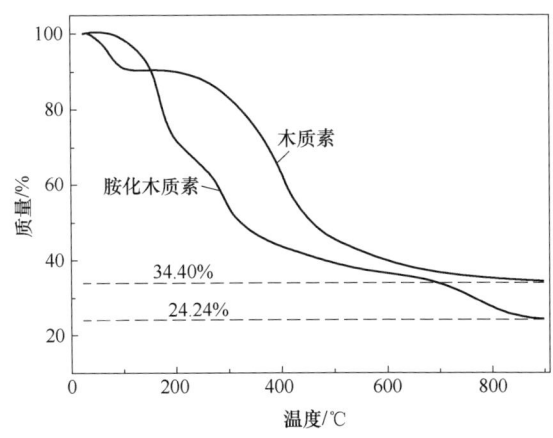

图 5-70 木质素（Lignin）和胺化木质素（Lignin-NH$_2$）的热重分析

残余质量，木质素为 34.40%，胺化木质素为 24.24%。

(五) 元素分析

木质素是由苯基丙烷结构单元组成的高分子聚合物，被认为是一种结构复杂的生物质材料。元素分析作为一种元素定量的手段，可用于对木质素及其衍生物的元素分析来研究木质素的元素变化。木质素和胺化木质素的元素含量列于表 5-8 中。由表中可以看到，胺化木质素相较于木质素的碳和氧含量均有明显下降，然而，氢和氮含量却有明显的升高，尤其是氮含量，从 0.09% 上升到了 18.74%，这主要是木质素大分子上的一部分羟基被氨基取代导致的元素分析结果与 FT-IR 显示结果一致，证明了木质素中引入了氨基基团，并且这么高的氮含量在以前的文献报道中是未有过的，如表 5-9 所示。

表 5-8　木质素和胺化木质素的元素含量分析　　　　　　　　　　单位：%

样品	元素组分				
	C	H	O	N	S
木质素	64.86	5.82	25.58	0.09	1.60
胺化木质素	55.24	7.55	17.26	18.74	0.95

表 5-9　不同胺化木质素 N 含量的比较　　　　　　　　　　单位：%

胺化木质素	N 含量	参考文献
Aminated lignin(AL)	3.94	[52]
TNT-loaded aminated lignin(AmL)	4.90	[53]
Aminated lignin 2	6.95	[49]
Soda lignin functionalized with furfurylamine(Furfurylamine-Soda lignin 2.5)	7.22	[54]
Soda lignin functionalized with N-MHA(N-MHA-Soda lignin 2.0)	8.17	[54]
Lignin-based bio-adsorbent(SAPL-2.0)	10.12	[47]
Lignin-NH_2	18.74	本研究

(六) SEM 分析

环境扫描电子显微镜（SEM）可以直观反映物质形态。在图 5-71（a）中，木质素呈现圆球颗粒状的形貌，表面较为光滑，颗粒分明；在图 5-71（b）中观察到，胺化后的木质素呈现碎片状的结构，大小不均一，片层表面光滑，这与激光粒度仪分析的相对分子质量分布较广的特性相吻合。同时，针对胺化木质素的一块片层进行能谱分析 [图 5-71（c）]，检测到了高含量的 N 元素。

(七) 抗菌评价

琼脂盘扩散法是测试抗菌剂抗菌性能的一种简单又低成本的方法。一般来说，琼脂盘里更有效的抗菌材料会使周围透明区域的直径更大，这个透明区域被称为抑制区。抑制区

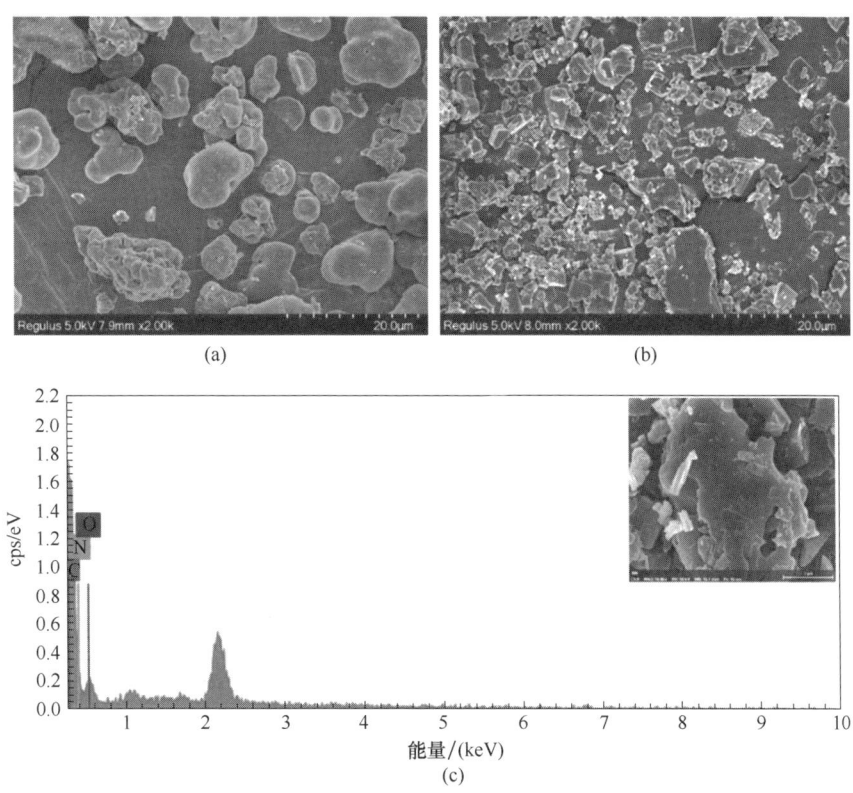

图 5-71 改性前后木质素的 SEM 图及能谱图

(a)木质素　(b)改性木质素　(c)改性木质素能谱图

是抗菌材料对细菌生长起到约束作用而产生的。抗菌材料产生了抑制区，说明它具有良好的抗菌活性。如图 5-72 所示，木质素和胺化木质素分别对大肠杆菌（E. coli）、铜绿假单胞菌（P. aeruginosa）和金黄色葡萄球菌（S. aureus）这三种菌株制作了琼脂盘。可以明显看到琼脂盘里的胺化木质素对大肠杆菌、铜绿假单胞菌和金黄色葡萄球菌这三种菌株形成了直径很大的抑制区，说明胺化木质素有很强的抗菌活性。木质素虽然也具有一定的抗菌性，

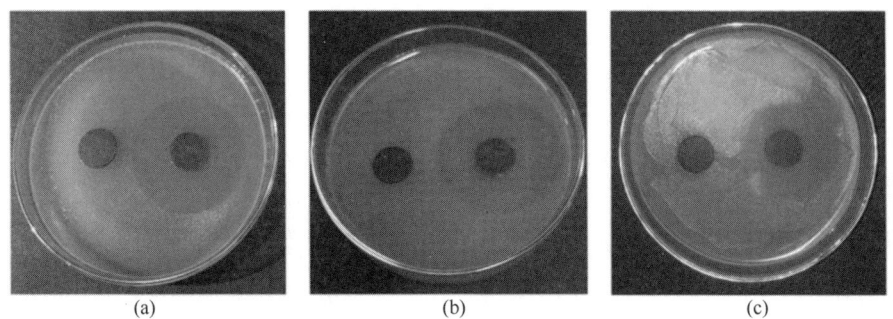

图 5-72 木质素（左）和胺化木质素（右）对琼脂平板中不同菌株的抑制区域示意图

(a)大肠杆菌　(b)铜绿假单胞菌　(c)金黄色葡萄球菌

但没有形成明显的抑菌区，说明木质素抗菌效果很微弱。

木质素和胺化木质素的抗菌活性通过对大肠杆菌、铜绿假单胞菌和金黄色葡萄球菌的生长抑制率来衡量。杀菌剂（浓度为 2mg/mL）被加入杀菌培养液中，通过摇床振荡法培养细菌。培养 24h 后通过紫外分光光度计测量细菌的光密度。

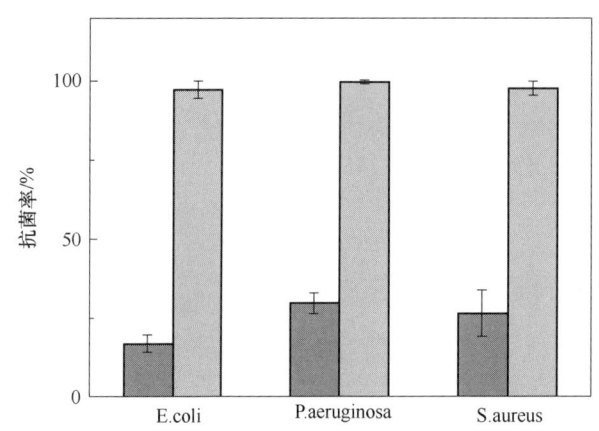

图 5-73　木质素（Lignin）和胺化木质素（Lignin-NH$_2$）对不同细菌菌株的抗菌活性（聚合物浓度 2mg/mL，细菌培养温度为 37℃）

从图 5-73 中可以看出，木质素具有一定的抗菌效果，主要是因为木质素含有丰富的酚类成分，已知酚类化合物具有良好的对抗微生物活性的能力。同时也可以看到，木质素对革兰氏阴性菌（大肠埃希菌和假单胞菌）和革兰氏阳性菌（金黄色葡萄球菌）的抗菌活性具有很大差异。木质素对革兰氏阳性菌（金黄色葡萄球菌）的抗菌活性更高，这主要是因为革兰氏阳性菌（金黄色葡萄球菌）对酚类化合物的敏感性更高。但是与木质素相比，胺化木质素有更高的抗菌活性。胺化木质素对大肠杆菌、铜绿假单胞菌和金黄色葡萄球菌的抗菌率分别为 97.34%、99.69% 和 97.79%。胺化木质素有如此高的抗菌活性，除了具有木质素的一些抗菌性质外，更多的原因可能是它存在的阳离子（—NH$_3^+$）性质，它通过与带负电荷的细菌的细胞膜结合产生强烈的相互作用，破坏其内部的化学平衡而使细菌的结构不稳定，进而杀死细菌，为此制备了不同氨含量的胺化木质素，对三种菌株进行抗菌实验，如图 5-74 所示，抗菌率随着氨含量的提高而增加，这验证了阳离子（—NH$_3^+$）能够抗菌的理论。

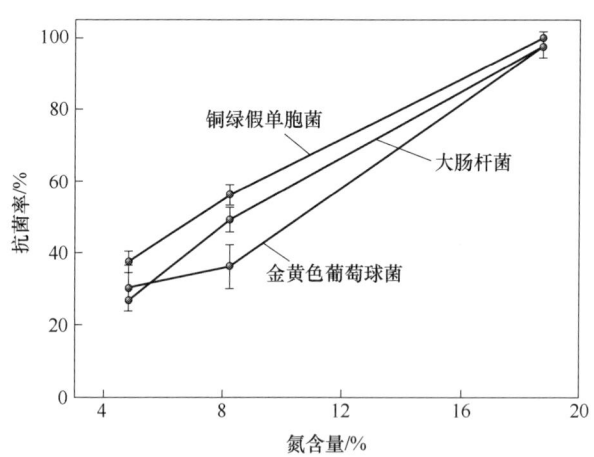

图 5-74　不同氮含量的胺化木质素对大肠杆菌、铜绿假单胞菌和金黄色葡萄球菌这三种菌株的抗菌率图

（八）胺化改性木质素负载水凝胶抗菌效果分析

如图 5-75 所示，用接菌环取大肠杆菌于装有无菌水的塑料管，在塑料管中使菌株混合均匀，然后用移液枪移取塑料管中部分菌株于 LB 培养液，再次混合均匀。用移液枪吸取混合有大肠杆菌菌株的培养液滴加到铺有琼脂水凝胶的平板里，放入 37℃的菌株培养箱培养 24h，用紫外分光光度计评价其抗菌效果。

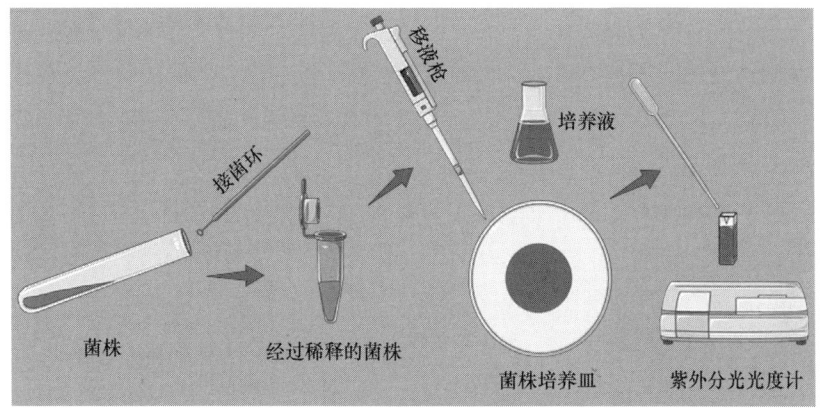

图 5-75　胺化改性木质素负载水凝胶抗菌操作流程示意图

OD_{600} 值实验是在紫外灯 600nm 照射下反映细菌繁殖情况的方法。它通过测定浊度的方式来反映细菌繁殖，也就是说，吸光度值越高，浊度越高，说明细菌繁殖越好，反之，吸光度值越低，浊度越低，细菌繁殖受抑制。如图 5-76 所示，在三组大肠杆菌平板培养试验中，大肠杆菌培养液在负载改性木质素的琼脂水凝胶薄片上的吸光度值都比未负载改性木质素的琼脂水凝胶薄片上的吸光度值低，且吸光度值仅为未负载改性木质素的琼脂水凝胶

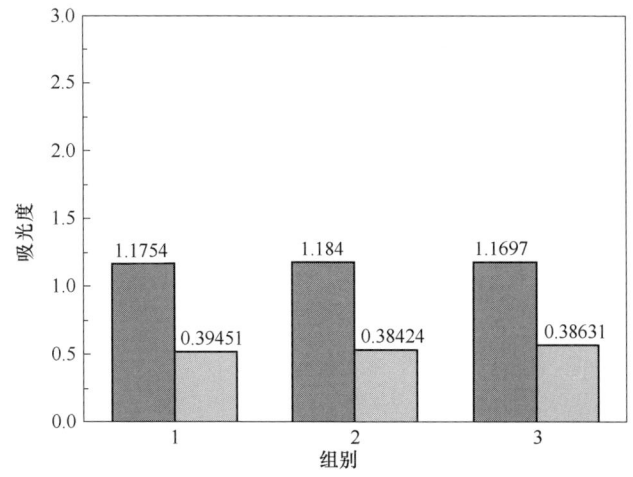

图 5-76　负载改性木质素的琼脂水凝胶薄片和未负载改性木质素的琼脂水凝胶薄片上的大肠杆菌繁殖情况（1、2、3 分别为三组对比）

■ 未负载改性木质素的琼脂水凝胶上的大肠杆菌培养液　　■ 负载改性木质素的琼脂水凝胶上的大肠杆菌培养液

薄片上的大肠杆菌培养液的1/3,有2/3的细菌繁殖受到抑制,研究表明,改性木质素具有抗菌稳定性,它在琼脂水凝胶载体上依然能够发挥抗菌活性。

参 考 文 献

[1] KAI D,JIANG S,LOW Z W,et al. Engineering highly stretchable lignin-based electrospun nanofibers for potential biomedical applications[J]. Journal of Materials Chemistry B,2015,3(30):6194-6204.

[2] GABOV K,OJA T,DEGUCHI T,et al. Preparation,characterization and antimicrobial application of hybrid cellulose-lignin beads[J]. Cellulose,2017,24(2):641-658.

[3] GRAGLIA M,PAMPEL J,HANTKE T,et al. Nitro lignin-derived nitrogen-doped carbon as an efficient and sustainable electrocatalyst for oxygen reduction[J]. Acs Nano,2016,10(4):4364-4371.

[4] CHATTERJEE S,SAITO T. Lignin-Derived Advanced Carbon Materials[J]. Chemsuschem,2015,8(23):3941-3958.

[5] LIU W J,JIANG H,YU H Q. Thermochemical conversion of lignin to functional materials:a review and future directions[J]. Green Chemistry,2015,17(11):4888-4907.

[6] NIU N,MA Z M,HE F,et al. Preparation of carbon dots for cellular imaging by the molecular aggregation of cellulolytic enzyme lignin[J]. Langmuir,2017,33(23):5786-5795.

[7] DU X Y,LI J B,LINDSTROM M E. Modification of industrial softwood kraft lignin using mannich reaction with and without phenolation pretreatment[J]. Industrial Crops And Products,2014,52:729-735.

[8] LIU P,ZHANG N,YI Y,et al. Effect of lignin-based monomer on controlling the molecular weight and physical properties of the polyacrylonitrile/lignin copolymer[J]. International Journal of Biological Macromolecules,2020,164:2312-2322.

[9] SCHLUFTER K,SCHMAUDER H-P,DORN S,et al. Efficient homogeneous chemical modification of bacterial cellulose in the ionic liquid 1-N-Butyl-3-methylimidazolium Chloride[J]. Macromolecular Rapid Communications,2006,27(19):1670-1676.

[10] XUE F,JIA D,LI Y,et al. Facile preparation of a mechanically robust superhydrophobic acrylic polyurethane coating[J]. Journal of Materials Chemistry A,2015,3(26):13856-13863.

[11] ZHENG Q,CAI Z,GONG S. Green synthesis of polyvinyl alcohol(PVA)-cellulose nanofibril(CNF) hybrid aerogels and their use as superabsorbents[J]. Journal of Materials Chemistry A,2014,2(9):3110-3118.

[12] ZHANG H,ZHANG J. The preparation of novel polyvinyl alcohol(PVA)-based nanoparticle/carbon nanotubes(PNP/CNTs) aerogel for solvents adsorption application[J]. Journal of Colloid and Interface Science,2020,569:254-266.

[13] ZHANG R, WAN W, QIU L, et al. Preparation of hydrophobic polyvinyl alcohol aerogel via the surface modification of boron nitride for environmental remediation[J]. Applied Surface Science, 2017, 419: 342-347.

[14] JAVADI A, ZHENG Q, PAYEN F, et al. Polyvinyl alcohol-cellulose nanofibrils-graphene oxide hybrid organic aerogels[J]. ACS Applied Materials & Interfaces, 2013, 5(13): 5969-5975.

[15] XU Z, JIANG X, ZHOU H, et al. Preparation of magnetic hydrophobic polyvinyl alcohol(PVA)-cellulose nanofiber(CNF) aerogels as effective oil absorbents[J]. Cellulose, 2018, 25(2): 1217-1227.

[16] SAI H, FU R, XING L, et al. Surface modification of bacterial cellulose aerogels' web-like skeleton for oil/water separation[J]. ACS Applied Materials & Interfaces, 2015, 7(13): 7373-7381.

[17] CHEN Y, YANG L, XU S, et al. Ultralight aerogel based on molecular-modified poly(m-phenylenediamine) crosslinking with polyvinyl alcohol/graphene oxide for flow adsorption[J]. RSC Advances, 2019, 9(40): 22950-22956.

[18] LYU W, WU J, ZHANG W, et al. Easy separated 3D hierarchical coral-like magnetic polyaniline adsorbent with enhanced performance in adsorption and reduction of Cr(VI) and immobilization of Cr(III)[J]. Chemical Engineering Journal, 2019, 363: 107-119.

[19] YAN Y, AN Q, XIAO Z, et al. Flexible core-shell/bead-like alginate@PEI with exceptional adsorption capacity, recycling performance toward batch and column sorption of Cr(VI)[J]. Chemical Engineering Journal, 2017, 313: 475-486.

[20] SUN X F, JING Z, WANG H, et al. Physical-chemical properties of xylan/PAAc magnetic semi-interpenetrating network hydrogel[J]. Polymer Composites, 2015, 36(12): 2317-2325.

[21] DRURY J L, MOONEY D J. Hydrogels for tissue engineering: scaffold design variables and applications[J]. Biomaterials, 2003, 24(24): 4337-4351.

[22] LIU Z, XU D, KONG F, et al. Preparation and application of sulfated xylan as a flocculant for dye solution[J]. Biotechnology Progress, 2018, 34(2): 529-536.

[23] REN J L, SUN R C, PENG F. Carboxymethylation of hemicelluloses isolated from sugarcane bagasse[J]. Polymer Degradation and Stability, 2008, 93(4): 786-793.

[24] BAJPAI A K, SHRIVASTAVA J. In vitro enzymatic degradation kinetics of polymeric blends of crosslinked starch and carboxymethyl cellulose[J]. Polymer International, 2005, 54(11): 1524-1536.

[25] SUN X F, WANG H H, JING Z X, et al. Hemicellulose-based pH-sensitive and biodegradable hydrogel for controlled drug delivery[J]. Carbohydrate Polymers, 2013, 92(2): 1357-1366.

[26] EL-ZAWAWY W K, IBRAHIM M M. Preparation and characterization of novel polymer hydrogel from industrial waste and copolymerization of poly(vinyl alcohol) and polyacrylamide[J]. Journal of Applied Polymer Science, 2012, 124(5): 4362-4370.

［27］ YU C,WANG F,FU S,et al. Laccase-assisted grafting of acrylic acid onto lignin for its recovery from wastewater[J]. Journal of Polymers and the Environment,2017,25(4):1072-1079.

［28］ ZHANG H,WANG X,LI N,et al. Synthesis and characterization of TiO_2/graphene oxide nanocomposites for photoreduction of heavy metal ions in reverse osmosis concentrate[J]. RSC Advances,2018,8(60):34241-34251.

［29］ ZHU W,LU J,DAI L. Multifunctional pH-responsive sprayable hydrogel based on chitosan and lignin-based nanoparticles[J]. Particle & Particle Systems Characterization,2018,35(12):1800145.

［30］ 徐继红,穆新科,洪思明,等.木质素基水凝胶对亚甲基蓝染料的吸附性能[J].环境工程学报,2015,9(10):4877-4882.

［31］ 向育君,许爱清,周信,等.改性木质素磺酸钠水凝胶对镉离子的吸附研究[J].离子交换与吸附,2015,8(2):23-30.

［32］ LI F,WANG X,YUAN T,et al. A lignosulfonate-modified graphene hydrogel with ultrahigh adsorption capacity for Pb(Ⅱ) removal[J]. Journal of Materials Chemistry A,2016,4(30):11888-11896.

［33］ 曹秀格,倪棠棣.高效交联剂N,N'-亚甲基双丙烯酰胺的合成[J].化学工业与工程,1999,16(6):365-366.

［34］ YU C,WANG F,ZHANG C,et al. The synthesis and absorption dynamics of a lignin-based hydrogel for remediation of cationic dye-contaminated effluent[J]. Reactive and Functional Polymers,2016,106:137-142.

［35］ GENG H. A one-step approach to make cellulose-based hydrogels of various transparency and swelling degrees[J]. Carbohydrate Polymers,2018,186:208-216.

［36］ JI X,ZHANG Z,CHEN J,et al. Synthesis and characterization of alkali lignin-based hydrogels from ionic liquids[J]. BioResources,2017,12(3):5395-5406.

［37］ LIU Y,ZHU M,LIU X,et al. High clay content nanocomposite hydrogels with surprising mechanical strength and interesting deswelling kinetics[J]. Polymer,2006,47(1):1-5.

［38］ YOU J,CAO J,ZHAO Y,et al. Improved mechanical properties and sustained release behavior of cationic cellulose nanocrystals reinforeced cationic cellulose injectable hydrogels[J]. Biomacromolecules,2016,17(9):2839-2848.

［39］ SHIN S R,JUNG S M,ZALABANY M,et al. Carbon-nanotube-embedded hydrogel sheets for engineering cardiac constructs and bioactuators[J]. ACS nano,2013,7(3):2369-2380.

［40］ LI Z,TANG M,DAI J,et al. Effect of multiwalled carbon nanotube-grafted polymer brushes on the mechanical and swelling properties of polyacrylamide composite hydrogels[J]. Polymer,2016,85:67-76.

［41］ LV K,LI Q,ZHANG L,et al. Incorporation of small extracellular vesicles in sodium alginate hydrogel as a novel therapeutic strategy for myocardial infarction[J]. Theranostics,2019,9(24):7403-7416.

[42] ZHAO L, YIN S, MA Z. Ca^{2+}-triggered pH-response sodium alginate hydrogel precipitation for amplified sandwich-type impedimetric immunosensor of tumor marker[J]. ACS Sensors, 2019, 4(2): 450-455.

[43] LI J B, WANG M, SHE D, et al. Structural functionalization of industrial softwood kraft lignin for simple dip-coating of urea as highly efficient nitrogen fertilizer[J]. Industrial Crops And Products, 2017, 109: 255-265.

[44] LUO X, LIU C, YUAN J, et al. Interfacial solid-phase chemical modification with Mannich reaction and Fe(Ⅲ) chelation for designing lignin-based spherical nanoparticle adsorbents for highly efficient removal of low concentration phosphate from water[J]. ACS Sustainable Chemistry & Engineering, 2017, 5(8): 6539-6547.

[45] SHI Y X, LIU X, WANG M, et al. Synthesis of N-doped carbon quantum dots from bio-waste lignin for selective irons detection and cellular imaging[J]. International Journal of Biological Macromolecules, 2019, 128: 537-545.

[46] CHEN Q, GAO K, PENG C, et al. Preparation of lignin/glycerol-based bis(cyclic carbonate) for the synthesis of polyurethanes[J]. Green Chemistry, 2015, 17(9): 4546-4551.

[47] WANG B, WEN J-L, SUN S-L, et al. Chemosynthesis and structural characterization of a novel lignin-based bio-sorbent and its strong adsorption for Pb(II)[J]. Industrial Crops and Products, 2017, 108: 72-80.

[48] LIU J, LIU G, LIU W. Preparation of water-soluble β-cyclodextrin/poly(acrylic acid)/graphene oxide nanocomposites as new adsorbents to remove cationic dyes from aqueous solutions[J]. Chemical Engineering Journal, 2014, 257: 299-308.

[49] PAN H, SUN G, ZHAO T. Synthesis and characterization of aminated lignin[J]. International Journal of Biological Macromolecules, 2013, 59: 221-226.

[50] KONG F, PARHIALA K, WANG S, et al. Preparation of cationic softwood kraft lignin and its application in dye removal[J]. European Polymer Journal, 2015, 67: 335-345.

[51] PAN H, SUN G, ZHAO T, et al. Thermal properties of epoxy resins crosslinked by an aminated lignin[J]. Polymer Engineering & Science, 2015, 55(4): 924-932.

[52] XU J, ZHU S Y, LIU P, et al. Adsorption of Cu(Ⅱ) ions in aqueous solution by aminated lignin from enzymatic hydrolysis residues[J]. Rsc Advances, 2017, 7(71): 44751-44758.

[53] ZHANG J, LIN X, LUO X, et al. A modified lignin adsorbent for the removal of 2,4,6-trinitrotoluene[J]. Chemical Engineering Journal, 2011, 168(3): 1055-1063.

[54] ZHOU W P, ZHANG H, CHEN F G. Modified lignin: Preparation and use in reversible gel via Diels-Alder reaction[J]. International Journal of Biological Macromolecules, 2018, 107: 790-795.

[55] WU Y,LONG Y,LI Q-L,et al. Layer-by-layer(LBL) self-assembled biohybrid nanomaterials for efficient antibacterial applications[J]. ACS Applied Materials & Interfaces,2015,7(31):17255-17263.

[56] LI G,YU S,XUE W,et al. Chitosan-graft-PAMAM loading nitric oxide for efficient antibacterial application[J]. Chemical Engineering Journal,2018,347:923-931.

[57] KAI D,TAN M J,CHEE P L,et al. Towards lignin-based functional materials in a sustainable world[J]. Green Chemistry,2016,18(5):1175-1200.

[58] TAMER T M,HASSAN M A,OMER A M,et al. Antibacterial and antioxidative activity of O-amine functionalized chitosan[J]. Carbohydrate Polymers,2017,169:441-450.

第六章 木质素基缓蚀剂的制备及其性能研究

木质素是仅次于纤维素的第二大天然高分子物质。木质素凭借众多官能团以及可再生、容易被生物降解、没有毒害作用等特点，被认为是优良的生物质化工原料。随着石油基资源的短缺，在研究者对生物质资源综合利用并高度关注的情况下，木质素基材料和功能高分子的研究面临着机遇，加强探索对木质素的改性及其在更多领域的应用，对于木质素的高附加值利用及木质纤维资源的高效综合利用具有重要意义。

我国在腐蚀领域的发展水平总体上落后于发达国家。腐蚀问题涉及各个国家、各个领域。有学者提出，腐蚀像地震、火灾一样严重。腐蚀引起的损失是巨大的。由腐蚀所造成的损失远大于自然灾害和其他各类事故所造成的损失总和。因此，高性能绿色生物缓蚀剂已经成为当今缓蚀剂研究领域的热点与发展趋势。

针对上述木质素利用领域以及我国金属制造行业中的防腐蚀问题，结合制浆造纸工业中木质素的利用现状和木质素的本身功能特性，利用化学手段对制浆造纸行业中产量占据主导地位的木质素进行改性和功能化，并将其用作盐酸溶液中金属除锈等过程中的缓蚀剂，探讨木质素的改性与缓蚀性能的构效机制，同时利用现代分析技术进行缓蚀机理的相关研究，从而了解木质素基缓蚀剂的缓蚀机理，为木质素的功能改性及其在缓蚀领域的应用提供技术指导和理论支持。

第一节 木质素–METAC 共聚物的制备及其缓蚀性能研究

绿色生态类有机缓蚀剂被人们密切关注，绿色缓蚀剂含有 N、O、S 等元素和 C、H 等疏水非极性元素，能够吸附在金属表面起到防腐蚀作用。

以木质素为原料，以 2-（甲基丙烯酰氧基）乙基三甲基氯化铵（METAC）为功能单体，采用自由基聚合反应，制备具有阳离子基团的木质素–METAC 共聚物，并将其用作金属酸洗缓蚀剂。

一、木质素–METAC 的制备及表征

木质素–METAC 的制备过程及其表征详见第二章第二节。

二、木质素-METAC 缓蚀性能测试

（一）失重法

表 6-1 显示了在 25℃下 1.0mol/L HCl 溶液中碳钢的腐蚀速率以及在不同浓度下木质素-METAC 的缓蚀效率（IE）。缓蚀效率可用式（6-1）计算：

$$IE = \frac{m_0 - m'}{m_0} \times 100\% \tag{6-1}$$

式中 m_0——未加入缓蚀剂时碳钢的质量；

m'——加入缓蚀剂后碳钢的质量。

在没有添加缓蚀剂的溶液中，当碳钢置于 HCl 中，首先产生大量的 H_2，并且腐蚀速率高达 1.45mg/（cm²·h）。碳钢腐蚀速率随着缓蚀剂的加入逐渐降低，当缓蚀剂浓度增大到 125mg/L 时，木质素-METAC 的缓蚀效果呈现先降低然后增加的趋势。当浓度为 75mg/L 时，腐蚀速率最低，为 0.18mg/（cm²·h），缓蚀效率最高，为 87.54%，在 50mg/L 时缓蚀剂的缓蚀效率最低，为 69.81%。缓蚀剂中氮原子中的孤对电子以及苯环和双键的 π 电子与碳钢中铁原子上的 3d 空轨道配位，吸附在碳钢的表面，形成牢固的保护层，从而抑制了酸的腐蚀作用。说明木质素-METAC 在盐酸溶液中是一类有效的缓蚀剂。

表 6-1 不同浓度木质素-METAC 在 25℃、1.0mol/L HCl 中的腐蚀速率以及缓蚀效率

浓度/（mg/L）	腐蚀速率/[mg/（cm²·h）]	缓蚀效率/%
0	1.45	0
50	0.44	69.81
75	0.18	87.54
100	0.20	86.04
125	0.39	73.21

（二）电化学法

1. 电化学阻抗谱

电化学阻抗谱是用小幅度正弦交流信号对电解池进行扰动，进行电化学测试，得到缓蚀剂，形成保护膜的化学特性、形成机理、分子取向和厚度等重要信息。交流阻抗法提供界面状态，有利于分析缓蚀机理，分析过程简单方便，容易操作。

图 6-1 显示了在 25℃下，含有不同浓度的木质素-METAC 缓蚀剂以及不含木质素-METAC 的 HCl 溶液中开路电位随时间变化曲线。当含有不同浓度的缓蚀剂时，达到稳定的开路电位所需时间不尽相同。从图中可以看出，开路电位随时间增加逐渐稳定。在空白 HCl 溶液中，1000s 时电位比较稳定。含有 75mg/L 木质素-METAC 的 HCl 溶液中，在 2000s 后达到最终平衡状态。Tafel 极化曲线和电化学阻抗谱（EIS）在达到稳定状态后开始测量。

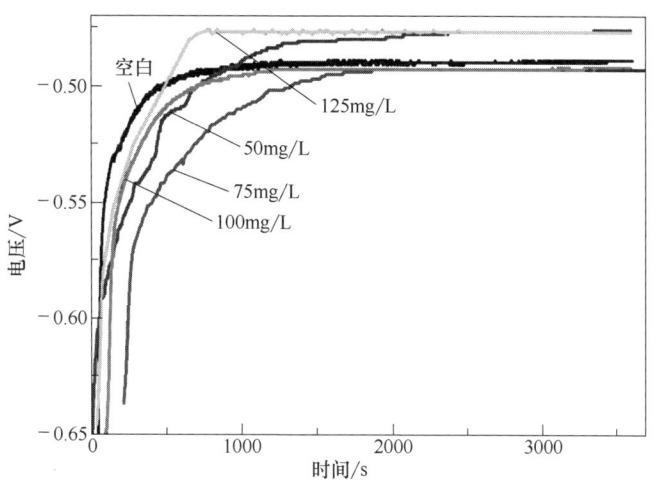

图 6-1 碳钢在含有不同浓度木质素-METAC 下 1mol/L HCl 溶液中的开路电位-时间图

空白溶液以及含有木质素-METAC 缓蚀剂溶液中的阻抗图如图 6-2 所示。从图中可以看出，添加缓蚀剂后，发生了阻抗效应，阻抗图中的半圆尺寸变大，随着木质素-METAC 浓度的增加，半圆尺寸也在逐渐增加，说明缓蚀剂抑制效果在增加。Nyquist 图是比较扁的半圆，这是由于碳钢表面比较粗糙，所形成的吸附层不均匀或者含有一定的杂质，导致非理想的电化学行为，造成了频率分散。此外，双电层电容的存在导致 Nyquist 图的高频区为电容弧，由于缓蚀剂在碳钢表面的吸附和解吸附导致低频区成为感应弧。缓蚀剂浓度为 75mg/L 时，半圆尺寸最大。此结果与失重法的结果一致。根据图 6-3 的等效电路对测得的阻抗数据进行拟合分析，空白溶液、50mg/L 的缓蚀剂溶液符合拟合电路图 6-3（a），其余符合图 6-3（b）。拟合结果如表 6-2 所示。其中 R_s 为溶液电阻，R_c 为膜电阻，R_{ct} 为电荷转移电阻，C_c 为双电层的膜电容，C_{dl} 为双电层电容。在高频下，膜电阻变大，膜电容减小，表明在 HCl 溶液中加入木质素-METAC 后，木质素-METAC 分子去除了最初吸附在碳钢上的水分子，从而产生屏蔽效果，起到保护碳钢的作用。在低频端，电容电弧的半径增加，电荷转移值 R_{ct} 变大，电荷转移电容减小。通过物化作用覆盖在金属表面的缓蚀剂分子，导致 R_{ct} 增加，缓蚀剂分子减少了碳钢表面和盐酸之间的电荷转移，增大了表面覆盖率。C_{dl} 的减少是因为加入缓蚀剂后，局部介电常数的降低。因此，木质素-METAC 对盐酸中的碳钢有一定的缓蚀效果。缓蚀效率由式（6-2）计算：

$$IE = \frac{R_{ct} - R_{ct0}}{R_{ct}} \times 100\% \tag{6-2}$$

式中 R_{ct}——添加缓蚀剂的转移电荷电阻值；

R_{ct0}——未添加缓蚀剂的转移电荷电阻值。

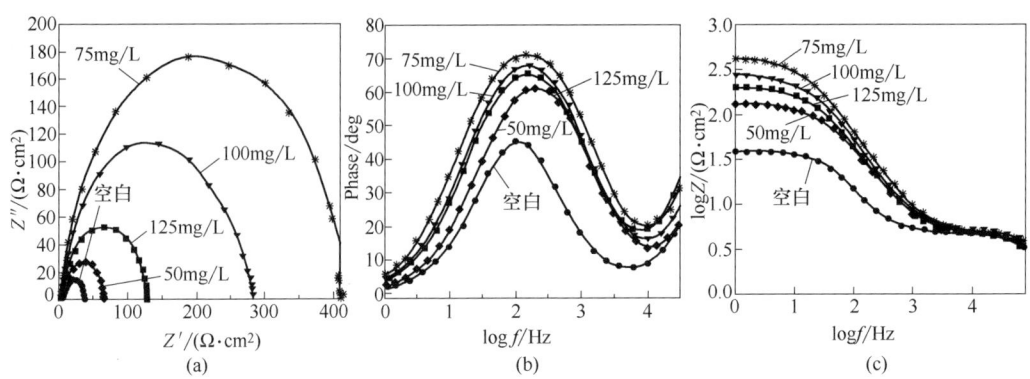

图6-2 碳钢在含有不同浓度木质素-METAC 的 1mol/L HCl 溶液中的电化学性能

(a) Nyquist 图 (b) bode 图 (c) 相位图

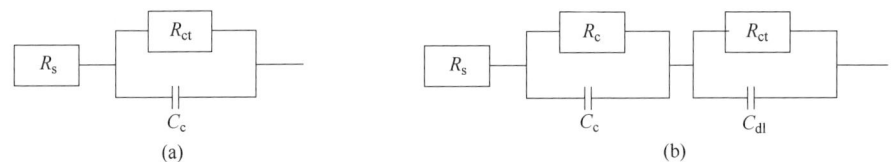

图6-3 有无缓蚀剂下碳钢/HCl 溶液界面获得的阻抗谱的拟合等效电路

(a) 无缓蚀剂 (b) 有缓蚀剂

表6-2 中，木质素-METAC 浓度为 75mg/L 时缓蚀效率最高，达到 86.96%，与图 6-2 结果一致。

表6-2 不同木质素-METAC 浓度下 1mol/L HCl 溶液中铁腐蚀的 EIS 结果图

浓度/(mg/L)	溶液电阻/Ω	膜电容/μF	膜电阻/Ω	溶液转移电阻/Ω	双电层电容/μF	缓蚀效率/%
0	5.729	—	—	29.60	254.60	0.00
50	4.701	—	—	59.74	240.60	50.45
75	5.508	91.19	178.90	227.00	34.09	86.96
100	4.760	180.70	96.97	101.00	45.91	70.69
125	4.780	231.90	50.32	74.24	42.70	60.12

2. 极化曲线法

与交流阻抗测试法相比，极化曲线在测定金属腐蚀的瞬时腐蚀速率时占有较大优势。极化曲线是指描述电极与极化电流密度之间的关系的曲线，在测试之前同样需要先测定曲线的稳定电位，也就是两极化曲线交点，作出极化曲线图，然后作强极化区的切线，延长切线直至相交，所交点即为自腐蚀电位。空白溶液的样品与加入缓蚀剂后样品的极化曲线位置可以表达出缓蚀剂控制部位。极化曲线测试的电位相对于开路电位 ±250mV，以

0.2mV/s 扫描速率进行扫描。缓蚀效率由下列公式计算：

$$IE = \frac{I_{corr} - I'}{I_{corr}} \times 100\% \qquad (6-3)$$

式中　I_{corr}——未加入缓蚀剂时的电流密度；

　　　I'——加入缓蚀剂后的腐蚀电流密度。

表 6-3　不同木质素-METAC 浓度下 1.0mol/L HCl 溶液中碳钢的不同电化学参数

浓度/ (mg/L)	腐蚀电位/ (mV/SCE)	腐蚀电流密度/ ($\mu A/cm^2$)	阳极斜率/ mV	阴极斜率/ mV	缓蚀效率/ %
0	-461.80	891	154	185	0.00
50	-427.60	246	164	148	72.39
75	-460.30	45	94	114	94.95
100	-508.40	78	104	125	91.25
125	-488.30	231	122	147	74.07

表 6-3 列出了在空白溶液以及各种浓度下木质素-METAC 的极化参数及缓蚀效率。表 6-3 中的数据表明，在 75mg/L 木质素-METAC 浓度下，腐蚀电流密度最低，缓蚀效率达到 94.95%。

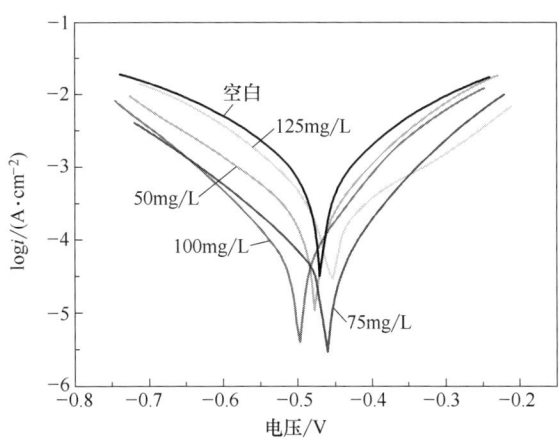

图 6-4　不同木质素-METAC 浓度下 1.0mol/L HCl 溶液中碳钢的极化曲线

如图 6-4 所示，随着缓蚀剂浓度的增加，阳、阴两极的极化曲线向低电流密度方向移动，可以看出缓蚀剂不仅抑制阳极金属的溶解，还抑制阴极析氢的反应。极化曲线阳极的 Tafel 斜率从 94mV 增加到 154mV，阴极的 Tafel 斜率从 114mV 增加到 185mV，根据上述现象可以看出阴极斜率比阳极增加得更快，证明木质素-METAC 属于阴极型缓蚀剂，同时，75mg/L 时的自腐蚀电位 E_{corr} 与空白电位的差值小于 85mV，进一步表明木质素-METAC 为混合型缓蚀剂。缓蚀效率变化趋势和失重法大概是一致的，但是数值有一定区别，因为失重法测得的是平均腐蚀速率，而极化曲线测得的是瞬时的腐蚀速率。

(三)表面分析技术

随着科技的进步,缓蚀剂科学在表面分析技术方面取得较大的进步,有红外光谱法、环境扫描电镜以及原子力显微镜等。

1. SEM

图 6-5 显示了含有以及不含缓蚀剂的碳钢的 SEM 图像。在浸入 1.0mol/L HCl 中 2h 后,没有缓蚀剂的样品呈现粗糙和不均匀的状态,呈现典型的腐蚀形貌[图 6-5(a)],表明碳钢被严重腐蚀。

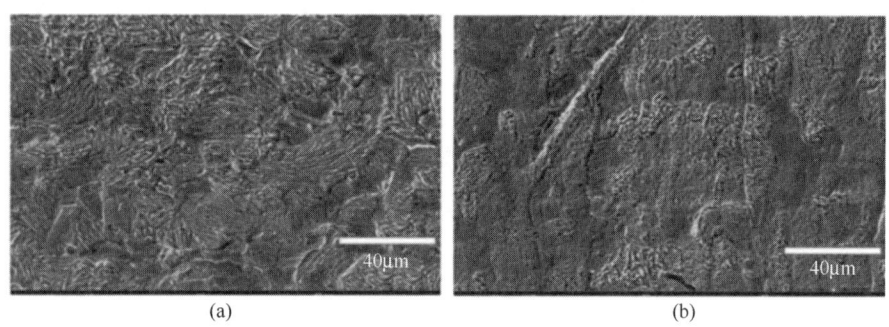

图 6-5 添加缓蚀剂前后碳钢表面 SEM 图

(a)无添加木质素-METAC (b)添加 75mg/L 木质素-METAC

然而,浸入含有木质素-METAC 的 HCl 溶液中的碳钢表面相对平坦[图 6-5(b)],腐蚀程度大幅降低。这主要是因为木质素-METAC 吸附于碳钢表面,减少腐蚀介质进攻碳钢。此外,N、O 等原子及苯环或孤对电子或 π 电子与 3d 空轨道发生化学作用,形成不溶性络合物,从而阻碍新腐蚀点的形成。表明酸性条件下木质素-METAC 对金属腐蚀有一定的缓蚀效果。

2. AFM

为了更清楚地研究材料表面的腐蚀粗糙度,添加和未添加缓蚀剂的碳钢表面 AFM 测试如图 6-6 所示。图 6-6(a)为抛光后未经盐酸腐蚀的碳钢高度变化图,抛光后碳钢表面比较光滑,其高度大致为 10nm,从图 6-6(b)中可以看出,在盐酸腐蚀后,样品表面坑坑洼

图 6-6 添加缓蚀剂前后碳钢经盐酸腐蚀 AFM 图像分析

(a)未经盐酸腐蚀 (b)未添加缓蚀剂的盐酸腐蚀后 (c)添加缓蚀剂的盐酸腐蚀后

洼，表现出粗糙和不均匀性。表面高度变化范围为99.2nm；图6-6（c）为加入缓蚀剂后碳钢表面高度变化图，碳钢在添加木质素-METAC浸泡过后，碳钢表面相对光滑，粗糙度降至44nm。该结果与扫描电镜结果是一致的。

（四）吸附行为研究

吸附热力学和吸附动力学是确定缓蚀剂吸附行为的有效研究方法。通过对吸附等温线模型及相应公式的研究，计算出吸附平衡常数和吸附自由能等相应的吸附参数，以此研究缓蚀剂的吸附行为。吸附表达式如下：

$$\rho/\theta = 1/K + \rho \tag{6-4}$$

式中　K——平衡常数；

　　　ρ——缓蚀剂的浓度，mg/L。

从图6-7中可以看出，ρ/θ 与 C 的直线的斜率接近于1，具有很好的线性关系。这表明木质素-METAC在碳钢表面的吸附遵循Langmuir等温吸附。计算得到K_{ads}值，K_{ads}与标准吉布斯自由能（ΔG）有关，吸附 ΔG 的自由能基于等式（6-5）计算：

$$K = \frac{1}{55.5}\exp\frac{-\Delta G}{RT} \tag{6-5}$$

式中　ΔG——吸附自由能；

　　　R——通用气体常数；

　　　T——热力学温度。

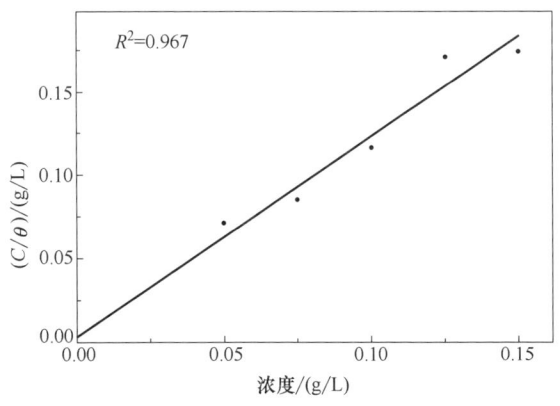

图6-7　在25℃下1.0mol/L HCl中缓蚀剂在碳钢表面的Langmuir吸附模型

在温度为25℃、35℃和45℃时，ΔG值分别为−27.51kJ/mol、−28.42kJ/mol和−29.33kJ/mol。该吸附自由能值为负值，表明吸附是自发进行的。研究表明，物理吸附模型中ΔG值大约为20kJ/mol，如果ΔG的绝对值为40kJ/mol，则吸附模式遵循化学吸附。如果值在20~40kJ/mol，则为物理吸附和化学吸附（混合吸附）。因为木质素-METAC的吸附自由能值介于20~40kJ/mol，因此，木质素-METAC的吸附模式为物理吸附和化学吸附的共同吸附。

温度是金属溶解研究中的重要因素。温度和腐蚀速率之间的关系由下式表示，用于确定活化熵（ΔS）和活化焓（ΔH）。

$$\ln(CR) = A\exp\frac{-E_a}{RT} \tag{6-6}$$

过渡态方程式如下：

$$CR = \frac{RT}{N_A h}\exp\frac{\Delta S}{R}\exp\frac{-\Delta H}{RT} \tag{6-7}$$

式中　CR——腐蚀速率；

A——Arrhenius 指数前常数；

N_A——阿伏伽德罗常数（$6.022 \times 10^{-23}\,\text{mol}^{-1}$）；

h——Plank 常数（$6.63 \times 10^{-34}\,\text{J} \cdot \text{s}$）；

R——理想气体常数（$8.314\,\text{J} \cdot \text{K}^{-1} \cdot \text{mol}^{-1}$）。

CR/T 与 $1/T$ 的关系曲线如图 6-8 所示，活化焓（ΔH）和活化熵（ΔS）的值由下式求出：

$$\Delta H = -\text{slope} \times R \tag{6-8}$$

$$\Delta S = \left[\text{intercept} - \ln\left(\frac{R}{N_A h}\right)\right] R \tag{6-9}$$

上述式中 slope 为图 6-8 中曲线的斜率，intercept 为图 6-8 中曲线的截距。

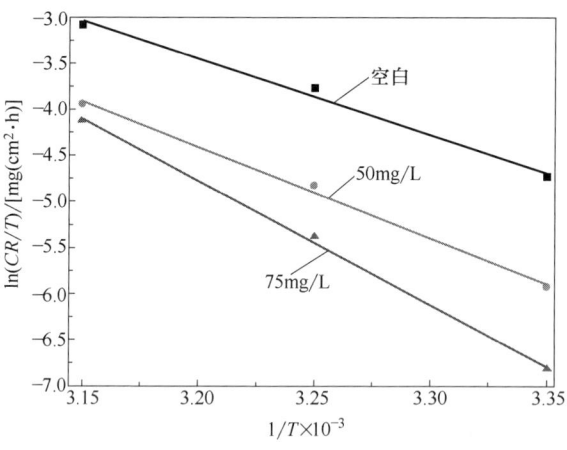

图 6-8　在 1.0mol/L HCl 溶液中有无缓蚀剂条件下温度对碳钢腐蚀过程影响的 Arrhenius 图

不同浓度下 ΔH 值分别为 69.29kJ/mol、82.93kJ/mol 和 112.4kJ/mol，表明该吸附是一个吸热过程。加入缓蚀剂后焓变增大，说明随着缓蚀剂的加入，碳钢的溶解过程明显变缓。ΔS 为正值，ΔS 的值分别为 146.5kJ/mol、182.1kJ/mol 和 273.5kJ/mol。与空白溶液相比，在木质素-METAC 存在的情况下，ΔS 增加，表明吸附前界面混乱程度较低，吸附后体系混乱程度变大，多个水分子被缓蚀剂分子所替代，原来吸附的水分子的混乱度变大，因此体系总混乱程度比以前有所增加，这说明系统从较不规则的排列转变为更随机的排列，可以认为是水相中的有机缓蚀剂分子和低碳钢表面上的水分子之间的相互取代过程。

$$\text{Org}（\text{sol}）+n\text{H}_2\text{O}（\text{ads}）\longrightarrow\text{Org}（\text{ads}）+n\text{H}_2\text{O} \qquad (6-10)$$

Org（sol）和 Org（ads）是溶解在溶液中并吸附在碳钢表面上的有机分子。H_2O（ads）是金属表面的水分子，其中 n 是表示缓蚀剂取代水分子的因子。

三、木质素-METAC 缓蚀机理

木质素-METAC 由极性基团和非极性基团组成，极性基团主要由季铵基团中的 N 和酰氧基中的 O 原子组成，非极性基团由碳链上的 C 和 H 原子组成，非极性基团可以吸附在金属表面改变金属的双电层结构。碳链的形成会阻碍电荷的转移，从而大幅降低金属腐蚀速率。缓蚀剂的机理如图 6-9 所示。在 HCl 溶液中，有机缓蚀剂中心原子处的孤对电子在 HCl 溶液中与 H^+ 形成鎓离子，在静电力的作用下，鎓离子被吸附到金属表面（Cl^-）的阴极区域，使得金属表面为正值。鎓离子开始与 H^+ 竞争，导致酸溶液中的 H^+ 离子难以靠近金属，大幅降低了腐蚀速率。另一种吸附模式是化学吸附。极性基团中心原子处的孤对电子可与空轨道结合形成配位键，因此缓蚀剂分子被吸附到金属表面以减缓腐蚀速率。

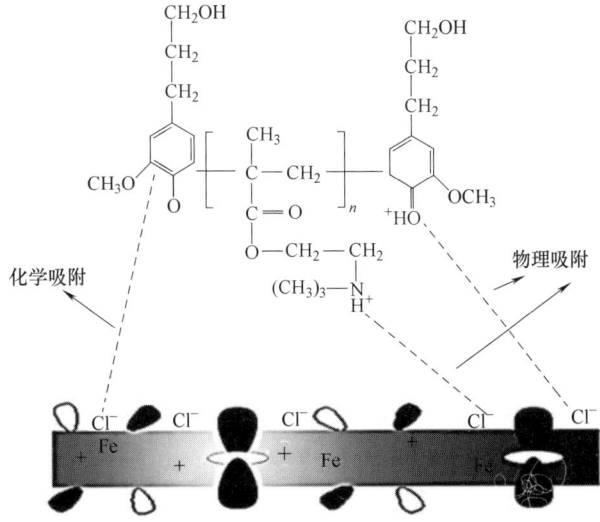

图 6-9 木质素-METAC 的缓蚀机理

第二节 木质素-AA 和木质素-AM 聚合物的制备及其缓蚀性能研究

金属材料与接触到的大气、溶液等发生化学反应，使金属受到不同程度的锈蚀，造成了经济损失。人类开始研究新型缓蚀剂，研究绿色、环保类缓蚀剂已经成为研究者重点开

发的方向。

直接将木质素作为缓蚀剂，其水溶性较差，缓蚀效果不理想。研究发现，对木质素进行改性不仅可以提高缓蚀效果，而且还能降低缓蚀剂用量。目前未见有关将木质素进行改性后用作缓蚀剂对碳钢的缓蚀性能的报道。本节通过对木质素分别与功能单体丙烯酸（AA）、丙烯酰胺（AM）进行接枝共聚制备出木质素共聚物，并对其用作盐酸缓蚀剂的缓蚀性能及其机理进行探讨。

一、木质素-AA 和木质素-AM 的制备及表征

木质素与 AA 的制备过程及其表征详见本书第三章。

木质素-AM 的反应机理如图 6-10 所示。

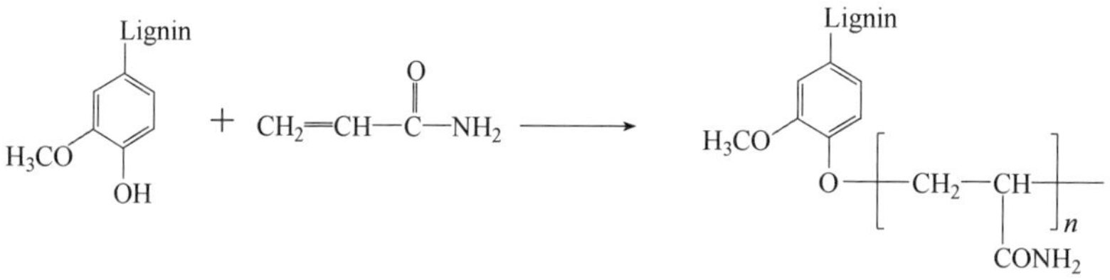

图 6-10 木质素-AM 反应机理

合成最终的木质素接枝共聚物产物如图 6-10 所示。通过采用过硫酸钾为引发剂，使得丙烯酰胺成功接枝到木质素上生成木质素共聚物。

（一）元素分析以及电荷密度

如表 6-4 所示，木质素与丙烯酰胺的共聚物中，N 元素的含量明显增加，由原本木质素的 0.234% 增加到 3.132%，此外，由于丙烯酰胺是带负电荷的，所以负电荷相对增加，表明木质素-丙烯酰胺发生了接枝共聚反应。

表 6-4 木质素与木质素衍生物元素分析和电荷密度结果

样品	N 元素含量/%	C 元素含量/%	电荷量相对增加量/（mmol/g）
木质素	0.234	63.51	—
木质素-AM	3.132	35.11	-3.287

（二）热重分析

木质素及木质素-AM 的热重分析结果如图 6-11 所示。

在升温过程中木质素和木质素-AM 的质量较之前减少，该部分质量的降低主要是由木质素及其聚合物中所含水分丢失引起的。在 300~450℃ 的范围内，木质素及木质素-AM 的质量减少，是因为木质素及其共聚物因降解释放出小分子物质，从而导致质量降低。对比图中木质素原料以及通过合成的木质素-AM 的热失重曲线可知，随着温度的升高，改性后

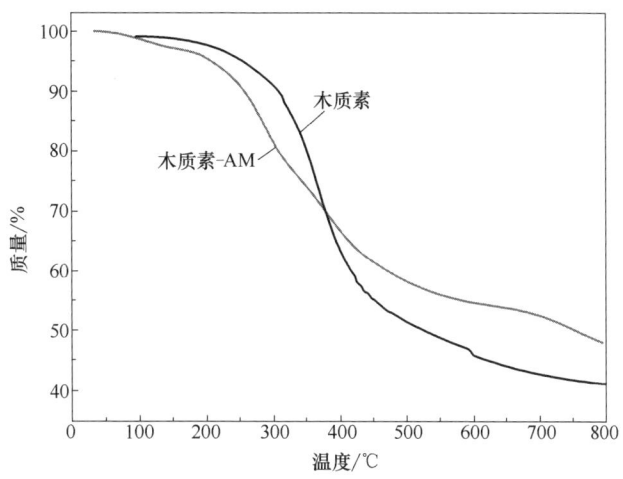

图 6-11　木质素及木质素-AM 热重分析

木质素的剩余量大于改性前木质素的剩余量,说明木质素接枝产物的热稳定性要比木质素本身的热稳定性好。热失重曲线说明木质素与丙烯酰胺发生了共聚反应。

二、木质素-AA、木质素-AM 缓蚀性能测试

(一)失重法测试

25℃时木质素-AA、木质素-AM 的腐蚀速率以及缓蚀效率如表 6-5 所示。缓蚀剂木质素-AA、木质素-AM 溶液中的腐蚀速率以及缓蚀效率关系如图 6-12 所示。

表 6-5　试样在不同浓度木质素-AA、木质素-AM 的 1mol/L HCl
溶液中浸泡 48h 后的腐蚀速率及缓蚀效率

缓蚀剂	浓度/(mg/L)	腐蚀速率/[mg/($cm^2 \cdot h$)]	缓蚀效率/%
	0	1.449	—
木质素-AA	100	0.370	74.62
	150	0.258	82.16
	200	0.290	79.68
木质素-AM	100	1.118	41.32
	200	0.945	50.43
	300	0.918	51.72

溶液中缓蚀剂浓度增至最大值,腐蚀速度下降,IE 呈现上升趋势,说明这两种缓蚀剂均具有一定的缓蚀效果,表明缓蚀剂在碳钢表面发生吸附作用,形成吸附膜,从而缓解腐蚀作用。从表 6-5 中可以看出,未加入缓蚀剂时,反应一开始产生大量气泡,腐蚀速率为 1.449mg/($cm^2 \cdot h$),在含有不同浓度的木质素-AA 缓蚀液中,腐蚀速率逐渐下降,最低达到 0.258mg/($cm^2 \cdot h$)。在木质素-AA 用量为 150mg/L 时,缓蚀效率达到了 82.16%,缓蚀效果随着缓蚀剂浓度的增大而增大。同样,加入缓蚀剂木质素-AM 后,腐蚀速率逐渐下

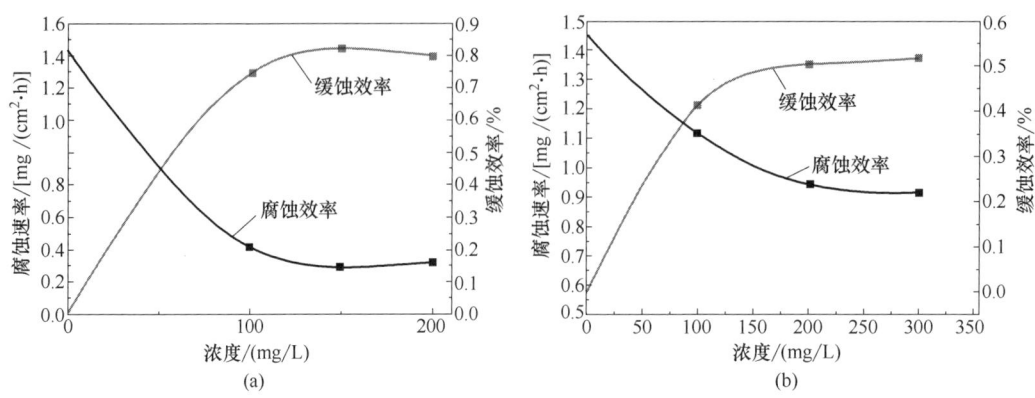

图6-12 碳钢在含有不同缓蚀剂中的腐蚀速率以及缓蚀效率关系图
(a)木质素-AA (b)木质素-AM

降，在300mg/L时达到0.918mg/(cm^2·h)。实验结果表明，木质素-AA在盐酸溶液中对碳钢的腐蚀抑制作用更明显。木质素-AM的接枝效率低于木质素-AA的接枝效率，导致木质素-AM的水溶性弱于木质素-AA，造成了作为抑制碳钢的有效成分的比例下降，即木质素-AA在碳钢表面的吸附量高于木质素-AM，形成较大的保护层，减少了腐蚀介质腐蚀面积。从图6-12中可以看出，木质素-AA的缓蚀效果优于木质素-AM。

（二）SEM以及AFM分析

如图6-13所示，在未加缓蚀剂试样的HCl溶液中，碳钢表面呈现粗糙不均匀状态［图6-13（a）］，说明腐蚀比较严重。然而，在含有木质素-AA以及木质素-AM的盐酸介质中［图6-13（b）和图6-13（c）］，碳钢表面相对平坦，腐蚀程度大幅降低。

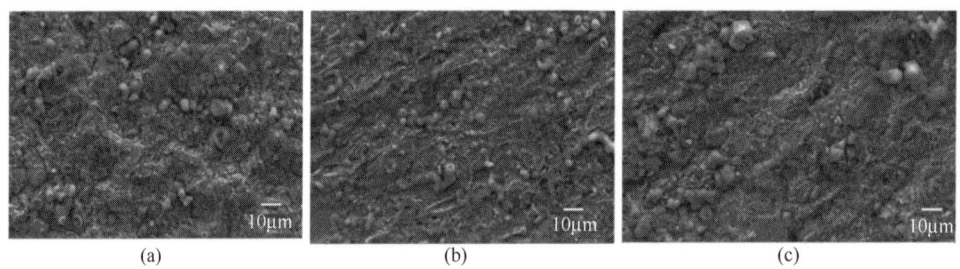

图6-13 碳钢试样在含有不同浓度缓蚀剂的1mol/L HCl中浸泡前后的SEM图像
(a)未添加缓蚀剂 (b)150mg/L 木质素-AA 缓蚀剂 (c)300mg/L 木质素-AM 缓蚀剂

此外，从SEM图中可以看出，木质素-AA的缓蚀效果明显优于木质素-AM。缓蚀剂通过物理方式吸附在碳钢表面，从而降低了腐蚀速度。另一方面是缓蚀剂中的孤电子对或π电子的官能团发生化学作用，覆盖在碳钢的表面，减少了腐蚀位点的形成，腐蚀速度随之降低。总之，木质素聚合物对盐酸溶液中的碳钢有明显的缓蚀效果。

为了更清楚地研究材料表面的腐蚀粗糙度，AFM分析如图6-14所示。将碳钢放置在缓蚀剂中，碳钢表现出粗糙和不均匀性，表面粗糙度为99.2nm。但在添加木质素聚合物后，碳钢表面变得相对光滑,而且木质素-AA的缓蚀效果明显优于木质素-AM,粗糙度降低到37.02nm,而在木质素-AM的碳钢表面,粗糙度为47.4nm。结果表明,木质素-AA的防腐性能优于木质素-AM。

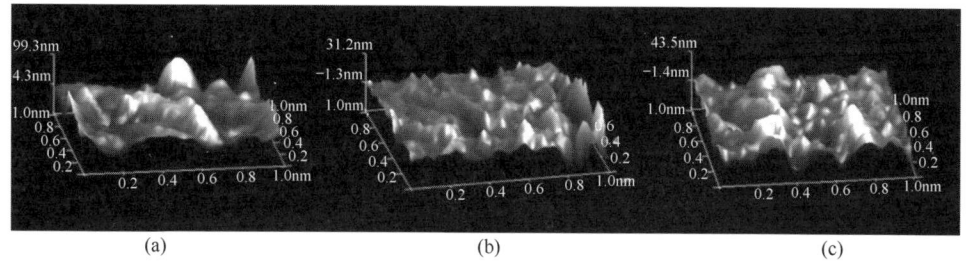

图6-14 碳钢在不同缓蚀剂的盐酸溶液中浸泡24h的AFM图像分析

(a)未添加缓蚀剂 (b)木质素-AA缓蚀剂 (c)木质素-AM缓蚀剂

(三)电化学测试

1. 极化曲线法

由图6-15与表6-6可以看出,木质素-AA和木质素-AM均属于混合型缓蚀剂。木质素衍生物作为缓蚀剂后,阴阳极极化曲线同时移向低电流密度方向,对于阴极析氢反应和阳极金属溶解反应,缓蚀剂可以起到一定的作用,相对于空白溶液,腐蚀电位正向移动,且相对于空白溶液,电位移动的值均小于85mV,因此木质素衍生物为混合型缓蚀剂且以抑制阳极为主。相对于空白溶液来说,腐蚀电流密度均呈现下降趋势,木质素-AA腐蚀电流密度从891μA/cm^{2}降到最低为41.12μA/cm^2,木质素-AM的腐蚀电流密度由891μA/cm^{2}降到349μA/cm^2,说明木质素-AA的最小腐蚀电流密度远远小于木质素-AM,表明木质素-AA的缓蚀效果明显优于木质素-AM。

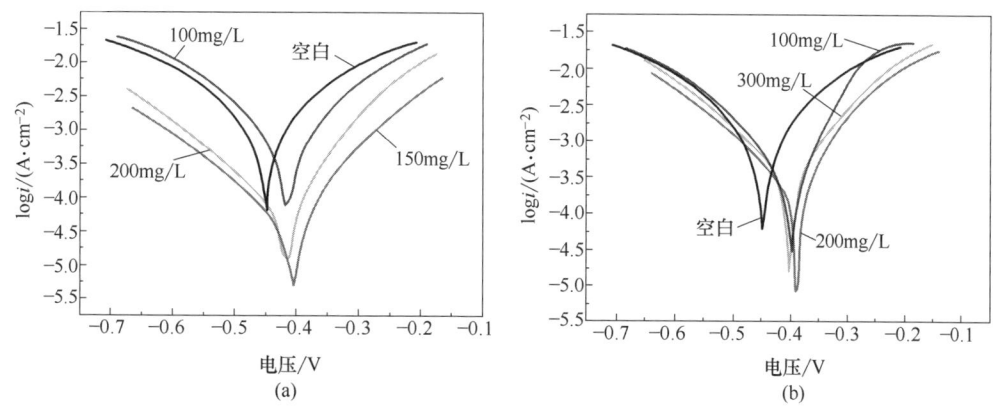

图6-15 常温下碳钢在含有不同缓蚀剂的1mol/L HCl溶液中的极化曲线

(a)木质素-AA (b)木质素-AM

表6-6　25℃下碳钢在木质素-AA、木质素-AM 的1mol/L HCl 介质中的极化曲线参数

缓蚀剂	浓度/(mg/L)	自腐蚀电位/(mV/SCE)	腐蚀电流密度/(μA/cm²)	阳极斜率/mV	阴极斜率/mV	缓蚀效率/%
Lignin-AA	0	-447.5	891	175	193	—
	100	-404.9	463	141	173	48.03
	150	-444.3	41.12	93	122	95.38
	200	-433.8	86.31	106	138	90.31
Lignin-AM	100	-396.9	512	175	193	42.53
	200	-422.6	396	130	148	50.55
	300	-418	349	142	150	60.80

2. 电化学阻抗法

图6-16为室温下碳钢在不同浓度木质素聚合物缓蚀剂中的电化学性能图。从图6-16(a)和图6-16(b)中可以看出，无论是木质素-AA、木质素-AM 还是未添加缓蚀剂，图形均为一个圆弧状，说明添加缓蚀剂并未改变其缓蚀机理，即腐蚀均为电荷转移控制，电荷传递过程中，阻力增大，圆弧半径增大，腐蚀变慢，缓蚀效率增加。半圆不完整，是因为碳钢比较粗糙，导致碳钢表面发生弥散效应。缓蚀剂加入盐酸后，缓蚀剂分子排斥了介电常数较大的水分子，从而吸附在活性位点上，阻止了电化学反应的进行，导致 R_{ct} 增大，C_{dl} 值减小，起到了对碳钢的保护作用。Bode 图只有一个时间常数，因此该过程是电荷转移

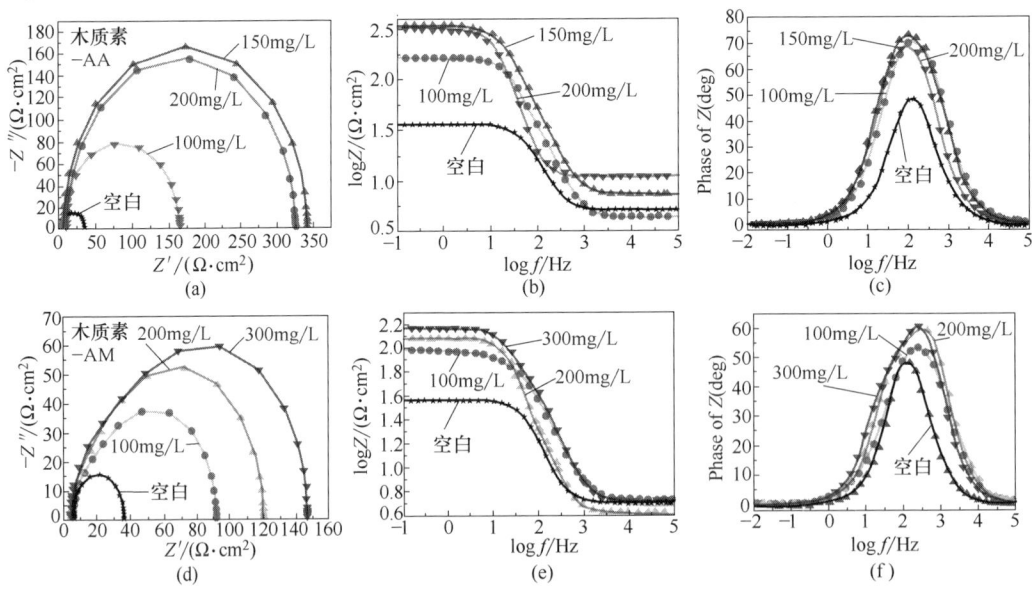

图6-16　碳钢在不同浓度的木质素-AA，木质素-AM 缓蚀剂中的电化学性能图
(a) 木质素-AA Nyquist 图　(b) 木质素-AA 相位图　(c) 木质素-AA bode 图
(d) 木质素-AM Nyquist 图　(e) 木质素-AM 相位图　(f) 木质素-AM bode 图

控制的。阻抗模量的相位角与缓蚀剂浓度保持一致，表明缓蚀剂的覆盖度增加，降低了表面粗糙度，缓蚀剂对碳钢保护作用加强。根据电路图对木质素聚合物的缓蚀效果进行了电路拟合，电路图如图 6-17 所示。由图 6-16 和表 6-7 均可得出，木质素-AA 的缓蚀效果优于木质素-AM。

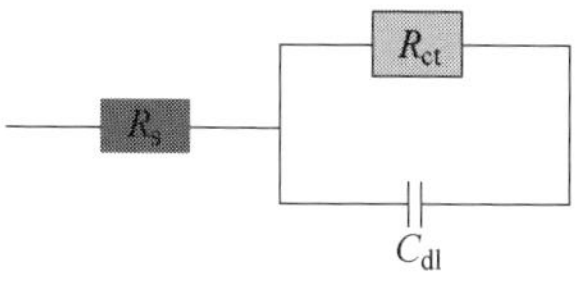

图 6-17 拟合有无缓蚀剂下碳钢/HCl 获得的阻抗谱的等效电路

（四）吸附模型探究

有机缓蚀剂对金属腐蚀的缓蚀作用是因为吸附层可以有效地隔离金属与酸的接触。木质素聚合物在碳钢表面起到缓蚀作用主要依靠木质素聚合物在缓蚀剂表面的吸附。为研究木质素聚合物的吸附性，用吸附等温模型来探究木质素聚合物是如何吸附的，如图 6-18 所示。

表 6-7　碳钢在不同浓度木质素聚合物缓蚀剂中的电化学阻抗拟合参数

缓蚀剂	浓度/(mg/L)	溶液电阻/($\Omega \cdot cm^2$)	电荷转移电阻/($\Omega \cdot cm^2$)	双电层电容/($\mu F \cdot cm^{-2}$)	缓蚀效率/%
木质素-AA	Blank	5.09	30.95	105	—
	100	4.34	160	44.77	80.65
	150	7.27	333.4	30.07	90.71
	200	10.87	314.2	30.38	90.14
木质素-AM	100	5.06	83.02	37.34	62.72
	200	4.25	111.7	36.63	72.29
	300	5.42	135	38.34	77.07

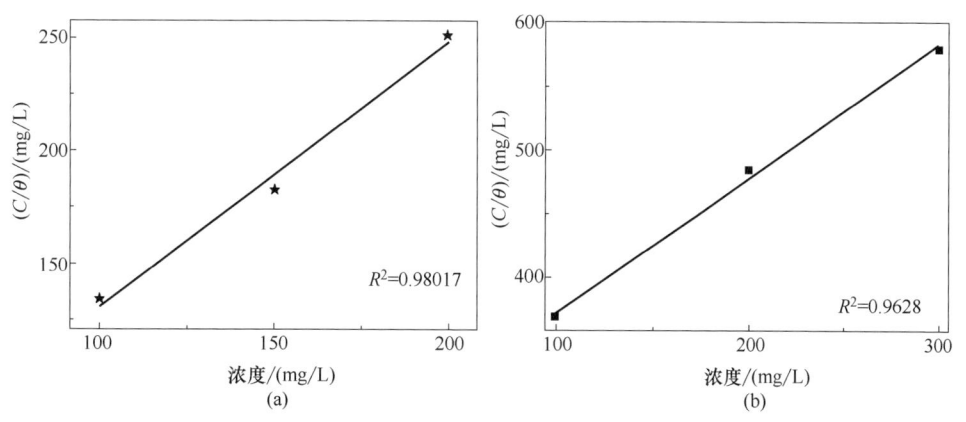

图 6-18　碳钢在含有不同缓蚀剂的 1mol/L HCl 溶液中的 Langmuir 吸附等温线
(a) 木质素-AA　(b) 木质素-AM

通过对 Langmuir、Temkin 吸附等温式进行拟合，发现木质素-AA 和木质素-AM 在碳钢表面的吸附行为符合 Langmuir 吸附等温式，如图 6-19 所示。

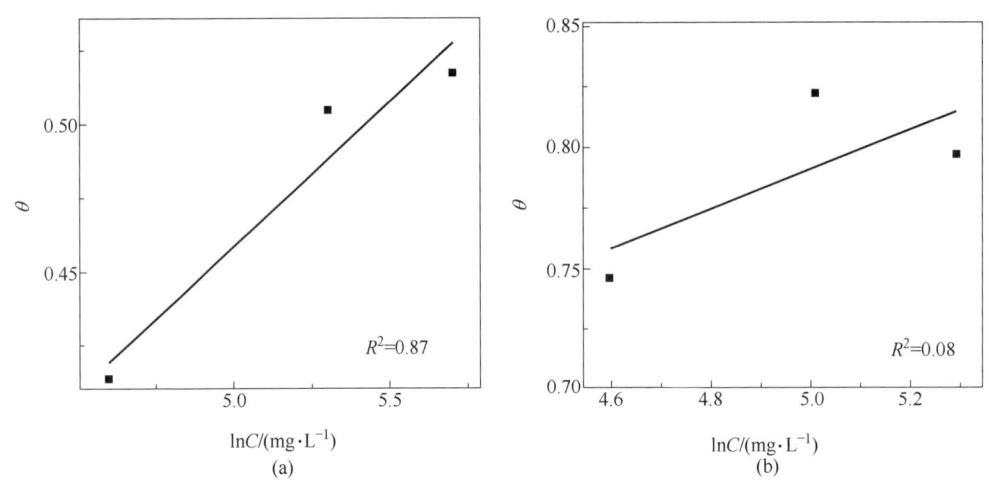

图 6-19 碳钢在含有不同缓蚀剂的 1mol/L HCl 溶液中的 Temkin 吸附等温线

(a) 木质素-AA (b) 木质素-AM

在实际腐蚀过程中，碳钢表面各种离子间的相互作用，从吸附模式可以看出，该吸附模式的理论斜率为1，Langmuir 曲线斜率与其有一定的差异，这是由木质素聚合物之间存在的相互作用力造成的。由吸附平衡常数说明该缓蚀剂对碳钢表面具有一定的吸附力，而木质素-AM 的吸附平衡常数远远弱于木质素-AA，因此，木质素-AA 的缓蚀效果优于木质素-AM。在吸附过程中，吸附平衡常数 K_{ads} 与标准吸附吉布斯自由能 ΔG 相关。根据公式（6-5）计算得到木质素-AA 的吸附自由能值为-23.12kJ/mol，而木质素-AM 的吸附自由能值为-20.43kJ/mol，吸附自由能值为负值且吸附自由能值介于物理吸附与化学吸附之间，此吸附为物理化学吸附。

三、木质素-AA、木质素-AM 缓蚀机理

（一）量子力学

为了研究缓蚀剂的缓蚀机理，采用 DFT/B3LYP，6-31G 基组方法优化木质素-AA 和木质素-AM 分子的结构。缓蚀剂结构的量子化学参数最高占据轨道能量 E_{HOMO} 和最低空轨道能量 E_{LUMO} 由量子化学方法计算。研究认为，E_{HOMO} 是分子给电子能力的量度。分子给电子的能力越强，E_{HOMO} 越大，E_{LUMO} 是分子接受电子的能力。分子接受电子的能力越强，E_{LUMO} 值越小。此外，通过计算分子轨道能量差和能隙，可以预测缓蚀剂在腐蚀体系中可能的吸附方式，为开发新型缓蚀剂提供依据。E_{LUMO} 和 E_{HOMO} 的能量差为 ΔE，ΔE 是判断分子稳定性的重要指标，且差异越大，分子稳定性越强。相反，分子越不稳定，就越容易参与化学反应，预示具有较高的缓蚀性能。图 6-20 显示了木质素-AA 和木质素-AM 的 HOMO、LOMO 能量，且从表 6-8 中可以看出，对于 E_{HOMO} 而言，木质素-AA>木质素-AM，而 ΔE 为

木质素-AA<木质素-AM，表明木质素-AA 的抑制效率优于木质素-AM。这与前期的实验结果是一致的。

表6-8 木质素-AA、木质素-AM 的量子化学参数

缓蚀剂	E_{HOMO}/eV	E_{LUMO}/eV	ΔE/eV
木质素-AA	-8.69	2.83	11.24
木质素-AM	-9.40	4.12	13.52

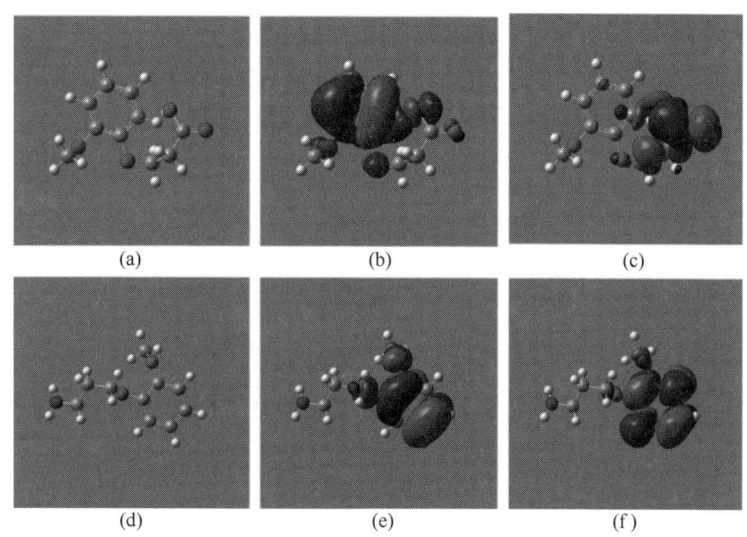

图6-20 不同缓释剂的结构图以及前线分子轨道（HOMO 和 LUMO）

(a) 木质素-AA 结构图　(b) 木质素-AA HOMO　(c) 木质素-AA LUMO
(d) 木质素-AM 结构图　(e) 木质素-AM HOMO　(f) 木质素-AM LUMO

（二）分子动力学模拟

将铁晶胞引入 Material Studio 软件，晶格参数为 $\alpha=\beta=\gamma=90°$。因为 Fe（001）平面更稳定，因此选用（001）面。构造 8×8 超晶胞，以确保已建立的模型与缓蚀剂分子相互作用具有足够大的厚度和面积。在计算模拟过程中，固定铁原子，保证分子可以与铁原子相互作用，大大减少计算量，提高计算效率。

通过分子动力学方法研究了这些分子在 Fe（001）表面的吸附作用。木质素-AA 和木质素-AM 的吸附构型如图6-21所示。根据吸附能的定义，吸附能等于吸附系统的总能量减去金属表面的能量和缓蚀剂的能量，公式如下：

$$\Delta E_{interaction} = E_{total} - (E_{inh} + E_{surface}) \qquad (6-11)$$

其中 E_{total} 是吸附在 Fe（001）表面的缓蚀剂的总能量，E_{inh} 是缓蚀剂分子的能量，$E_{surface}$ 是 Fe（001）晶体表面的能量。此外，分子与金属表面的相互作用能等于负的分子与金属表面的结合能，公式如下：

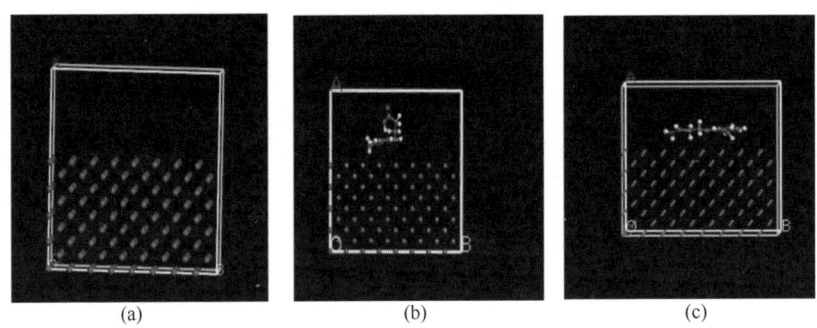

图6-21 通过分子动力学模拟后获得的在Fe(110)表面上的平衡吸附构型
(a)Fe的分子模拟 (b)木质素-AA (c)木质素-AM

$$E_{\text{binding}} = -E_{\text{interaction}} \tag{6-12}$$

缓蚀剂分子与金属表面两种物质间的键能越大,则吸附作用越稳定,形成的吸附膜更加致密,缓蚀效果越好。对于木质素-AA和木质素-AM,结合能分别为-1421kJ/mol和-776.98kJ/mol。根据公式,木质素-AA和木质素-AM与金属表面相互作用的键能分别为1421kJ/mol与776.98kJ/mol,表明木质素-AA的表面吸附力更强,与吸附热力学以及实验法的结果相一致。

第三节 木质素-GTMAC的制备及其缓蚀性能研究

近年来,随着缓蚀剂的广泛使用,出现了许多环境问题。例如,无机缓蚀剂中的亚硝酸盐的毒性,磷缓蚀剂的水体富营养化等。因此,需进行新的安全型缓蚀剂的制备及应用。近年来,从天然植物资源中提取天然化合物作为有机缓蚀剂已受到研究人员的广泛关注。本节以木质素为原料,以缩水甘油基三甲基氯化铵(GTMAC)为醚化试剂,对木质素进行接枝改性,探讨将其用作盐酸缓蚀剂的机理,以期为其工业化应用提供帮助。

一、木质素-GTMAC的表征

对于木质素与METAC的制备过程及其表征详见本书第二章第一节。

二、木质素-GTMAC缓蚀性能测试

(一)表面形貌

添加缓蚀剂和无缓蚀剂的Q235碳钢表面形貌如图6-22所示。从图中可以看出,刚打磨后的碳钢表面比较光滑[图6-22(a)],添加木质素-GTMAC 10mg于100mL的HCl溶液中,Q235碳钢被严重腐蚀,表面粗糙不均匀[图6-22(b)]。在加入缓蚀剂后,Q235碳钢表面相对光滑[图6-22(c)],缓蚀效果较好。这主要归因于:①缓蚀剂在碳钢表面

形成保护层，减少腐蚀介质与碳钢的接触；②氮、氧中的孤对电子与3d空轨道形成不溶性化合物，沉积在碳钢表面阻碍腐蚀介质进一步的进攻。通过SEM分析，溶液中引入缓蚀剂后，碳钢的腐蚀程度降低，粗糙度下降，碳钢表面变得较为均匀、平滑，起到了避免碳钢表面被过度腐蚀的作用，具有缓蚀效果。

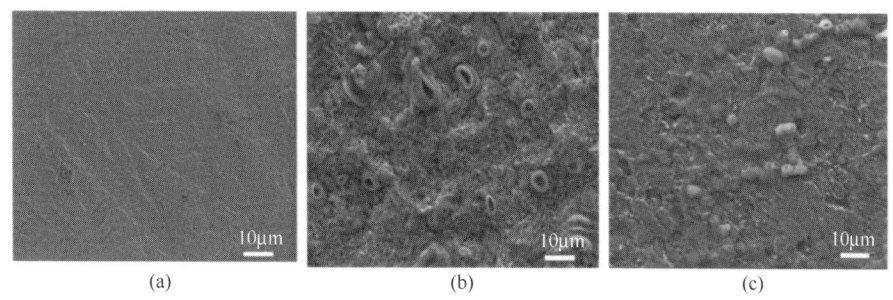

图6-22 添加缓蚀剂前后碳钢表面SEM图像

(a)打磨光滑的碳钢 (b)未加缓蚀剂 (c)加入木质素-GTMAC

使用AFM测试可以进一步确认SEM结果的准确性。碳钢在未添加和添加缓蚀剂的1.0mol/L HCl中浸泡24h后，进行AFM测试。木质素-GTMAC溶液中的碳钢表面比不含缓蚀剂的溶液中的碳钢表面表现出更少的表面损伤。图6-23（a）为抛光后碳钢高度变化图，抛光后碳钢表面比较光滑，其高度大致为10nm。图6-23（b）为不加入缓蚀剂，腐蚀后碳钢表面高度变化图，从图中可以看出，样品表面凹凸不平，较为粗糙、具有很高的不均匀性，表面高度变化范围为99.2nm。加入木质素-GTMAC缓蚀剂后的高度变化如图6-23（c）所示，平均粗糙度降低到20.2nm。该结果证明木质素-GTMAC具有很好的缓蚀效果。

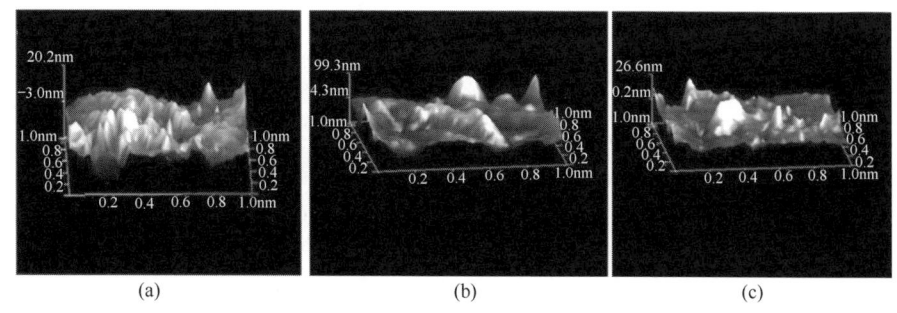

图6-23 添加缓蚀剂前后碳钢表面AFM图像

(a)碳钢 (b)未添加缓蚀剂 (c)添加木质素-GTMAC

图6-24为碳钢在不同浓度缓蚀剂的盐酸中浸泡后接触角测试结果。可以看到，随着木质素-GTMAC浓度的增加，接触角呈现增大趋势。当木质素-GTMAC浓度为100mg/L时，

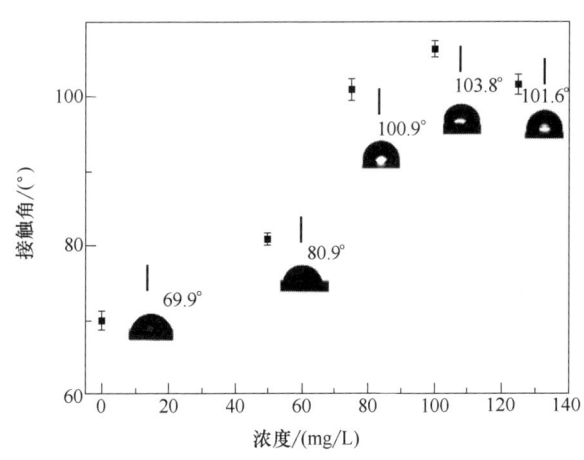

图 6-24 不同木质素-GTMAC 浓度对碳钢表面的接触角的影响

接触角为 103.8°，表明在碳钢表面形成了疏水性的致密的膜，导致碳钢表面显示出一定的疏水性。这种现象是由于缓蚀剂被吸附到碳钢表面并防止腐蚀颗粒靠近表面造成的，表明木质素-GTMAC 在碳钢表面进行了表面吸附，并通过吸附改变了碳钢表面的疏水性能，从而表现出良好的缓蚀效率。

（二）失重法

从表 6-9 中可以看出，在不同浓度的木质素-GTMAC 溶液中，腐蚀速率从 1.527mg/（$cm^2·h$）降低到 0.033mg/（$cm^2·h$）。这种现象是由于缓蚀剂吸附在碳钢表面，阻止金属与腐蚀性溶液的接触造成的。此外，缓蚀剂可能影响腐蚀过程中阳极和阴极反应中的任何一种或两种，降低发生腐蚀反应的速率。在木质素-GTMAC 浓度为 100mg/L 时，缓蚀效率最高，达到 97.80%。

表 6-9 不同浓度木质素-GTMAC 的 1mol/L HCl 溶液中浸泡 48h 后碳钢的腐蚀速率及缓蚀效率

浓度/（mg/L）	腐蚀速率/[mg/（$cm^2·h$）]	缓蚀效率/%
0	1.527	0.00
50	0.087	93.95
75	0.076	95.02
100	0.033	97.80
150	0.047	97.46

（三）电化学法

1. 电化学阻抗法

首先，将碳钢浸入溶液 3600s 后获得稳定的开路电位（OCP）。相应的 OCP-时间曲线如图 6-25 所示。

在图 6-26 中，未添加缓蚀剂的溶液中，在 500s 时，开路电位达到稳定状态。而在含有缓蚀剂的溶液中 1000s 时溶液达到最终平衡状态，表明添加缓蚀剂以后，该缓蚀剂起到了一定的作用。当开路电位稳定后进行 EIS 和 Tafel 曲线的测试。

木质素-GTMAC 在不同浓度碳钢电极上的 Nyquist 图如图 6-26 所示。可以看出，阻抗谱由单个高频端电容弧组成，其特征仅为一个时间常数，这与双电层有关。阻抗模量以及

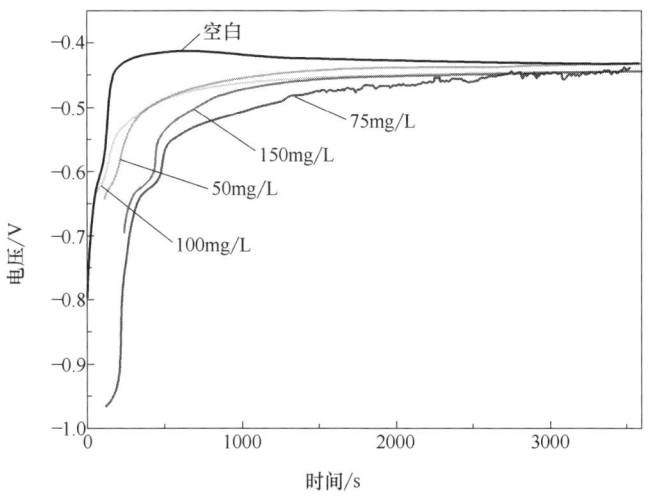

图6-25 常温下碳钢在不同浓度木质素-GTMAC 的 1.0mol/L HCl 溶液中的 OCP-时间曲线

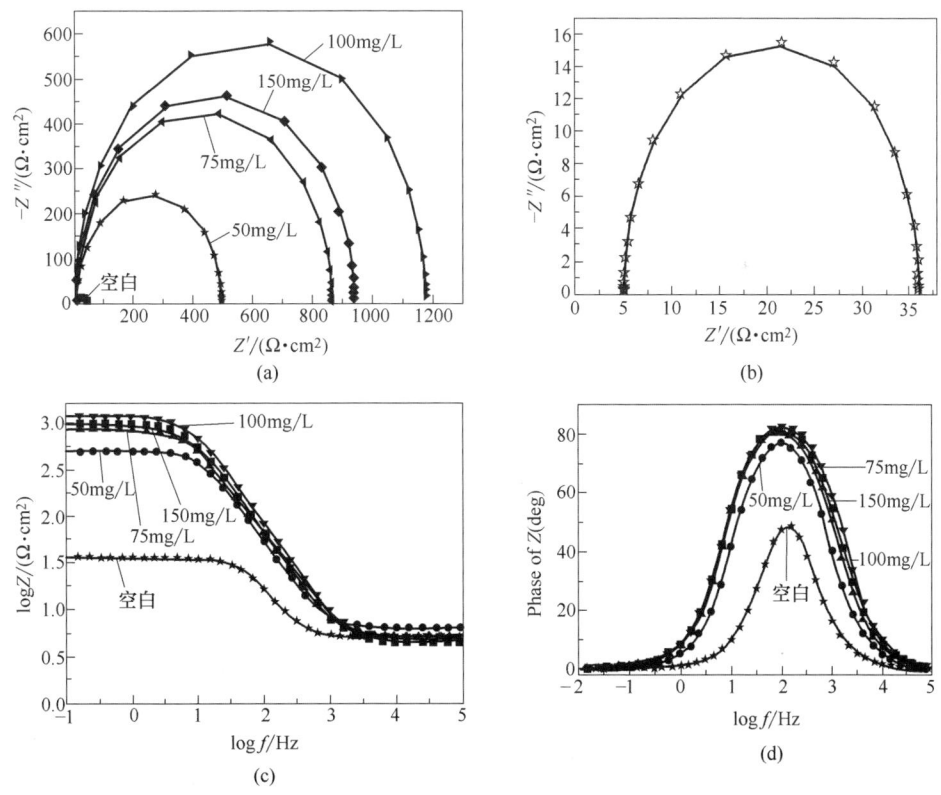

图6-26 碳钢在不同浓度的木质素-GTMAC 缓蚀剂中的电化学性能图

(a) Nyquist 图　(b) Nyquist 图放大图　(c) 相位图　(d) bode 图

相位角与缓蚀剂浓度保持同步趋势。当浓度增大时，腐蚀速率下降。Nyquist 图的半圆形状与未添加缓蚀剂时保持一致，表明缓蚀剂的加入并没有影响缓蚀机理。由于碳钢表面比较粗糙，导致表面发生弥散效应，从而造成这些半圆呈扁平状。单个电容弧变化表明碳钢电极的表面腐蚀过程主要受电荷转移过程的控制，通常可以用等效电路表示。随着缓蚀剂浓度的增加，电容性阻抗弧的直径逐渐增大，特别是在100mg/L时，直径达到最大。建立拟合电路（图6-27）分析缓蚀剂在碳钢表面的电化学行为。表6-10列出了碳钢在不同浓度的缓蚀剂分子下获得的电化学阻抗数据。从表6-10可以看出，随着缓蚀剂浓度的增加，电荷转移电阻R_{ct}的值变大，这是因为缓蚀物质的浓度增加，缓蚀剂在金属表面的覆盖率逐渐增加，从而对碳钢形成很好的保护作用。随着缓蚀剂浓度的增加，双电层电容器的C_{dl}减少，是由缓蚀剂吸附引起局部双电层常数的减小导致的。该现象的出现，表明木质素-GTMAC可以吸附在碳钢表面，减少金属与HCl的接触，降低电极表面的腐蚀电化学活性。电化学阻抗结果与失重法是一致的。

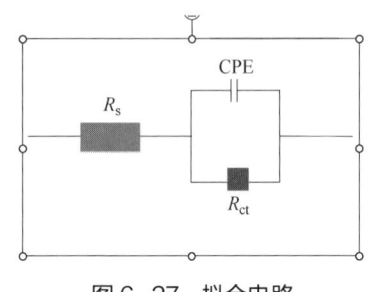

图6-27 拟合电路

表6-10 不同木质素-METAC中1mol/L HCl溶液中铁腐蚀的EIS结果

$C/(mg/L)$	$R_s/(\Omega \cdot cm^2)$	$R_{ct}/(\Omega \cdot cm^2)$	$C_{dl}/(\mu F \cdot cm^2)$	缓蚀效率/%
Blank	5.09	30.95	105	—
50	6.32	421	29.42	92.64
75	5.03	858.3	25.9	96.39
100	4.91	1170	19.14	97.35
150	4.66	935	24.58	96.68

2. 极化曲线法

由图6-28可知，随着木质素-GTMAC缓蚀剂浓度的增加，缓蚀剂溶液中的自腐蚀电位（E_{corr}）相对于空白溶液，向较低值移动，阴极、阳极电流密度相对于空白溶液下降，表明加入缓蚀剂后，阳极和阴极反应受到了影响，但是木质素-GTMAC在不同浓度下的阴极形状和阳极极化曲线没有明显变化，表明添加木质素-GTMAC缓蚀剂不影响阳极和阴极反应机理。与空白溶液相比，添加缓蚀剂后，自腐蚀电位移至阴极，变化范围小于85mV，表明缓蚀剂属于混合缓蚀剂。

通过塔菲尔外推法拟合上述极化曲线，获得的数据E_{corr}、I_{corr}、β_c和β_a等腐蚀参数列于表6-11中。从表中可以发现，在溶液中加入缓蚀剂后，缓蚀剂分子对阴极析氢反应产生影响，导致阴极斜率变化。阳极值也受到影响，主要是由于溶液中氯离子或者缓蚀剂分子吸附在碳钢表面而影响了阳极反应过程。上述分析结果与失重法保持一致。

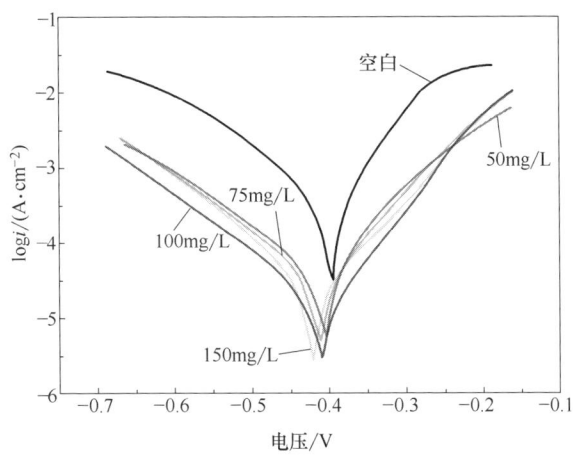

图 6-28　常温下碳钢在不同浓度木质素-GTMAC 的 1.0mol/L HCl 溶液中的 Tafel 曲线

表 6-11　不同用量木质素-GTMAC 碳钢的动态电位极化曲线参数和腐蚀抑制效率

$\rho/(mg/L)$	E_{corr}/mV	$I_{corr}/(\mu A/cm^2)$	β_a/mV	β_c/mV	IE/%
0	-447.5	1325	175	193	—
50	-420.5	47.62	112	140	96.40
75	-406.5	31.12	90	136	97.65
100	-405.3	15.28	83	132	98.84
150	-403.2	22.73	83	137	98.28

（四）吸附模型

缓蚀剂的吸附热力学研究是一种常用的预测缓蚀剂吸附机理和缓蚀剂分子与金属表面相互作用类型的评价方法。通过拟合不同吸附等温线模型，描述缓蚀剂在碳钢表面的吸附行为。结果发现，ρ/θ 与 ρ 呈线性关系，拟合度可达 0.998，表明木质素-GTMAC 在碳钢表面的吸附符合 Langmuir 吸附等温模型。从图 6-29 可以看出，1mol/L HCl 中 ρ/θ 与 ρ 的线性关系非常好，线性回归系数接近 1.00。在吸附过程中，吸附平衡常数 K_{ads} 与标准吸附吉布斯自由能 ΔG 相关。负的吉布斯自由能表明缓蚀剂在碳钢表面的吸附为自发进行，如果吉布斯自由能低于-40kJ/mol，形成化学吸附。吉布斯自由能小于-20kJ/mol，形成物理吸附。吉布斯自由能值介于-20～-40kJ/mol 时，既包含物理吸附也有化学吸附。本实验中吉布斯自由能的计算值结果为-24.34kJ/mol，表明缓蚀剂分子的吸附是物理化学混合吸附。

温度影响金属和缓蚀剂两种物质的接触界面，温度和腐蚀速率之间的关系如图 6-30 所示，用于确定活化熵（ΔS）和活化焓（ΔH）。得到的热力学参数吸附热量 ΔH 在 100mg/L，温度为 298K 时为-54.62kJ/mol，可以看出该吸附为放热过程，当温度升高后，不利于吸附

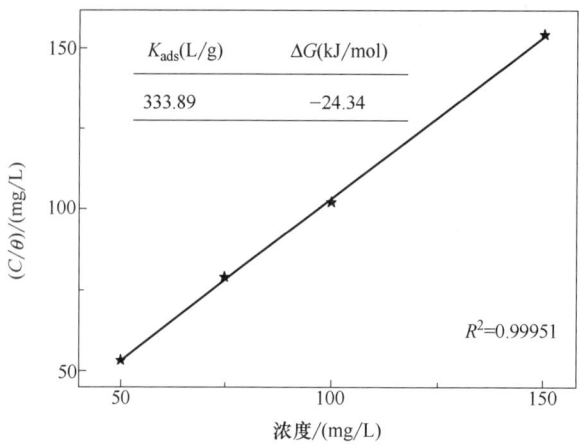

图6-29　木质素-GTMAC缓蚀剂在1.0mol/L HCl溶液中在碳钢表面的Langmuir吸附等温线

过程的进行。ΔS为-101.6J/(mol·K),该值小于0,表明吸附过程是熵减少的过程,可能是因为在缓蚀剂分子吸附到碳钢表面之前,缓蚀剂分子可以在酸性溶液中无序分布,但在吸附过程中,缓蚀剂分子以规则的分布吸附在碳钢表面,从而减少了吸附熵。

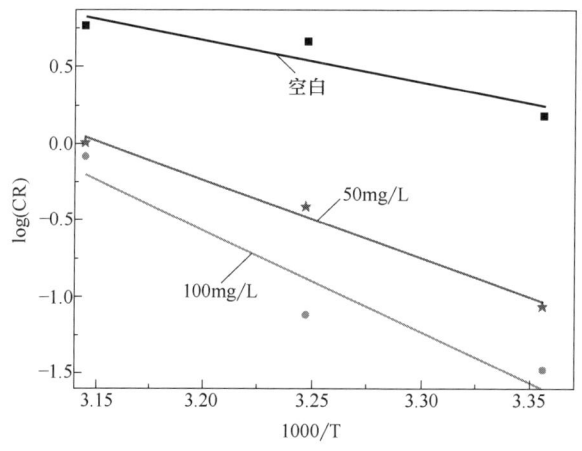

图6-30　有无木质素-GTMAC下温度对碳钢腐蚀过程影响的Arrhenius图

(五)吸附机理

1. DFT

量子化学提供了缓蚀剂吸附行为等信息。缓蚀剂分子的E_{LUMO}能量越低,表明越容易接受由金属d轨道给出的电子,并且形成键的能力越强,从而增加分子在金属表面的吸附能。HOMO与LUMO之间的轨道能量差异$\Delta E (=E_{HOMO}-E_{LUMO})$是非常重要的分子吸附量指数,$\Delta E$越大,表明分子结构稳定性越好,化学反应活性越低,能隙越低,缓蚀效果越好。木质素、GTMAC和木质素-GTMAC的HOMO和LUMO的前线轨道分布如图6-31所示。木质素-GTMAC 的 ΔE 最低，缓蚀效果较好。木质素、GTMAC 和木质素-GTMAC 的量子参数如表 6-12 所示。

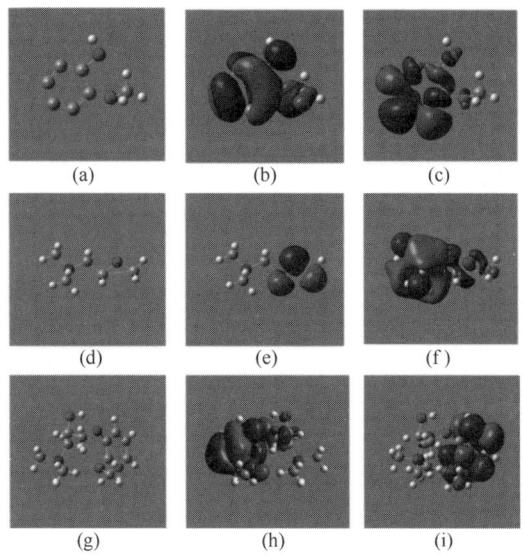

图 6-31　木质素、GTMAC 及木质素-GTMAC 的结构图及前线轨道分布 HOMO 和 LUMO

(a) 木质素结构图　(b) 木质素 HOMO　(c) 木质素 LUMO　(d) GTMAC 结构图
(e) GTMAC HOMO　(f) GTMAC LUMO　(g) 木质素-GTMAC 结构图
(h) 木质素-GTMAC HOMO　(i) 木质素-GTMAC LUMO

表 6-12　木质素、GTMAC 和木质素-GTMAC 的量子参数

缓蚀剂	E_{HOMO}/eV	E_{LUMO}/eV	ΔE/eV
木质素	-6.220	-2.98	-3.24
GTMAC	-10.32	-3.18	-7.14
木质素-GTMAC	-0.2449	-0.1270	-0.1179

2. 分子模拟

近年来，分子动力学模拟已被广泛用于研究有机分子的吸附行为，可以在分子水平上提供复杂系统的动力学性质、系统能量和结构的详细信息。图 6-32 显示了缓蚀剂分子在 Fe（001）表面和 Fe（001）上的稳定吸附构型。

缓蚀剂和碳钢表面的作用方式如下：①静电相互作用，木质素-GTMAC 头基中带正电荷的 N-CH$_3^+$ 离子与金属表面之间存在正相互作用。②木质素-GTMAC 缓蚀剂在头基中具有 N 原子，具有高电负性，并且容易与碳钢表面形成配位键，促进了头基在表面上的吸附，并且具有吸附在平行表面上的趋势。同时，由于碳钢的表面带有负电荷，其在一定程度上排除了电负性原子。在这两种相互作用下，缓蚀剂的顶部基底倾斜地吸附。此外，缓蚀剂

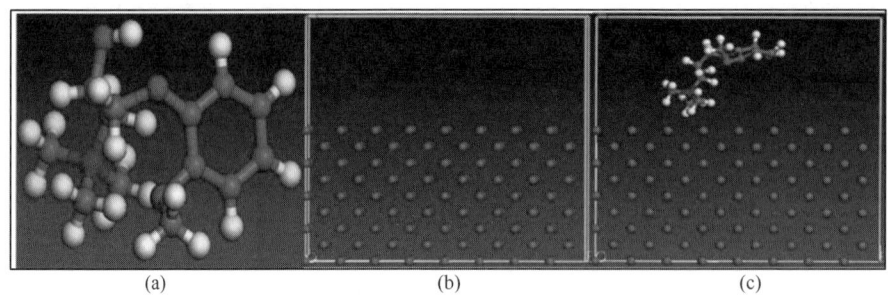

图6-32　木质素-GTMAC分子在碳钢表面的稳定吸附构型

(a)木质素-GTMAC结构模型　(b)碳钢　(c)木质素-GTMAC吸附模型

分子中苯环共轭体系的碳原子在碳钢表面具有强烈的 $\pi-\pi$ 超共轭效应。这种作用的存在增强了缓蚀剂分子在碳钢表面的吸附。此外，由于苯环的存在，增加了碳钢表面缓蚀剂分子的覆盖面积，因此即使在低浓度下也具有较高的腐蚀抑制效率。

参 考 文 献

[1] AKBARZADEH E,IBRAHIM M N M,RAHIM A A. Monomers of lignin as corrosion inhibitors for mild steel:study of their behaviour by factorial experimental design[J]. Corrosion Engineering,Science and Technology,2013,47(4):302-311.

[2] HAN T,DING S,YANG W,et al. Catalytic pyrolysis of lignin using low-cost materials with different acidities and textural properties as catalysts[J]. Chemical Engineering Journal,2019,373:846-856.

[3] 陈枫,姚宏斐,周文菁,等.以木质素为碳源的介孔NiO/C复合材料的制备以及在超级电容器中的运用[J].科技通报,2014,30(3):6-11,30.

[4] HE W,ZHANG Y,FATEHI P. Sulfomethylated kraft lignin as a flocculant for cationic dye[J]. Colloids Surf Physicochem Eng Aspects,2016,503:19-27.

[5] HAQUE J,SRIVASTAVA V,VERMA C,et al. N-Methyl-N,N,N-trioctylammonium chloride as a novel and green corrosion inhibitor for mild steel in an acid chloride medium:electrochemical,DFT and MD studies[J]. New Journal of Chemistry,2017,41(22):13647-13662.

[6] 王晶晶,金晓鸿,任润桃,等.防腐蚀涂料性能的电化学检测方法[J].材料开发与应用,2008,23(3):61-65.

[7] CORRALES LUNA M,LE MANH T,CABRERA SIERRA R,et al. Study of corrosion behavior of API 5L X52 steel in sulfuric acid in the presence of ionic liquid 1-ethyl 3-methylimidazolium thiocyanate as corrosion inhibitor[J]. Journal of Molecular Liquids,2019,289:111106.

[8] FENG R,BECK J,ZIOMEK-MOROZ M,et al. Electrochemical corrosion of ultra-high strength carbon

steel in alkaline brines containing hydrogen sulfide[J]. Electrochimica Acta,2016,212:998-1009.

[9] SINGH D K,KUMAR S,UDAYABHANU G,et al. 4(N,N-dimethylamino) benzaldehyde nicotinic hydrazone as corrosion inhibitor for mild steel in 1M HCl solution:An experimental and theoretical study [J]. Journal of Molecular Liquids,2016,216:738-746.

[10] DONG S,YUAN X,CHEN S,et al. A novel HPEI-based hyperbranched scale and corrosion inhibitor: construction, performance, and inhibition mechanism[J]. Industrial and Engineering chemistry Research,2018,57(42):13952-13961.

[11] CRUZ-ZABALEGUI A,VAZQUEZ-VELEZ E,GALICIA-AGUILAR G,et al. Use of a non-ionic gemini-surfactant synthesized from the wasted avocado oil as a CO_2-corrosion inhibitor for X-52 steel[J]. Industrial Crops and Products,2019,133:203-211.

[12] CHENG S,CHEN S,LIU T,et al. Carboxymenthylchitosan as an ecofriendly inhibitor for mild steel in 1 M HCl[J]. Materials letters,2007,61(14-15):3276-3280.

[13] 王芳,付增华,孟波,等.咪唑啉季铵盐缓蚀剂缓蚀性能评价及其缓蚀机理探讨[J].石油化工腐蚀与防护,2017,34(4):10-13.

[14] MENAKA R,SUBHASHINI S. Chitosan Schiff base as eco-friendly inhibitor for mild steel corrosion in 1 M HCl[J]. Journal of Adhesion science and Technology,2016,30(15):1622-1640.

[15] 肖凤龙,卫民,赵剑,等.聚天冬氨酸合成与应用研究进展[J].生物质化学工程,2014,48(6):50-55.

[16] 李言涛,侯保荣.天然环保型缓蚀剂近期研究进展[J].腐蚀科学与防护技术,2006,18(1):37-40.

[17] HASHIM N Z N,ANOUAR E,KASSIM K,et al. XPS and DFT investigations of corrosion inhibition of substituted benzylidene Schiff bases on mild steel in hydrochloric acid[J]. Applied surface science,2019,476:861-877.

[18] 于会华,张静,杜敏,等.量子化学在缓蚀剂研究中的应用[J].材料保护,2010,43(11):36-39+80.

[19] 蒋伟,龚敏,赵金平.天然植物绿色缓蚀剂的研究进展[J].腐蚀科学与防护技术,2007,19(4):278-281.

[20] DWIVEDI D,LEPKOVA K,BECKER T. Carbon steel corrosion:a review of key surface properties and characterization methods[J]. Rsc Advances,2017,7(8):4580-4610.

[21] BABIC-SAMARDZIJA K,LUPU C,HACKERMAN N,et al. Inhibitive properties, adsorption and surface study of butyn-1-ol and pentyn-1-ol alcohols as corrosion inhibitors for iron in HCl[J]. Journal of Materials Chemistry,2005,15(19):1908-1916.

[22] QIANG Y J,ZHANG S T,TAN B C,et al. Evaluation of ginkgo leaf extract as an eco-friendly corrosion inhibitor of X70 steel in HCl solution[J]. Corrosion Science,2018,133:6-16.

[23] 尤龙.氨基酸缓蚀剂缓蚀性能的理论研究[D].中国石油大学(华东),2010.

[24] ASADI N, RAMEZANZADEH M, BAHLAKEH G, et al. Utilizing Lemon Balm extract as an effective green corrosion inhibitor for mild steel in 1M HCl solution: A detailed experimental, molecular dynamics, Monte Carlo and quantum mechanics study[J]. Journal of the Taiwan Institute of Chemical Engineers, 2019, 95: 252-272.

[25] KOUMYA Y, IDOUHLI R, SAYOUT A, et al. Experimental and theoretical approach on the enhanced inhibitory effect of tetracyclic triterpenes for stainless steel corrosion in sulfuric acid[J]. Metallurgical And Materials Transactions a-Physical Metallurgy And Materials Science, 2019, 50A(6): 3002-3012.

[26] 张军, 于维钊, 燕友果, 等. 咪唑啉缓蚀剂在 Fe(001) 表面吸附行为的分子动力学模拟[J]. 物理化学学报, 2010, 26(5): 1385-1390.

[27] ZHANG W, LI H J, WANG M, et al. Highly effective inhibition of mild steel corrosion in HCl solution by using pyrido[1,2-a]benzimidazoles[J]. New Journal of chemistry, 2019, 43(1): 413-426.

第七章 木质素基疏水防腐材料的制备及应用

疏水材料由于其独特的浸润性而在诸多领域有广泛的实际应用,在过去的数年间一直受到广泛关注。不仅是现今,而且在未来,疏水材料依旧是材料开发的热点之一。但是,随着化石资源的不断减少,疏水材料的发展在一定程度上遭受到了阻碍和抑制,制备低成本、可再生的生物质疏水材料越来越为社会所关注。木质素是一种储量丰富、可再生的天然高分子聚合物,其本身具有一定的疏水性,通过对其改性以及与其他材料复合可使木质素基材料提高疏水性的同时兼具其他优异的性能。

第一节 无氟木质素基超疏水海绵材料制备及用于油水分离的研究

石油是人类日常生活和社会发展最重要的资源之一。随着全球经济的快速发展,石油通过海洋的运输量急剧增加,海难油轮造成的原油泄漏事故也频繁发生,这不仅造成了环境污染,也阻碍了社会的可持续发展。处理溢油事故已成为工业界和学术界一个迫切而又新兴的问题。石油泄漏事故的治理方法多种多样,如可控性燃烧、撇渣、化学分解与机械收集等。近年来,纤维素、气凝胶、石墨烯骨架等多种传统多孔吸附材料被应用于溢油清理。但这些方法往往表现为重复使用性能差,油水分离效率低,对油的吸附能力低。超疏水油水分离材料由于其对油组分的选择性吸附和高吸附能力的特点,在分离油水混合物方面具有很大的潜力。

在过去的几年中,微孔海绵材料由于孔隙率大,成本低,使用方便和吸附能力强而引起了广泛关注。在日常生活中,三聚氰胺海绵泡沫材料是最重要的三维(3D)产品之一,该产品已成为制造清洁超疏水材料的常用基础材料。尽管如此,大多数市售的三聚氰胺海绵具有较差的疏水性和良好的亲水性,这导致其在溢油清理和回收中的实际使用效率低下。因此,有必要通过表面改性/涂覆来改善三聚氰胺海绵的疏水性,使其成为具有超疏水和超亲油性能的吸油剂材料。

超疏水表面和骨架是制备亲油疏水海绵材料的关键,充分利用低表面能化学物质,构建粗糙的微纳米结构，可以为超疏水改性提供强有力的方法。Li 等将疏水磁性纳米颗粒沉积在三聚氰胺海绵上，然后用三乙氧基（1H、2H、2H-十七氟癸基）硅烷进行修饰，制成了磁性超疏水三聚氰胺海绵，制备的海绵具有良好的吸收能力和吸收耐久性。Liu 等通过多巴胺原子转移自由基聚合（SI-ATRP）制备了含有磁性聚多巴胺（PDA）涂层的三聚氰胺-甲醛（MF）超疏水海绵和支化聚二甲基硅氧烷（PDMS）刷，制备的海绵具有良好的吸油性能和破乳性能。以往对具有特殊润湿性的吸附材料的研究大多局限于不混相油水混合物的分离，很少对油包水乳液进行分离。因此，在低成本、环保和方便地分离不混相油水混合物和水油乳状液的情况下，制备先进的超疏水材料面临着挑战。

木质素的结构刚度用于构建粗糙的微纳米结构，可进行功能化以制造用于疏水溢油清理的超疏水吸附材料。木质素由于其自然丰度和全球可用性而被认为是最有前途的可再生资源之一。木质素富含羟基，具有取代无机纳米颗粒形成微纳米粗糙表面的巨大潜力。至目前为止，尚无将木质素用于将三聚氰胺树脂基质改性为油水分离海绵的相关报道。因此，本节主要介绍基于木质素改性的商用三聚氰胺树脂基材成功地制造超疏水海绵及其油水分离应用。该疏水材料的制备过程如图 7-1 所示。首先，对硫酸盐木质素进行预处理并用十六烷基三甲氧基硅烷（HDTMS）进行功能化。随后，将功能化的木质素固定在三聚氰胺海绵表面，以得到超疏水三聚氰胺海绵。木质素基超疏水三聚氰胺海绵具有出色的吸附能力、优异的可回收性和出色的破乳性能。此外，超疏水三聚氰胺海绵可以与蠕动泵配合使用，以连续进行油水分离，从而可以有效去除油污。

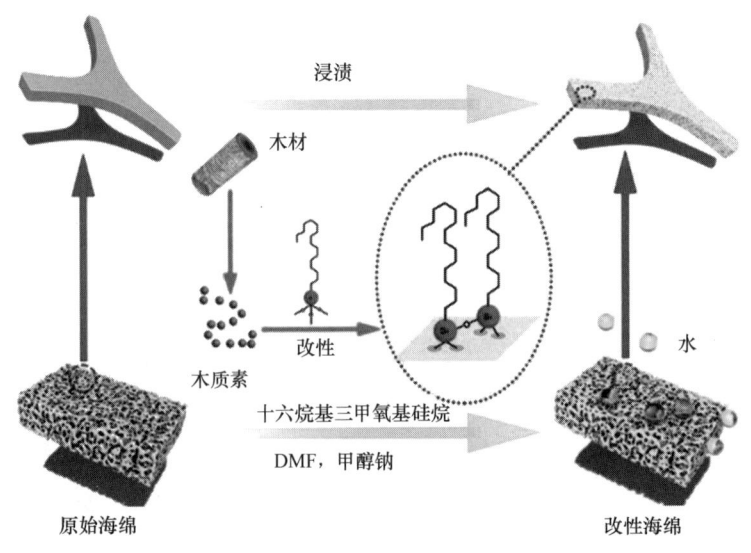

图 7-1　超疏水海绵的制备过程

一、改性木质素的表征

（一）¹H-NMR 光谱分析

木质素经过十六烷基三甲氧基硅烷（HDTMS）的化学修饰（功能化），以增强其疏水性。图7-2显示了原始木质素和改性木质素的¹H-NMR光谱。改性木质素的烷烃基信号（$\delta_H = 0.5 \sim 1.5$ mg/kg）有所增加[图7-2（b）]，积分计算表明，改性木质素中烷烃的含量比原始木质素高近30倍。这证明了HDTMS被成功嫁接到木质素上。

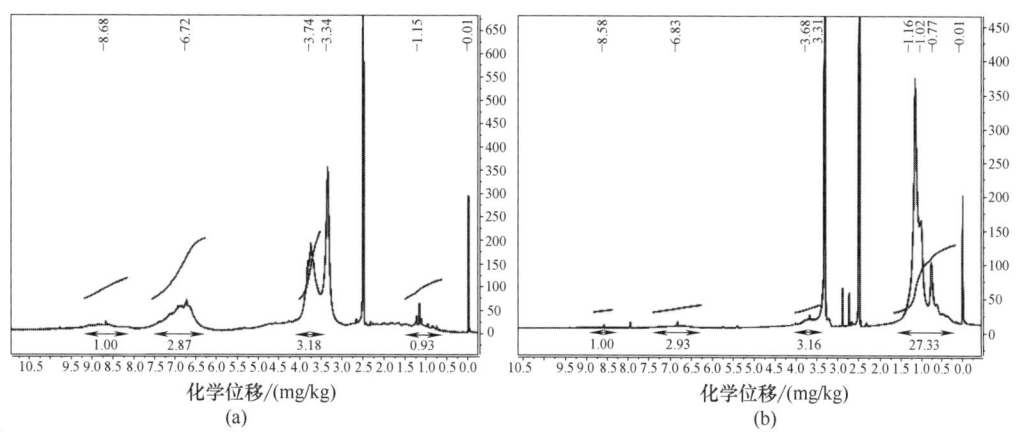

图7-2 改性前后木质素的¹H-NMR光谱

(a) 原始木质素　(b) 改性木质素

（二）热重分析

木质素和改性木质素的热稳定性采用 TA Instruments TGA Q50 进行分析，所得结果如图7-3所示。

木质素在230~700℃范围内明显失重，而改性木质素在400~560℃范围内明显失重。改性木质素表现出比原始木质素更高的分解温度，这归因于分解含有Si—O—Si键的硅烷分子所需的温度更高。此外，木质素在800℃时的最终失重（约56.54%）要比改性木质素的最终失

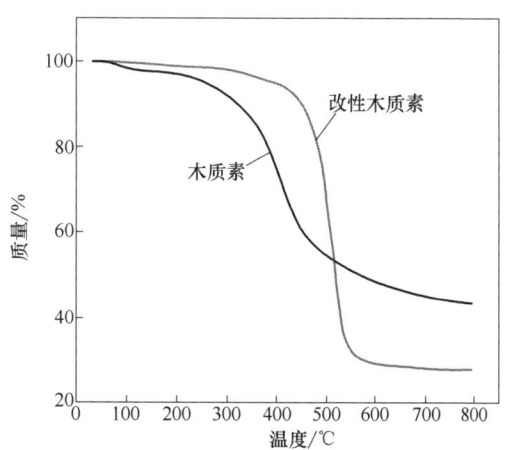

图7-3 木质素和改性木质素的热重分析

重（约72.07%）低，这归因于接枝或吸附在木质素上的HDTMS的分解。

（三）傅里叶变换红外光谱分析（FT-IR）

在制备超疏水材料时，除了必须构建微纳米尺度的粗糙表面结构之外，材料表面的化

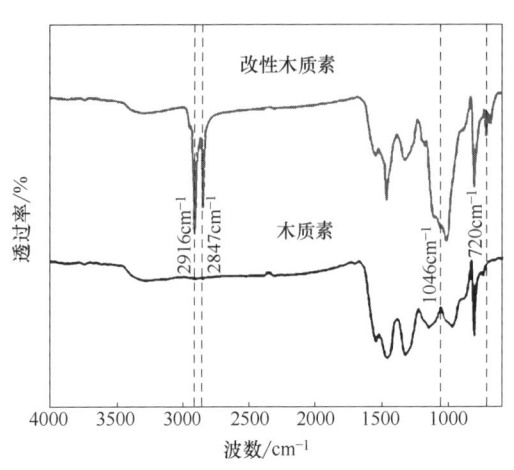

图7-4 木质素和改性木质素的红外光谱图

学结构也对材料的疏水性能起到很大的作用。这里通过FT-IR光谱对木质素和改性木质素的化学结构进行测定分析。图7-4显示了木质素和改性木质素的FT-IR光谱。与木质素的FT-IR光谱相比，改性木质素的FT-IR光谱在2916cm^{-1}和2847cm^{-1}处出现了新的峰，分别对应于改性木质素的CH_2（木质素和HDTMS）的不对称拉伸和对称拉伸。除此之外，出现在1046cm^{-1}和720cm^{-1}处的新峰归因于HDTMS的Si—O—Si和Si—C的弯曲。FT-IR光谱中的这些差异提供了木质素被HDTMS成功修饰的有力证明。

二、超疏水海绵的表征

（一）超疏水海绵的微观形貌

超疏水材料具备一个微纳米尺度的粗糙表面结构至关重要。通过以三聚氰胺海绵作为基础，利用改性木质素构建粗糙表面结构，如图7-5所示。从图7-5（a）中可以看出，原始海绵由分层的3D多孔结构组成，其孔径范围为200~600μm，这对于保持高吸附能力很重要。图7-5（b）和图7-5（c）显示了原始三聚氰胺海绵的放大图像，该图像显示了3D

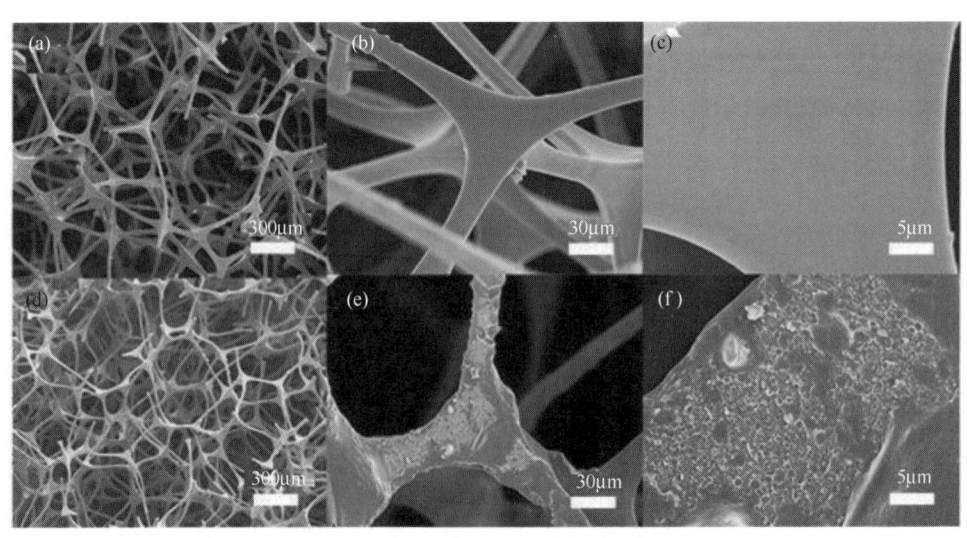

图7-5 海绵和超疏水海绵在不同放大倍数的扫描电镜图

（a）~（c）原始海绵 （e）~（f）超疏水海绵

互连的网络骨架和光滑的表面形态。将原始海绵浸入功能化木质素溶液后,仍保持完整的 3D 多孔结构,表明在超声波浸涂过程中,海绵的多孔骨架的结构没有受到破坏[图 7-5 (d)]。众所周知,超疏水性归因于化学结构和表面形态。在图 7-5(e)的低放大倍率下,改性木质素随机分布并广泛覆盖在超疏水海绵的表面。图 7-5(f)的高放大倍率进一步显示,由于修饰的木质素聚集在原始三聚氰胺海绵的骨架表面,因此构造出微观/纳米粗糙结构。

(二)超疏水海绵的 EDX 分析

为了进一步了解三聚氰胺海绵微观粗糙表面结构的化学组成,观察分析微观形貌后,通过分析 FE-SEM-能量色散 X 射线光谱(EDX)元素图谱,探究海绵改性前后表面元素组成的变化。如图 7-6 所示,在超疏水海绵的整个表面,有 3 种元素(C、O 和 Si)不规则分布。这表明改性木质素已成功附着在海绵上。同时,如图 7-7(a)所示,原始三聚氰胺海绵的 EDX 谱仅出现了碳和氧的吸收峰,但没有发现其他元素。然而,除碳和氧吸收峰以外,在超疏水海绵的 EDX 光谱中却发现了硅元素的吸收峰[图 7-7(b)],这意味着 HDTMS 已成功附着在海绵的表面。

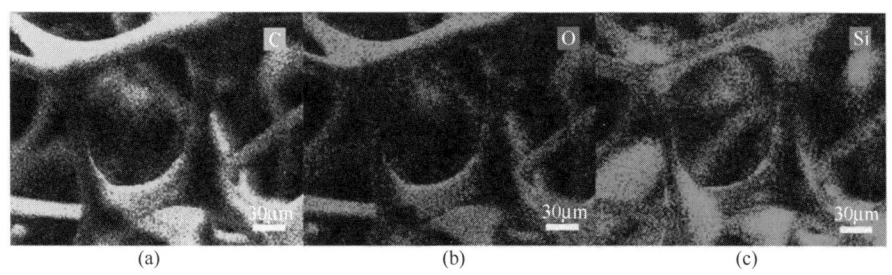

图 7-6 改性海绵能谱映射图

(a)C 元素 (b)O 元素 (c)Si 元素

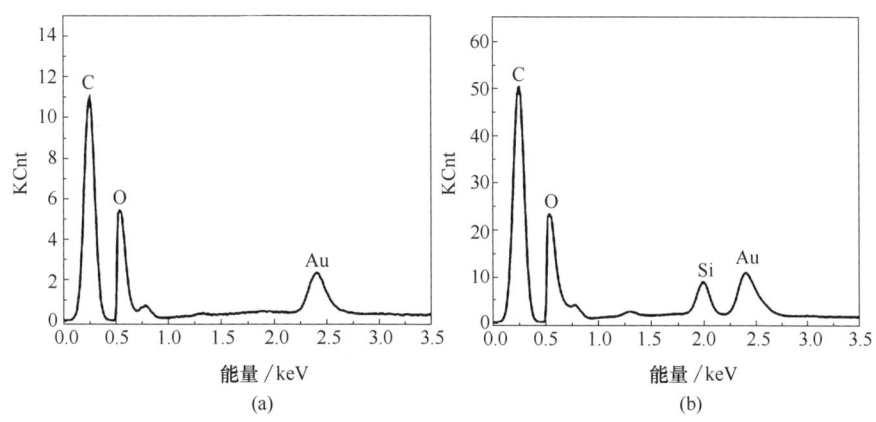

图 7-7 海绵改性前后的能谱曲线图

(a)原始海绵 (b)改性海绵

(三)超疏水海绵 XPS 分析

如图 7-8(a)所示,从原始的三聚氰胺海绵中检测到 5 种元素,即 Na、O、N、C 和 S,这表明存在亚硫酸盐(—SO_3—Na^+)键并与商用海绵的成分(甲醛-三聚氰胺-亚硫酸氢钠共聚物)达成一致。经过改性木质素溶液涂覆后,从图 7-8(d)中可以看出,超疏水海绵显示 Na 1s 和 S 2p 的吸收峰强度消失,N 1s 的吸收峰强度明显降低,但是 C 1s 的强度峰却有所增强,这归因于三聚氰胺海绵与改性木质素之间的相互作用。值得一提的是,谱图上还出现两个新的吸收峰,出现在 102eV 和 153eV 处,这归因于 Si 2s 和 Si 2p,这有力地证明了改性木质素和海绵之间的相互作用已成功实现。如图 7-8(b)所示,三聚氰胺海绵的 C 1s 谱出现了四个峰值:C—H 为 284.2eV,C—C/C—N 为 284.8eV,C—O 为 285.9eV,C=O 为 287.3eV。同时,超疏水海绵的 C 1s 光谱在 283.6eV 处出现了新峰(C—Si),这归因于单体 HDTMS 的 C—Si[图 7-8(e)]。同时,将图 7-8(c)与图 7-8(f)进行对比,可以发现另一个 O—Si 峰(532.6eV),这是由超疏水海绵的 O 1s 光谱拟合得出的。XPS 和 FT-IR 数据表明,超疏水海绵表面存在改性的木质素。

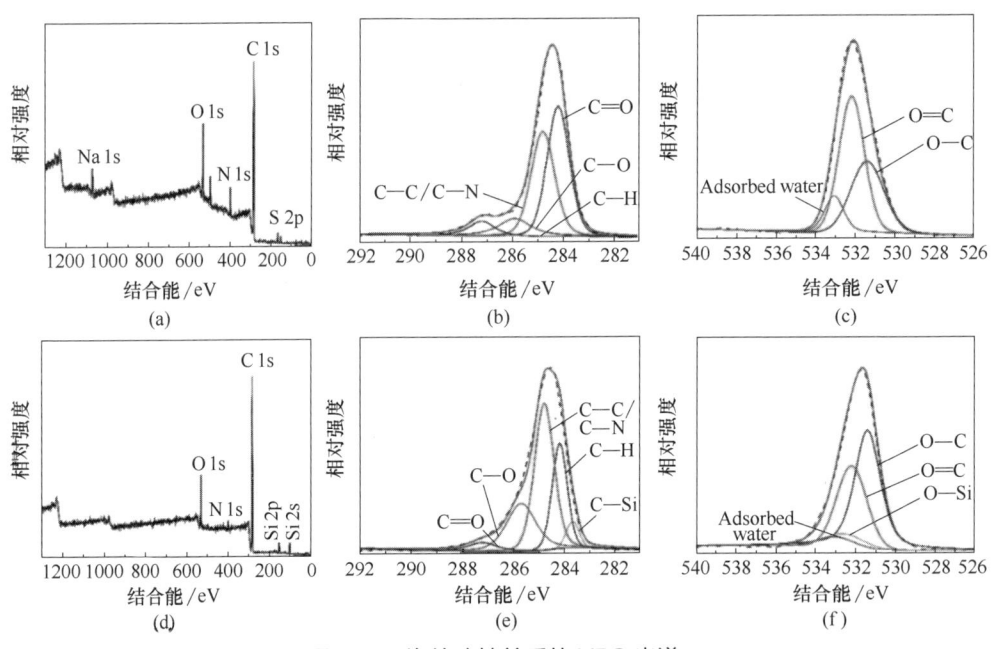

图 7-8 海绵改性前后的 XPS 光谱

(a)原始海绵 (b)原始海绵的 C 1s 图 (c)原始海绵的 O 1s 图 (d)超疏水改性海绵
(e)超疏水改性海绵 C 1s 图 (f)超疏水改性海绵 O 1s 图

(四)海绵润湿性能的研究

超疏水海绵的表面润湿性能通过油和水接触角(CA)测量进行评估。接触角测量均在常温的实验条件下进行。为了保证实验的统一性,在测量接触角时所选择的测试液体为去离子水，每滴水滴体积保持在 5μL。在测量时，对每个样品进行五次不同位置的测量，测量的平均值即为测量的结果。制备的超疏水海绵与水的接触角为 162°±1.2°，而与油/有机溶剂的接触角几乎为 0°，这表明制备的超疏水海绵具有超疏水性和超亲油性［图 7-9（a）和图 7-9（b）］。如图 7-9（c）和图 7-9（d）所示，当氯仿（染成红色）和水（染成蓝色）滴落在原始海绵表面时，会被快速吸收。然而，当氯仿和水分别滴落在超疏水海绵上时，水滴保持水珠形态，而氯仿会被吸收。此外，超疏水海绵可以漂浮在水面上，不会吸收水，相反，原始三聚氰胺海绵会吸收水分后下降到烧杯的底部［图 7-9（e）］。图 7-9（f）显示，当使用镊子强行将海绵浸入水中时，超疏水海绵的表面看起来像银镜的表面，此现象表明空气被困在固体界面和水之间，从而确认超疏水海绵与非湿润复合 Cassie-Baxter 模型。结果表明，超疏水海绵具有出色的疏水性，这也是油水分离的重要因素之一。

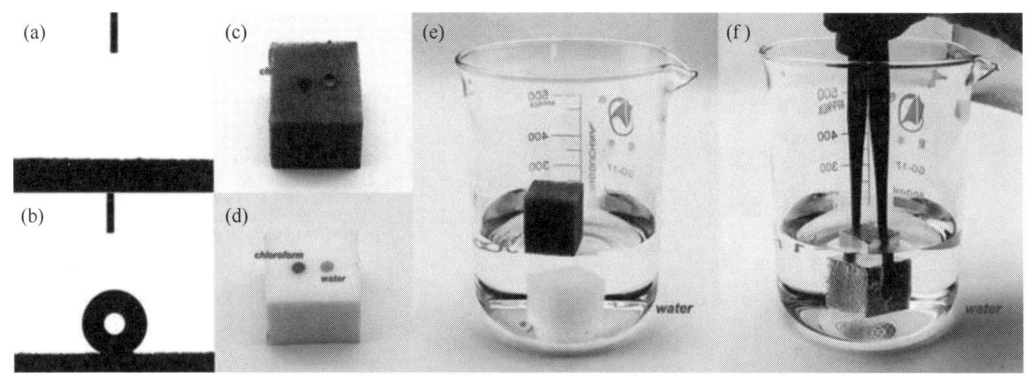

图 7-9 海绵改性前后在不同溶剂的湿润性能研究

（a）油滴在原始海绵上 （b）超疏水海绵上的水接触角 （c）三氯甲烷滴在超疏水海绵 （d）水滴在原始海绵上 （e）超疏水海绵与原始海绵置入水中 （f）超疏水海绵强行浸入水中

（五）超疏水海绵的机械性能与耐酸碱性

为了检测超疏水海绵的机械稳定性，进行了机械压缩测试。在实验中采用的改性方法没有破坏原始三聚氰胺海绵的骨架结构，并且超疏水海绵的制备继承了原始海绵优异的柔韧性和机械稳定性。

如图 7-10（a）所示，对超疏水海绵进行了在不同应变（10%、20%、40%、60% 和 80%）下的压缩试验，以检测超疏水海绵的机械稳定性。研究发现在压缩到大约 7% 时出现压缩应变，这可能归因于剪切变形和弯曲变形。从 7%~36% 的压缩应变区域对应于塑性区域，最后的非线性区域可归因于海绵的致密化。以前的文献中也报道了显示三个过程的应力-应变曲线。在海绵的加载/卸载周期中观察到的磁滞回线是由机械能的能量耗散引起的。同时对超疏水海绵的抗疲劳性能进行了试验研究，结果如图 7-10（b）所示，在 600 次压缩/释放试验中，超疏水海绵仍然保持其原始微结构，没有明显的结构破坏和塑性变形。

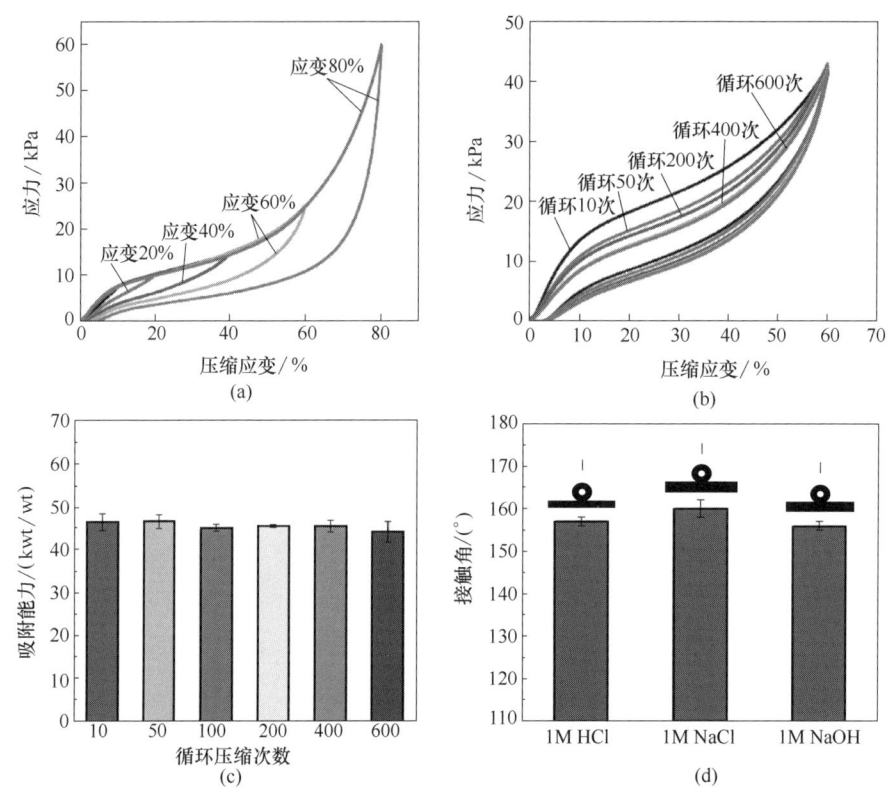

图 7-10 超疏水海绵的机械性能与耐酸碱性分析

(a) 不同应变下的压缩应力-应变曲线　(b) 应变为60%的情况下的600次循环应力-应变曲线
(c) 压缩600次后的煤油吸附量变化　(d) 耐酸碱性能

最后,选择通过循环压缩(10次、50次、200次、400次和600次)的超疏水海绵,来测试煤油的吸附能力。如图7-10(c)所示,超疏水海绵对煤油的吸附能力几乎没有变化,这表明超疏水海绵具有优异的机械稳定性。此外,还探究了溶液的酸碱度对海绵的影响,如图7-10(d)所示,首先将超疏水海绵分别浸入1mol/L HCl、1mol/L NaCl 和 1mol/L NaOH 水溶液中24h,然后测试超疏水海绵的表面接触面的静态接触角。结果发现,超疏水海绵的水接触角仍大于156°,这表明超疏水海绵可以在具有腐蚀性溶液中保持优异的超疏水性能。

三、超疏水海绵在油水分离领域的应用

(一)超疏水海绵的选择性吸附

由于超疏水海绵的多孔结构、柔韧性和超疏水性使其具有优秀的选择吸附性能以及高效吸附水中的油和有机溶剂的功能。

如图7-11所示,准备了两种类型的测试,以确认超疏水海绵的油水分离的可行性。从图7-11(a)中可以发现,第一次测试选择了使用油红染色的氯仿(红色),将超疏水海绵

强行浸入水-氯仿溶液中并在底部与氯仿接触时，氯仿会在几秒钟内被迅速吸入超疏水海绵中。取出超疏水海绵时，在烧杯底部未观察到氯仿滴。另一个测试如图 7-11（b）所示，当超疏水海绵与水体表面的甲苯层接触时，甲苯迅速被吸附到超疏水海绵中，吸附后未发现残留物。以上所有发现表明，超疏水海绵具有很高的潜力，具有优异的选择吸附性能，并且可以成为去除有机溶剂和泄漏溢油的吸附材料。

图 7-11　超疏水海绵对不同有机溶剂选择吸附的照片

（a）氯仿　（b）甲苯

（二）超疏水海绵的持续性吸附

采用连续油水分离装置结合蠕动泵，研究了超疏水海绵对油/有机溶剂污染物在水溶液中的连续分离性能。

如图 7-12（a）所示，左侧烧杯的放大图显示了将胶管插入超疏水海绵中，再通过蠕动泵连接吸附，最后胶管的末端将吸附后的污染物回收到锥形烧瓶中。由于超疏水海绵的超疏水性和超亲油性，当它被放置在氯仿/水的混合物中时，立即被氯仿填满吸收并同时排斥水。蠕动泵被打开后，氯仿将从超疏水海绵中连续吸收，并通过管道流向锥形瓶中。氯仿层的厚度逐渐减小，最终从水底中除去，如图 7-12（b）所示，在烧杯中仅留下干净的纯净水。右侧锥形烧瓶的放大图像显示，氯仿的表面像镜子一样光滑，并且在氯仿的表面未发现水滴，具有很好的分离能力。在蠕动泵的帮助下，超疏水的除油能力大大增强，从而避免了费时的分离过程并减少了对吸附剂的需求。超疏水海绵为连续有效地从水中去除油提供了更大的潜力。

（三）超疏水海绵对多种油类的吸附能力以及重复利用性能

在实际生活中，超疏水海绵具有对多种油类吸附的能力是至关重要的，决定了超疏水

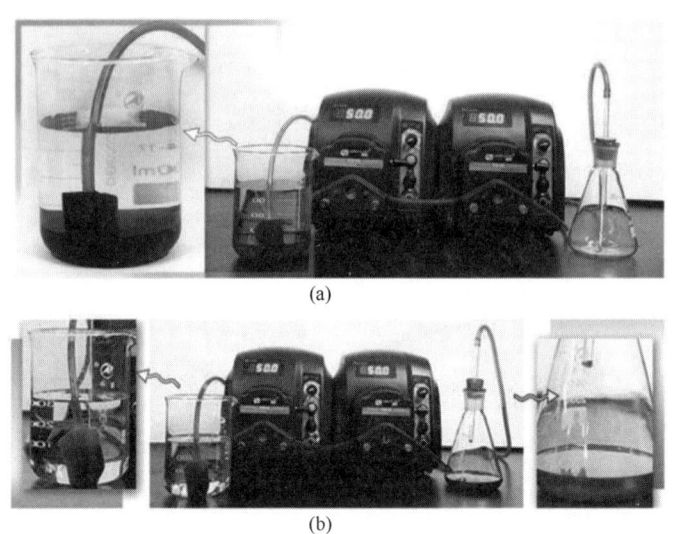

图 7-12　使用超疏水海绵通过蠕动泵辅助从水中连续分离氯仿的照片

(a)分离过程之前　(b)分离过程之后

海绵的实用性和推广前景。于是,将超疏水海绵在多种油和有机溶剂中进行了吸附实验,以进一步评估其吸附能力和分离效率。在吸附过程中,将超疏水海绵置于各种油和有机溶剂的表面以进行饱和吸收,如氯仿、正己烷、石油醚、甲基苯、花生油和煤油。如图 7-13(a)所示,超疏水海绵可以选择性吸附高达其自身重量的 37~91 倍,具体取决于油和有机溶剂的密度和黏度。超疏水海绵的分离效率达到了油和有机溶剂的含量的 98.6%,如图 7-13(b)所示。结果表明,超疏水海绵对油水混合物具有出色的选择性和分离能力。

作为实际应用的重要标准,应该认真考虑超疏水海绵的可回收性。以甲基苯为代表进行吸附,探索超疏水海绵的吸收循环性能。在每次吸附实验结束时,仅挤压超疏水海绵以除去甲基苯溶剂,并在 90℃下干燥 5 分钟。如图 7-13(c)所示,经过多达 35 次循环测试,海绵仍保持超疏水性,水接触角大于 150°。同时,研究了超疏水海绵对甲基苯的循环吸附能力,其结果如图 7-13(d)所示。经过数次测试后,超疏水海绵吸附能力有微量提高,可能是由于少量改性木质素与海绵骨架之间的附着力变弱,另一个原因可能是超疏水海绵的质量随循环实验而降低,从而导致吸附容量适度增加。

(四)超疏水海绵对多种乳液的分离

由于超疏水海绵具有强大的化学稳定性和出色的机械稳定性,可用于解决表面活性剂稳定的油包水乳液的问题。众所周知,油包水乳液的分离比不混溶的油水混合物更难以分离。但是实验结果发现,本研究所制备的超疏水海绵具有出色的乳液分离效率和优异的可回收性,可用于油包水乳液的分离。通过在漏斗中压缩,超疏水海绵的孔径大幅减小,可

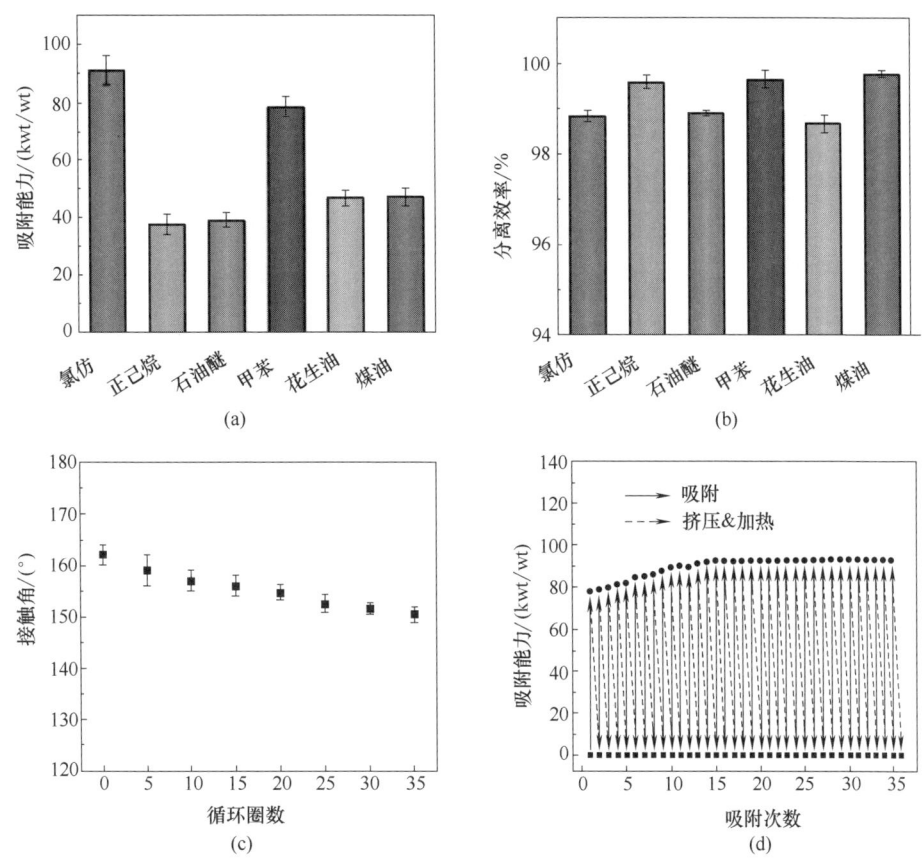

图 7-13 超疏水海绵对多种油类的吸附能力以及重复利用性能
(a)不同油和有机溶剂的吸附能力 (b)不同油水混合物的分离效率
(c)循环吸附后接触角的变化 (d)吸收能力与吸附的循环次数

以极大地改善超疏水海绵的油包水乳液的分离性能。

如图 7-14（a）所示，重力驱动的自制过滤器由一个装满超疏水海绵的顶部漏斗和一个用于收集分离的溶剂而无任何外部压力的底部玻璃瓶组成，用于研究超疏水海绵对乳液的分离效率。将油包水型乳液倒入装有压缩超疏水海绵的漏斗中时，由于超疏水海绵的超疏水性和超亲油性，乳液表面上的油/有机溶剂会被剥离以暴露出微小的水滴，然后导致破乳现象立即发生。分离后，乳白色乳液变成了透明状。为了更详细地了解乳液的分离过程，使用光学显微镜收集了过滤前后的甲苯包水的乳液照片 [图 7-14（b）]。分离前的甲苯包水乳状液照片表明，紧密堆积的水滴分布均匀，而分离后的滤液照片中未观察到水滴，表明乳状液中的所有水滴均已被超疏水海绵成功破坏。此外，如图 7-14（c）和图 7-14（d）所示，在进料乳液中分散在甲苯中的水的液滴尺寸大于 500nm，而在滤液中小于 160nm。因此，超疏水海绵具有巨大的潜力，可以作为从水相中去除微米级油/有机溶剂液滴的吸附材料。

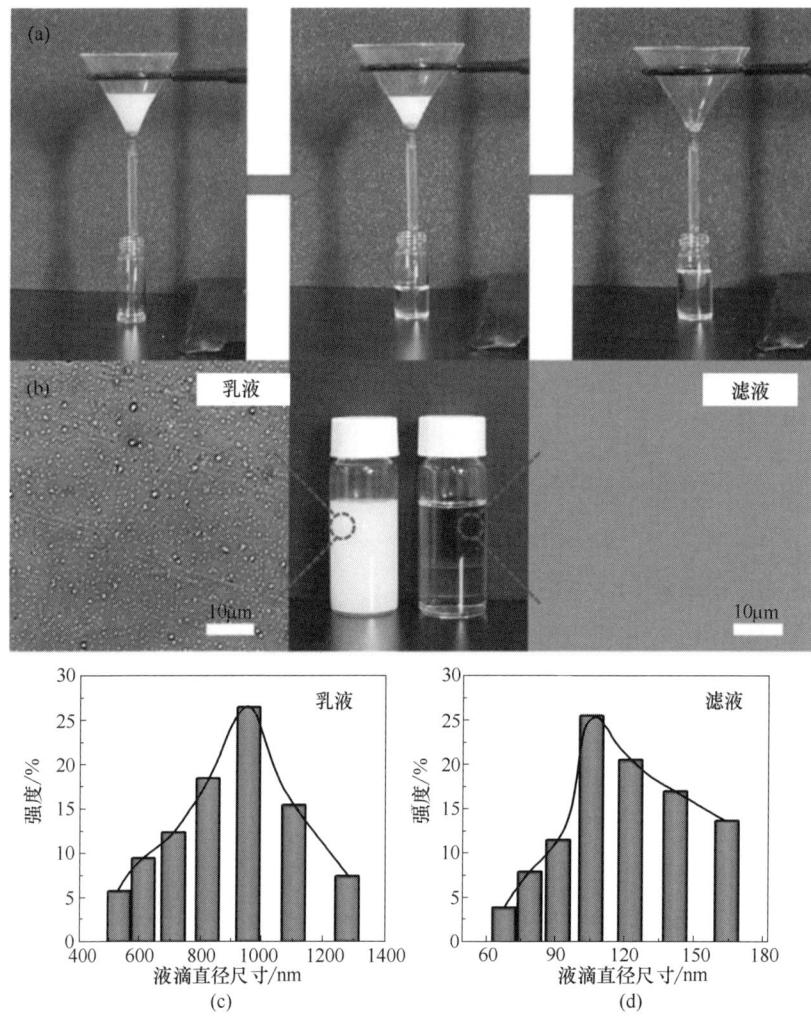

图 7-14 超疏水海绵对多种乳液的分离过程

(a)甲苯包水乳液分离过程的照片 (b)过滤前后甲苯包水乳液的光学显微镜图像
(c)分离前甲苯包水乳液的水滴尺寸分布 (d)分离后甲苯包水乳液的水滴尺寸分布

(五)超疏水海绵对多种乳液分离的重复性

超疏水海绵具有很好的乳液分离能力,但其重复利用性同样很重要。因此,这项工作涉及超疏水海绵对各种油包水型乳剂的分离效率和流通量,结果如图 7-15(a)所示,通过乳费歇尔滴定仪测量乳状液的分离效率,五种乳状液的分离效率均大于 98.45%,最大分离效率达到 99.58%。同时,甲苯-水乳液、煤油-水乳液、正己烷-水乳液、氯仿-水乳液和石油醚-水乳液的通量分别达到 3538L/($m^2 \cdot h$)、2580L/($m^2 \cdot h$)、4469L/($m^2 \cdot h$)、3480L/($m^2 \cdot h$)和 3968L/($m^2 \cdot h$)。由于正己烷-水乳液的黏度低于其他四种油/有机溶剂,因此其通量最高。此外,如图 7-15(b)所示,对于 100 次吸附循环,甲苯-水乳液始终保持高达 98% 的分离效率。结果表明，超疏水海绵具有出色的可重复使用性和乳化分离效率。

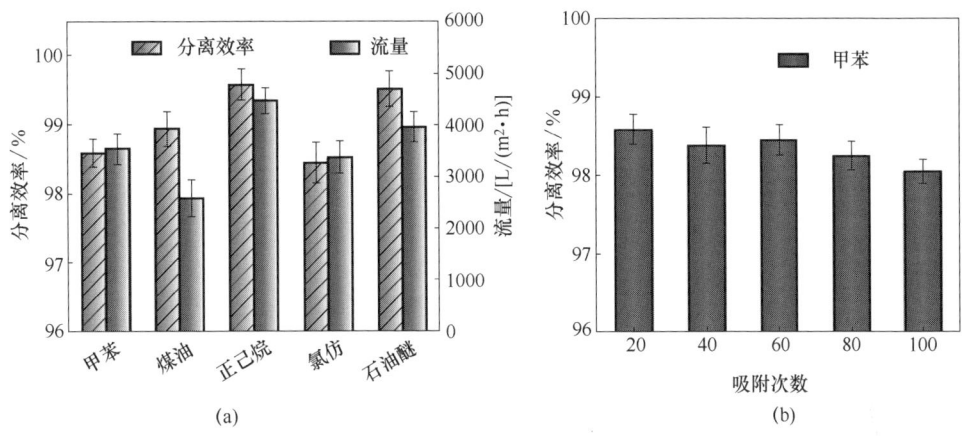

图 7-15　超疏水海绵对多种乳液分离的重复性分析

(a) 各种乳液的分离效率和相应在过滤器中的通量　(b) 甲苯-水乳液的循环分离

第二节　全氟硅烷改性木质素超疏水材料的制备及性能分析

随着科学技术的发展，人们对能源特别是化石化学品的消耗越来越快，导致地球上资源的稀缺，因此寻找可再生资源迫在眉睫。其中，生物质以其可再生性和丰富的储量引起了社会的关注，木质素作为仅次于纤维素的第二丰富的生物质，是植物中唯一的芳香型生物聚合物，被广泛研究用于生产众多的功能材料。Zhang 等以木质素磺酸钠（LS）和可降解聚乙烯醇（PVA）为原料制备了一种具有超韧性的多功能水凝胶。Liu 等通过将聚醚胺接枝木质素部分取代聚醚胺，引入含动态二硫键的扩链剂，成功地合成了可移动且高强度的生物基聚脲黏合剂。Moreno 等利用生物催化木质素杂化纳米颗粒，通过 Pickering 乳液聚合合成了坚韧透明的纳米复合材料。木质素已逐渐成为生物质改性和功能化的优良候选材料。

超疏水材料因其具有防结冰、防腐、自洁、油水分离等特点，广泛应用于生物医学、环境工程、新能源材料等领域。然而，目前超疏水材料多为石油基材料，对环境保护造成很大压力。因此，近年来生物质基超疏水材料越来越受到人们的关注。

采用简单廉价的喷涂法制备一种具有超疏水性能的木质素基微纳米结构涂料。涂层与水的接触角大于 150°。首先，使用 1H、1H、2H、2H 全氟癸基三乙氧基硅烷（PFDTES）对硫酸盐木质素改性，用 PFDTES 取代木质素的亲水性基团，生成木质素-PFDTES。将木质素-PFDTES 涂料喷涂在各种基材上后，表面具有良好的疏水性，接触角高达 164.7°。该涂料不仅具有易生物降解和可再生的特点，而且具有良好的机械性能、化学稳定性、自洁性能，在不同基材表面具有巨大的应用潜力。

一、改性木质素的制备及表征

（一）木质素-PFDTES 的制备

木质素-PFDTES 的制备机理如图 7-16 所示，利用全氟癸基三乙氧基硅烷在木质素羟基位点的亲核取代，得到改性木质素。

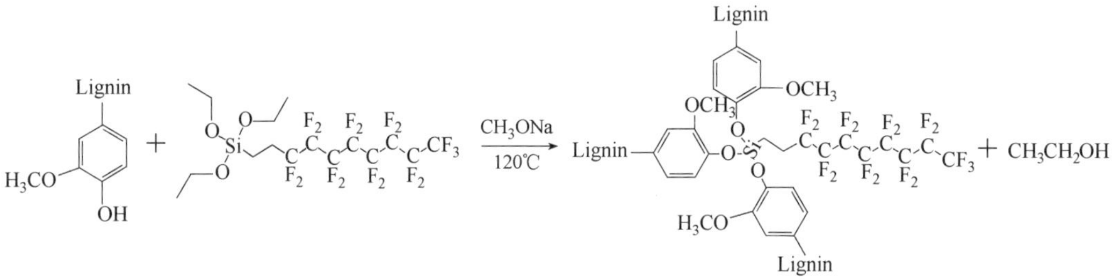

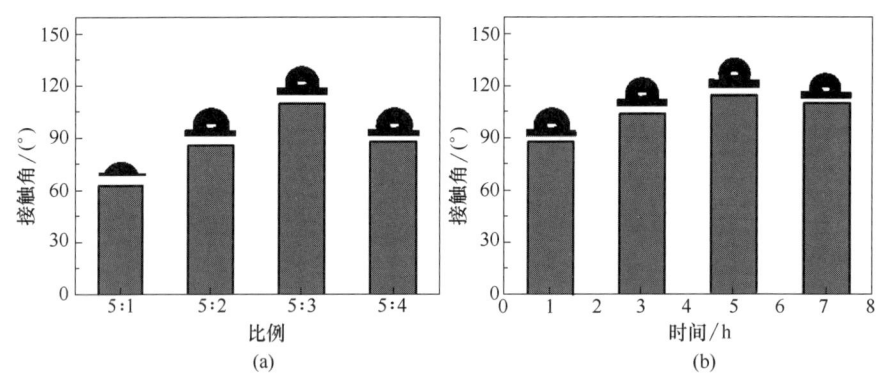

图 7-16　木质素-PFDTES 的制备机理

通过探究木质素与全氟癸基三乙氧基硅烷反应物质量比、时间对聚合物接触角的影响来确定反应条件。通过溴化钾压片法将接枝产物压成片状，测量其接触角大小，从而确定最有利的接枝条件。图 7-17 中的结果表明，将全氟癸基三乙氧基硅烷接枝到木质素上的最佳条件是：反应质量比为 5∶3，反应时间为 5h。

图 7-17　反应条件对全氟硅烷改性木质素接触角的影响
（a）木质素与全氟癸基三乙氧基硅烷的质量比　（b）反应时间

（二）木质素-PFDTES 的表征

图 7-18（a）为木质素和木质素-PFDTES 的 FT-IR 谱图。木质素和 PFDTES-木质素在 3431cm^{-1} 处都有吸收峰，这是由芳香结构和脂肪结构中的羟基伸缩振动引起的。酚羟基（1365cm^{-1}）和羰基（1705～1715cm^{-1}）存在于木质素和改性木质素中。在 1609cm^{-1}、1514cm^{-1} 和 1463cm^{-1} 处的三个强特征吸收峰证实了芳香骨架结构的存在。与木质素的红外

光谱相比，木质素-PFDTES 红外光谱在 1760cm^{-1} 处出现吸收峰，对应于 C—F 键伸缩振动，表明 PFDTES 被成功接枝到木质素上。

利用 X 射线光电子能谱（XPS）对木质素和 PFDTES-木质素进行了表面成分分析。结果表明，改性木质素中 F 含量为 19.12%，对应的接枝率为 36.1%。从图 7-18（d）可以看出木质素主要由元素 O（532eV）和元素 C（284eV）组成。木质素-PFDTES 除了元素 O 和元素 C 外，还拥有元素 F（689eV）和 Si（152.9eV，101eV）［图 7-18（e）］。对木质素-PFDTES 光谱中的 Si 2p 峰进行曲线拟合，得到两个结合能分别为 102.76eV 和 101.34eV 的峰［图 7-18（f）］，分别对应于 Si—O 键和 Si—C 键。这里的 Si—O 键是硅和木质素苯环上的氧的结合键，这可以通过福林酚测试法测量木质素和木质素-PFDTES 的酚羟基含量得到验证。木质素和木质素-PFDTES 的酚羟基含量分别为 3.85mmol/g 和 2.53mmol/g。计算出 PFDTES 的接枝率为 34.3%，与 XPS 结果的 36.1% 相近。图 7-18（b）的 ^{1}H-NMR 结果表明，与木质素相比，木质素-PFDTES 在 7~8.5mg/kg 处的酚羟基信号强度降低。此外，由于在改性木质素中引入 PFDTES，其在 0.7~1.3mg/kg（甲基）和 1.5~1.8mg/kg（亚甲基）的信号强度远高于木质素，这进一步证明了 PFDTES 在木质素上的成功接枝。

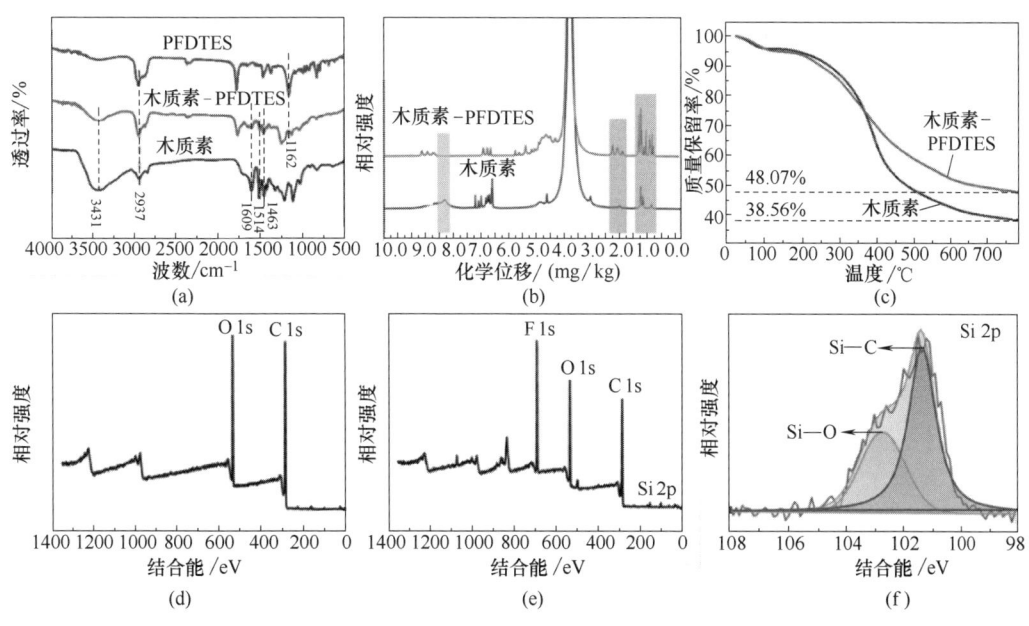

图 7-18 木质素和木质素-PFDTES 性能分析

(a)FT-IR 图　(b)^{1}H-NMR 图　(c)失重曲线　(d)木质素的 XPS 图
(e)木质素-PFDTES 的 XPS 图　(f)木质素-PFDTES 的 XPS Si 2p 图

对木质素和木质素-PFDTES 的热稳定性进行了研究。结果如图 7-18（c）所示。在温度达到 150℃ 之前，木质素和木质素-PFDTES 都有轻微的失重，这主要是由于样品中的水分损失造成的。在 200~600℃的温度范围内，木质素的失重量较大，这主要是由于木质素的热分解，即木质素单元与芳香环脂肪侧链之间的碳-碳键断裂。木质素-PFDTES 在 200~400℃的失重率远低于木质素，这主要是由于木质素上接枝了全氟癸基三乙基氧硅烷，而在 400~600℃，木质素与 PFDTES-木质素的分解趋势相似。PFDTES-木质素的最终残留量为 48.07%，高于原木质素的 38.56%，这是由于 PFDTES 表面存在无机基团 Si—O 键。

二、木质素-PFDTES 超疏水涂层性能分析

（一）木质素-PFDTES 超疏水涂层的润湿性

采用德国 OCA50 Dataphysics 自动接触角测量仪测量样品和涂层表面之间的静态接触角（CA）和滚动角（SA）。图 7-19（a）~图 7-19（l）显示了四种原始基材、木质素涂层与木质素-PFDTES 涂层基材的润湿性比较。原始基材的接触角均小于 90°，为亲水性，木板和纸张上的水甚至被直接吸收，木质素玻璃涂层表面的接触角为 105.3°，而木质素-PFDTES 玻璃涂层、木质素-PFDTES 金属涂层、木质素-PFDTES 木板涂层和木质素-PFDTES 滤纸的接触角分别高达 164.7°、160.8°、169°和 167°，且它们的滚动角分别为 0.5°、0.5°、1.8°和 2°，这说明 PFDTES-木质素在不同的基底上都具有适用性，之所以木质素-PFDTES 木板涂层和木质素-PFDTES 滤纸的接触角要高于木质素-PFDTES 玻璃涂层和木质素-PFDTES 金属涂层，而滚动角却相反，是因为玻璃和金属表面都非常光滑，而木板

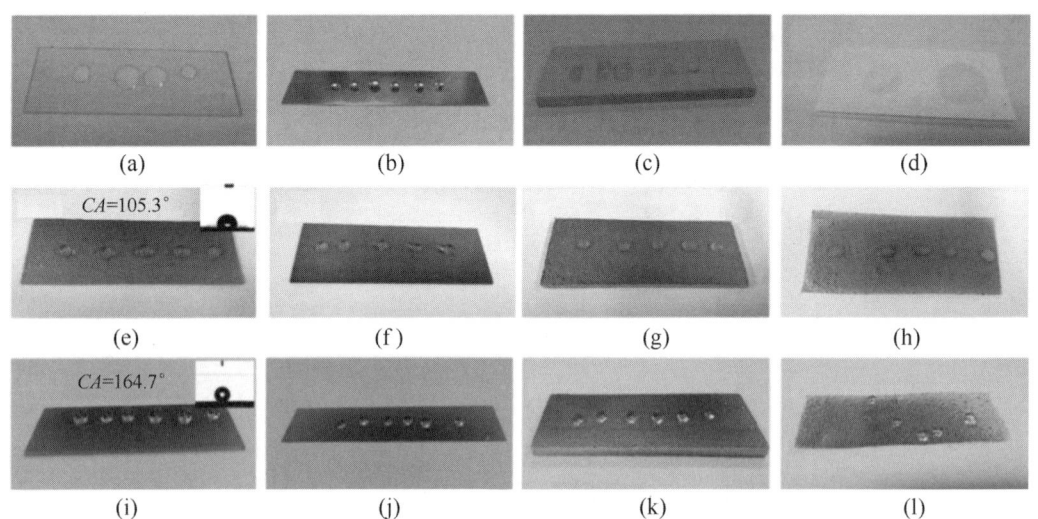

图 7-19 水滴在不同基材表面的润湿性研究

（a）玻璃 （b）金属片 （c）木板 （d）滤纸表面 （e）木质素玻璃涂层 （f）木质素金属片涂层 （g）木质素木板涂层 （h）木质素滤纸涂层 （i）木质素-PFDTES 玻璃涂层 （j）木质素-PFDTES 金属片涂层 （k）木质素-PFDTES 木板涂层 （l）木质素-PFDTES 滤纸涂层

和滤纸表面具有一定的粗糙度,改变了涂层表面的微纳米结构,进而影响接触角的大小,进一步说明了对木质素进行化学修饰是构建超疏水涂层的一个重要因素。

(二)木质素-PFDTES 涂层的疏水性能分析

图 7-20(a)是不同涂层在玻璃基板上的接触角比较。值得注意的是,喷涂固化剂(MDI)和环氧树脂(ER)的玻璃片,与喷涂固化剂、环氧树脂和木质素涂层的玻璃片,与喷涂固化剂、环氧树脂和 PFDTES 涂层的玻璃片均达不到超疏水性能。这是因为固化剂和环氧树脂都没有低的表面能、乳突结构与微纳米粗糙度,而木质素本身的表面能也不够低。PFDTES 由于氟的存在而具有相对较低的表面能,但没有具微纳米粗糙度的乳突结构。低表面能和微纳米粗糙度是实现超疏水性的重要因素。如图 7-20(b)所示,与文献报道的木屑改性产物、木质素改性疏水性涂层和其他材料基涂层的超疏水性相比,木质素-PFDTES 疏水接触角达到 164.7°,在同类超疏水性改性产物中具有优势。

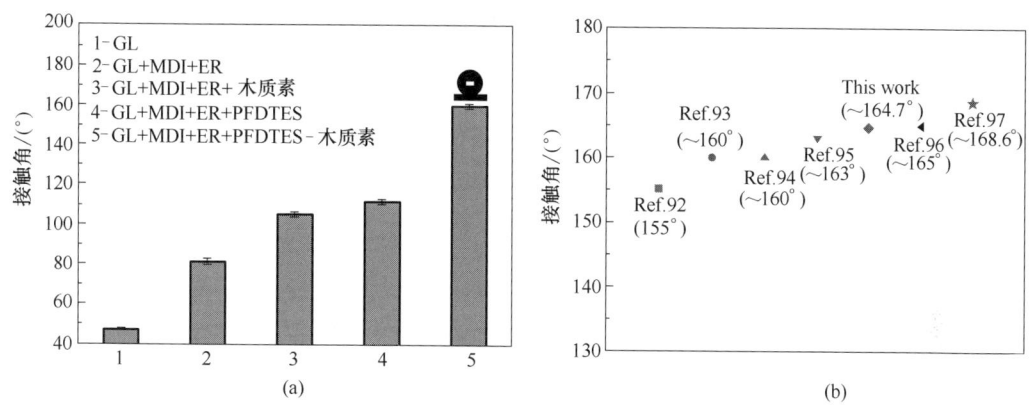

图 7-20 木质素-PFDTES 涂层的疏水性能分析

(a)玻璃基板上不同涂层接触角的比较 (b)与文献中报道的样品接触角的比较

(三)木质素-PFDTES 疏水机理分析

为了探索木质素-PFDTES 良好疏水性的机理,利用扫描电镜和原子力显微镜观察了木质素涂层和木质素-PFDTES 涂层的表面微观结构。

如图 7-21(e)和图 7-21(f)所示,SEM 图显示木质素涂层表面相对光滑,而木质素-PFDTES 涂层表面非常粗糙。同样,根据 AFM 图像[图 7-21(h)]可以发现,木质素-PFDTES 涂层明显比木质素涂层粗糙[图 7-21(g)],对应的均方根表面粗糙度(R_q)为 56nm。

进一步观察木质素和木质素-PFDTES 的 SEM 如图 7-21(a)和图 7-21(b)所示,原始木质素表面非常光滑,而木质素-PFDTES 颗粒表面变得非常粗糙,类似于覆盖着小乳头的风化岩石表面。TEM 图像[图 7-21(c)和图 7-21(d)]显示了相同的结果,原木质素

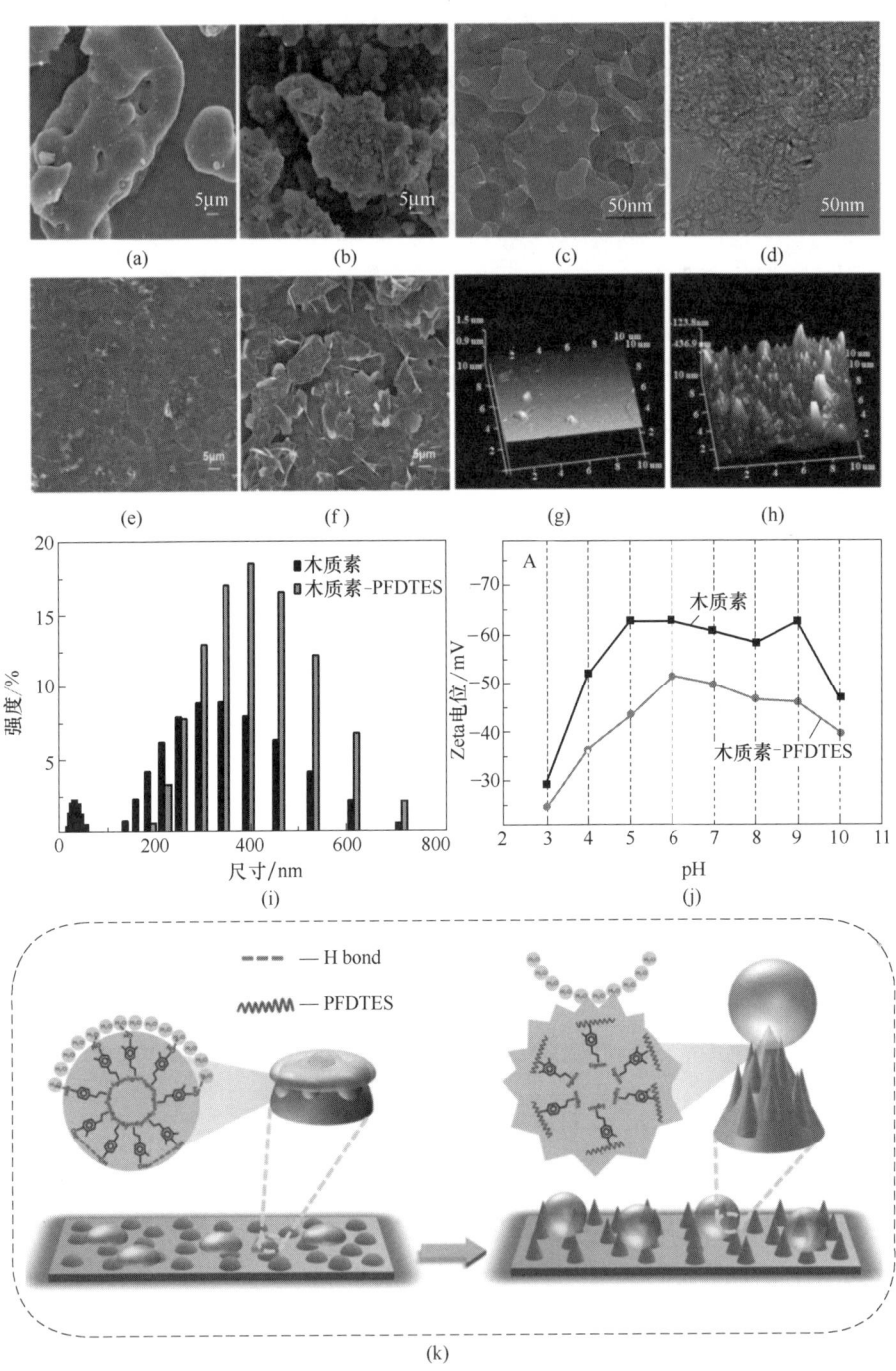

图 7-21 木质素-PFDTES 疏水机理分析

(a)原始木质素的 SEM 图 (b)改性木质素颗粒的 SEM 图 (c)原始木质素颗粒的透射电镜图 (d)改性木质素颗粒的透射电镜图 (e)原始木质素涂层的 SEM 图 (f)改性木质素涂层的 SEM 图 (g)原始木质素 AFM 图像 (h)改性木质素涂层的 AFM 图像 (i)木质素和木质素-PFDTES 的 DLS 分布 (j)木质素和木质素-PFDTES 的 Zeta 电位 (k)机理示意图

为椭圆形，而木质素-PFDTES 颗粒为多边形。改性后的木质素整体疏松，这是因为木质素上的酚羟基被全氟硅烷取代后，分子中的氢键断裂，分子间的距离增大。图 7-21（i）表明木质素-PFDTES 的粒径主要分布在 260~600nm，木质素的粒径主要分布在 30~500nm，当然，木质素-PFDTES 的平均粒径（600nm）大于木质素（390nm）。图 7-21（j）显示，在 pH 为 3~10 范围内，木质素-PFDTES 的带电性低于木质素，这是由于全氟硅烷取代了带电基团—OH，使得木质素-PFDTES 有较低的表面能。木质素分子内的链被拉开，导致木质素表面粗糙，这为木质素表面微纳米粗糙度创造了必要条件，而微纳米粗糙度是超疏水涂层后期生产所必需的。与疏水性相关的机理如图 7-21（k）所示，可以得出木质素改性前后疏水性的变化与涂层表面由 Wenzel 态转变为 Cassie-Baxter 态有关。这是由于随着木质素的改性，PFDTES 取代了木质素上的活性羟基，降低了其表面能，削弱了木质素分子链间的引力，使木质素分子中缠绕在一起的链被分离，使木质素-PFDTES 表面变得非常粗糙。综上所述，构建超疏水表面的两个重要因素是微纳米粗糙度和低表面能。

（四）木质素-PFDTES 涂层的机械性能

物理磨损对于人工超疏水表面来说是一个挑战，它不仅会破坏分层结构，而且会去除表面顶层的疏水物质。在本实验中，采用砂磨试验对涂层的力学性能进行了测试。将面积为 $0.002m^2$ 的木质素-PFDTES 玻璃涂层样品面朝下放置在 800 目砂纸上，并在涂层上面放置一个质量为 100g 的砝码，随后推动涂层移动。定义样品沿尺子移动 10cm，然后旋转 90° 的过程作为砂纸磨损测试的一个周期，如图 7-22（a）所示。然后在每个磨损循环后测量水的静态接触角。结果 [图 7-22（b）] 表明，在砂磨 30 次后，涂层的接触角仍然高达 150°，这表明超疏水行为可以抵抗机械力磨损。这种高强度的抗机械力应该归功于喷涂方法产生的"体积型"超疏水涂层，由于疏水木质素-PFDTES 颗粒和大量空腔的存在，涂层

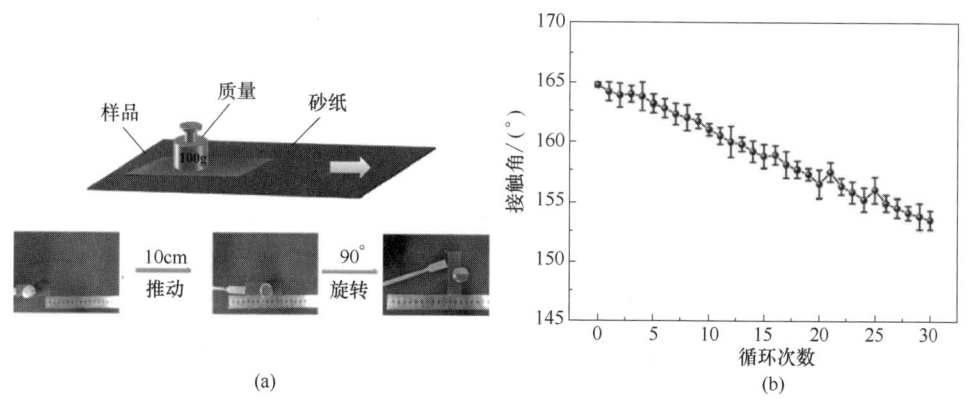

图 7-22 木质素-PFDTES 涂层的砂磨试验分析

(a)砂磨试验过程　(b)不同循环次数下试样砂磨试验的接触角

的表面和内部都是超疏水的,所以即使顶层被磨损,这样的涂层仍保留其超疏水性。然而,经过更多的磨损周期后,复合涂层将最终磨损。有趣的是,随着磨损次数的增加,有时涂层的接触角会增加,这种现象可以解释为新的表面仍然由疏水性木质素-PFDTES组成,并通过砂纸磨损建立了一种新的微纳米级粗糙度结构。

(五)木质素-PFDTES涂层的化学耐久性

将超疏水涂层在 2mol/L HCl、0.25mol/L NaOH 和 2mol/L NaCl 溶液中浸泡一段时间,考察其化学稳定性。

从图7-23中可以看出,与未浸水的涂层相比,涂层在各类溶液中浸泡30min后接触角略有减小,很可能是木质素本身的羧基等的活性基团发生电离,也有可能是浸在溶液中诱导 C—F 链断裂和 Si—O—Si 羟基化,从而增加涂层的表面张力。但涂层仍然保持了良好超疏水性,所有接触角均大于150°,说明木质素-PFDTES涂层保留了木质素自身良好的耐酸性、耐碱性和耐盐性,且由于特殊的微纳米复合结构,阻挡液体进入涂层对涂层造成破坏。

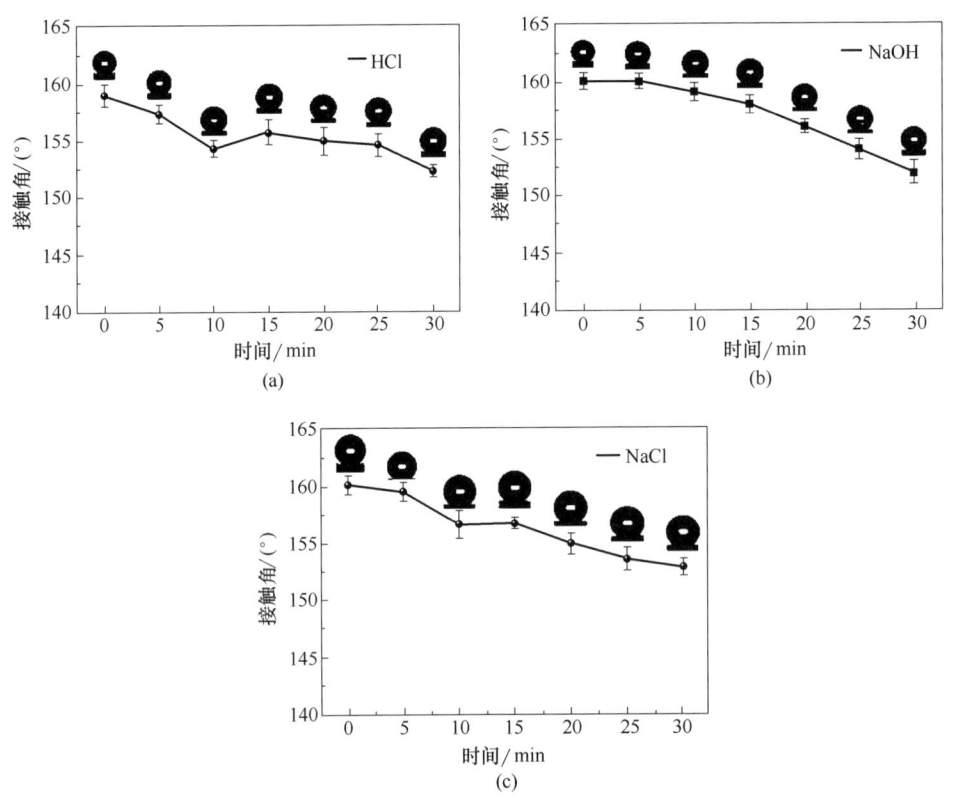

图 7-23　木质素-PFDTES 涂层的化学耐久性

(a)耐酸性　(b)耐碱性　(c)耐盐性

（六）木质素-PFDTES 涂层的自清洁性能

附着在基材上的涂层表面容易暴露在脏污、油污等环境中。污染物可能会隐藏在微纳结构的缝隙中，从而破坏超疏水涂层表面的微观结构，进而导致超疏水性能的丧失。因此，涂料必须具有自洁性和防污性。以炭黑作为人工污染物，将其喷洒在木质素-PFDTES玻璃涂层表面，然后用凝胶头滴管在涂层表面滴水，测试涂层的自清洁性能。如图 7-24 所示，水滴从涂层上滚下，冲刷下涂层表面的炭黑，充分证明了木质素-PFDTES 涂层具有自清洁和防污性能，在家具用品、餐饮等行业有更广泛的应用。

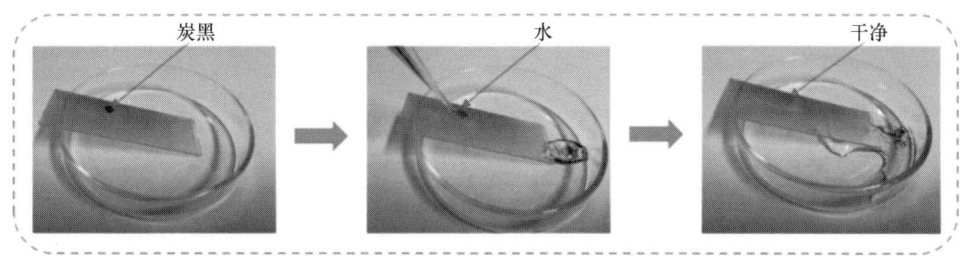

图 7-24　木质素-PFDTES 涂层自清洁性能的测试过程

（七）木质素-PFDTES 涂层的防腐蚀性能

金属器材暴露于空气中很容易受到腐蚀，导致仪器损坏，从而影响实用性。选取碳钢片为研究对象，分别将碳钢片和喷涂木质素-PFDTES 涂料的碳钢片置于 1mol/L 的盐酸溶液

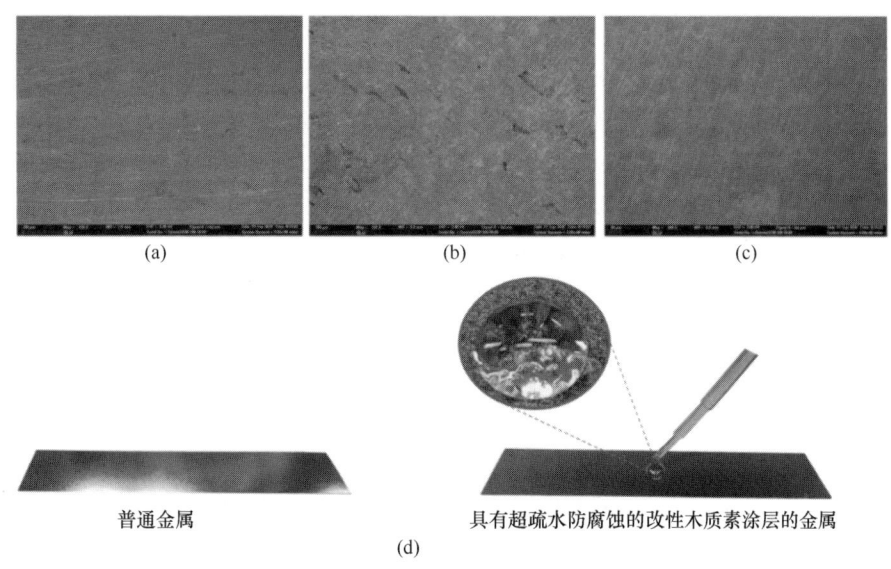

图 7-25　木质素-PFDTES 涂层保护碳钢前后的 SEM 图及防腐蚀示意图
(a)没有被盐酸腐蚀的碳钢片表面　(b)受盐酸腐蚀的碳钢片表面
(c)超疏水涂层保护以后再受盐酸腐蚀的碳钢片　(d)防腐蚀示意图

中24h后观察其扫描电镜图，并和空白样（没有在盐酸溶液中浸泡的碳钢片）作对照。扫描电镜图显示，没有被盐酸腐蚀的碳钢片表面［图7-25（a）］和喷涂了木质素-PFDTES涂层的碳钢片表面［图7-25（c）］都完好无损，相比之下，不做保护的碳钢片表面［图7-25（b）］损坏得很严重，出现了很明显的沟壑，这是由于木质素-PFDTES涂层阻隔金属不与盐酸溶液接触，保护其不被腐蚀，充分证明了木质素-PFDTES涂层具有防腐蚀性能，使其在家具用品、医药器材等行业有更广泛的应用。

第三节 季铵化木质素/二氧化硅复合物的制备及其在疏水涂料中的应用

疏水表面在自清洁、防结冰、耐腐蚀、强化传热、油水分离等方面有着广泛的应用前景，受到人们广泛关注。许多人工疏水材料表面都是通过使用低表面张力的材料构造微/纳米结构来制备的。然而，大多数低表面能材料都是有毒的、昂贵的和不可再生的，这限制了疏水材料的实际应用。因此，有必要寻找一种经济、环保的材料来构建疏水表面。

纳米二氧化硅对环境无害，耐高温，由于刚性强，可用于提供骨骼结构，构筑微纳米粗糙度。迄今为止，它一直是通过直接改性或与其他高分子材料复合来达到高疏水性。不幸的是，大多数改性剂和复合高分子材料成本高，难以降解，会对环境造成污染。木质素与二氧化硅的结合可以改善二氧化硅的疏水性，解决木质素材料的老化问题。但二氧化硅与木质素的相容性较差，难以与木质素复合。Wang等采用一锅沉淀法制备了接触角为130°的木质素/SiO_2杂化球，解决了木质素与二氧化硅相容性差的问题，证明了木质素/SiO_2复合材料具有制备疏水材料的潜力。这种一锅沉淀法的缺点之一是木质素/SiO_2粒径不均匀，分散性差。目前，最成功的方法就是自组装。原位自组装方法具有小分子同时聚合和大分子同时组装的优点。原位自组装正硅酸乙酯与木质素可以同时实现SiO_2的原位生成和生成的二氧化硅与木质素的组装，避免了纳米SiO_2容易团聚的问题。因此，它可用于制备具有良好分散性的木质素/SiO_2复合材料。

采用原位自组装的方法，设计了一种综合性能优异的新型环保纳米木质素/SiO_2复合疏水材料。通过对木质素进行季铵盐改性，得到了季铵化木质素（QAL）。通过QAL和正硅酸乙酯水热自组装制备了QAL/SiO_2纳米球。将QAL/SiO_2纳米球与固化剂、环氧树脂等物质混合制成涂料浆料。所制备的涂料浆可喷涂在玻璃基板上，由于QAL/SiO_2的独特结构和良好的分散性能，可获得微纳米结构均匀的疏水涂料。

一、季铵化木质素的合成与表征

（一）季铵化木质素（QAL）的合成

选择碱木质素（AL）作为原料，与带有正电性基团的3-氯-2丙基三甲基氯化铵中间体通过反应效率高的季铵化反应，制备得到水溶性好的季铵化木质素（QAL）（图7-26）。

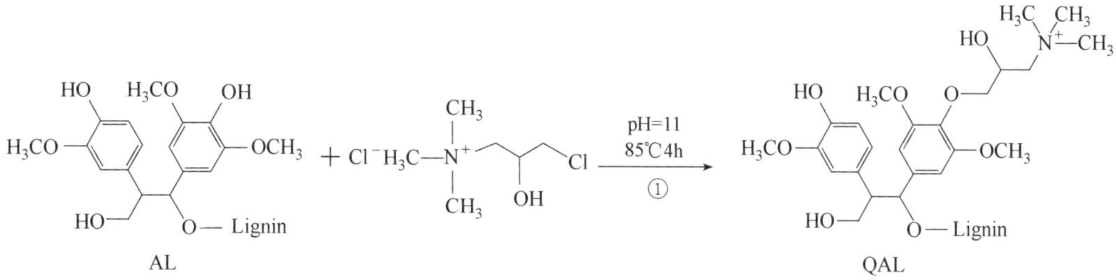

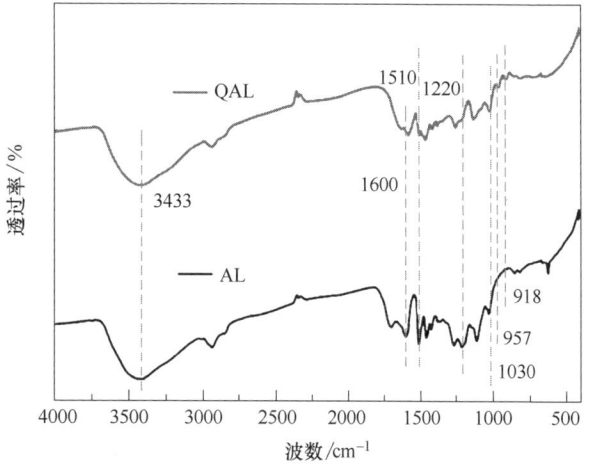

图7-26　化学反应示意图

（二）季铵化木质素（QAL）的表征

1. FT-IR 表征

AL 和 QAL 的红外光谱如图 7-27 所示。在 AL 的 FTIR 光谱中，3433cm^{-1} 处的吸收峰是 O—H 的伸缩振动，在 1600cm^{-1} 和 1510cm^{-1} 处的吸收峰归因于芳香环的振动，1220cm^{-1} 处的吸收峰为 C—O 伸缩振动，1030cm^{-1} 处是芳香族 C—H 的面内形变振动、伯醇中的 C—O 形变振动以及 C—H 伸缩振动。与木质素相比，QAL 在 957cm^{-1} 和 918cm^{-1} 处出现了由 NR_4^+ 引起的两个新的特征吸收峰，表明季铵离子成功接枝到木质素中。

图7-27　AL 和 QAL 的红外光谱

2. ^{1}H-NMR 表征

与 AL 相比，QAL 在化学位移 3.5mg/kg 处出现了一个新的质子信号，该信号属于 $(CH_3)_3$-N-基团（图 7-28）。

3-氯-2 丙基三甲基氯化铵与木质素反应后，—CH$_2$—O—基团的质子信号（化学位移 3.4mg/kg）增加，酚羟基的质子信号（化学位移 3.7mg/kg、8.50~9.20mg/kg）减弱，表明 AL 中的酚羟基大部分参与了季铵化反应。

3. 扫描电镜（SEM）表征

由扫描电镜图可以看出，木质素是不规则块状结构，且表面极其粗糙，季铵化改性之后，木质素的结构并没有发生明显变化（图 7-29）。

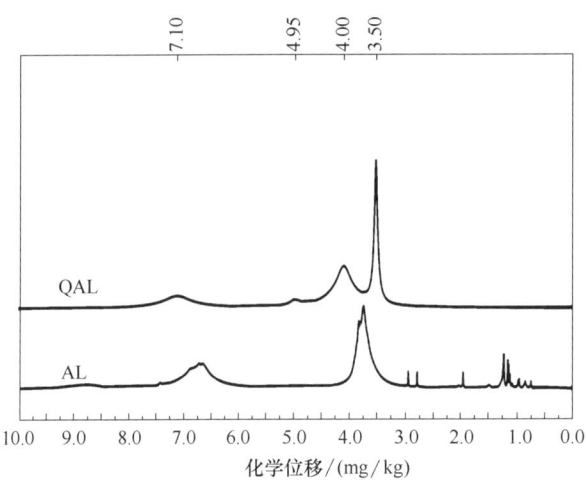

图 7-28　AL 和 QAL 的 ^{1}H-NMR 图

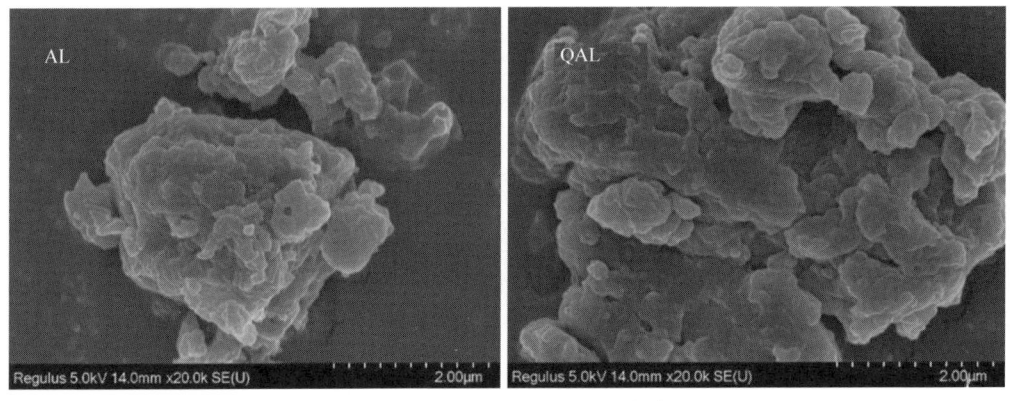

图 7-29　AL 和 QAL 的扫描电镜图

二、季铵化木质素/二氧化硅复合物（QAL/SiO$_2$）的合成与表征

（一）QAL/SiO$_2$ 复合物的合成

通过季铵化木质素（QAL）和正硅酸乙酯的静电自组装合成了 QAL/SiO$_2$ 复合物。该复合物的合成是在十二烷基苯磺酸钠的引发下，在乙醇-水混合溶剂中进行自组装。通过改变反应物的浓度来探究能形成季铵化木质素包裹二氧化硅的球形结构的最佳形貌，其余参数保持不变，引发剂用量为季铵化木质素质量的 3.3%，反应温度为 160℃，反应时间为 6h。该聚合反应是由季铵化木质素和 SiO$_2$ 之间的静电作用以及季铵化木质素之间的 π-π 作用引发的。

（二）QAL/SiO$_2$ 复合物的表征

通过 FT-IR、SEM、TGA 和 Zeta 电位的分析测试手段对 QAL/SiO$_2$ 复合物进行表征。

由扫描电镜（图7-30）可以看出，控制其他反应条件不变的情况下，季铵化木质素与乙醇-水浓度为1∶30时所制备的复合物表面较粗糙，且颗粒大小不太均一。浓度比为1∶50所制备的复合物具有更规则的形貌，而浓度比为1∶80所制备的复合物具有最规则的形貌，且直径为500~700nm。

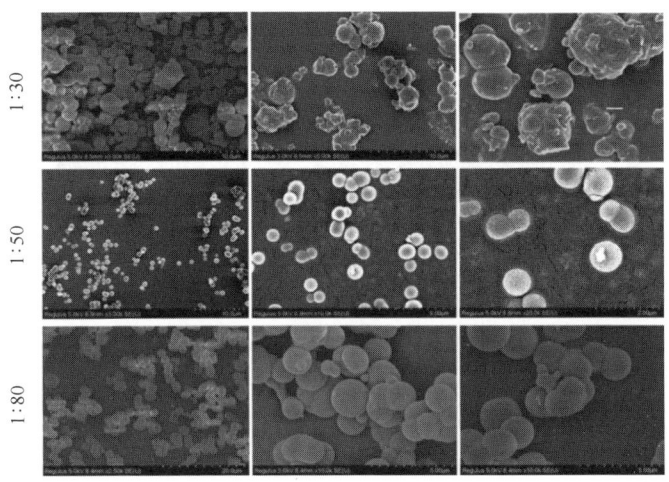

图7-30　不同季铵化木质素与乙醇-水浓度比对QAL/SiO$_2$复合物形貌的影响

探索正硅酸乙酯与乙醇-水的浓度比对复合物形貌的影响，从图7-31可以看出，浓度比为0.7∶40所制备的复合物表面附着了许多小颗粒，并不平滑。相反，在浓度比为0.7∶20的条件下所制备的复合物表面极其光滑。因此确定了最佳的反应物浓度：季铵化木质素与乙醇-水的比例为1∶80，正硅酸乙酯与乙醇-水的比例为0.7∶20。

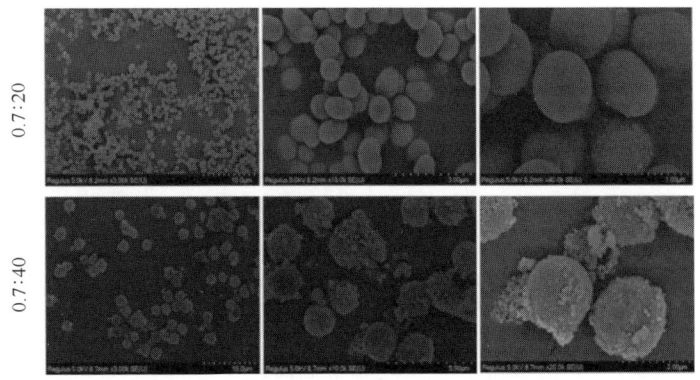

图7-31　不同正硅酸乙酯与乙醇-水浓度比对QAL/SiO$_2$复合物形貌的影响

QAL/SiO$_2$和QAL的红外光谱如图7-32（a）所示，QAL在3435cm^{-1}处存在O—H振动，在2925cm^{-1}和2850cm^{-1}吸收峰处存在甲基、亚甲基和甲氧基的C—H伸缩振动，在1640cm^{-1}处存在C—O伸缩振动，在1460cm^{-1}处存在C—H弯曲振动，分别在1220cm^{-1}和

1420cm^{-1} 处存在 C=O 伸缩振动和芳香环振动峰。与 QAL 相比，QAL/SiO$_2$ 光谱出现了新的吸收峰：包括在 1096cm^{-1} 处有 Si—O—Si 拉伸振动吸收峰，在 965cm^{-1} 和 468cm^{-1} 处有 Si—O 弯曲振动。红外光谱结果表明，成功制备了 QAL/SiO$_2$ 复合物。此外，XRD 结果 [图 7-32（b）] 表明，QAL/SiO$_2$ 颗粒为非晶态材料。

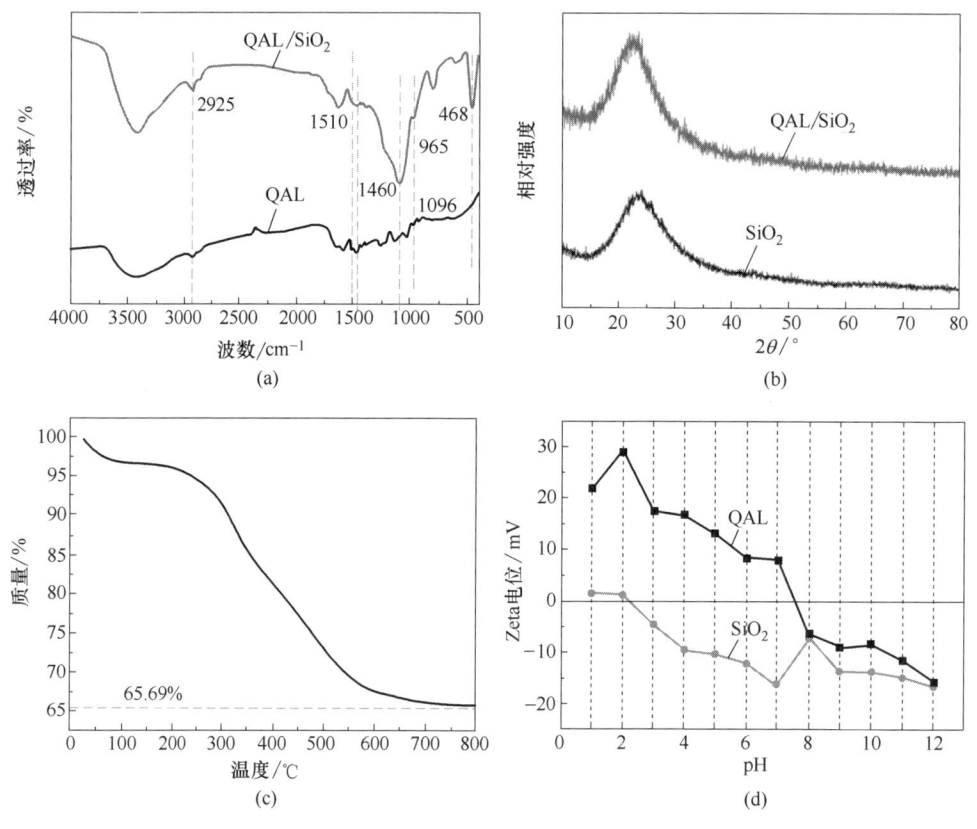

图 7-32　QAL/SiO$_2$ 的性能分析图

(a) 红外图　(b) XRD 图　(c) TGA 图　(d) Zeta 电位

进一步在空气气氛下测量了 QAL/SiO$_2$ 的热重，TGA 分析图 [图 7-32（c）] 显示了两个热降解阶段，第一个阶段是 200℃以下，该阶段失重约 5%，这些质量损失主要与样品中吸附水和结晶水的蒸发有关。第二个阶段是 200~700℃，该阶段样品总质量损失约为 24%，这种质量损失与季铵化木质素的分解有关，包括 3-氯-2-羟丙基三甲基氯化铵和木质素的分离、分子内链的断裂和芳香环的热裂解。样品最终残余量为 65.69%，是复合物中二氧化硅所占的含量，即木质素含量为 34.31%。根据 QAL 和 TEOS（以生成 SiO$_2$ 的质量计）的初始投料比为 1∶0.7 可发现，QAL 并不能全部负载到 SiO$_2$ 中。这是因为 AL 本身是一个分子量分布和不同分子中官能团分布具有差异性的混合物，因而经接枝季铵化改性得到的 QAL 便是由不同季铵根阳离子基团接枝量的 AL 分子组成的混合物，其中部分 QAL 分子变成强亲水性分子而使得这部分 QAL 在 pH 为 3 的水热过程中不会沉淀出来，从而导致最终制得的 QAL/SiO$_2$ 中 QAL 和 SiO$_2$ 的质量比低于初始投料比。

通过分析 Zeta 电位［图 7-32（d）］可以看出，SiO$_2$ 在 pH=0~2 带正电荷，且越来越弱，pH=2.5 为等电点，在 pH=3~12 之间带负电荷，且越来越强。QAL 在 pH=0~3 带正电荷且基本保持不变，因为在这一阶段只有带正电的季铵根阳离子电离。QAL 在 pH=3~7 范围内 Zeta 电位逐渐下降，但仍带正电荷，这与季铵盐的氨解有关，pH=7.5 时为等电点。而在 pH=8~12 带负电荷并变得越来越强，至 pH=12 已基本完全电离。当 pH 值为 3 左右时，QAL 与 SiO$_2$ 的电负性差最大，QAL 与 SiO$_2$ 可能通过静电作用结合。

如图 7-33 所示，QAL 谱图呈现出结合能 285eV 处的 C 1s 特征峰、532eV 处的 O 1s 特征峰以及 402eV 处的 N1s 特征峰，在 QAL/SiO$_2$ XPS 谱图中出现了新的特征峰，为结合能在 103eV 处的 Si2p 特征峰、154eV 处的 Si2s 特征峰。

QAL/SiO$_2$ 颗粒的形貌如图 7-34 所示。QAL/SiO$_2$ 颗粒均具有规则的球形结构，其直径为 500~700nm。此外，QAL/SiO$_2$ 的表面非常光滑。TEM 图像进一步显示，QAL/SiO$_2$ 为

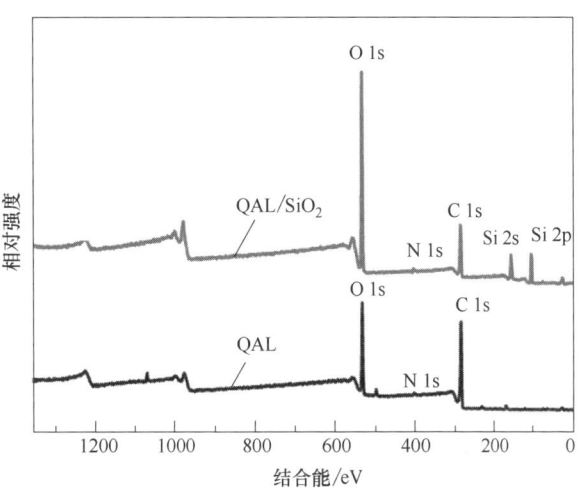

图 7-33　QAL/SiO$_2$ 的 XPS 谱图

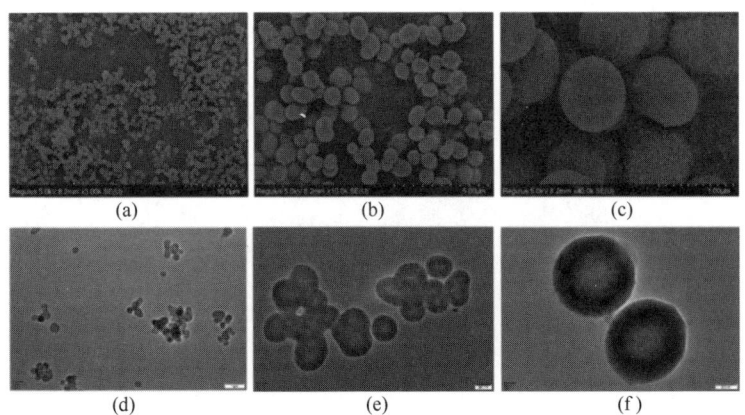

图 7-34　QAL/SiO$_2$ 不同放大倍数下的 SEM 图和 TEM 图

(a)~(c) SEM 图　(d)~(f) TEM 图

空心球状结构[图7-34(d)~图7-34(f)]。

通过分析 QAL/SiO$_2$ 和 QALC$_{12}$/SiO$_2$ 在悬浮液中的稳定性,探讨包覆液中是否出现絮凝或颗粒凝结现象。在分散性研究曲线中,随着离心时间的增加,在 107~130nm 范围内会出现从红到绿 50 条轮廓线,轮廓线的透射率变化越小,样品的分散稳定性就越好。从图 7-35 (a) 中可以看出,在 107~130nm 范围内,AL 的 50 条轮廓线的透光率变化很大,说明 AL 极易沉降。相比之下,QAL/SiO$_2$ 在 107~115nm 范围内变化较大,而在 115~130nm 范围内透光率变化较小,说明 QAL/SiO$_2$ 在分散剂中相对稳定。图 7-35(c) 比较了 AL 和 QAL/SiO$_2$ 乙醇悬浮液的稳定性。显然,随着时间的延长,AL 的透射率要远远高于 QAL/SiO$_2$,即 AL 和 QAL/SiO$_2$ 悬浮液在离心力作用下的相对稳定性为 QAL/SiO$_2$>AL,与图 7-35(a) 和图 7-35(b) 一致,充分说明制备的 QAL/SiO$_2$ 纳米球具有较好的分散稳定性。这主要是因为静电结合后,QAL/SiO$_2$ 的表面能较低,重力足够小,与弥散力达到平衡状态,更容易分散在介质中。这种良好的分散稳定性解决了喷涂过程中木质素颗粒不规则易导致涂料沉积、喷枪头堵塞等实际问题,使涂料性能良好,促进了木质素涂料的工业应用。

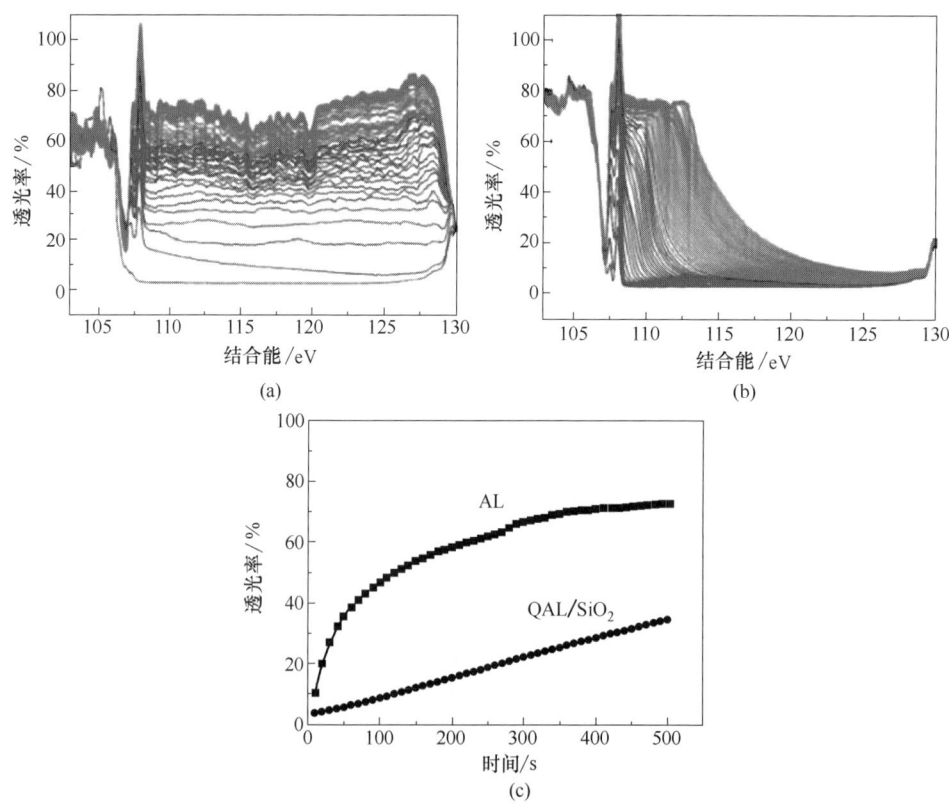

图 7-35　AL 和 QAL/SiO$_2$ 无水乙醇悬浮液稳定性分析

(a)AL　(b)QAL/SiO$_2$　(c)AL 和 QAL/SiO$_2$ 对比曲线

三、QAL/SiO₂ 涂层的表征及应用

（一）AL、QAL 和 QAL/SiO₂ 涂层的接触角、SEM 和 AFM

为了测试复合材料的疏水性，采用喷涂法制备了涂层，并用接触角测量仪测量了涂层的接触角。

如图 7-36（a）和图 7-36（b）所示，水滴呈半球形趴在 AL 和 QAL 涂层表面，其接触角分别为 100°［图 7-36（d）］和 99°［图 7-36（e）］，说明木质素的季铵化对木质素的疏水性没有太大的影响。而在图 7-36（c）中，水滴接近于球形存在于 QAL/SiO₂ 表面，其接触角为 137°［图 7-36（f）］，说明木质素与二氧化硅的复合增强了涂层的疏水性。图 7-36（g）中木质素涂层的表面非常光滑，而 QAL 涂层表面［图 7-36（h）］为大块颗粒，

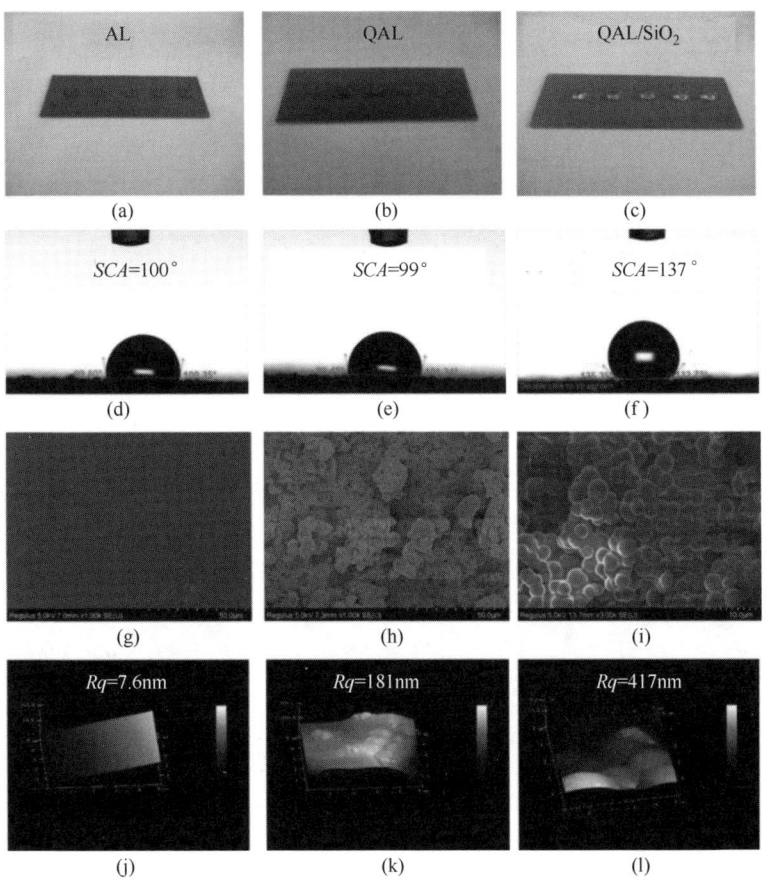

图 7-36 不同涂层的表面性能分析

(a) AL 涂层润湿性　(b) QAL 涂层润湿性　(c) QAL/SiO₂ 涂层润湿性　(d) AL 涂层接触角　(e) QAL 涂层接触角
(f) QAL/SiO₂ 涂层接触角　(g) AL 涂层 SEM　(h) QAL 涂层 SEM　(i) QAL/SiO₂ 涂层 SEM　(j) AL 涂层 AFM
(k) QAL 涂层 AFM　(l) QAL/SiO₂ 涂层 AFM

非常不规则。QAL/SiO$_2$ 涂层的表面［图 7-36（i）］由规则的球形微纳米突起组成，因为 SiO$_2$ 呈现规则球状，分布在涂层的表面。进一步观察 AFM 图像［图 7-36（j）～图 7-36（l）］可以发现，AL、QAL 和 QAL/SiO$_2$ 的均方粗糙度 Rq 分别为 7.6nm、181nm 和 417nm。可以看出，季铵化木质素在引入亲水基团后，导致表面能增大，疏水性变化不大。而由于 SiO$_2$ 的引入，使得高微纳米粗糙度（Rq = 417nm）的 QAL/SiO$_2$ 涂层达到高疏水性（CA = 137°，SA<1°）。

（二）QAL/SiO$_2$ 在不同基底上的疏水性分析

将 AL 和 QAL/SiO$_2$ 分别喷涂在玻璃、金属片、木片、织物和滤纸表面［图 7-37（a）～图 7-37（e）］，来探究 QAL/SiO$_2$ 在不同基底上的疏水性能。

结果表明，所有原基底表面亲水性很强以至于去离子水在基底表面迅速铺展开来，木板和滤纸表面的水甚至被直接吸收，而织物由于具有一定的微纳米粗糙度，刚开始水滴在表面呈球形，随着时间的推移，逐渐被吸收。从图 7-37（f）～图 7-37（j）可以看到，木质素（AL）涂层表面具有一定的疏水性，水滴呈半球形。从图 7-37（k）～图 7-37（o）可以看到，QAL/SiO$_2$ 在五种基底表面所形成的涂层均具有优异的疏水性，水滴在其表面呈近似球形，这证明了 QAL/SiO$_2$ 在不同基底上具有普遍适用性。

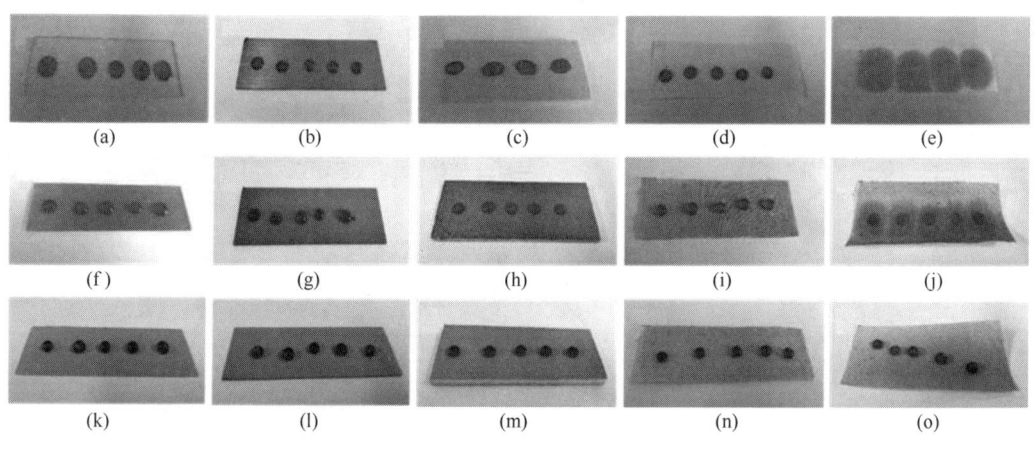

图 7-37　QAL/SiO$_2$ 在不同基底上的润湿性

(a) 玻璃　(b) 金属片　(c) 木片　(d) 织物　(e) 滤纸　(f) AL 玻璃涂层　(g) AL 金属涂层　(h) AL 木片涂层　(i) AL 织物涂层　(j) AL 滤纸涂层　(k) QAL/SiO$_2$ 玻璃涂层　(l) QAL/SiO$_2$ 金属涂层　(m) QAL/SiO$_2$ 木片涂层　(n) QAL/SiO$_2$ 织物涂层　(o) QAL/SiO$_2$ 滤纸涂层

（三）QAL/SiO$_2$ 涂层的自清洁性能

与荷叶相似，功能表面同时具有很高的静态接触角和很低的滑动角，在自清洁领域有着重要的应用。为考察 QAL/SiO$_2$ 疏水涂层的自洁能力，采用炭黑颗粒对超疏水玻璃涂层进行污染。如图 7-38 所示，水滴在玻璃涂层表面从左向右移动时吸附了炭黑颗粒。可以清楚地观察到液滴被炭黑颗粒所覆盖。具有疏水性的涂层显著地增加了工件表面与撞击水之间的接触角度，从而有利于现有灰尘颗粒附着的水滴的形成。水滴很容易滑过这个表面，拖着污垢，帮助表面保持干净，没有惰性物质（灰尘、干燥的植物残留物等）。涂层表面的污染物被有效地清除，显示出像荷叶一样的自清洁效果。自清洁对于去除涂层表面的灰尘颗粒和保持油水分离效率非常重要。

图 7-38　QAL/SiO$_2$ 涂层自清洁性能的测试过程

第四节　烷基化季铵化木质素/二氧化硅复合物的制备及表征

新的、先进的表面功能，如易于清洁、自清洁或可调（生物启发）黏附效应，在科学界引起了很大的兴趣。疏水涂料常指涂覆在表面上的静态水接触角 θ 大于 90°的一类低表面能涂料，具有防水、防雾、防雪、防污染、抗粘连、抗氧化、防腐蚀和自清洁以及防止电流传导等重要特点，在科学研究和生产、生活等诸多领域有极为广泛的应用前景。然而在实际的喷涂工艺操作中，由于颗粒不均匀或颗粒尺寸较大，导致喷枪喷嘴堵塞或喷涂出来的涂层表面结构不均匀，进而影响工作效率，且造成涂层表面疏水性差。因此，有必要制备纳米化的疏水涂料来解决这些问题，促进疏水涂料的发展。

近年来，疏水性杂化纳米涂料越来越受到人们的关注，并制备出约为 500nm 的 QAL/SiO$_2$ 纳米球，其具有较好的分散性，所以在一定程度上解决了涂料容易堵塞喷枪等问题，但其纳米化程度有望进一步得到提高。

使用溴代十二烷对季铵化木质素进一步烷基化，烷基链所产生的空间位阻作用限制了烷基化季铵化木质素和正硅酸乙酯水热时的自组装，使得到的烷基化季铵化木质素/二氧化硅颗粒较小。

一、烷基化季铵化木质素（QALC$_{12}$）的合成与表征

（一）烷基化季铵化木质素（QALC$_{12}$）的制备

化学反应过程如图 7-39 所示。

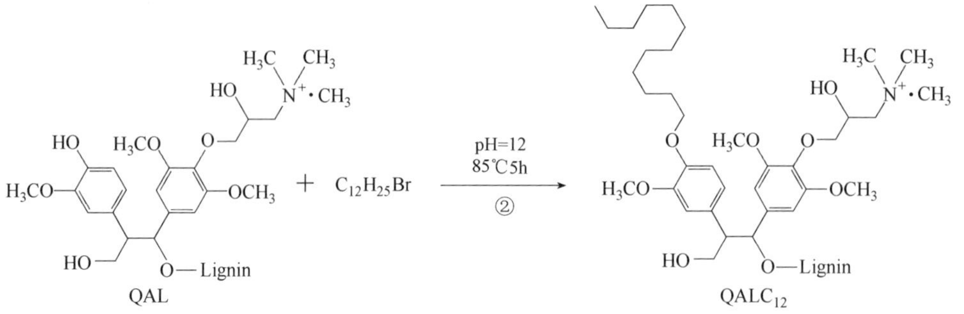

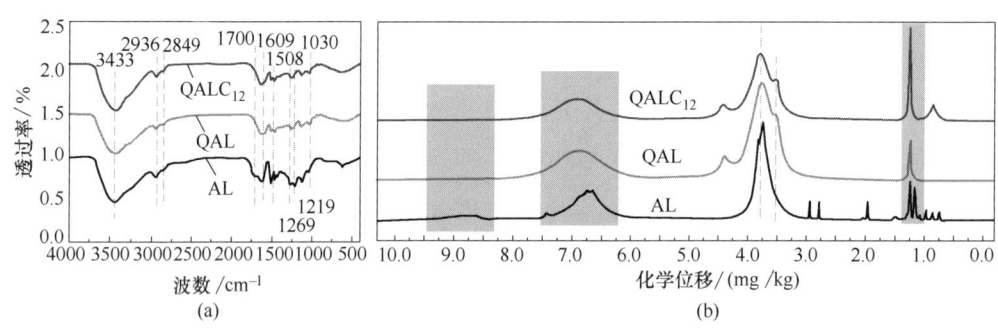

图7-39 化学反应过程

使用溴代十二烷对季铵化木质素进一步烷基化，烷基链所产生的空间位阻作用限制了烷基化季铵化木质素和正硅酸乙酯水热时的自组装，使得到的烷基化季铵化木质素/二氧化硅颗粒较小。

（二）烷基化季铵化木质素（$QALC_{12}$）的表征

AL、QAL 和 $QALC_{12}$ 的红外光谱如图7-40（a）所示。可以看出，在 C_{12} 烷基链接入 QAL 分子之后，$3443cm^{-1}$ 处的羟基 O—H 伸缩振动峰明显减弱，$2936cm^{-1}$ 处甲基和亚甲基的 C—H 伸缩振动峰再次增强，这说明溴代十二烷与 QAL 的酚羟基发生脱 HBr 的取代反应，从而将 C_{12} 烷基链接入 QAL 分子中。此外，由于烷基链的引入，在 $1609cm^{-1}$、$1508cm^{-1}$、$1269cm^{-1}$ 和 $1219cm^{-1}$ 处的吸收峰进一步减弱。

图7-40 烷基化季铵化木质素的图谱分析

(a) FT-IR 光谱　(b) ^{1}H-NMR 光谱

如图7-40（b）所示，木质素在季铵化改性以后，会使得 AL 分子中酚羟基的质子信号（化学位移 8.5~9.2mg/kg）消失，同时使芳香环质子信号（化学位移 6.5~7.5mg/kg）减弱。在 $QALC_{12}$ 的 ^{1}H-NMR 谱中，亚甲基（化学位移 1.0~1.4mg/kg）、甲基（化学位移 0.8mg/kg）和—CH_2—O—（化学位移 3.5mg/kg）的质子信号增强，表明溴代十二烷成功接枝到 QAL 上。

二、烷基化季铵化木质素/二氧化硅复合物（QALC$_{12}$/SiO$_2$）的表征

QAL、QALC$_{12}$ 和 TEOS 的 Zeta 电位如图 7-41（a）所示。在引入烷基链以后，QALC$_{12}$ 的带电性比 QAL 强，是因为 C$_{12}$ 烷基链取代了木质素本身的酚羟基。QALC$_{12}$ 随 pH 的变化趋势与 QAL 一致，且在 pH 为 3 时与 SiO$_2$ 的电负性相差最大，说明 QALC$_{12}$ 也可以通过静电作用与 SiO$_2$ 结合。

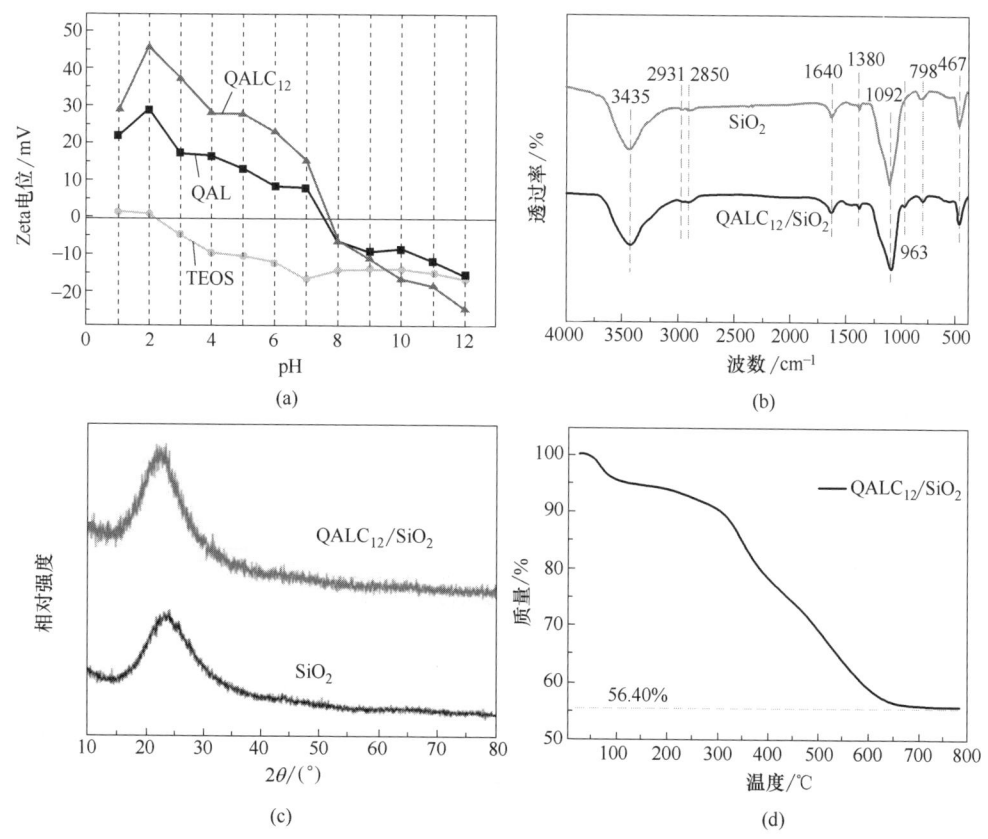

图 7-41　烷基化季铵化木质素/二氧化硅复合物的图谱分析

(a)Zeta 电位　(b)红外图　(c)XRD 图　(d)热重图

QALC$_{12}$/SiO$_2$ 和 SiO$_2$ 的 FT-IR 谱图如图 7-41（b）所示。QALC$_{12}$/SiO$_2$ 的 FT-IR 谱图中，3437cm^{-1} 和 1640cm^{-1} 处的红外波段是由于水分子的伸缩振动，在 1111cm^{-1} 处的强而宽的红外波段和 1188cm^{-1} 的肩带属于 Si—O—Si 非对称伸缩振动的 TO 模型和 LO 模型。在 956cm^{-1} 处的红外波段归属于硅醇基团，798cm^{-1} 处的红外波段为 Si—O—Si 对称伸缩振动，而 467cm^{-1} 处的红外波段为 O—Si—O 弯曲振动。

此外，XRD 数据 [图 7-41（c）] 显示，$QALC_{12}/SiO_2$ 在 $2\theta = 23°$ 处出现了一个具有等效布拉格角的非晶峰，说明 $QALC_{12}/SiO_2$ 颗粒为非晶态材料。

从图 7-41（d）的 TG 图中可以看出，650℃ 时 $QALC_{12}$ 基本上完全燃烧，剩下的 56.4% 是二氧化硅。而 $QALC_{12}/SiO_2$ 中 $QALC_{12}$ 的载荷占 43.6%，高于上一节制得的 QAL/SiO_2 中 QAL 的载荷（30.1%）。这是因为烷基化后，$QALC_{12}$ 带电性增强，与带负电的 SiO_2 之间的电负性差增大，导致静电作用更强，所以 $QALC_{12}$ 对 $QALC_{12}/SiO_2$ 负载较高。

$QALC_{12}/SiO_2$ 颗粒的形貌如图 7-42（a）~图 7-42（c）所示，具有规则的球形结构，直径为 50~100nm，表面相对粗糙。TEM 图像进一步表明，$QALC_{12}/SiO_2$ 均为实心结构 [图 7-42（d）~图 7-42（f）]。显然，烷基链的引入会极大地改变木质素/SiO_2 纳米颗粒的形貌。这可能是由于当 SiO_2 的初生晶核与 $QALC_{12}$ 中的季铵盐阳离子基团结合时，$QALC_{12}$ 中的烷基链阻止了 SiO_2 初生晶核的变大。$QALC_{12}$ 的三维网络结构有助于将 SiO_2 晶核重构为更小尺寸的亚微米复合微球。这是因为当 SiO_2 的主核与 $QALC_{12}$ 中的季铵盐阳离子结合时，$QALC_{12}$ 中的烷基链提供空间位阻来阻止 SiO_2 晶核的增加。

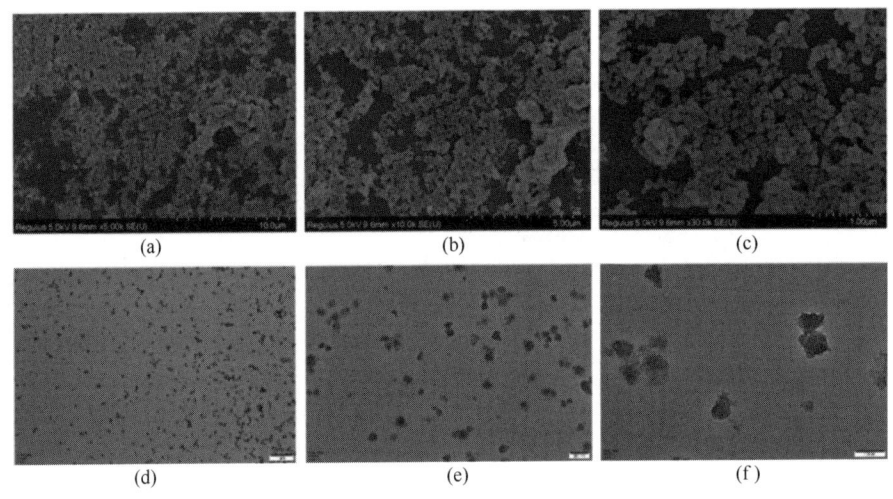

图 7-42　$QALC_{12}/SiO_2$ 不同放大倍数的 SEM 图和 TEM 图

(a)~(c) SEM　(d)~(f) TEM

通过分析 QAL/SiO_2 和 $QALC_{12}/SiO_2$ 在悬浮液中的稳定性，探讨悬浮液中是否出现絮凝或颗粒凝结现象。

观察了超声均匀分散的 AL、QAL/SiO_2 和 $QALC_{12}/SiO_2$ 无水乙醇悬浮液静置一段时间后的沉降情况，分析了 AL、QAL/SiO_2 和 QAC_{12}/SiO_2 在悬浮液中的分散稳定性。由图 7-43（a）可知，0h 时，上述三种无水乙醇悬浮液均匀分散在样品瓶中，6h 后，AL 悬浮液出现明显沉淀，QAL 悬浮液出现轻微沉淀，而 QALC$_{12}$/SiO$_2$ 无明显变化。随着时间的延长，直到 12h、18h 甚至 24h，AL 悬浮液完全沉淀，QAL/SiO$_2$ 沉积越来越明显，而 QALC$_{12}$/SiO$_2$ 基本没有变化，非常稳定。进一步使用稳定性分析仪来检测样品的分散稳定性。图 7-43（b）和图 7-43（c）表明，相比于 QAL/SiO$_2$，QALC$_{12}$/SiO$_2$ 的 50 条轮廓线变化很小。图 7-43（d）比较了 AL、QAL/SiO$_2$ 和 QALC$_{12}$/SiO$_2$ 乙醇悬浮液的稳定性。显然，随着时间的延长，AL 的透射率要远远高于 QAL/SiO$_2$ 和 QALC$_{12}$/SiO$_2$，而 QALC$_{12}$/SiO$_2$ 的透射率要低于 QAL/SiO$_2$。即 AL、QAL/SiO$_2$ 和 QALC$_{12}$/SiO$_2$ 悬浮液在离心力作用下的相对稳定性为：QALC$_{12}$/SiO$_2$>QAL/SiO$_2$>AL，与图 7-43（a）一致，充分说明制备 QALC$_{12}$/SiO$_2$ 纳米球具有最好的分散稳定性。

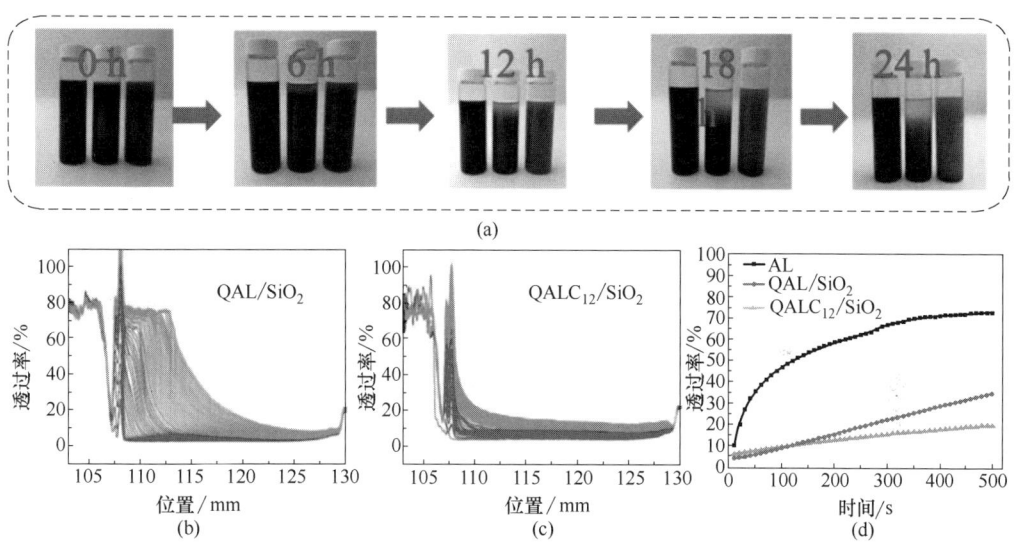

图 7-43　AL、QAL/SiO$_2$ 和 QALC$_{12}$/SiO$_2$ 无水乙醇悬浮液的沉降情况和稳定性分析
（a）沉降情况　（b）QAL/SiO$_2$ 稳定性分析曲线　（c）QALC$_{12}$/SiO$_2$ 稳定性分析曲线
（d）AL、QAL/SiO$_2$ 和 QALC$_{12}$/SiO$_2$ 稳定性分析整体对比曲线

进一步探讨了 QALC$_{12}$/SiO$_2$ 分散性良好的原因，并推导了原位自组装法制备 QALC$_{12}$/SiO$_2$ 的合成机理。如图 7-44 所示，带负电荷的 SiO$_2$ 晶核与带正电荷的 QALC$_{12}$ 季铵基团之间形成了强烈的静电相互作用，使得 SiO$_2$ 晶核靠近 QALC$_{12}$ 分子，QALC$_{12}$ 通过 π-π 相互作用连接在一起，二氧化硅附着在 QAL 上。然而，由于 C$_{12}$ 长链的存在，QALC$_{12}$ 形成空间位阻作用，抑制了 QALC$_{12}$/SiO$_2$ 的生长，使 QALC$_{12}$/SiO$_2$ 形成一个实心球体。经过静电键合后 QALC$_{12}$/SiO$_2$ 的表面能较低，重力小到足以与分散力达到平衡状态，更容易在介质中分散。同时，C$_{12}$ 长链的空间位阻阻碍了 QALC$_{12}$/SiO$_2$ 在乙醇、丙酮等溶剂中的聚集，所以

$QALC_{12}/SiO_2$ 具有更优良的分散稳定性,与图 7-43 的分析结果一致。

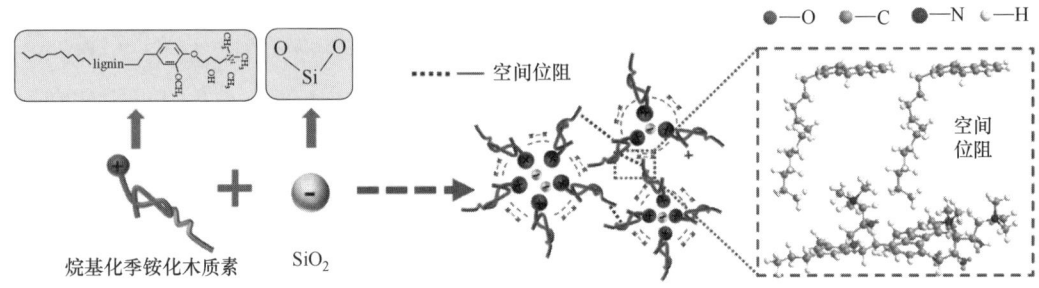

图 7-44 $QALC_{12}/SiO_2$ 的合成机理

三、烷基化季铵化木质素/二氧化硅复合物($QALC_{12}/SiO_2$)涂层表征

如图 7-45 所示,将 $QALC_{12}$ 和 $QALC_{12}/SiO_2$ 涂料喷涂形成涂层以后,其接触角分别为 129°和 130°。$QALC_{12}$ 涂层的表面比较粗糙,原子力显微镜数据显示其 Rq 为 101nm,和上一节的 QAL 涂层的 Rq 差不多,而接触角大于 QAL 涂层(99°),这是由于在 QAL 中接入了疏水链,使其表面能降低。$QALC_{12}/SiO_2$ 涂层的接触角小于上一章节中的 QAL/SiO_2 涂层的接触角,进一步观察扫描电镜和原子力电镜,发现其表面均方粗糙度 Rq 为 111nm,小于 QAL/SiO_2 涂层的 Rq(417nm),由于 $QALC_{12}/SiO_2$ 颗粒非常小,导致其表面粗糙度较小,所以其疏水性也较差,说明过度的纳米化不利于涂层微纳米结构的构建,进而降低疏水涂层的疏水性。

图 7-45 不同涂层的表面性能分析

(a)$QALC_{12}$ 涂层接触角 (b)$QALC_{12}$ 涂层接触角 (c)$QALC_{12}$ 涂层 SEM (d)$QALC_{12}$ 涂层 AFM
(e)$QALC_{12}/SiO_2$ 涂层接触角 (f)$QALC_{12}/SiO_2$ 涂层接触角 (g)$QALC_{12}/SiO_2$ 涂层 SEM
(h)$QALC_{12}/SiO_2$ 涂层 AFM

参 考 文 献

[1] NGUYEN S T,FENG J,LE N T,et al. Cellulose aerogel from paper waste for crude oil spill cleaning[J]. Industrial and Engineering Chemistry Research,2013,52(51):18386-18391.

[2] GUI X,ZENG Z,LIN Z,et al. Magnetic and highly recyclable macroporous carbon nanotubes for spilled oil sorption and separation[J]. Acs Applied Materials and Interfaces,2013,5(12):5845-5850.

[3] HU Y,LIU X,ZOU J,et al. Graphite/isobutylene-isoprene rubber highly porous cryogels as new sorbents for oil spills and organic liquids[J]. Acs Arplied Materials and Interfaces,2013,5(16):7737-7742.

[4] LI J,YAN L,TANG X,et al. Robust superhydrophobic fabric bag filled with polyurethane sponges used for vacuum-assisted continuous and ultrafast absorption and collection of oils from water[J]. Advanced Materials Interfaces,2016,3(9):1500770.

[5] LI Z T,WU H T,CHEN W Y,et al. Preparation of magnetic superhydrophobic melamine sponges for effective oil-water separation[J]. Separation and Purifiation Technology,2019,212:40-50.

[6] LIU Y,WANG X,FENG S. Nonflammable and magnetic sponge decorated with polydimethylsiloxane brush for multitasking and highly efficient oil-water separation[J]. Advanced Functional Materials,2019,29(29):1902488.

[7] CHOI W,TUTEJA A,MABRY J M,et al. A modified Cassie-Baxter relationship to explain contact angle hysteresis and anisotropy on non-wetting textured surfaces[J]. Journal of Colloid and Interface Science,2009,339(1):208-216.

[8] YANG J,WANG H,TAO Z,et al. 3D superhydrophobic sponge with a novel compression strategy for effective water-in-oil emulsion separation and its separation mechanism[J]. Chemical Engineering Journal,2019,359:149-158.

[9] ZHANG X,LIU W,CAI J,et al. Equip the hydrogel with armor:strong and super tough biomass reinforced hydrogels with excellent conductivity and anti-bacterial performance[J]. Journal of Materials Chemistry A,2019,7(47):26917-26926.

[10] LIU Z,ZHANG C,ZHANG X,et al. Durable superhydrophobic PVDF/FEVE/GO@TiO_2 composite coating with excellent anti-scaling and UV resistance properties[J]. Chemical Engineering Journal,2021,411.

[11] ADRIANMORENO, MOHAMMADMORSALI, JINRONGLIU, et al. Access to tough and transparent nanocomposites via Pickering emulsion polymerization using biocatalytic hybrid lignin nanoparticles as functional surfactants[J]. Green Chemistry,2021,23,3001-3014

[12] SANTOS R B,CAPANEMA E A,et al. Lignin structural variation in hardwood species[J]. Journal of

Agricultural and Food Chemistry. 2012,2012,60(19):4923-4930.

[13] ZONG E,LIU X,LIU L,et al. Graft polymerization of acrylic monomers onto lignin with $CaCl_2-H_2O_2$ as initiator:preparation,mechanism,characterization,and application in poly(lactic acid)[J]. Acs Sustainasle Chemistry and Engineering. 2018,6(1),337-348.

[14] NANDA D,SWETHA T,VARSHNEY P,et al. Temperature dependent switchable superamphiphobic coating on steel alloy surface[J]. Journal of Alloys and Compounds. 2017:727:1293-1301.

[15] QL A,GL B,SZ A,et al. Effect of adjustable molecular chain structure and pure silica zeolite nanoparticles on thermal,mechanical,dielectric,UV-shielding and hydrophobic properties of fluorinated copolyimide composites[J]. Applied Surface Science. 2018,427:437-450.

[16] ZULFIQAR U,HUSSAIN S Z,SUBHANI T,et al. Mechanically robust superhydrophobic coating from sawdust particles and carbon soot for oil/water separation[J]. Colloids and Surfaces A:Physicochemical and Engineering Aspeets,2018,539:391-398.

[17] GU L,BO J,SONG J,et al. Effect of lignin on performance of lignocellulose nanofibrils for durable superhydrophobic surface[J]. Cellulose,2019,26(6),933-944.

[18] SOUZA J R,ARAUJO J R,ARCHANJO B S,et al. Cross-linked lignin coatings produced by UV light and SF 6 plasma treatments[J]. Progress in organic coatings. 2019,128:82-89.

[19] ZHANG Y,ZHANG Y,CAO Q,et al. Novel porous oil-water separation material with super-hydrophobicity and super-oleophilicity prepared from beeswax,lignin,and cotton[J]. Science of the Total Environment,2020,706:135807.

[20] ZHANG X,SHI F,NIU J,et al. Superhydrophobic surfaces:from structural control to functional application[J]. Journal of Materials Chemistry,2008,18,621-633.

[21] WANG H,YANG D,XIONG W,et al. One-pot preparation of hydrophobic lignin/SiO_2 nanoparticles and its reinforcing effect on HDPE[J]. International Journal of Biological Macromolecules 2021,180:523-532.

[22] CONG H P,YU S,SCIENCE I. Self-assembly of functionalized inorganic-organic hybrids[J]. Current Opinion in Colloid and Interface Science. 2009,14(2):71-80.

[23] XU T,XIN M,LI M,et al. Synthesis,characterization,and antibacterial activity of N,O-quaternary ammonium chitosan[J]. Carbohydrate Research 2011,346(15):2445-2450.

[24] JAHAN M S,CHOWDHURY D,ISLAM M K,et al. Characterization of lignin isolated from some nonwood available in Bangladesh[J]. Bioresource Technology 2007,98(2):465-469.

[25] LIU K,JIANG L. Bio-inspired self-cleaning surfaces[J]. Annual Review of Materials Research,2012,42(1):231-263.

第八章　木质素基碳纤维的制备及性能分析

聚丙烯腈（PAN）是由丙烯腈（AN）聚合而成的一种高极性半晶聚合物。聚丙烯腈具有低密度、热稳定性、超高强度和弹性模量等特性，这使得它适合用于制备高技术纤维。目前，聚丙烯腈纤维被广泛应用于生产碳纤维。然而，PAN 纤维前驱体生产碳纤维存在成本高、石油化资源、不可再生的缺点。因此寻找新兴可替代的可再生资源成为一个重要课题。

木质素是最丰富的生物聚合物之一，是一种廉价的，具有多官能团的化合物，这使得其化学官能团变得灵活，可以生产有价值的材料，如膜、泡沫、生物树脂和低成本的碳纤维前体。然而，因为木质素的分子结构非常复杂，分子量变化大，因此其在工业领域的应用非常困难。为了克服其中的一些挑战，用不同的方法修饰木质素，如胺化、甲基化、共聚和接枝等。为了降低聚丙烯腈基碳纤维的成本，在许多研究中木质素与聚丙烯腈共混共聚。但研究结果表明，聚（丙烯腈/木质素）共聚物在有机溶剂中的溶解度较低、黏度较低、可纺性较差、缺乏机械性能。因此，有必要研究一种有效的方法用于木质素与丙烯腈共聚制备高性能聚丙烯腈基碳纤维。为了能够将木质素与聚丙烯腈结构较好地融合，引入了 2-氯丙烯腈这个中间体。通过对木质素的改性，将木质素与丙烯腈基结构结合起来，从而引入腈基这个结构，然后再将该改性的木质素与丙烯腈进行共聚，尽量复制聚丙烯腈的分子链，且保存了腈基的结构，为碳纤维梯形的耐热结构的形成打下良好的基础。

第一节　木质素基碳纤维前驱体的制备及表征

选择 2-氯丙烯腈作为中间体，在木质素（木质素磺酸盐）上引入腈基基团，使得木质素与聚丙烯腈形成均匀稳定的化学连接，以提高其可纺性。首先，对木质素进行胺化处理，以提高木质素的活性。其次，用 2-氯丙烯腈对木质素进行改性，接枝丙烯腈基团。最后，丙烯腈与改性木质素共聚制备聚（丙烯腈/丙烯腈-胺化木质素磺酸钠）共聚物［P（AN/LA-AN）］（图 8-1）。

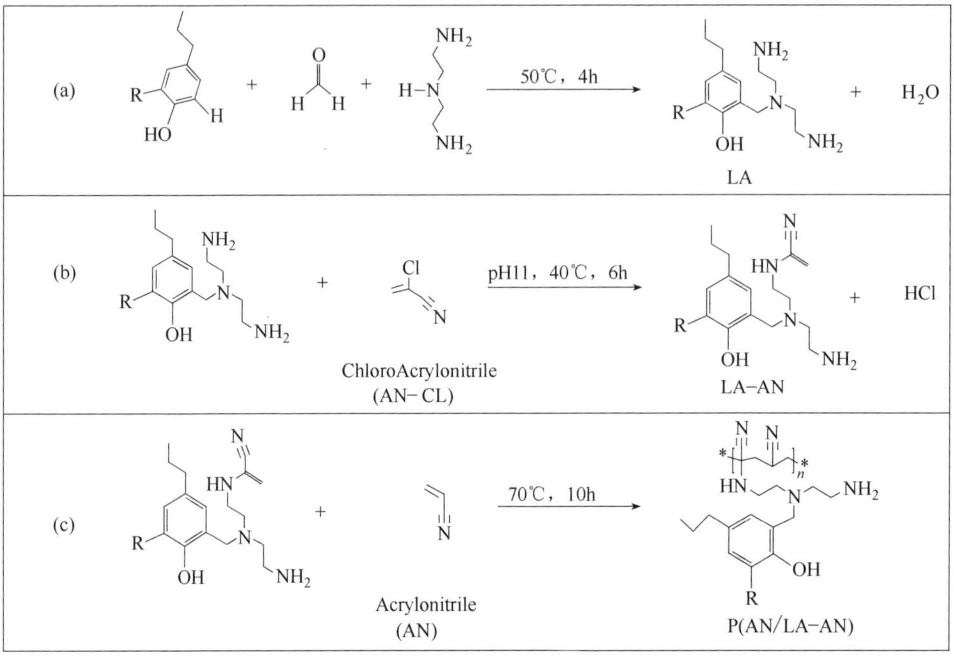

图 8-1 化学反应示意图

(a) 曼尼希反应 (LA)　(b) 将 2-氯丙烯腈接枝到木质素磺酸钠上 (LA-AN)　(c) 聚
(丙烯腈/丙烯腈-胺化木质素磺酸钠) [P(AN/LA-AN)] 共聚物的合成

一、木质素磺酸钠的胺化（LA）

在曼尼希反应中，甲醛-胺处理主要影响木质素酚单元的空位邻位，方法是用烷基胺取代芳族氢原子。在这项工作中，木质素的胺化反应是使用二乙烯三胺（DETA）根据曼尼希反应进行的，如图 8-1（a）所示。木质素磺酸钠（L）和 DETA 之间的质量比分别为 1:0、1:1、1:2 和 1:3。通过使用元素分析仪对原木质素磺酸钠（L）和 LA 的元素进行了分析，以研究曼尼希反应是否成功进行。结果表明，碳、氢和氮的含量各不相同，DETA 中的氮含量明显高于原木质素磺酸钠中的氮含量，且随着 DETA 含量的增加，胺化木质素中氮含量明显增加，即增加 DETA 的用量会导致 LA 的总氮含量增加。

从图 8-2（a）中可以看出，L 中氮与碳的含量之比接近于零，表明 L 中基本上不含氮。用 DETA（L 与 DETA 的用量质量比分别为 1:1、1:2 和 1:3）处理后，LA 中的氮与碳之比显著增加。从表 8-1 的结果可以看出，氮含量在 LA2（L 与 DETA 的质量比为 1:2）之前迅速增加，而在 LA2 以后随着 DETA 用量的增加略有增加。元素分析结果的氮含量用于计算木质素磺酸钠上接枝的 DETA 的质量分数，并使用 Li 等报道的公式（8-1）进行计算。

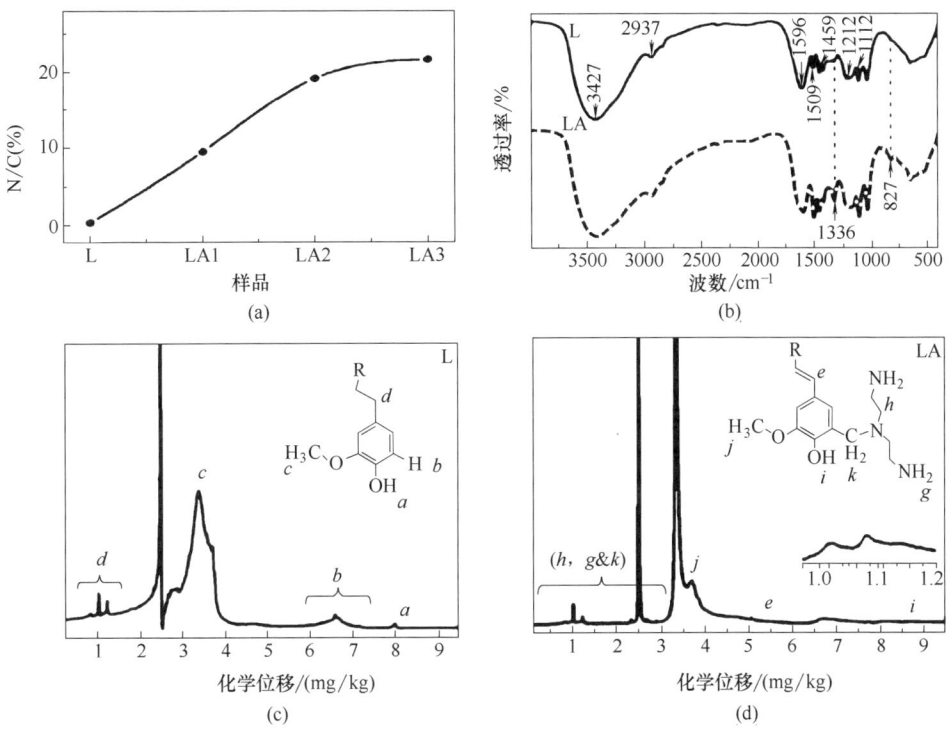

图 8-2 木质素磺酸钠的胺化结构分析

(a)胺化反应中 L 与 DETA 的比例对氮碳比的影响　(b)红外图

(c) L 的 ^{1}H-NMR 谱图　(d) LA 的 ^{1}H-NMR 谱图

$$w_{(\text{DETA})} = \frac{x_{\text{LA}} - x_{\text{L}}}{x_{\text{DETA}}} \times \overline{M}_{\text{r,m}} \tag{8-1}$$

其中，$w_{(\text{DETA})}$ 是接枝在 L 上的 DETA 的质量分数；x_{LA} 和 x_{L} 分别是 LA 和 L 中的氮含量（%）。x_{DETA} 是 DETA 中氮的含量。$\overline{M}_{\text{r,m}}$ 是 DETA 的分子量。通过对接枝结果和成本的比较，选择 LA2 用于木质素的胺化，并且 DETA 在 LA 上的质量分数为 13.21%。

表 8-1　L、LA 和 LA-AN 单体中的元素含量以及 LA-AN 单体上 DETA 和 AN 的质量分数

样品	比例(LA:AN)	元素含量/%			DETA 含量/%	AN 含量/%	产率/%
		C	H	N			
L	—	34.91	5.04	0.41	—	—	0
DETA	—	46.60	12.621	40.77	—	—	0
AN	—	67.90	5.660	26.00	—	—	0
LA	—	40.82	6.350	5.93	13.210	—	13.210
LA-AN	1:0.5	43.25	6.110	6.91	13.210	2.560	15.770
LA-AN	1:1	47.29	5.890	7.13	13.210	3.870	17.080
LA-AN	1:2	51.75	5.710	7.49	13.210	4.020	17.230
LA-AN	1:3	52.18	5.210	8.12	13.210	5.643	18.853

对聚合物进行了傅里叶红外光谱（FT-IR）分析，以研究 LA 中氨基是否存在。图 8-2（b）显示了 L 和 LA 的红外光谱。从 L 的光谱图中可以看出，在 1602cm^{-1}、1509cm^{-1} 和 1459cm^{-1} 处的吸收峰与苯的—C≕C—键的伸缩振动和骨架振动以及 C—H 键的吸收有关。而在 3427cm^{-1}、2937cm^{-1}、1112cm^{-1} 和 1212cm^{-1} 处的吸收峰分别对应于—OH 键、—CH$_2$ 键、S≕O 键和 C—O—C 键的拉伸振动。与 L 相比，胺化之后的木质素磺酸钠在 827cm^{-1} 和 1336cm^{-1} 处显示了两个新的吸收峰，它们分别与 DETA 的 N—H 键（仅伯胺和仲胺）的摇摆振动和 C—N 键的拉伸振动有关。这两个峰的出现表明 DETA 基团已被引入木质素磺酸钠的分子中。此外，属于羟基的 3427cm^{-1} 处的能带变宽意味着反应中酚羟基基本不变。此外，由于 DETA 基本由多甲基（—CH$_2$—）组成，因此归因于甲基和亚甲基结构的—CH 拉伸的 2937cm^{-1} 和 2842cm^{-1} 处的峰强度明显增加。这些变化均表明 DETA 已经接枝到木质素磺酸钠的分子链上，表明木质素磺酸钠的胺化反应已根据曼尼希反应成功完成。

应用 ^{1}H-NMR 分析结果可进一步证明将胺基引入 L 的结构上。从图 8-2（c）中可以看出，L 的光谱在 6～7.5mg/kg、8～9mg/kg 和 0.5～3.6mg/kg 处显示出明显的质子信号，分别对应于芳族质子、酚羟基质子和脂肪族质子。胺化后，图 8-2（d）中的 LA 光谱显示在 6～7.5mg/kg 处信号强度显著降低，这表明木质素芳香族质子的邻位已成功与 DETA 反应。此外，可以清楚地观察到一些以 2～3mg/kg 的新信号分配给胺基团。这些结果与傅里叶红外光谱的分析结果和元素分析的结果一致，因此进一步证明 DETA 通过曼尼希反应有效地连接到了木质素磺酸钠的分子上。

二、丙烯腈-胺化木质素磺酸钠（LA-AN）的合成及表征

（一）LA-AN 接枝条件的优化

反应原理如图 8-1（b）所示。通过在碱性溶液中将丙烯腈基团接枝到 LA 上来合成 LA-AN。

将 AN 接枝到 LA 上的反应是在水溶液中进行的，然后将溶液倒入异丙醇中使其沉淀。通过离心（10000r/min，15min）收集沉淀物，并将其分散在过量的异丙醇中洗涤并再次离心。最后用真空干燥箱在 45℃干燥 16h，从而得到反应物。探究此反应过程中的温度、时间和 pH 对接枝率的影响，如图 8-3 所示。丙烯腈中的腈基（C≡N）导致化合物中氮碳比进一步增加。因此，可以通过元素分析来计算接枝产物的氮碳比，从而确定最有利的接枝条件。图 8-3 中的结果表明，将丙烯腈接枝到胺化木质素磺酸钠上的最佳条件是：反应温度 40℃，反应时间 6h 和反应 pH 为 11。

此外，对在最佳反应条件下制备的 AN、LA 和 LA-AN 进行了元素分析，并将样品中的碳、氢和氮含量置于表 8-1 中。可以看出，L 样品显示出较低的碳含量（34.91%）。该结

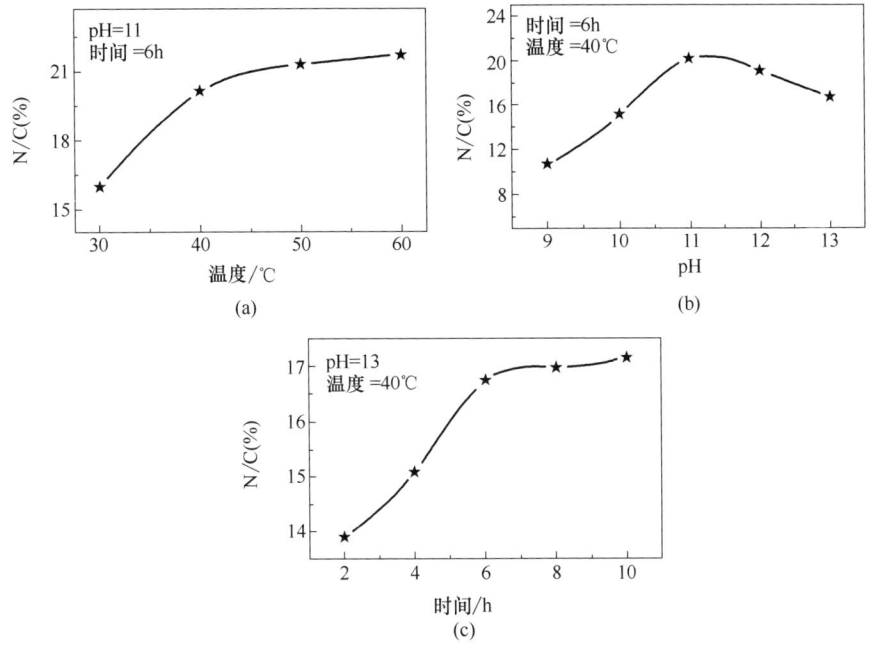

图 8-3 不同反应条件对 LA-AN 氮碳比的影响

(a)温度 (b)pH (c)反应时间

果与先前的研究一致。使用 Li 等报道的公式（8-2），利用样品的氮含量（N%）计算在 LA 上的接枝 AN 的质量分数。

$$w_{(AN)} = \frac{x_{LA-AN} - x_{LA}}{x_{AN}} \times \overline{M}_{r,m} \tag{8-2}$$

其中，$w_{(AN)}$ 是丙烯腈在 LA-AN 中的质量分数（%）；x_{LA-AN} 和 x_{LA} 分别是 LA-AN 和 LA 中的氮含量（%）；x_{AN} 是 AN 中氮的含量；$\overline{M}_{r,m}$ 是丙烯腈的质均相对分子质量。

结果显示，由于 LA 和 LA-AN 中氮和碳含量发生了明显的变化，表明木质素分子成功进行了胺化和接枝。为了计算在 LA 上接枝 AN 的接枝率，在反应中改变 LA 与 2-氯丙烯腈的比例，并在如图 8-3 所示的最佳条件下进行反应。对于反应物，要加入一定量对苯二酚以抑制丙烯腈的聚合。从数据可以看出，在 LA 与 2-氯丙烯腈的比例为 1∶1 之前，接枝率随着 2-氯丙烯腈比重的增加而增加。此后，接枝率增加不明显。这是由于一些丙烯腈基团接枝在胺化木质素上以后，抑制了其余的丙烯腈分子接枝到木质素上的过程。在此，选择 LA 与 2-氯丙烯腈的比例为 1∶1 作为最佳比例，以控制合成过程中共聚物的分子结构并避免出现支链结构的可能性。该反应中在木质素上接枝的 DETA 和 AN 的接枝率为 17.1%，而在 LA-AN 的木质素含量为 82.9%。

（二）LA-AN 的表征

图 8-4（a）所示为 LA 和 LA-AN 的红外光谱图。

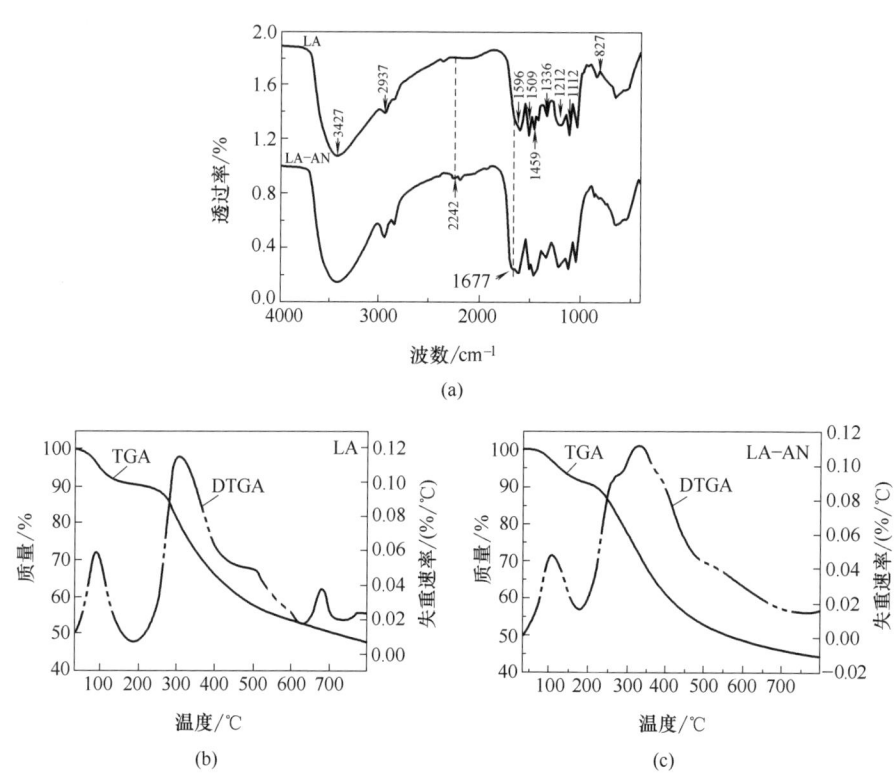

图 8-4　LA、LA-AN 的红外、TGA 和 DTGA 图

(a)红外图　(b)LA 的 TGA 和 DTGA 图　(c)LA-AN 的 TGA 和 DTGA 图

从 LA 的光谱图中可以看出，在 1602cm^{-1}、1509cm^{-1} 和 1459cm^{-1} 处的吸收峰是 LA 中苯环的特征吸收峰，而在 3427cm^{-1}、2937cm^{-1}、1112cm^{-1}、827cm^{-1}、1336cm^{-1} 和 1212cm^{-1} 处观察到的峰对应于—OH、—CH$_2$、S=O、—NH、C≡N 和 C—O—C 的拉伸振动峰。除这些峰外，LA-AN 的红外光谱在 2242cm^{-1} 和 1677cm^{-1} 处的两个吸收峰，与 C≡N 和丙烯腈 C=C 吸收峰的拉伸振动有关。此外，在波长为 2938cm^{-1} 和 2840cm^{-1} 处的峰强度在改性后显著增加，这表明改性后的化合物的甲基和亚甲基结构明显增多，证明在 LA 的分子结构上成功接枝了丙烯腈。

此外，对 LA-AN 进行了元素分析，结果列于表 8-1 中。根据元素分析的结果，确定了 LA-AN 的分子式为 $C_{28}H_{40}Na_2O_8S_2N_3$。

图 8-4（b）和图 8-4（c）分别是 LA 和 LA-AN 的 TGA 与 DTGA 热分析图。根据图 8-4（b），TGA 分析图显示了三个热降解阶段，第一个阶段是 100~150℃，该阶段失重约 10%，这些重量损失主要与样品中水分的蒸发有关。第二个阶段是 246~400℃，该阶段样品总重量损失约为 38%。第三个阶段是 410~650℃，到这个阶段样品的总重量损失约为

51.5%。后两个阶段的重量损失与分子链的断裂和芳环主链的热裂有关。与 LA 相比，LA-AN 的 TGA 曲线在热分解阶段显示出相似性 [图 8-4（c）]。但是，第二阶段的热降解发生在较宽的温度范围内（270~490℃），而此阶段中最大降解的温度从 LA 的 310℃升高到 355℃，而且 LA-AN 的样品残留量（碳含量）为 44%，略低于 LA（48.5%）。

^{1}H-NMR 也用于表征 LA-AN，结果如图 8-5 所示。可以看出，LA-AN 的所有芳族、胺和甲氧基质子信号峰分别出现在 6.0~8.0mg/kg、2.2~3.6mg/kg 和 3.5~4.2mg/kg 处。此外，^{1}H-NMR 光谱在 4.5~5.5mg/kg 处出现新的峰，与 AN 的乙烯基有关。

三、P（AN/LA-AN）共聚物的表征

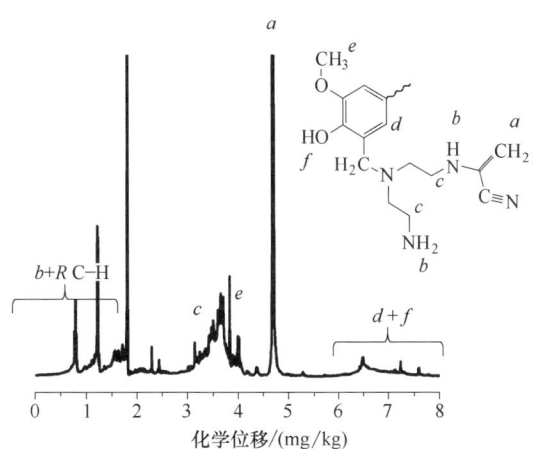

图 8-5　LA-AN 的 ^{1}H-NMR 光谱

通过 AN 单体和 LA-AN 的自由基聚合反应合成了聚丙烯腈/丙烯腈-胺化木质素磺酸钠 [P（AN/LA-AN）共聚物]。在偶氮二异丁腈的引发下，在二甲基亚砜溶剂中进行共聚。通过改变反应单体之间的比例和固定单体与溶剂之间的比例来探究 AN 和 LA-AN 的比例对共聚物特征和性能的影响，其余参数保持不变，引发剂用量为单体总质量的 1%，反应温度为 70℃，反应时间为 10h。该聚合反应是由 AIBN 分子热分解产生的自由基攻击单体的双键引发的。然后通过 FT-IR、XPS、^{1}H-NMR、TGA、DSC、GPC、流变学和溶解度对 PAN 和 P（AN/LA-AN）共聚物进行表征。

（一）FT-IR 表征

PAN 和 P（AN/LA-AN）共聚物的 FT-IR 光谱图如图 8-6（a）所示。在图 8-6（a）中，三个不同的吸收峰位于 1459cm^{-1}、1336cm^{-1} 和 2937cm^{-1}，分别对应于 C—H 单键的弯曲振动峰、C≡N 键的峰和 C—H 单键的拉伸振动峰。这些都是 PAN 的典型吸收峰。含有不同比例木质素的 P（AN/LA-AN）共聚物的 FT-IR 光谱在 3427cm^{-1}、2937cm^{-1}、2242cm^{-1}、1677cm^{-1}、1509cm^{-1} 和 1459cm^{-1} 处出现吸收峰，这些吸收峰是—OH（AN/LA）的峰、—CH 的弯曲振动峰（AN/LA 和 PAN）、C≡N 的峰、苯环 C=C 的峰和骨架振动峰（AN/LA）以及 C—H 形变（AN/LA）。在 3427cm^{-1}（对应于芳香族和脂肪族羟基）、1677cm^{-1}、1509cm^{-1} 和 1459cm^{-1}（对应于芳香环）处出现的峰，表明共聚物中存在木质素分子。此外，在 1677cm^{-1} 和 1509cm^{-1} 处出现的峰表明木质素的环结构在共聚过程中没有受到影响，反应机

理如图 8-1（c）所示。

为了进一步证实已实现共聚，采用 XPS 分析研究 PAN 和 P（AN/LA-AN）共聚物的表面元素组成。PAN 的 XPS 测量结果［图 8-6（b）］显示，在 286.4eV 和 339.5eV 处显示两个强烈的峰，分别对应于 C 1s 和 N 1s 的结合能。除此之外，观察到 O 1s 峰集中在 533.03eV 处。聚合后，P（AN/LA-AN）共聚物在对应的 C 1s、N 1s 和 O 1s 的结合能峰中表现出相似性，分别出现在 286eV、400eV 和 532eV 处，但能量峰的强度有所增加。如图 8-6（c）和图 8-6（d）所示，与 PAN 相比，在 P（AN/LA-AN）共聚物中，与 C—C、C—O 和 C—N 相关的 C 1s 的峰值强度在 286.1eV 处显著增加。

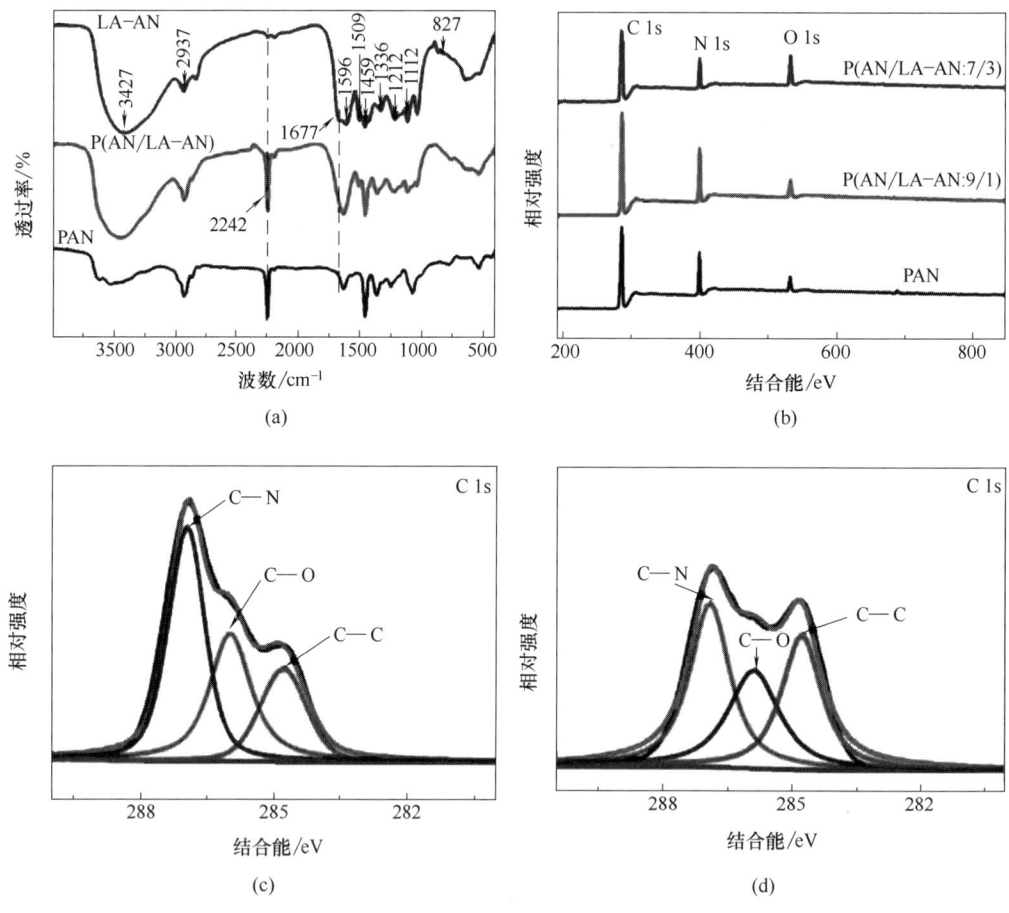

图 8-6　LA-AN、PAN 和 P（AN/LA-AN）共聚物红外和 XPS 图

(a)FT-IR 图　(b)XPS 图　(c)PAN 的 XPS 的 C 1s 图　(d)P(AN/LA-AN)共聚物的 XPS 的 C 1s 图

通过 ^{1}H-NMR 光谱对 PAN 和 P（AN/LA-AN）共聚物的结构进行分析，结果如图 8-7 所示。由图 8-7（a）可以看到，PAN 的 ^{1}H-NMR 光谱显示在 1.9~2.1mg/kg 和 3.00~3.30mg/kg 的质子共振信号，分别属于丙烯腈中的—CH（H_α）和—CH$_2$（H_β）。此外，光

谱显示出 1.0~1.2mg/kg 的信号，这属于引发剂自由基的甲基质子，该引发剂自由基在终止步骤中已掺入聚合物的端基。除这些信号外，图8-7（b）中显示，P（AN/LA-AN）共聚物的 ^{1}H-NMR 光谱在 1.01~1.20mg/kg、3.6~4.1mg/kg 和 6~8mg/kg 处的新的共振信号，分别对应于胺基的质子、甲氧基的质子（C—O—CH$_3$）和芳香族的质子。此外，信号在 5.00~6.00mg/kg 处消失，这对应于 LA-AN 和丙烯腈的乙烯基质子（CH$_2$=CH—），证明了在合成的 P（AN/LA-AN）共聚物中木质素分子的存在。

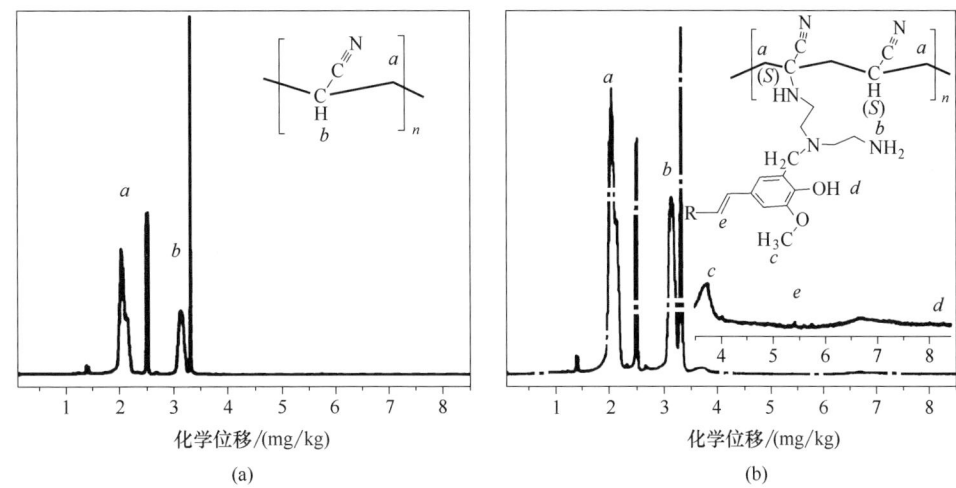

图8-7　PAN均聚物和P（AN/LA-AN）共聚物的 ^{1}H-NMR 光谱

(a) PAN　(b) P(AN/LA-AN)共聚物

PAN均聚物和不同比例共聚物的碳、氢、氮和氧含量通过元素分析仪进行分析，结果展示于表8-2中。

PAN 和 P（AN/LA-AN）共聚物的氧含量随 LA-AN 含量的增加而略有增加。由于 PAN 和 P（AN/LA-AN）共聚物中的氧元素主要由 LA-AN 提供，PAN 均聚物的氧含量相对较小（0.96%）。与聚丙烯腈（PAN）相比，P（AN/LA-AN）共聚物的碳含量、氮含量较低，但氢含量略有增加。这是因为 LA-AN 的化学成分，即它的碳含量和氮含量低于丙烯腈。

根据丙烯腈与 LA-AN 的质量分数自由基聚合的机理，忽略端基对共聚物的影响，只能通过 LA-AN 将氧引入共聚物中。根据文献，用公式（8-3）计算共聚物中 LA-AN 的摩尔分数。

$$x_{\text{LA-AN}} = \frac{w_o/8 \times 16}{\dfrac{1-w_o}{\dfrac{8 \times 16}{53} \times 656} + \dfrac{w_o}{8 \times 16}} = \frac{53 w_o}{128 - 603 w_o} \tag{8-3}$$

表 8-2　元素含量及共聚物质量分数和摩尔分数分析表

样品	AN/LA-AN 质量比	元素质量分数/%				LA-AN 中 O 元素质量分数/%
		C	H	N	O	
(a) PAN 和 P(AN/LA-AN) 共聚物的元素含量						
PAN	100/0	66.93	5.81	26.15	0.96	0.00
P(AN/LA-AN:9/1)	90/10	58.71	5.83	20.53	4.47	3.51
P(AN/LA-AN:7/3)	70/30	55.29	6.17	16.78	5.59	4.63
P(AN/LA-AN:5/5)	50/50	50.78	5.17	7.27	6.90	5.94

样品	转化率/%	AN 质量分数/%	LA-AN 质量分数/%	AN 摩尔分数/%	LA-AN 摩尔分数/%	木质素质量分数/%
(b) 共聚物质量分数及摩尔分数						
PAN	93.95	100	0.00	100	0.00	0.00
P(AN/LA-AN:9/1)	90.56	88.00	12.00	98.91	1.09	9.95
P(AN/LA-AN:7/3)	76.40	76.29	23.71	97.55	2.45	19.66
P(AN/LA-AN:5/5)	58.54	69.59	30.41	96.59	3.41	25.22

其中，w_o 是通过元素分析得到的共聚物中氧的质量分数，LA-AN 相对分子质量为 656，AN 相对分子质量为 53。

用摩尔分数计算了 PAN 和 P(AN/LA-AN) 共聚物中 LA-AN 的质量分数，结果见表 8-2(b)。P(AN/LA-AN) 共聚物的氧含量和摩尔分数随 LA-AN 的增加而略有增加，且 LA-AN 的质量分数和木质素的含量随 LA-AN 投料比的增加也增加了。

根据公式(8-4)计算了丙烯腈和 LA-AN 向共聚物的转化率，结果见表 8-2(b)。

$$转化率 = \frac{聚合物的重量}{初始单体的重量} \times 100\% \tag{8-4}$$

如表 8-2(b) 所示，反应 10h 后，约有 93% 的丙烯腈单体转化成了聚丙烯腈聚合物。同样，对于摩尔分数为 1.09% 的 LA-AN，也以高达 90% 的转化率转化成了共聚物。然而，LA-AN 在较高的摩尔分数（即 3.41%）下，转化率显著降低至 58%。

（二）分子量表征

用凝胶色谱法测定了合成 PAN 和 P(AN/LA-AN) 共聚物的数均相对分子质量（$\overline{M}_{r,n}$）、质均相对分子质量（$\overline{M}_{r,m}$）和多分散系数（PDI）。聚合物的多分散性指数是指聚合物的质均相对分子质量（$\overline{M}_{r,m}$）与数均相对分子质量（$\overline{M}_{r,n}$）的比值，有时也称为分子量分布。如表 8-3 和图 8-8(a) 所示，聚丙烯腈的分子量和多分散系数分别为 167.324g/mol 和 1.00160。P(AN/LA-AN) 共聚物的平均分子量急剧增加到 171.094～203.944g/mol，其分子量与 LA-AN 含量相关。从表 8-3 中可以看到，随着木质素含量的增加，PAN 和 P（AN/LA-AN）共聚物的多分散系数略有增加（1.03899~1.12552），但是增加不多，接近于 1，这反映了 PAN 和 P（AN/LA-AN）共聚物分子量分布的均一性，对 PAN 和 P（AN/LA-AN）聚合物的溶解度、可纺性和热性能有积极的影响。

表 8-3 前驱体聚合物的分子量及其分布

样品	单体质量分数/%		$\overline{M}_{r,n}$	$\overline{M}_{r,m}$	PDI
	AN	LA-AN			
PAN	100	0	167.057	167.324	1.00160
P(AN/LA-AN:9/1)	90	10	164.673	171.094	1.03899
P(AN/LA-AN:7/3)	70	30	172.460	183.136	1.06190
P(AN/LA-AN:5/5)	50	50	181.199	203.944	1.12552

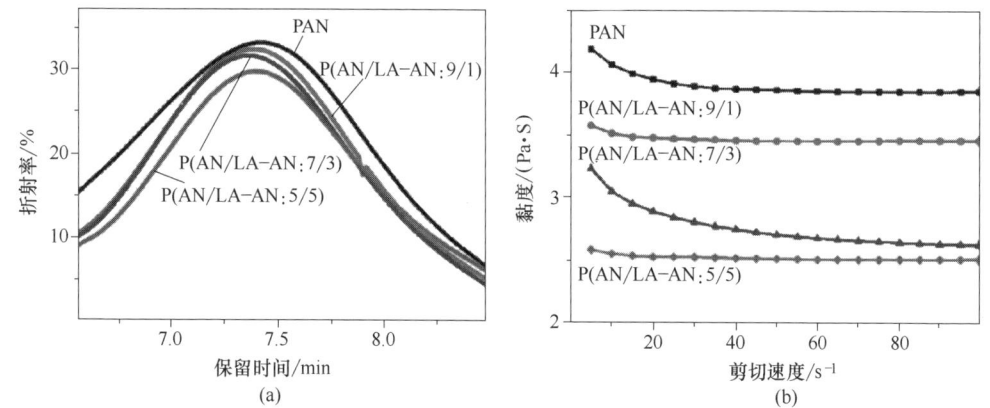

图 8-8 PAN、P（AN/LA-AN）共聚物的 GPC 曲线和黏度测试

(a) GPC 曲线 (b) 黏度测试

（三）流变性能表征

测定了室温条件下 PAN 和 P（AN/LA-AN）共聚物在 N,N-二甲基甲酰胺中的黏度随角频率的变化关系，如图 8-8（b）所示。在相同浓度（10%）下，PAN 和 P（AN/LA-AN）共聚物在 N,N-二甲基甲酰胺溶液中的黏度随剪切应力的增加而降低，然后趋于平衡。剪切速率越高，溶液的黏度越低，这归因于聚丙烯腈的假塑性行为。

GPC 结果表明，P（AN/LA-AN）共聚物的分子量高于 PAN，但是其黏度却偏低。这与共聚物中胺化木质素含量的增加导致溶液黏度降低有关。这种降低共聚物黏度的不寻常行为与胺化木质素的高度支化聚合结构有关，胺化木质素含有多羟基、多氢和胺基。聚丙烯腈聚合物具有独特的螺旋分子聚集和结合在一起的强烈分子间（偶极-偶极）键。引入木质素分子，PAN 分子间的相互作用就会被破坏，作为隔膜或稀释剂导致聚丙烯腈共聚物黏度的降低。

（四）溶解度测试

图 8-9 显示了不同木质素比的 PAN 和 P（AN/LA-AN）在 70℃ 的 N,N-二甲基甲酰胺中的溶解度。随 LA-AN 比例的增加，溶解度增加。这表明，共聚物溶解度的增加与胺化木质素有关。一般来说，分子量的增加会导致溶解度的降低。但是随着亲水性基团的增加，即胺基木质素中的 LA-AN 含量的增加，其溶解度显著增加。这有利于 P（AN/LA-AN）共聚物作为碳纤维前驱体的可纺性。

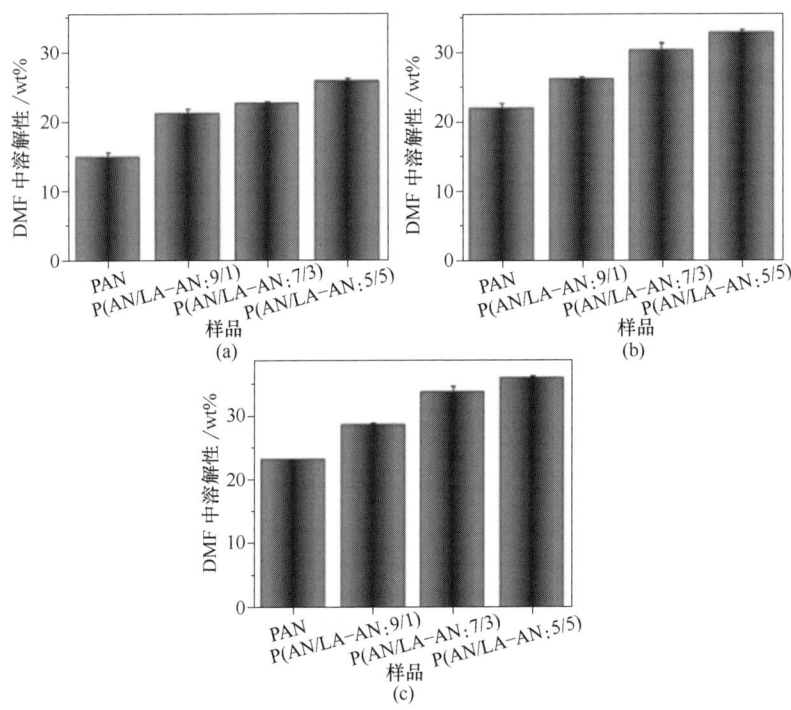

图 8-9　PAN、P（AN/LA-AN）共聚物在不同时间的溶解度

（a）6h　（b）12h　（c）24h

（五）热力学性能

用差示扫描量热法（DSC）研究了共聚物热力学性能的变化，如图 8-10（a）所示，PAN 的玻璃化转变温度（TG）为 271℃，P（AN/LA-AN）的玻璃化转变温度（TG）为 260~266℃。随着胺化木质素含量的增加，共聚物的玻璃化转变温度（TG）降低。这表明木质素分子在 P（AN/LA-AN）共聚物骨架上的存在虽然增加了共聚物的分子量，但在共聚物链之间起到隔膜的作用，从而提高了共聚物分子的迁移率。这为提高 P（AN/LA-AN）共聚物的后续纺丝性能提供了可能。

从图 8-10（b）中 PAN 和 P（AN/LA-AN）共聚物的热重分析可知，聚合物的 TGA 曲线有四个阶段的重量变化。与 PAN 相比，P（AN/LA-AN）共聚物的第一级热降解温度

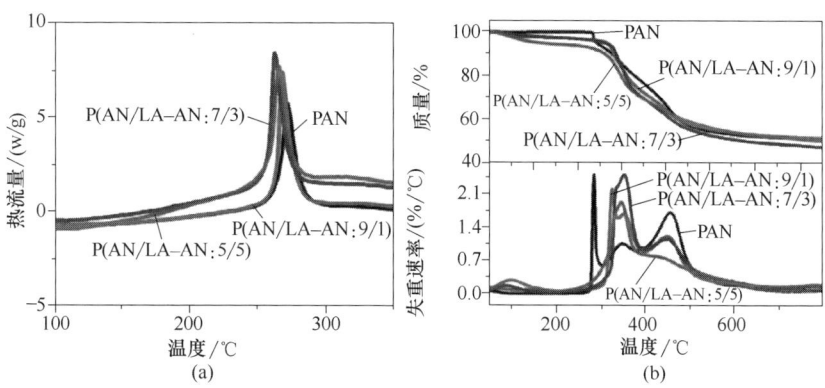

图 8-10　PAN 和 P（AN/LA-AN）共聚物的 DSC 和 TGA-DTGA 曲线

(a) DSC　(b) TGA-DTGA

（310℃）升高，与文献的研究结果一致，但共聚物的总失重率从 PAN 的 51% 降至 46%。高温下，胺基基团易于分解导致失重率稍高。

总体上看，将丙烯腈基团接枝到木质素上用于对木质素进行改性是控制 P（AN/LA-AN）共聚物性能的关键，P（AN/LA-AN）共聚物作为碳纤维的前驱体通过纺丝制备碳纤维原丝。

第二节　静电纺丝法制备木质素基碳纤维原丝

一维纳米结构纤维的制备方法有很多，如气相沉积法、模板法、溶剂热合成法、高压静电纺丝法等，其中高压静电纺丝法是一种简单有效的，制备直径在纳米到微米范围内聚合物纤维的方法，也是简易、高效的碳纳米纤维制备方法之一。其工作原理是在强电场作用下，聚合物溶液在金属针尖处由球形液滴拉伸变成圆锥形，称之为"泰勒锥"，通过电场力的进一步拉伸，静电力超过表面张力，圆锥形液滴喷出并延展固化成为超细直径的纤维，最终附着在接收装置表面。静电纺丝装置主要由高压电源、注射器、金属针头、溶液推进装置和接收装置等几部分组成。

本节通过高压静电纺丝技术制备 P（AN/LA-AN）基纳米碳纤维，并通过各个纺丝参数，包括纺丝电压、纺丝流速、滚筒转速及接收距离四个因素分析其对纳米碳纤维原丝的形貌及直径产生的影响，采用扫描电子显微镜观测所纺的 P（AN/LA-AN）基纳米碳纤维原丝的形貌，并且用 ImagePro 测量并计算纤维的直径分布直方图，从而探索最佳的纺丝条件。

一、纺丝电压的影响

采用丙烯腈与 LA-AN 的质量比为 9∶1，总质量分数为 15% 的 P（AN/LA-AN）共聚物溶液进行静电纺丝。

固定纺丝参数：纺丝流速为 1mL/h，辊筒转速为 1000r/min，接收距离为 120mm，探究调节纺丝电压为 20~26kV 时，静电纺丝纤维的形貌和直径变化。纺丝电压对静电纺丝纤维的形成影响甚大，如果纺丝电压过低，提供的电场力不足以克服纺丝溶液的表面张力，就不能顺利进行纺丝；如果纺丝电压过高，喷头和接收辊之间会产生放电现象，从而损坏纺丝仪器。图 8-11 为静电纺丝液在电压为 20kV、23kV 和 26kV 时所纺的纳米纤维的电镜图片以及对应纤维的直径分布图。

由图 8-11 可知，纺丝电压为 26kV 时，纤维直径略粗，取向较差，杂乱纤维较多，同时有串珠出现。这可能是因为电压升高，射流在电场中的运行时间变短，纤维在电场中没有获得足够的拉伸；同时电压过高，产生的电场变得不稳定，这会使得泰勒锥不稳定，从

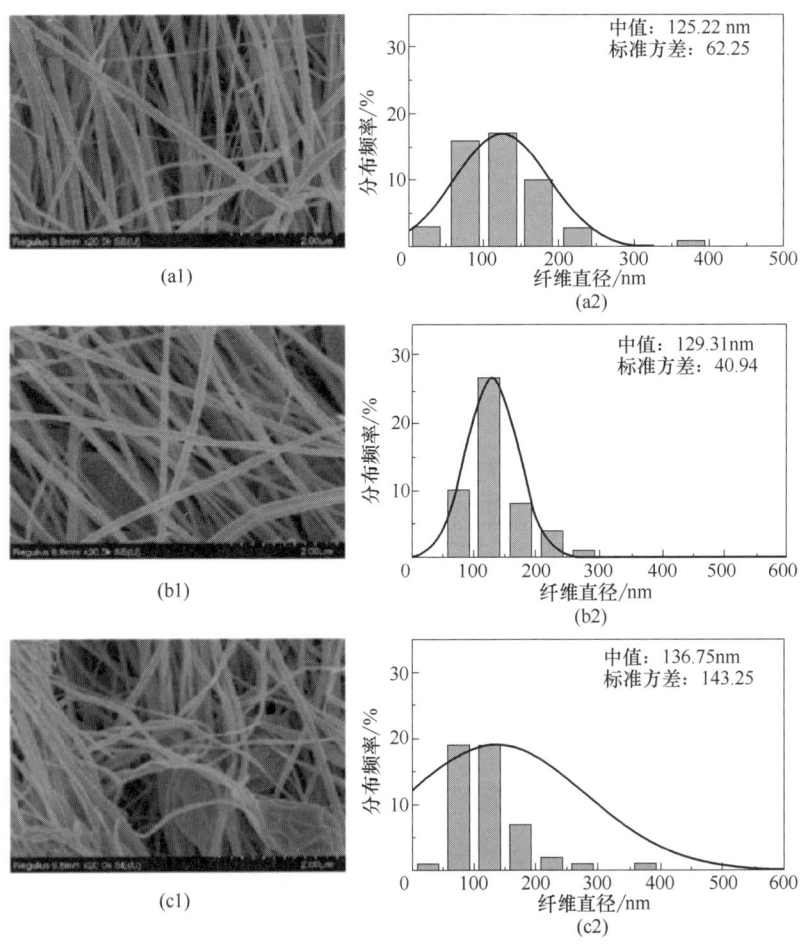

图 8-11　不同电压下聚 P（AN/LA-AN）静电纺丝纳米纤维的
电镜扫描图及其对应的纤维直径分布图
（a）20kV　（b）23kV　（c）26kV

而导致串珠的出现。纺丝电压为 20kV 时，所取纤维的平均直径为 125.22nm，标准偏差为 62.25nm。当纺丝电压为 23kV 时，纤维的平均直径为 129.31nm，标准偏差为 40.94nm。这两个电压的平均直径相差不大，但 23kV 时纤维的标准偏差较小，说明该条件下纤维的粗细更为均匀，从其直径分布图也可以看出该条件下纤维的直径分布更为集中。通过以上分析，选取 23kV 作为最佳的纺丝电压。

二、纺丝流速的影响

采用 AN 与 LA-AN 的质量比为 9∶1，总质量分数为 15% 的 P（AN/LA-AN）共聚物溶液进行静电纺丝。固定纺丝参数：纺丝电压为 23kV，辊筒转速为 1000r/min，接收距离为 120mm，探究调节纺丝流速为 0.5~2.0mL/h 时静电纺丝纤维的形貌和直径变化。

图 8-12 为静电纺丝液在不同纺丝流速下 P（AN/LA-AN）静电纺丝纳米纤维的电镜扫描图及其对应的纤维直径分布图。从图 8-12 中可知，随着纺丝流速的增大，电纺纤维的直径整体呈现上升趋势，这可能是因为纺丝液流速的增加导致单位体积的溶液所受电场力减小，单位体积的纤维所受拉伸力减小，从而导致纤维的直径变大。所纺纤维的直径主要分布在 100~300nm，相差不大，但是纺丝流速为 1.0mL/h 时纤维直径的标准偏差最小，为 76.67nm。表明该流速下纤维的粗细是最均匀的，且该条件下纤维的取向性最好。通过以上分析，选取纺丝流速为 1.0mL/h 作为静电纺丝的最佳流速。

三、辊筒转速的影响

采用 AN 与 LA-AN 的质量比为 9∶1，质量分数为 15% 的 P（AN/LA-AN）共聚物溶液进行静电纺丝。固定纺丝参数：纺丝电压为 23kV，纺丝流速为 1.0mL/h，接收距离为 120mm，探究调节辊筒转速为 0~1500r/min 时，静电纺丝纤维的形貌和直径变化。图 8-13 为静电纺丝液在不同滚筒转速下 P（AN/LA-AN）静电纺丝纳米纤维的电镜扫描图及其对应的纤维直径分布图。从图 8-13 中可以看出，辊筒转速在 0~1000r/min 范围内时，随着滚筒转速的增加，纳米纤维的直径呈现缩小趋势，这可能是因为随着辊筒转速的增加，单位体积的纺丝溶液受到的牵拉力越来越大，从而导致纤维的直径越来越小。而当辊筒转速增加到 1500r/min 时，纳米纤维的直径又变大了，而且从纤维直径分布图中可以看出，纤维的直径分布范围也变宽了，这可能是因为滚筒转速导致纤维尚未经过足够的拉伸就发生了断裂，从而导致纤维的直径分布越来越不均匀。从图 8-13 中可以看出，当辊筒转速为 1000r/min 时，静电纺丝纤维的平均直径为 129.31nm，直径的标准方差是 40.94nm，表明该转速下纤维的粗细是最均匀的，且该条件下纤维的直径是最细的。通过以上分析，选取辊筒转速为 1000r/min 作为静电纺丝的最佳转速条件。

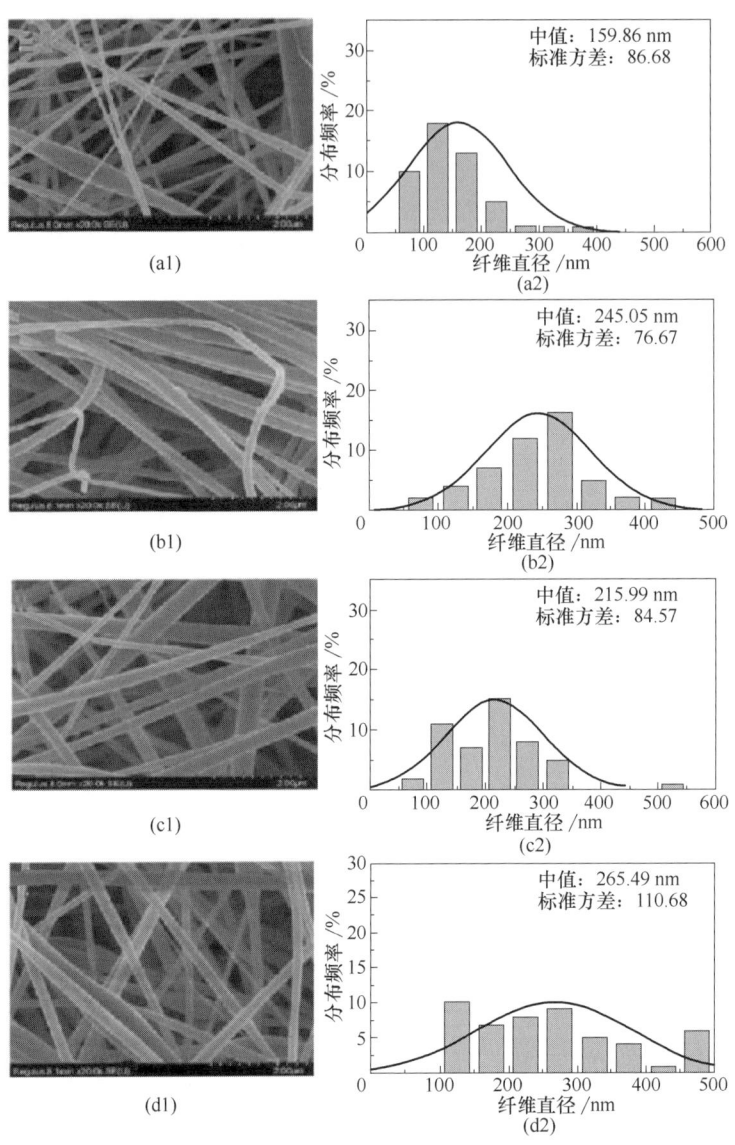

图 8-12　不同纺丝流速下 P(AN/LA-AN)静电纺丝纳米纤维的电镜扫描
图及其对应的纤维直径分布图

(a)0.5mL/h　(b)1.0mL/h　(c)1.5mL/h　(d)2.0mL/h

四、接收距离的影响

采用 AN 与 LA-AN 的质量比为 9:1，总质量分数为 15% 的 P(AN/LA-AN)共聚物溶液进行静电纺丝。

固定纺丝参数：纺丝电压为 23kV，纺丝流速为 1.0mL/h，辊筒转速为 1000r/min，探究调节接收距离为 120~150mm 时，静电纺丝纤维的形貌和直径变化。图 8-14 为静电纺丝液

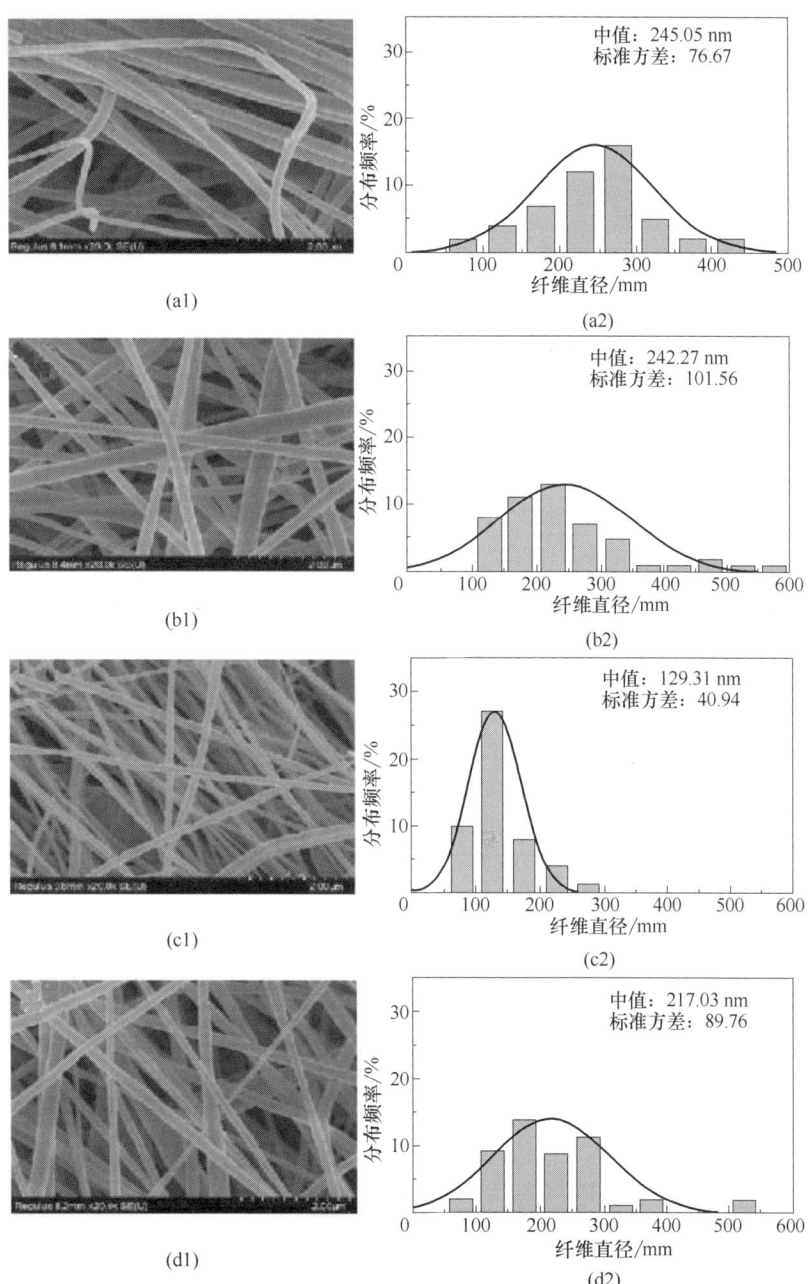

图 8-13 不同辊筒转速下 P（AN/LA-AN）静电纺丝纳米纤维的电镜
扫描图及其对应的纤维直径分布图

（a）0r/min （b）500r/min （c）1000r/min （d）1500r/min

在不同接收距离下 P（AN/LA-AN）静电纺丝纳米纤维的电镜扫描图及其对应的纤维直径分布直方图。从图 8-14 中可以看出，接收距离在 120～140mm 时，随着接收距离的增大，纳

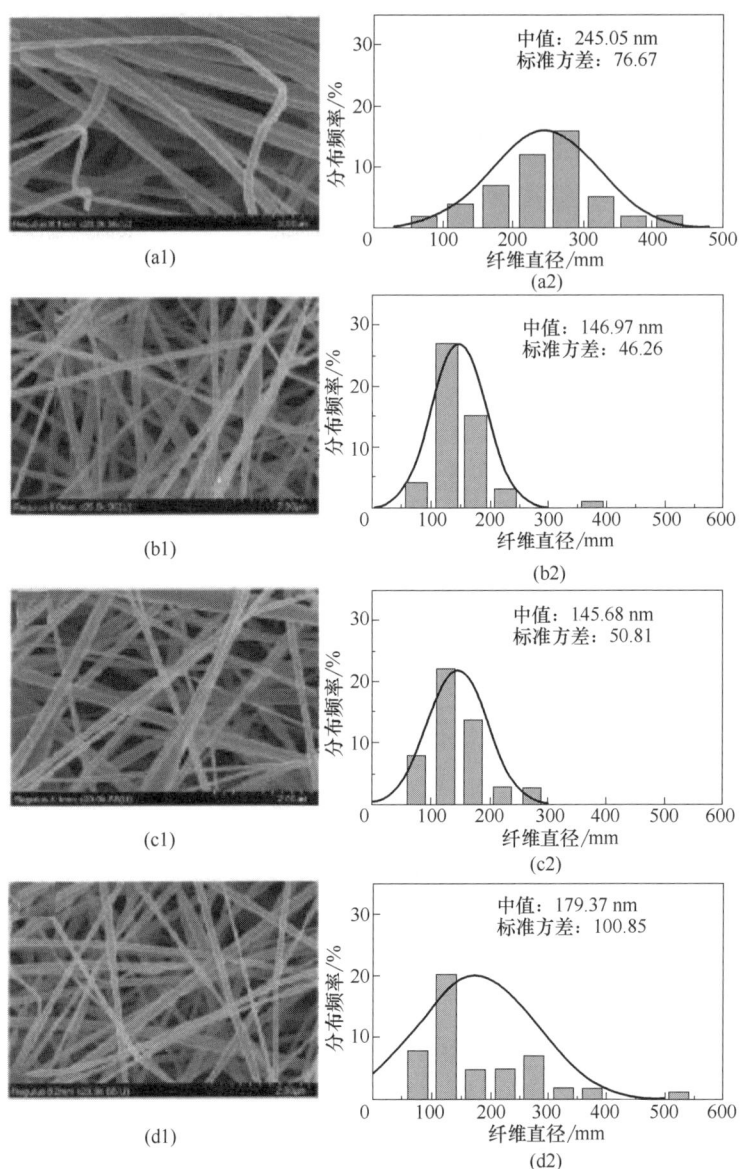

图 8-14　不同接收距离下 P（AN/LA-AN）静电纺丝纳米纤维的
电镜扫描图及其对应的纤维直径分布图

（a）120mm　（b）130mm　（c）140mm　（d）150mm

米纤维的直径呈现缩小趋势，这可能是因为随着接收距离的增大，单位体积的纺丝溶液能够得到足够的时间进行充分的拉伸，同时距离的拉大也有利于溶剂的挥发，促进纤维的裂分，从而使纳米纤维的直径越来越小。而当接收距离增加到 150mm 时，纳米纤维的直径又变大了，而且从纤维直径分布直方图中也可以看出，纤维的直径分布范围也变宽了，这可能是因为加大接收距离使得内部的电场强度降低了，从而导致纺丝溶液喷丝的加速度减小，对纤维的拉伸作用减弱，因此，电纺纤维的直径增加了。从图 8-14 中可以看出，当接收距离为 130mm 时，静电纺丝纤维的平均直径为 146.97nm，直径的标准偏差是 46.26nm，其值是最小的。表明该接收距离下纤维的粗细是最均匀的，且该条件下纤维的直径较细。通过以上分析，选取接收距离为 130mm 作为静电纺丝的最佳接收距离。

第三节　木质素基碳纤维的制备及表征

一、木质素基碳纤维的制备

聚丙烯腈基碳纤维目前受到了世界范围内的广泛关注，它具有高强度、低密度、轻质量、耐高温等特性，作为高性能纤维的一种，该碳纤维既有碳材料的固有特性，又兼备纺织纤维的柔软可加工性，是先进复合材料最重要的增强材料，已在军事及民用工业的各个领域得到广泛应用。无论是高强型、高模型还是高强高模型的聚丙烯腈基碳纤维，其制备工艺主要包括以下步骤：首先，是丙烯腈聚合物溶液的制备；其次，是聚丙烯腈基碳纤维原丝的制备；然后，是聚丙烯腈基纤维原丝的预氧化；最后，是将预氧化处理后的纤维进行碳化。如果要制备高模量碳纤维，还需要进行高温石墨化处理，以及最后的表面处理。

二、木质素基碳纤维的表征

（一）SEM 表征

聚丙烯腈基纤维原丝的预氧化及碳化处理最明显的变化是其颜色的变化，如图 8-15 所示，通过预氧化处理以后，纤维原丝由原来的白色转变成棕色，经过碳化处理以后，纤维由棕色转变成黑色。此外，碳化后的材料呈现良好的柔韧性，可弯折，不易碎。

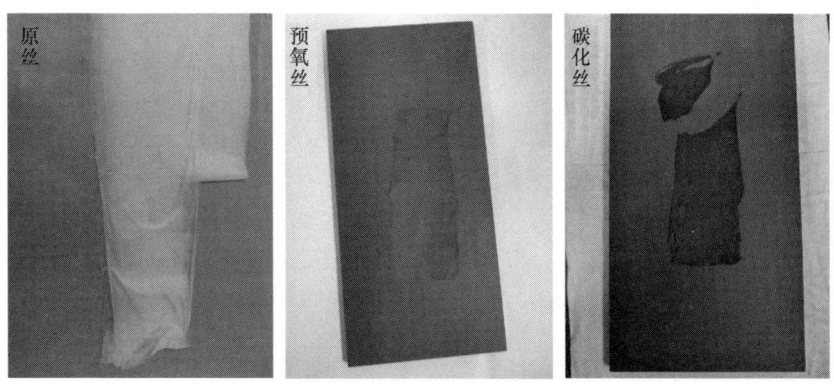

图 8-15　聚丙烯腈纤维原丝的预氧化及碳化处理的颜色变化

预氧化后的聚丙烯腈电纺纳米纤维以及经过 700℃ 高温碳化处理而制成的碳纤维的扫描电子显微镜图片及其对应的直径分布如图 8-16 所示。从这些扫描电镜的图片可以看出，纳米纤维原丝经过预氧化以及碳化处理以后，纤维的直径明显减小，但仍然保持了良好的形貌特征，表面光滑平整。直径的减小是因为高温条件下，非碳元素转化为 H_2O、CO_2、CO 等气体形式溢出，纤维的结构发生了变化，因此其重量也明显减轻。从其直径分布直方图中可以看出，随着处理温度的升高，纤维直径的标准偏差明显减小，这可能是因为随着非碳元素的减少，纤维的剩余结构越来越紧密，因此其直径的分布范围越来越集中。

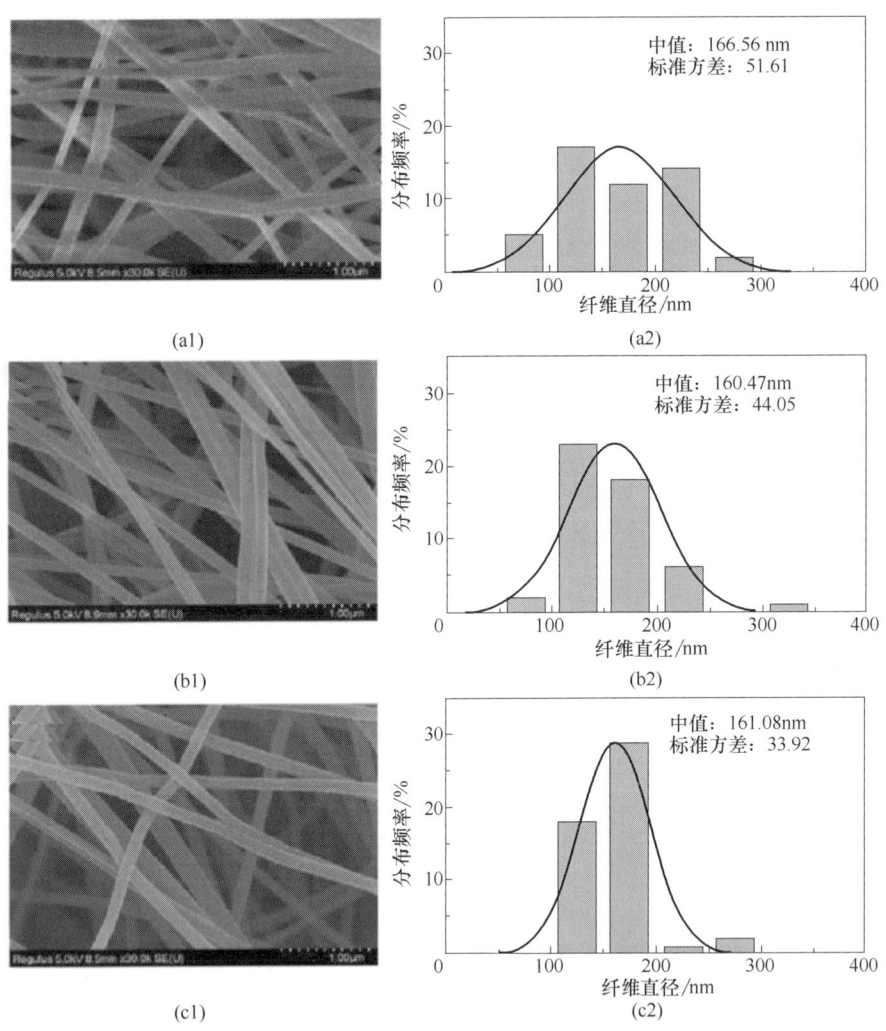

图 8-16　聚丙烯腈（PAN）基纳米纤维的扫描电镜图以及直径分布图
（a）聚丙烯腈纳米纤维原丝　（b）聚丙烯腈纳米纤维预氧化丝　（c）聚丙烯腈碳化纤维丝

图 8-17 显示了含有不同质量比丙烯腈单体和 LA-AN 的 P（AN/LA-AN）基碳纤维的扫描电镜图以及直径分布图。从图 8-17 中可以看出，这些碳纤维的形貌都是比较规整的，表面光滑，结构致密，几乎没有缺陷。而且从直径分布图中可以看出，随着共聚物中木质

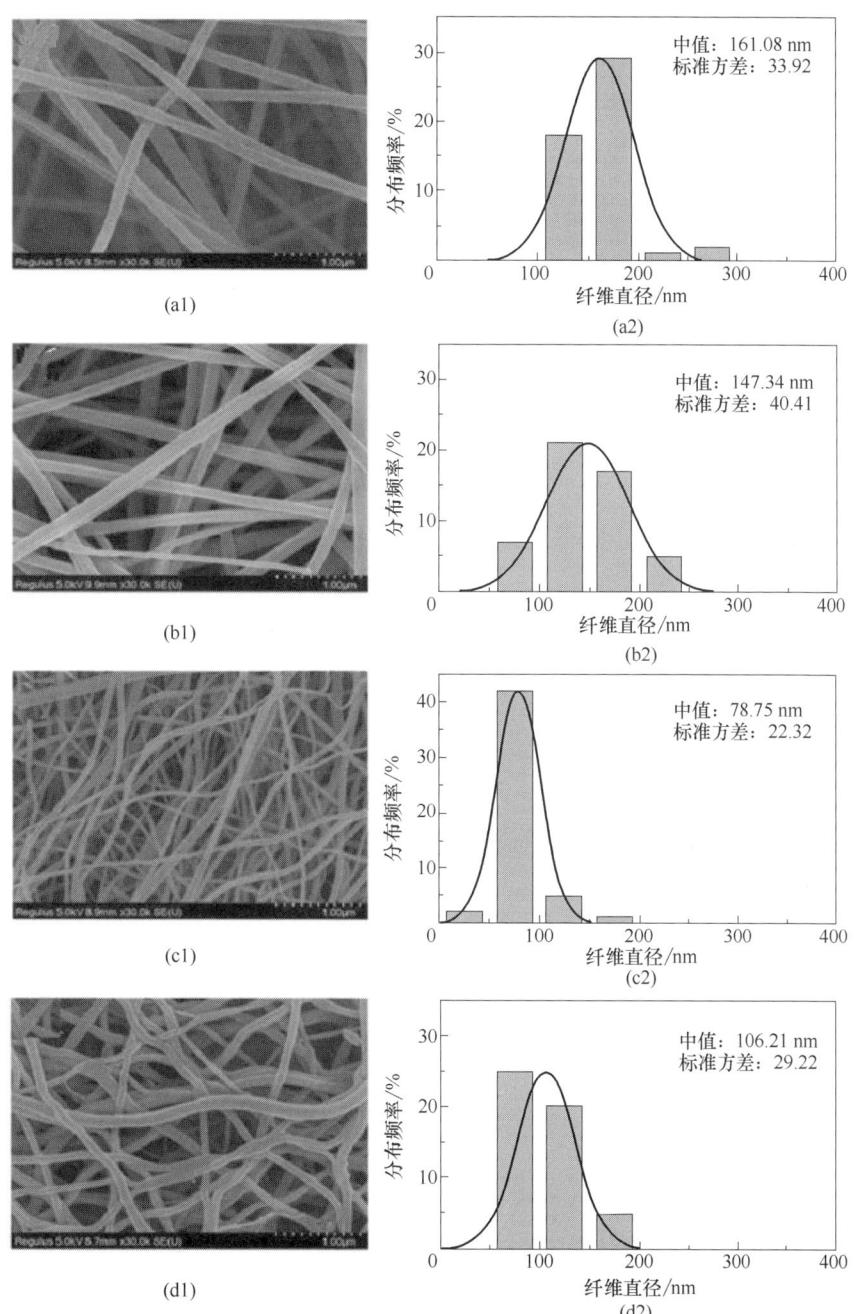

图 8-17 不同丙烯腈单体和 LA-AN 的质量比下 P（AN/LA-AN）
基碳纤维的扫描电镜图以及直径分布图

(a)10∶0 (b)9∶1 (c)7∶3 (d)5∶5

素含量的升高，纤维的直径先减小后增大。直径减小可能是因为木质素中非碳元素的含量比丙烯腈中非碳元素的含量高，经过预氧化以及碳化处理后，这些元素以气体形式放出，导致纤维的直径收缩更为明显。此后直径又开始变大,这可能是因为木质素含量过高,导致纳米纤维的原丝直径较粗,即使经过碳化处理,非碳元素溢出,也无法改变纤维变粗的趋势。且从电镜图片中可以看出,胺化木质素含量越高,纤维的扭曲形变越严重,这可能是因为胺化木质素不是一个统一稳定的结构,嵌入聚丙烯腈链后经预氧化以及碳化处理以后剩余纤维的结构不统一。

(二) FT-IR 分析

图 8-18 为 P(AN/LA-AN:9/1)基纳米纤维原丝与其碳化纤维的红外对比。从图中可以看出,经过预氧化和碳化处理以后,纳米纤维的很多特征峰都出现了变化。在纤维原丝的红外谱图中可以看出,在 3427cm^{-1}、2937cm^{-1}、2242cm^{-1}、1677cm^{-1}、1509cm^{-1} 和 1459cm^{-1} 处出现的吸收峰,是对应于—OH、—CH 的弯曲振动、—C≡N、苯环 C=C、骨架振动和 C—H 形变。与纤维原丝的红外谱图相比,碳化纤维中除水分产生的—OH 峰(3427cm^{-1})等杂质峰外,纤维中的大部分峰都消失了。

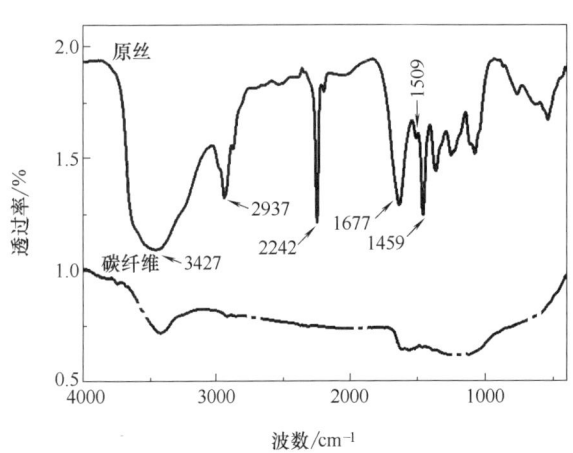

图 8-18 P(AN/LA-AN)基纳米纤维原丝与碳化纤维的红外对比

这说明在相应的预氧化处理以及碳化处理过后,碳纳米纤维的碳化还是比较完全的。

(三) 同步热分析 (TGA-DSC)

图 8-19 是不同 P(AN/LA-AN)基预氧化纤维在氮气气氛下的热重和 DSC 曲线。从图 8-19(a)中可以看出,预氧化纤维在 120℃以前有一个很小量的失重,这主要是由于预氧化纤维表面吸附的水分被除去。在 120~320℃,纤维的质量基本保持稳定,没有发生较为明显的失重现象,这是因为纳米纤维经过预养化处理以后,纤维中环状梯形结构逐渐形成,纤维的热稳定性也逐渐提高。从 320℃开始,纤维有了明显的失重现象,这主要是因为预氧化纤维中的直链状分子和预氧化所形成的环状分子进一步交联、环化及缩聚,使形成的环化和芳香结构向二维芳香层状结构转变,氮、氢、氧等含量逐渐减少,碳含量增加,期间会有 H_2O、CO_2、CO、H_2、HCN、NH_3 等气体放出。

图 8-20(a)和图 8-20(b)分别是 P(AN/LA-AN)基碳化纤维在空气氛围中的 TGA 和 DSC 热分析图。从图 8-20(a)中 P(AN/LA-AN)基碳化纤维在空气氛围中的热重分析可知,在 450℃以前,聚丙烯腈基碳纳米纤维除了水分的失重,质量基本保持稳定;而在

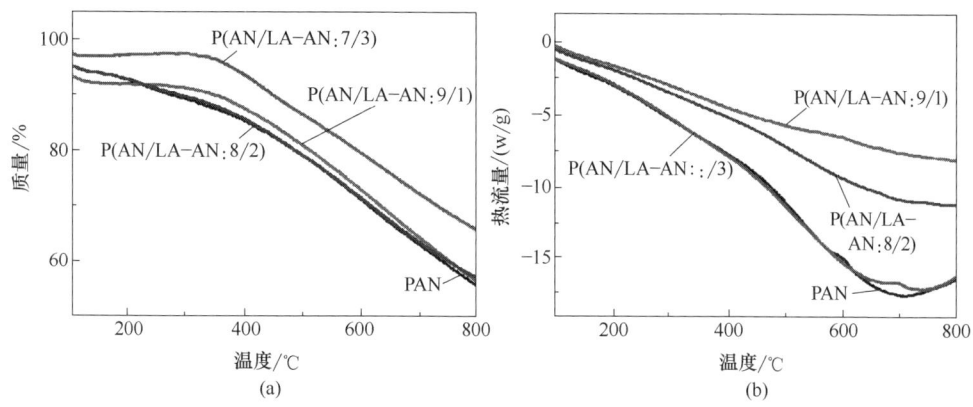

图 8-19 不同 P（AN/LA-AN）基预氧化纤维的 TGA 和 DSC 曲线
（a）TGA （b）DSC

450℃以后，聚丙烯腈基碳纳米纤维的质量迅速减少，失重约80%。与聚丙烯腈基碳纳米纤维相比，P（AN/LA-AN）基碳化纤维耐热温度有所降低。P（AN/LA-AN:9/1）基碳纳米纤维在440℃开始出现剧烈的质量损失，P（AN/LA-AN:8/2）基碳纳米纤维在420℃开始出现剧烈的质量损失，P（AN/LA-AN:7/3）基碳纳米纤维在370℃开始出现剧烈的质量损失。随着木质素比例的提高，P（AN/LA-AN）碳化纤维的耐热性越来越差。

用差示扫描量热法（DSC）研究了共聚物热性能的变化，如图8-20（b）所示，与热重分析图相似，四种 P（AN/LA-AN）基碳化纤维的 DSC 曲线有很大不同，聚丙烯腈基碳化纤维在680℃有一个放热峰，P（AN/LA-AN:8/2）基碳纳米纤维的放热峰降至495℃左右，这些结果表明，通过控制胺化木质素基的加入量可以调控聚 P（AN/LA-AN）基碳化纤维的热性能。

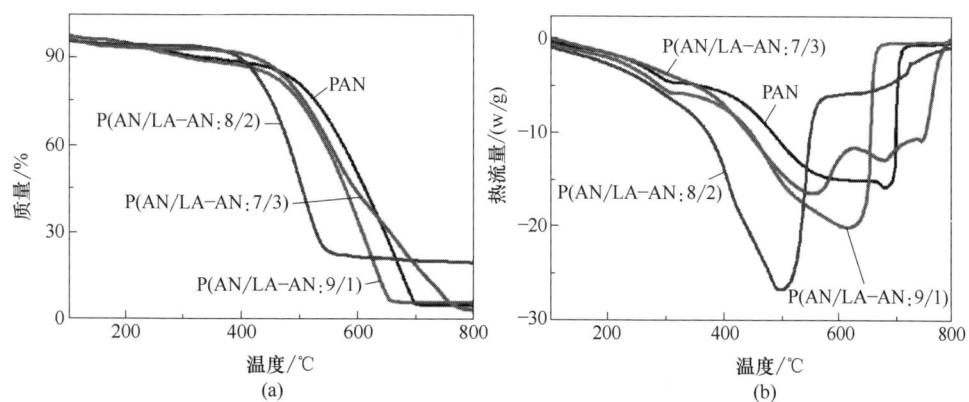

图 8-20 不同 P（AN/LA-AN）基碳化纤维的 TGA 和 DSC 曲线
（a）TGA （b）DSC

(四）拉曼光谱分析

在碳材料的拉曼光谱（Raman）图中，1580cm⁻¹ 频带处共振谱线称为 G 谱线；1360cm⁻¹ 频带处共振谱线称为 D 谱线。G 谱线强度常用来表征碳材料结构中 SP^2 杂化碳化学结构，而 D 谱线强度常用来表征碳材料结构中 SP^3 杂化无序碳结构。D 峰和 G 峰相对强度比值 R（$R=I_D/I_G$）常用来表征碳材料结构中碳结构的完整程度。R 值越小，碳结构的完整程度越高。一般情况下，碳化处理温度越高，碳含量也越高，R 值就越低，碳材料的石墨化程度越高，即 R 值越大，碳材料的石墨化程度越低，结晶性也就越差。从图 8-21（a）可以看出，四种不同的 P（AN/LA-AN）基碳纳米纤维的拉曼光谱图差异不大，说明其碳结构的有序程度相近。图 8-21（b）为含有不同木质素含量的 P（AN/LA-AN）基碳纳米纤维的 R 值变化折线图，从图中可以看出，随着木质素含量的提高，P（AN/LA-AN）基碳纳米纤维的 R 值也呈现上升趋势，即碳材料的结晶性变低，石墨化程度变低。这说明胺化木质素的加入使得 P（AN/LA-AN）基碳纳米纤维的结晶性变低，石墨化程度降低。

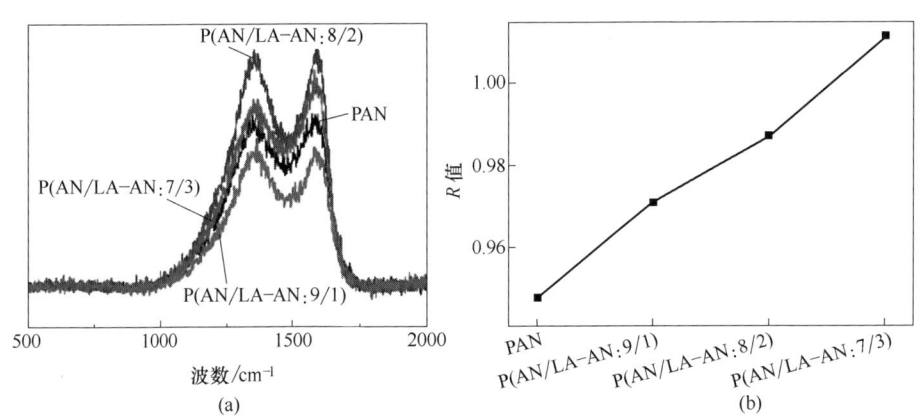

图 8-21　不同 P（AN/LA-AN）基碳纳米纤维的拉曼分析
(a)拉曼光谱图　(b)R 值变化折线图

（五）X 射线衍射分析

利用 X 射线衍射仪（XRD）可以分析样品在碳化过程中石墨晶体的增长情况。图 8-22 为不同 P（AN/LA-AN）基碳纳米纤维的 XRD 衍射图。预氧化纤维经过碳化处理后，其 XRD 图谱中 2θ 在 13°~40°有一个很宽的衍射峰，这表示该 P（AN/LA-AN）基碳纳米纤维中的碳结构均为无定型结构，即该种碳纤维中的碳均为无定型碳。

（六）X 射线光电子能谱分析

为了进一步证明材料的碳化情况，采用 X 射线光电子能谱仪（XPS）分析研究 PAN 碳纳米纤维和 P（AN/LA-AN）基碳纳米纤维的表面元素组成。图 8-23 为不同 P（AN/LA-AN）基碳纳米纤维的 XPS 分析图。其中图 8-23（a）是 XPS 的谱图，可以看出在

286.4eV、339.5eV 和 533.03eV 三个位置明显出峰,分别对应于 C 1s、N 1s 和 O 1s 的结合能,即证明样品内只含有碳、氮、氧三种元素。且碳化后,P(AN/LA-AN)基碳纳米纤维在对应的 C 1s、N 1s 和 O 1s 的结合能峰中表现出相似性。图 8-23(b)和图 8-23(c)是 PAN 基碳纳米纤维和 P(AN/LA-AN)基碳纳米纤维 XPS 高分辨率的 C 1s 谱图,通过对该谱图进行分峰拟合,可以看到谱图中有三个峰。与 PAN 基碳纳米纤维相比,P(AN/LA-AN)基碳纳米纤维中

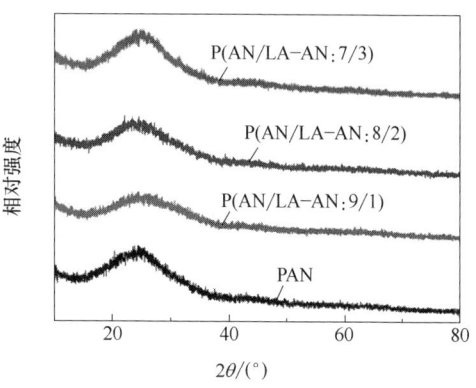

图 8-22 不同 P(AN/LA-AN)基碳纳米纤维的 XRD 衍射图

C—C 峰的峰值强度有所增加,C—N 和 C—O 峰的峰值强度略微减弱。

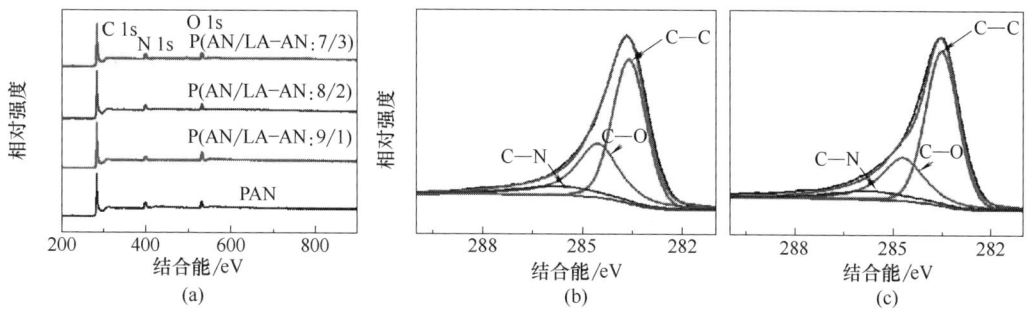

图 8-23 P(AN/LA-AN)基碳纳米纤维的 XPS 分析

(a)XPS 图 (b)PAN 基碳纳米纤维 XPS 的 C 1s 图 (c)P(AN/LA-AN:9/1)基碳纳米纤维的 XPS 的 C 1s 图

参 考 文 献

[1] OUYANG Q, XIA K, LIU D, et al. Fabrication of partially biobased carbon fibers from novel lignosulfonate-acrylonitrile copolymers[J]. Journal of Materials Science, 2017, 52(12): 7439-7451.

[2] LI X, HE Y, HONG S, et al. One-step fabrication of dual responsive lignin coated Fe_3O_4 nanoparticles for efficient removal of cationic and anionic dyes[J]. Nanomaterials, 2018, 8(3): 162.

[3] LI S, XIE W, WILT M, et al. Thermally stable and tough coatings and films using vinyl silylated lignin[J]. ACS Sustainable Chemistry & Engineering, 2018, 6(2): 1988-1998.

[4] WANG X, GAO Y, WANG W J, et al. Different amine-functionalized poly(diphenylsubstituted acetylenes) from the same precursor[J]. Polymer Chemistry, 2016, 7(33): 5312-5321.

[5] JU A,YAN Y,WANG D,et al. A high molecular weight acrylonitrile copolymer prepared by mixed solvent polymerization:I. effect of monomer feed ratios on polymerization and stabilization[J]. RSC Advances,2014,4(109):64043-64052.

[6] PORKODI P,ABHILASH J K,SHUKLA H K,et al. Rheological properties of concentrated polyacrylonitrile co-polymer and lignin blend solution[J]. Polymer Bulletin,2020,77(1):3937-3951.

[7] PARK C W,YOUE W J,HAN S Y,et al. Solubility of kraft lignin-g-polyacrylonitrile copolymer in various ionic liquids and characterization of its solution[J]. Wood Science and Technology,2017,51(1):151-163.

[8] HARA,RYUICHI. Rheological behavior of liquid crystal pitch and its effect on the structure of carbon fiber[J]. Journal of Rheology,1994,38(3):749-750.

[9] MILLER-CHOU B A,KOENIG J L. A review of polymer dissolution[J]. Progress In Polymer Science. 2003,28(8):1223-1270.

[10] 夏雨.一维碲化物纳米材料的制备及光电性能探究[D].中国科学技术大学,2018.

[11] 车莲瑜.硅酸盐长余辉发光材料的静电纺丝法制备及性能研究[D].兰州理工大学,2014.

[12] 冯聪.几种金属氧化物纤维的制备及其性能研究[D].山东大学,2017.

[13] 王欣,邓亮,刘勇,等.泰勒锥的形成及应用[J].计算机与应用化学,2011,(11):1387-1392.

[14] SZA B,LNA B. Progress in fabrication of one-dimensional catalytic materials by electrospinning technology-ScienceDirect[J]. Journal of Industrial and Engineering Chemistry,2020,93:28-56.

[15] ASADIAN M,RASHIDI A,MAJIDI M,et al. Nanofiber protein adsorption affected by electrospinning physical processing parameters[J]. Journal of the Iranian Chemical Society,2015,12(6):1089-1097.

[16] THERON S A,ZUSSMAN E,YARIN A L. Experimental investigation of the governing parameters in the electrospinning of polymer solutions[J]. Polymer,2004,45(6):2017-2030.

[17] YAO C,HUI Y U,JIA Y,et al. Influence of spinning parameters based on gap conductive plate method on orientation of polycaprotactone nanofibers[J]. Journal of Textile Research,2016,37(3):11-15.

[18] GANDHI M,AYUTSEDE J,MICKLUS M,et al. Regeneration of Bombyx mori silk by electrospinning—part 1:processing parameters and geometric properties[J]. Polymer,2003,44(19):5721-5727.

[19] ASO H,KANNABE T. Polyacrylonitrile-based carbon fiber[J]. Carbon,2007,45(8):1718-1718.

[20] KIM S,KUK Y S,CHUNG Y S,et al. Preparation and characterization of polyacrylonitrile-based carbon fiber papers[J]. Journal of Industrial & Engineering Chemistry,2014,20(5):3440-3445.

[21] LIU H,ZHANG S,YANG J,et al. Preparation,stabilization and carbonization of a novel polyacrylonitrile-based carbon fiber precursor[J]. Polymers,2019,11(7):1150.

[22] SENTHILKUMAR S T,KIM J,WANG Y,et al. Flexible and wearable fiber shaped high voltage supercapacitors based on copper hexacyanoferrate and porous carbon coated carbon fiber electrodes[J]. Jour-

nal of Materials Chemistry A,2016,4(13):4934-4940.

[23] LIU J,WANG P H,LI R Y. Continuous carbonization of polyacrylonitrile-based oxidized fibers:Aspects on mechanical properties and morphological structure[J]. Journal of Applied Polymer Science,1994,52(7):945-950.

[24] TSUCHIYA N. Evaluation of graphitization by Raman scattering of carbonaceous material in the Paleozoic strata around the Hikami and the Kesengawa granites,Southern Kitakami Mountains,Northeast Japan[J]. Journal of Mineralogy,Petrology and Economic Geology,1993,88(3):131-140.

[25] WU J J,ZHOU G L,GAO Z Y,et al. The X-ray diffraction analysis of carbon micro-crystal structure of the foundry formed coke prepared by semi-coke[J]. Journal of China Coal Society,2009,34(12):1693-1696.

[26] WANG P H,HONG K L,ZHU Q R. Surface analyses of polyacrylonitrile-based activated carbon fibers by X-ray photoelectron spectroscopy[J]. Journal of Applied Polymer Science,1996,62(12):1987-1991.

[27] 宋欣. 基于聚丙烯腈的碳纳米纤维复合材料的制备与应用[D]. 扬州大学,2019.

第九章 木质素基复合隔膜的制备及性能分析

近年来，无纺布膜在锂离子电池中越来越受欢迎。无纺布膜的优点是具有较高的孔隙率，而且相对于非织造膜，其成分和结构的选择范围很广。目前已经使用多种方法来开发用于锂离子电池隔膜。比如造纸湿法成型、相分离、相转化、增塑剂萃取、硬模板、溶液浇铸、表面改性和静电纺丝等。与其他技术相比，静电纺丝是制作纳米纤维最简单有效的方法。静电纺丝生产出具有完全相互连接孔的无纺布膜结构和高孔隙率，可增加离子迁移。因此，它可以提供高离子电导率，从而使其成为锂离子电池隔膜的理想选择。利用这些特性，各种聚合物已被用作生产电纺无纺布隔膜的骨架。

木质素来源广泛，价格低廉且环保，具有生物降解性、高热稳定性、抗氧化性等优良的性能。这些优点使得很多研究者将目光聚焦于木质素在储能领域方面的应用研究。木质素具有丰富的芳环结构和较高的碳含量、碳基共轭双键、脂肪族羟基等多种活性基团，通过光解、氧化还原、磺化、缩聚和接枝共聚等化学反应能带来分子和晶体结构的设计灵活性，这些化学多样性有利于制备具有特殊功能的电池以及超级电容器电极材料。

第一节 木质素基隔膜前驱体的制备及表征

一、木质素基隔膜前驱体 P（VAc/LVAc）制备原理

P（VAc/LVAc）的制备原理如图9-1所示。在曼尼希反应中，甲醛-胺处理主要影响木质素酚单元的空位邻位，方法是用烷基胺取代芳族氢原子。在这项工作中，木质素的胺化反应是用二乙烯三胺（DETA）根据曼尼希反应进行的。随后，将氯乙酸乙烯酯（CVAc）改性剂，在不同的pH、时间和温度范围内与胺化木质素（LA）发生取代反应得到LAVc。最后，将LVAc（单体）与乙酸乙烯酯（VAc）通过引发剂0.05%过氧化二甲苯酰（BPO）引发产生单体自由基，从而进行自由基聚合反应，共聚合成P（VAc/LVAc）共聚物，使用引发剂，在水性介质中进行共聚。

二、胺化木质素（LA）的制备及表征

曼尼希反应是将胺基引入木质素分子的常用方法。将二乙烯三胺（DETA）与木质素磺

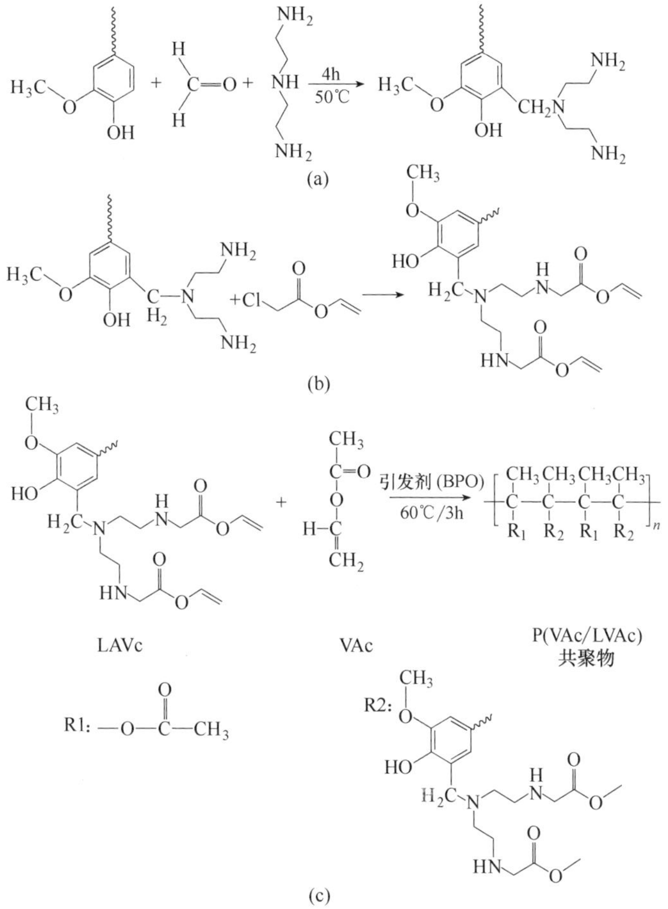

图 9-1 P(VAc/LVAc)的制备原理

(a)木质素的胺化 (b)胺化木质素(LA)通过取代反应制备 LAVc
(c)LAVc 与 VAc 自由基聚合合成 P(VAc/LVAc)共聚物

酸钠（L）和甲醛的混合物按不同比例进行混合，在室温下，pH 为 9~11 范围内搅拌 4h，用异丙醇洗涤后放置 45℃烘箱干燥得到胺化木质素（LA）。

木质素（L）和胺化木质素（LA）样品的元素含量分析结果显示了碳、氢、氧和氮含量的变化，如表 9-1 所示。对于 L 样品，结果表明除 C、H 和 O 之外，氮含量（0.11%）可以忽略不计，与 L 中的元素含量相比，所有 LA 样品元素分析结果均显示氮含量显著增加，尤其是随着混合物中 DETA 比例的增加，氮含量高达 9.59%，而碳和氢元素的含量也有所增加。这些变化表明二乙烯三胺（DETA）与木质素发生了反应，即木质素胺化成功。从表 9-1 中可以明显看出，DETA 的添加量对氮含量有着显著的影响。

表9-1　木质素（L）和胺化木质素（LA）的元素含量分析结果　　　　　　　单位：%

试样	C	H	O	N
L	40.91	6.07	37.07	0.11
(L∶DETA=1∶1)	42.63	5.68	30.72	4.44
(L∶DETA=1∶2)	41.55	5.64	37.19	8.91
(L∶DETA=1∶3)	44.48	9.27	30.03	9.59

木质素磺酸钠（L）和胺化木质素（LA）的FT-IR光谱见图9-2（a）。木质素的FT-IR光谱显示主要特征峰在3410cm^{-1}、2910cm^{-1}、1619cm^{-1}、1503cm^{-1}、1466cm^{-1}、1110cm^{-1}和1031cm^{-1}附近，与之相对的是O—H拉伸、甲基的C—H振动、芳香族的—C═C—、芳香族骨架振动、芳香族C—H变形、反对称O═S═O拉伸和C—O—S拉伸振动。LA的光谱显示了相同的特征峰，但存在一定的差异，3410cm^{-1}处的峰移至3419cm^{-1}，并变得更宽，此变化归因于O—H和N—H_2的拉伸振动。此外，在1619cm^{-1}处的峰变宽，并在1649cm^{-1}处出现了新峰，这是C—N拉伸的峰。这表明DETA已成功连接到木质素上。此外，与L的光谱相比，LA光谱中819cm^{-1}处的峰变得更宽，此处为芳香族化合物的C—H拉伸振动，并且在LA光谱中清晰地呈现，这表明曼尼希反应发生在木质素的苯环骨架上，木质素已被成功胺化。

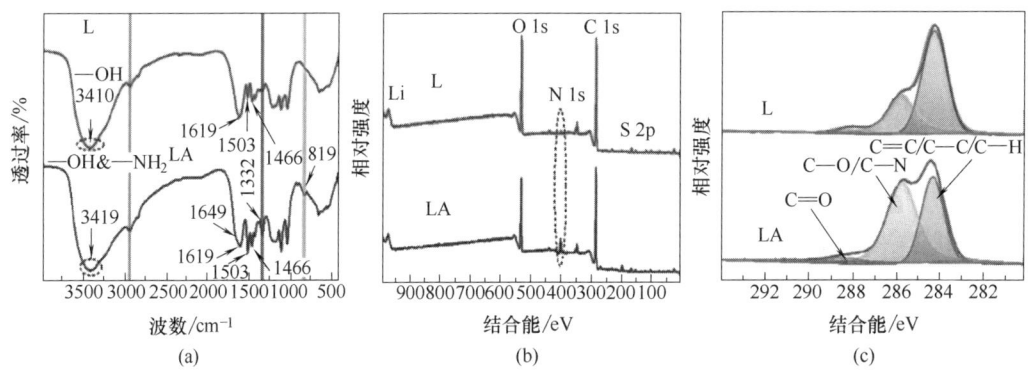

图9-2　木质素（L）和胺化木质素（LA）的FT-IR和XPS分析
(a)FT-IR图　(b)XPS图　(c)XPS的C 1s图

为进一步验证木质素被DETA胺化成功，还使用XPS对L和LA样品进行了表征。图9-2（b）为L和LA样品的XPS光谱。L的XPS光谱显示存在碳（C 1s在286eV处）、氧（O 1s在533eV处）和硫（S 2p在167eV处）的峰，这是由于存在硫酸根基团（木质素磺酸盐）引起的。与L的XPS光谱相比，LA光谱显示出相同的峰，但强度有所不同（强度更高），另外在400eV处观察到一个新峰，这与氮（N 1s）的结合能相对应。此峰证明了木质素和 DETA 之间通过—CN 键进行连结的。表 9-2 所列数据为用 XPS 测定的 L 和 LA 中的 C、O、N 和其他元素含量，L 中氮含量为 1.43%，而 LA 中氮含量增加到 7.57%。LA 中氮含量的增加进一步证实了 L 的成功胺化。此外，如图 9-2（c）所示，L 和 LA 的 C 1s 谱图的 XPS 峰显示出三种 C 1s 键：C—C/C—H（284eV）、C—O/C—N（286eV）和 O—C =O（289eV）。通过比较 L 和 LA 的 C 1s 光谱发现，C—O/C—N 峰的强度从 L 光谱的 2.1% 增加到 LA 光谱的 22.1%，这种增加归因于 DETA 中木质素与 NH_2 基团之间的反应。

表 9-2 用 XPS 测定的 L 和 LA 中的 C、O、N 和其他元素含量　　单位：%

试样	C	O	N	其他元素
L	66.68	24.66	1.43	7.23
LA	67.26	20.12	7.57	5.05

三、木质素–乙酸乙烯酯单体（LVAc）的制备及表征

（一）制备 LVAc 的条件优化

将得到的胺化木质素（LA）和氯乙酸乙烯酯（CVAc）反应制备 LVAc，基于木质素上接枝 CVAc 引起的接枝率的不同，优化反应条件。研究了反应过程中温度、pH 和时间对接枝率的影响。使用 Mehmet 等报道的公式（9-1）计算接枝率：

$$x_{LVAc} = (1-t) \times x_{LA} + x_{CVAc} \times t \tag{9-1}$$

其中，t 是木质素上接枝氯乙酸乙烯酯的质量分数，x_{LVAc}、x_{LA} 和 x_{CVAc} 分别是从元素分析结果中计算出的 LVAc、LA 和 CVAc 的碳的含量百分比。

首先，进行了不同 pH 条件下的接枝反应，反应时间为 6h，温度为 40℃。从图 9-3（a）中可以看出，pH 小于 9 时，接枝率呈上升趋势，在此之后开始略有下降，这是由于低 pH 值导致—NH_2 亲核试剂的反应性降低，同时避免木质素在酸性条件下产生沉淀，结果最佳 pH 为 9 时具有最高接枝产率 46%。

随后，为了研究温度对 CVAc 接枝在 LA 上的接枝率的影响，设置接枝反应在 20~60℃ 的不同温度下进行，pH 调节为 9，反应时间为 6h。将一定量的对苯二酚作为抑制剂（以抑制 CVAc 的聚合反应）添加到 LA 和 CVAc 的混合物中（比例为 1:2）。如图 9-3（b）所示，当温度从 20℃ 升高到 40℃（47%）时，接枝率迅速提高，而在 40℃ 以上保持稳定，这是由于温度升高导致分子的动能和运动增加，从而增加了反应的可能性。可以看出，温度的升高对接枝反应和接枝率有较为显著的影响，木质素改性的最佳温度为 40℃。

反应时间对 CVAc 接枝 LA 的影响如图 9-3（c）所示。接枝反应在 40℃，pH 为 9 的条件下进行，反应时间为 2h、4h、6h、8h 和 12h。从图 9-3（c）可以清楚地看出，接枝率随反应时间的增加而增加，这是由于 LA 分子上的反应位点随时间增加而增多引起的。直到反

应时间为 6h，此后，接枝率缓慢增加，这是由于反应位点达到饱和。因此，最佳的反应时间为 6h。

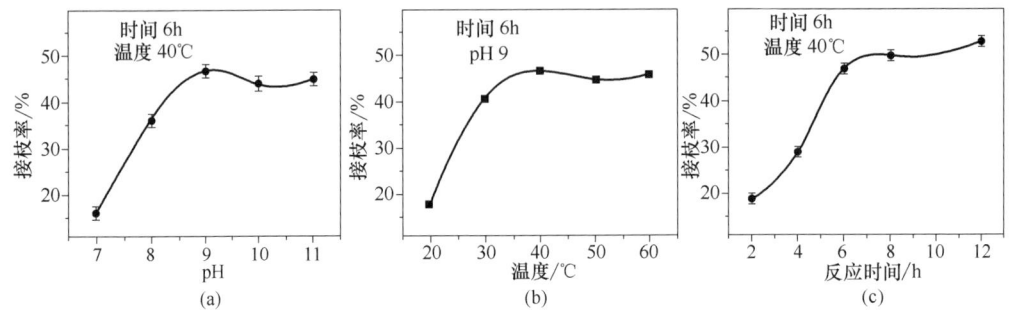

图 9-3　不同反应条件对乙酸乙烯酯在木质素上接枝产率的影响

（a）温度　（b）pH　（c）反应时间

（二）LVAc 的表征

如图 9-4（a）所示，与 LA 相比，LVAc 的 FT-IR 光谱在 $1224cm^{-1}$ 和 $1744cm^{-1}$ 处出现了两个新峰，分别与酯基（C—O—C）和羰基（—C=O）相关。另外，在 $2941cm^{-1}$ 处的峰（对应的—CH_2）、$1605cm^{-1}$ 处的峰（对应的—C=C—）强度显著增加，这是由于乙酸乙烯酯接枝到 3 胺化木质素上。这些结果均表明，乙酸乙烯酯被成功接枝到 LA 上，LVAc 成功合成。

LA 和 LVAc 的 TGA 和 DTGA 曲线如图 9-4（b）和图 9-4（c）所示。从图 9-4（b）中可以看出，LA 的 TGA 显示了三个热降解阶段：第一阶段发生在 100～150℃，重量减少了 10%，这是由于样品中的水分蒸发导致的。而降解的第二阶段发生在 260～380℃，失重率为 38%，这是 C—C 键和 C—O—C 键的热裂解反应导致的，将木质素分解为酚类物质。降解的第三阶段（碳分解）发生在 490～600℃，重量减少了 50.8%，这是由于酚类物质（芳香环）的骨架发生了热裂解反应。在此阶段，LA 的芳香环分解成碳和一些气态物质［一氧

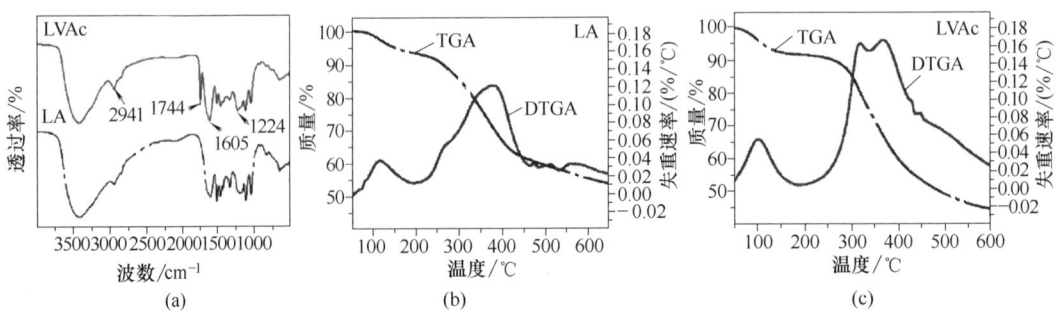

图 9-4　LA、LVAc 的 FT-IR 和 TGA 和 DTGA 曲线分析

（a）FT-IR 图　（b）LA 的 TGA 和 DTGA 曲线　（c）LVAc 的 TGA 和 DTGA 曲线

化碳（CO）和二氧化碳（CO_2）], 在此阶段结束时，残余碳含量高达 46.5%。与 LA 相比，LVAc 的 TGA 分析在热分解阶段显示出相似性。如图 9-4（c）所示，LVAc 质量残留量为 40%，比 LA 少。显然，由于侧链中乙烯基的连续断裂，LVAc 的质量损失高于 LA 的质量损失。

如表 9-3 所示为元素含量分析结果，可以看出，将 CVAc 接枝到 LA 上后，LA 碳的含量从 41.55% 增至 48.25%，氢含量从 5.64% 增至 8.03%，而氮含量则从 8.91% 降至 7.49%。碳、氢和氧含量的增加是因为乙酸乙烯酯参与了反应，乙酸乙烯酯本身就是由这些元素组成的。因此，这些数据表明 CVAc 已接枝到了胺化木质素上。

表 9-3　LA 和 LVAc 的 C、H、O 和 N 元素含量分析结果　　　单位：%

试样	C	H	O	N
LA	41.55	5.64	37.19	8.91
LVAc	48.25	8.03	38.13	7.49
CVAc	55.76	6.97	37.17	0.00

四、P（VAc/LVAc）的制备与表征

通过乙酸乙烯酯（VAc）和合成的 LVAc（单体）悬浮共聚合成 P（VAc/LVAc）共聚物。反应过程选用 0.05% 过氧化二甲苯酰（BPO）引发剂，固定反应温度 70℃ 和反应时间 3h，通过改变单体的比例，在水性介质中进行共聚。聚合反应是由于 BPO 分子引发热解反应产生自由基，该自由基生成后与 VAc、LVAc 单体发生反应，通过与 VAc 和 LVAc 单体的双键中的一个电子发生加成反应，从而使断裂键的剩余电子成为新的自由基，自由基的结合产生聚合物 P（VAc/LVAc）。

P（VAc_{95}/$LVAc_5$）为 VAc 与 LVAc 的单体质量比为 95∶5，P（VAc_{95}/$LVAc_5$）和 PVAc 的 FT-IR 光谱如图 9-5（a）所示。相比之下，合成的 PVAc 聚合物的 FT-IR 光谱显示的主要特征峰在 $2931cm^{-1}$、$1728cm^{-1}$、$1368cm^{-1}$ 和 $1220cm^{-1}$ 处，分别与 —CH_2 拉伸、羰基 C=O 的振动、C—OH 的拉伸和 C—O—C 的拉伸振动有关，P（VAc_{95}/$LVAc_5$）的 FT-IR 光谱在 $1637cm^{-1}$ 和 $3500cm^{-1}$ 处分别显示出新的强峰，这与芳香族化合物（C=C）、羟基和胺基（—OH 和—NH）的拉伸振动有关，这些峰的存在主要来源于 LVAc 单体。此外，与—CH_2 的拉伸振动相对应的 $2916cm^{-1}$ 处的峰强度变得更高，这也归因于 LVAc（富含—CH_2 基团）的存在。但是，共聚物在 $1637cm^{-1}$ 和 $3500cm^{-1}$ 处出现的峰是木质素的芳香族骨架结构。VAc 和 LVAc 单体通过乙烯基（C=C）实现共聚。

此外，P（VAc_{95}/$LVAc_5$）的光谱在 $1219cm^{-1}$（C—O—C）和 $1371cm^{-1}$（C—OH）处的强度峰显著增加，与 PVAc 的光谱相关。

为了进一步验证 VAc 与 LVAc 的成功聚合，还使用 XPS 来表征 PVAc 和 P（VAc$_{95}$/LVAc$_5$）。如图9-5（b）所示，PVAc 光谱分别在286eV 和533eV 处显示出碳（C 1s）和氧（O 1s）的明显峰。在 P（VAc$_{95}$/LVAc$_5$）光谱中，上述峰的强度显著增加。这些强度的变化是因为有木质素的存在，木质素的化学结构包含多个 C—C 键和 C—O—C 键。如图9-5（c）为 PVAc 和 P（VAc$_{95}$/LVAc$_5$）的 XPS 的 C 1s 光谱图，可以明显看出，与 PVAc 相比，P（VAc$_{95}$/LVAc$_5$）中的 C 1s 峰分别为286.1eV（与 C—O 和 C—N 有关）和288.9eV（与 C=O 有关）。

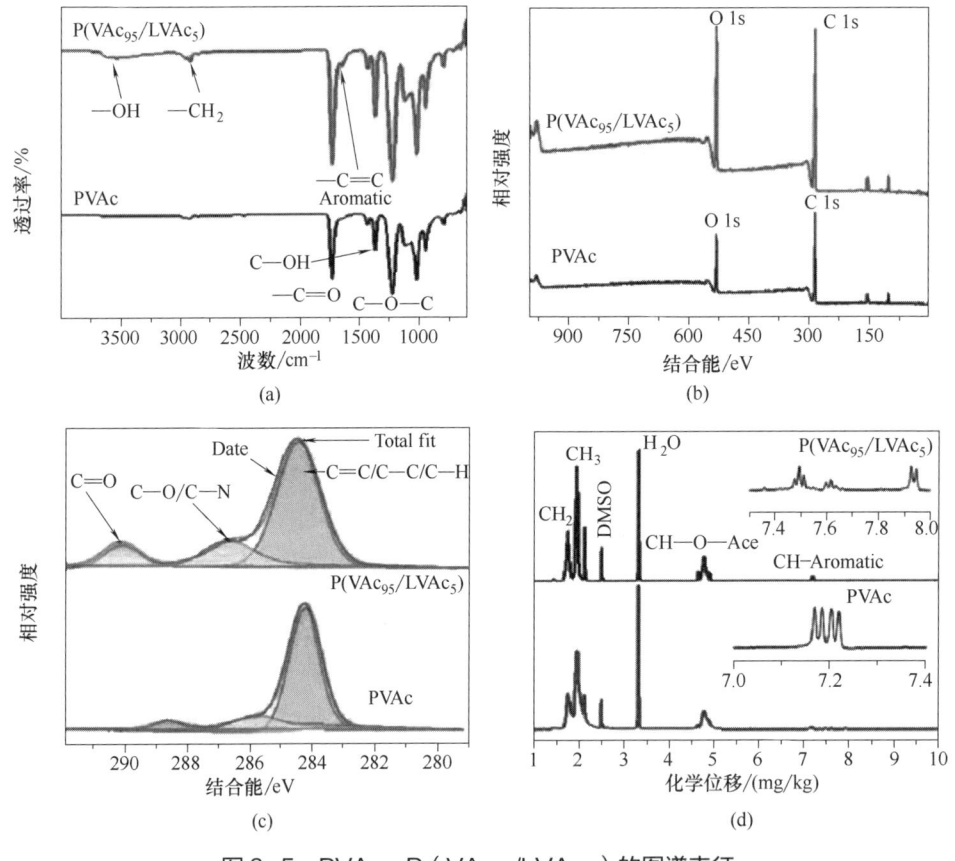

图9-5　PVAc、P（VAc$_{95}$/LVAc$_5$）的图谱表征

(a)FT-IR 图　(b)XPS 图　(c)XPS 的 C 1s 图　(d)^{1}H-NMR 图

如图9-5（d）所示，利用^{1}H-NMR 研究了 PVAc 和 P（VAc$_{95}$/LVAc$_5$）的共聚物，^{1}H-NMR 谱图显示了 PVAc 基团的所有典型质子共振峰，甲基（—CH$_3$）为1.93mg/kg，亚甲基（—CH$_2$—）为1.5mg/kg，次甲基（=CH—）为4.6~4.92mg/kg，CH$_3$—C—O 为2.03mg/kg 和4.88mg/kg。而 P（VAc$_{95}$/LVAc$_5$）的谱图在7.2mg/kg、7.6mg/kg 和7.8mg/kg 处出现了新峰，这些新峰的出现归因于木质素的芳香族结构。

如图 9-6 和表 9-4 所示，使用 GPC 测定具有不同质量比的 PVAc 和 P（VAc/LVAc）的数均相对分子质量（$\overline{M}_{r,n}$）、质均相对分子质量（$\overline{M}_{r,m}$）和多分散指数（PDI）。表 9-6 的数据显示，PVAc 的 $\overline{M}_{r,m}$ 值为 393038，而 P（VAc/LVAc）共聚物的 $\overline{M}_{r,m}$ 值在 403273～403900，$\overline{M}_{r,m}$ 的差异是因为共聚物中 LVAc 添加量的不同，共聚物的黏度也随着 $\overline{M}_{r,m}$ 的增大而增加。$\overline{M}_{r,n}$ 从 PVAc 共聚物的 175954 增加到 193106，而多分散指数 PDI 显示，聚合物的分子量分布指数在 2 左右，差别不是很大，由图 9-6 可以看到，P（VAc/LVAc）分子量分布宽度没有太大区别，与 PDI 数值一致。

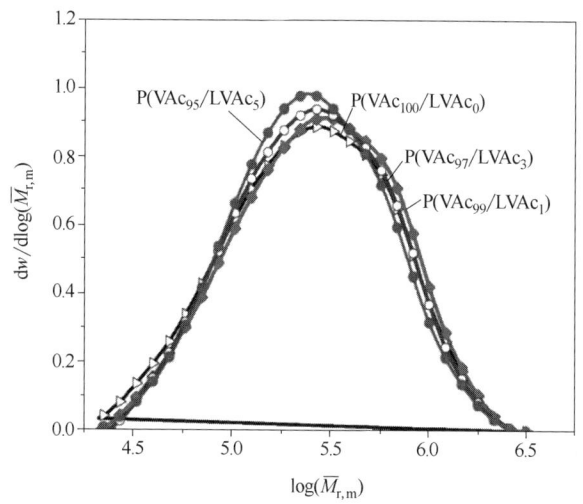

图 9-6　不同质量比的 PVAc 和 P（VAc/LVAc）共聚物的分子量分布

表 9-4　不同质量比的 PVAc 和 P（VAc/LVAc）的相对分子量和黏度

试样	$\overline{M}_{r,n}$	$\overline{M}_{r,m}$	PDI	黏度/（mPa·s）
P（VAc$_{100}$/LVAc$_0$）	175954	393038	2.23375	209.9
P（VAc$_{99}$/LVAc$_1$）	169299	403273	2.38202	211.4
P（VAc$_{97}$/LVAc$_3$）	176376	403414	2.14217	215.6
P（VAc$_{95}$/LVAc$_5$）	193106	403900	2.0916	428.6

如图 9-7（a）所示，通过 DSC 研究了不同质量比的 PVAc 和 P（VAc/LVAc）的热稳定性能。对于 PVAc、P（VAc$_{99}$/LVAc$_1$）、P（VAc$_{97}$/LVAc$_3$）和 P（VAc$_{95}$/LVAc$_5$），各样品的 DSC 曲线在 19℃、30.34℃、39℃和 40.9℃均显示出明显的玻璃态转化温度。可以看出，随着木质素含量的增加，共聚物的玻璃化转变温度（T_g）升高。这是由于木质素的存在导致共聚物链之间分子量和分子间力增加。

图 9-7（b）显示了 PVAc 和 P（VAc/LVAc）共聚物的 TGA 及 DTGA 曲线。对于所有样品的 TGA 曲线均显示出三个阶段的热降解。降解的第一阶段发生在 30～150℃，PVAc 的质

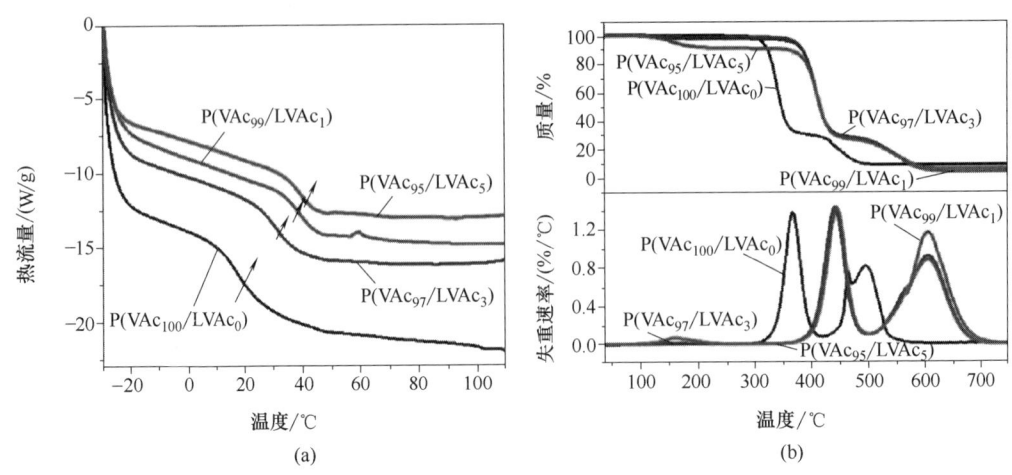

图 9-7 PVAc 和 P（VAc/LVAc）的 DSC、TGA 及 DTGA 曲线

(a) DSC 曲线 (b) TGA-DTGA 曲线

量损失为 8%，P（VAc/LVAc）共聚物的质量损失为 9%~11.39%，此阶段的质量损失是由于水分的蒸发。PVAc 的第二阶段热降解发生在 280~410℃，最大降解速率发生在 367℃，该阶段的失重率为 70%。而 P（VAc/LVAc）第二阶段的热降解发生在 387~490℃，最大降解速率在 443℃ 且重量损失在 72%~75%。说明在此阶段共聚物的最大降解速率的温度已明显移至较高的温度水平（从 367℃ 变为 443℃），这意味着共聚物的热稳定性得到了一定的改善，这主要是因为木质素分子对共聚物所作出的贡献。PVAc 的最后一个热降解阶段发生在 450~560℃，在 461℃ 和 500℃ 时有着最大的降解速率，此阶段为聚合物断链的残余和碳化。而 P（VAc/LVAc）在此阶段的热降解发生在 520~660℃，最大降解速率为 600℃，在此阶段是由于某些挥发性化合物（CO 和 CO_2）的碳化和蒸发引起的。对于 PVAc，在 600℃ 下残余碳量为 7.84%，而对于 P（VAc/LVAc），其残余碳量为 15.7%~18.3%。P（VAc/LVAc）共聚物热稳定性能有一定程度的提高，这与 LVAc 共聚物分子之间相互作用有关，这是因为 LVAc 具有丰富的官能团并在共聚物分子之间形成较强的分子间键。

第二节　静电纺丝木质素基隔膜的制备及表征

对木质素进行改性得到的 P（VAc/LVAc）和 PVC 共混制备复合隔膜，利用共聚物中木质素的—NH_2 中的氢原子与 PVC 发生反应以及相似相容等特性提高两者的相容性，对共混物进行静电纺丝得到复合隔膜，并对纺丝参数进行探讨，从而制备出直径均匀且形貌良好的复合膜。

一、P(VAc/LVAc)/PVC 复合隔膜的制备

主要对纺丝过程中纺丝溶液的浓度、电压、进料速率、接收距离和收集器滚筒的转速等参数进行探讨。

(一)纺丝溶液的浓度

纺丝液的浓度是影响纺丝液黏度和表面张力的最主要因素,对复合隔膜的表观形貌也有着重要影响。如图 9-8 所示,不同浓度的纺丝液,其表观形貌也有着较大的差异。大量研究表明,在较低的溶液浓度和黏度的情况下,只能获得聚合物珠粒,如图 9-8(a)所示。纺丝过程中珠粒的产生是由于聚合物黏弹性而引起的不稳定性所导致的。由于射流过程中受力不均匀,珠粒由圆粒向椭圆形转变,随着纺丝液浓度的增加,变为棒状,如图 9-8(b)和图 9-8(c)所示。当溶液的浓度过高,分子链高度缠结,溶剂挥发后固化,纤维直径较大,如图 9-8(f)所示。所以适当的纺丝浓度和黏度至关重要,如图 9-8(d)、图 9-8(e)和图 9-9 所示,当纺丝液浓度为 20%~25%,黏度为 1.94Pa·s 和 2.39Pa·s 时,均可制备出较为均匀的膜。从图 9-8(d)和图 9-8(e)中可以看出,当纺丝液浓度为 20%时,纤维分布较为均匀,且本着节省原料的原则,故选浓度 20%作为最佳的纺丝液浓度。

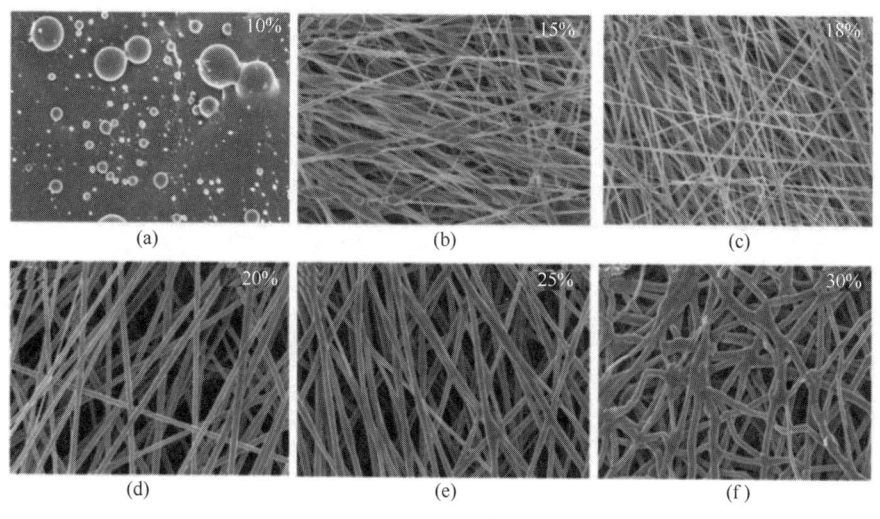

图 9-8 不同纺丝液浓度的纺丝状况
(a)10% (b)15% (c)18% (d)20% (e)25% (f)30%

(二)纺丝电压

静电纺丝是依靠施加在纺丝液上的电荷来产生静电斥力以克服其表面张力,从而产生射流,经过溶剂挥发后,最终固化成纤维。所以纺丝过程中的电压有着非常重要的作用,施加在纺丝液上的电压必须超过临界电压,使得纺丝液表面的电荷斥力大于表面张力才能保证纺丝过程的顺利进行。从图 9-10 中可以看出,当电压为 20kV 时,纤维的直径不是很

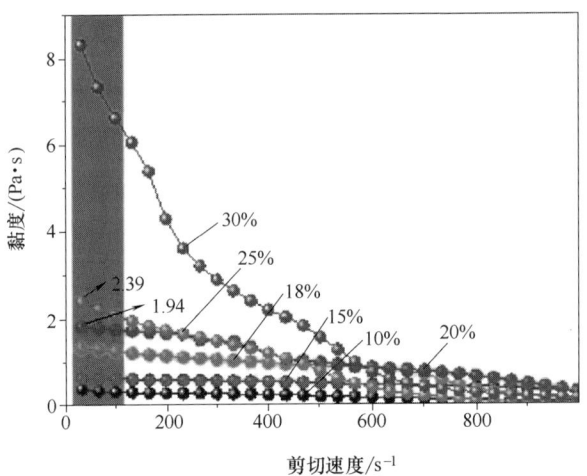

图 9-9　不同浓度的纺丝液黏度

均匀，直径分布从 300~1000nm，且存在少量的珠粒。当电压升高为 23kV 时，纤维的直径明显均匀很多，但是纤维直径较大。当电压为 26kV 和 29kV 时，纤维的直径分布范围明显的缩小为 100~600nm，且当电压为 26kV 时，纤维的直径主要分布在 300~500nm。当电压过高时，则会导致电场力对射流的拉伸作用加剧，纤维断裂的概率也会随之增加，所以纺丝电压并非越大越好，能纺出均匀且较细的纤维即可，故采用纺丝电压为 26kV。

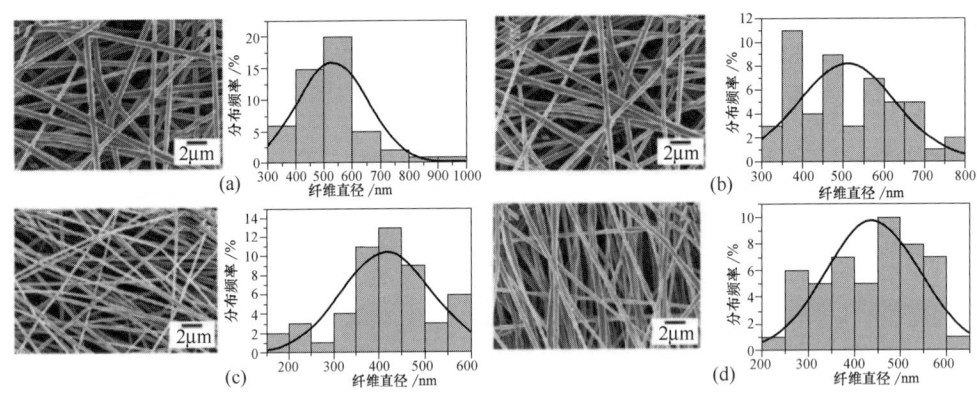

图 9-10　不同纺丝电压下的 SEM 图和纤维直径分布
(a) 20kV　(b) 23kV　(c) 26kV　(d) 29kV

（三）接收距离

静电纺丝过程中，纤维的接收距离指的是喷头末端到纤维收集板的距离，它影响着射流在电场中的飞行时间和拉伸程度。要使溶液中的溶剂完全挥发，则需要足够大的距离，若这个距离小于射流的长度，收集到的纤维将有大量的溶剂残余，使纤维黏结在一起，如图 9-11（a）所示。显然，纤维的接收距离对纤维的表观形貌和纤维的直径都有较大的影响，如图 9-11 和表 9-5 所示。

通过改变纤维的接收距离，可以改变纤维在电场中的飞行时间。较大的接收距离可以使其充分拉伸，并且有利于溶剂的挥发，从而减少纤维的直径。但是，不同情况下的静电纺丝，其接收距离对纤维直径的影响情况也不尽相同。某些情况下，纤维的直径会随接收距离的增大而增大，这是因为较大的接收距离会降低电场强度，使射流的加速度减小，拉伸作用减小，从而导致直径增大。还有一些研究者发现，增大接收距离会使纤维的直径减小。由图 9-11 可以看出，随着接收距离的增大，纤维的表面比较均匀，由表 9-5 可知随着接收距离从 12cm 增大到 15cm，纤维的平均直径从 590nm 降至 320nm。Zhang 等在电纺聚乙烯醇水溶液时发现，其接收距离在 8~15cm 范围内，纤维的直径几乎没有变化。所以纤维的接收距离，在不同的电压、不同的进料速率、不同的浓度和黏度下对直径都有着不同的影响，在纺丝参数不一样的情况下，对其表观形貌的影响也不尽相同。为了得到较细且比较均匀的纤维丝，故采用接收距离为 15cm 作为最佳的纺丝接收距离。

表 9-5 不同接收距离下的纤维直径分布

接收距离/cm	直径分布/nm	平均直径/nm	接收距离/cm	直径分布/nm	平均直径/nm
12	200~1400	590	14	200~800	390
13	200~1000	420	15	150~550	320

图 9-11 不同接收距离下的纤维表观形貌

(a) 12cm (b) 13cm (c) 14cm (d) 15cm

（四）进料速率

在电压一定的情况下，射流的直径会随着进料速率的增大而增大，从而导致纤维的直径增大，如图 9-12 所示，随着进料速率从 0.5mL/h 升至 1.5mL/h，纤维的直径分布也明显扩大。对于给定的纺丝参数，泰勒锥的形状也会随着进料速率的变化而变化，若进料速率过低，泰勒锥会不稳定，从而导致射流不稳定，会影响纤维的表观形貌，如图 9-12（a）所示，纤维的粗细不一，还伴随着断裂等现象。

聚合物溶液的进料速率对纤维表观形貌的影响与溶液的黏度和浓度，以及电压等参数密切相关。当浓度和黏度较小时，则会产生静电雾化，从而获得聚合物珠粒，而不是纤维。随着进料速率的增大，珠粒的尺寸也随着增大。在电压一定的情况下，提高进料速率，则会导致喷出的射流溶液量增加，纤维的固化时间也随之增长，将会有大量的溶剂残存于纤维内，最终会导致纤维黏结在一起。当然，提高进料速率则会提高纤维的制造效率，由图 9-12 可得出当进料速率在 0.8mL/h 时，其纤维直径分布范围较窄，大多集中在 350nm，且其表观形貌较为均匀，而进料速率为 1.2mL/h 和 1.5mL/h 时，其纤维直径较大，故采用 0.8mL/h 作为最佳进料速率。

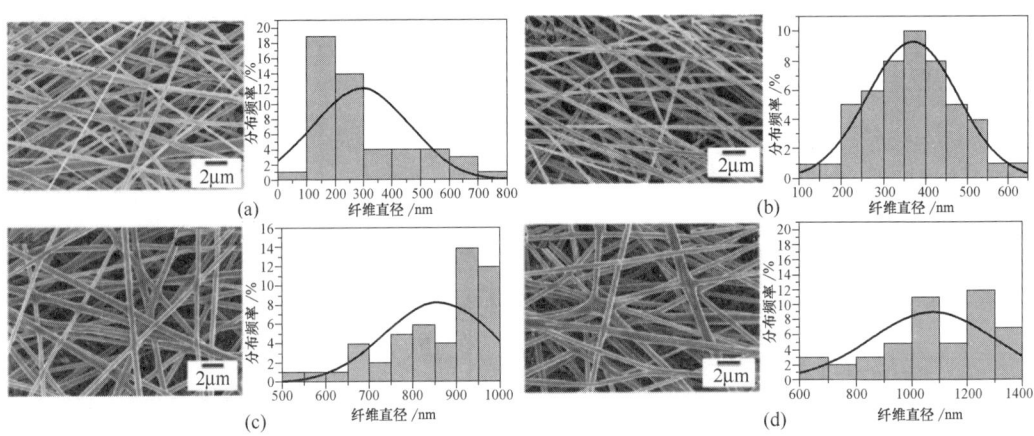

图 9-12 不同进料速率下的 SEM 图和纤维直径分布

(a) 0.5ml/h　(b) 0.8ml/h　(c) 1.2ml/h　(d) 1.5ml/h

（五）收集滚筒的转速

图 9-13 为不同滚筒转速下的纤维表观形貌，可明显看出随着转速的增加，纤维的直径在不断地变小，如表 9-6 所示，当滚筒的转速由 500r/min 升至 1500r/min 时，其纤维的平均直径也由 630nm 减小至 260nm。纤维的直径也受收集滚筒转速的影响，转速越高，纤维直径越小。这是因为在一定的纺丝参数下，纤维沉积在收集滚筒表面，较快的转速可以引起较强的机械拉伸，使得纤维的直径变小，但是过度拉伸会导致纤维的收缩和断裂，如图 9-13（d）所示，在转速为 1500r/min 时，纤维直径明显变细，但是很多纤维出现断裂和寻化并且转速越高对于机器的磨损越严重，故采用 1000r/min 作为最佳的纺丝转速。

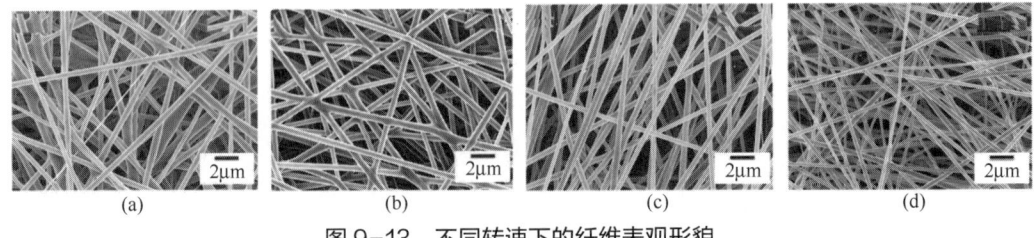

图 9-13 不同转速下的纤维表观形貌

(a) 500r/min　(b) 800r/min　(c) 1000r/min　(d) 1500r/min

表 9-6 不同转速下的纤维直径分布

滚筒转速/(r/min)	直径分布/nm	平均直径/nm	滚筒转速/(r/min)	直径分布/nm	平均直径/nm
500	200~1200	630	1000	100~600	330
800	200~800	400	1500	80~500	260

(六) 其他条件

影响纺丝的不仅仅是上述因素,还有其他影响因素。环境的湿度直接影响到纺丝与溶液中溶剂的相容性,若相容性差则会抑制溶剂的挥发,使纤维固化减慢,反之,则加速固化。静电纺丝通常是在空气中进行的,若改变其周围的气体氛围,也会对纺丝产生影响。还有一些学者研究了真空环境下的纺丝过程,在高真空状态下对聚己内酯进行纺丝,发现在真空状态下,其溶剂挥发较快,需采用较高的电压来加速射流的形成,同时该纤维具有较高的结晶和力学性能。因此在静电纺丝过程中一定要注意多方面因素的影响。

二、P(VAc/LVAc)/PVC 复合隔膜的性能表征

(一) 扫描电镜(SEM)

图 9-14 是热压温度分别为 100℃、115℃和 130℃下的 P(VAc/LVAc)/PVC 复合隔膜表观形貌图。

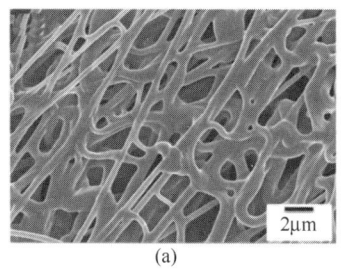
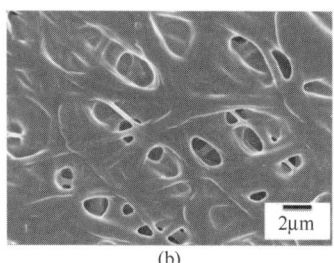
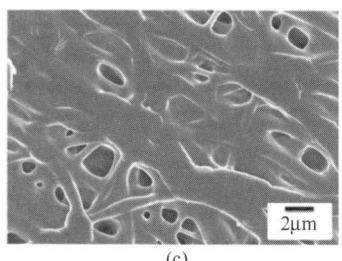

图 9-14 不同热压温度下的复合隔膜表观形貌

(a) 100℃ (b) 115℃ (c) 130℃

如图 9-14 (a) 所示,当热压温度为 100℃时,部分纤维被软化熔融,纤维与纤维黏结在一起,纤维的交织能力得到提高。随着热压温度的不断上升,当热压温度分别为 115℃和 130℃时,从图 9-14 (b) 和图 9-14 (c) 可以看出,纤维的融化程度增大,纤维之间几乎完全黏结在一起形成膜状,纤维间的空隙大幅缩小,基本成膜状,失去了空间网状结构,不利于隔膜对电解液的浸润和吸收,故选用 100℃作为热压温度。

将热压好的隔膜与未热压的隔膜进行对比,如图 9-15 所示。图 9-15 (a) 为未热压的 P(VAc/LVAc)/PVC 复合隔膜,从图中可以看出,未热压的隔膜内纤维根根分明,形态较为均一,形成相互交织的三维网状结构,纤维直径分布在 150~650nm,纤维的平均直径在

320nm 左右。而图 9-15（b）显示的是 100℃ 热压后的隔膜，纤维与纤维黏结在一起，测量出的纤维直径明显增大，直径分布在 300~1000nm，纤维的平均直径在 450nm 左右，但纤维相互交织在一起形成空间网状结构，孔隙减小，进一步提高隔膜对电解液的吸收与保存，若孔隙较大或者孔隙率较高，不利于锂离子电池的自闭性能，并且还会使隔膜的力学性能下降。经过热压后的 P（VAc/LVAc）/PVC 复合纤维膜，纤维与纤维之间紧密地搭接在一起，有利于电解质离子在电解液和纤维之间快速移动。

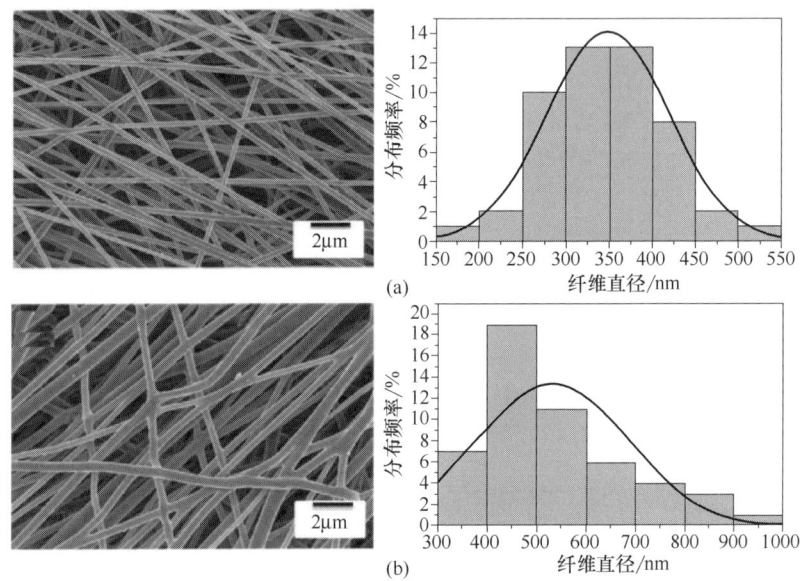

图 9-15　热压前后隔膜的表观形貌及纤维直径分布图

（a）热压前　（b）热压后

（二）孔隙率和吸液率测试

表 9-7 总结了不同隔膜的孔隙率、吸液率和离子电导率。一般情况下，孔隙率越高的隔膜，其吸收电解液能力越强，锂离子能更通畅地在电池内部移动，但这并不意味着孔隙率越高越好，过高的孔隙率容易导致正负电极直接接触发生短路。从表中可以看出，有木质素加入的复合隔膜有着较高的孔隙率，LA/PVC 复合隔膜的孔隙率可高达 82.51%，热压前后 P（VAc/LVAc）/PVC 复合隔膜的孔隙率分别达到了 58.24% 和 60.56%，都大于 PP 膜的孔隙率（49.5%）。另外，从表中可以明显看出孔隙率的提高，有利于提高隔膜的吸液性能，并且使得电池的内阻减小，进而一定程度上提高了隔膜的离子电导率。热压前后的 P（VAc/LVAc）/PVC 复合隔膜的离子电导率分别为 2.23×10^{-4} S/cm、2.58×10^{-4} S/cm，明显大于商业化的 PP 膜（1.21×10^{-4} S/cm）。离子电导率的提高能极大地提高电池的充放电容量，更有利于实现锂离子电池的快速充放电等电化学性能。

表9-7 不同隔膜的性能比较

性能	PP	PVC	LA/PVC	P(VAc/LVAc)/PVC	P(VAc/LVAc)/PVC-100℃
孔隙率/%	49.50	38.70	82.51	58.24	60.56
吸液率/%	178.13	238.46	543.48	342.22	326.67
离子电导率/(S/cm)	$1.21×10^{-4}$	$1.16×10^{-4}$	$1.55×10^{-4}$	$2.23×10^{-4}$	$2.58×10^{-4}$

由于木质素含有较多的极性基团,能够提高其与电解液的亲和力。如表9-7所示,有木质素加入的复合隔膜对电解液的吸液能力远远大于商业化的PP隔膜(178.13%),处理前后的P(VAc/LVAc)/PVC复合隔膜的吸液率均达到300%以上。因为采用静电纺丝法制备复合隔膜,此方法制备的隔膜孔隙率较大,纤维之间形成的三维网络结构有利于复合隔膜在短时间内吸收大量的电解液。而如图9-16所示为商业化的PP隔膜的SEM图,因为制作工艺不同,商业化的PP隔膜大多使用干法和湿法拉伸等方法来制备,使得PP隔膜的孔都是二维形状,不利于其对电解液的吸收。

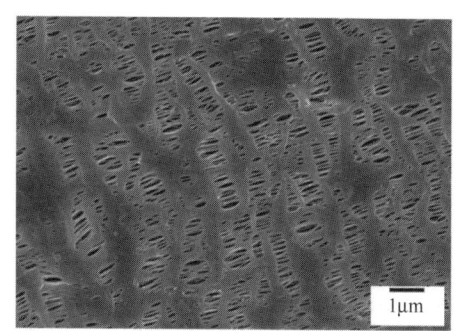

图9-16 商业化PP隔膜的SEM图

(三)润湿性测试

电解液的浸润性是维持锂电池循环性能的关键,浸润性的好坏反映了隔膜与电解液亲和力的强弱。通过对P(VAc/LVAc)/PVC复合隔膜与电解液(1mol/L $LiPF_6$/EC:DMC=1:1)的接触角测试,研究隔膜的电解液润湿性。图9-17为各类隔膜的接触角测试,可以看

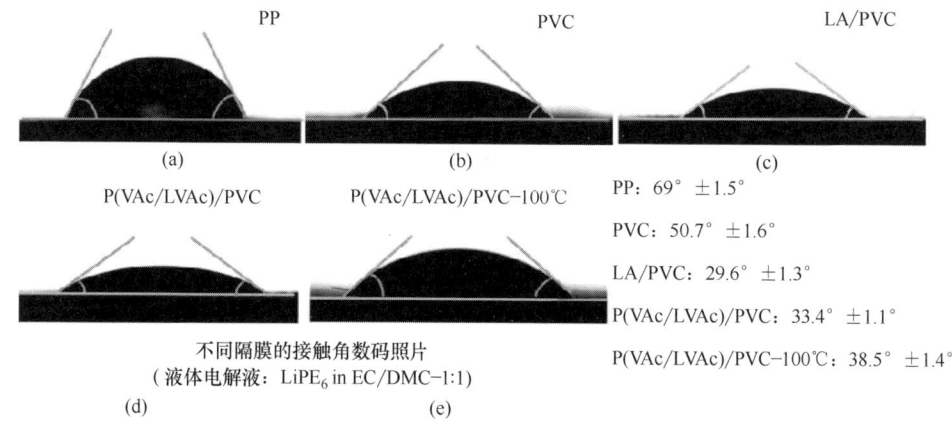

PP: 69°±1.5°

PVC: 50.7°±1.6°

LA/PVC: 29.6°±1.3°

P(VAc/LVAc)/PVC: 33.4°±1.1°

P(VAc/LVAc)/PVC-100℃: 38.5°±1.4°

图9-17 不同隔膜的接触角测试

(a)PP (b)PVC (c)LA/PVC (d)P(VAc/LVAc)/PVC (e)P(VAc/LVAc)/PVC-100℃

出，商业化的PP隔膜、纯PVC隔膜、LA/PVC复合隔膜、P（VAc/LVAc）/PVC复合隔膜和热压后的P（VAc/LVAc）/PVC复合隔膜与电解液的接触角分别是69°±1.5°、50.7°±1.6°、29.6°±1.3°、33.4°±1.1°和38.5°±1.4°，由此可知改性木质素基复合隔膜与电解液的接触角明显减小，热压前后的P（VAc/LVAc）/PVC复合隔膜与电解液有着较好的亲和力。而商业化的PP隔膜浸润性较差，是因为其表面的非极性和憎水性。经过静电纺丝方法制备的P（VAc/LVAc）/PVC复合隔膜的纤维呈空间网状结构，较大的孔隙率也提高了其对电解液的浸润性。

（四）尺寸热稳定性能测试

电池隔膜必须在高温下保持完整，不会发生收缩，热收缩率影响着电池的安全性能。在温度较高时，聚烯烃类的隔膜会发生热收缩，且收缩面积较大，若电池隔膜的收缩较大，则会使电池的正负极相互接触导致电池短路，所以控制电池隔膜的热收缩率是非常有必要的。

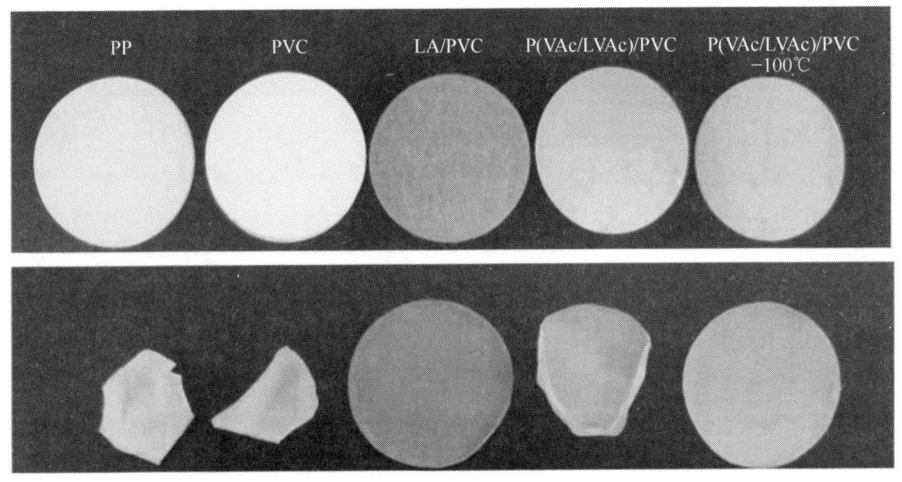

图9-18　不同隔膜在150℃烘箱里放置15min后的对比图

图9-18为不同隔膜在150℃烘箱里放置15min后的对比图。从图中可以看出，在150℃下放置15min后，PP隔膜和PVC隔膜出现严重的热收缩，收缩率分别为40%和56%。此时的聚合物薄膜呈现出透明状，这是因为部分聚合物熔化使得隔膜内的孔被封闭，隔膜的多孔结构对光的散射作用消失所导致的。如果锂离子电池内部升温发生这样的熔化将会导致电池短路。而LA/PVC复合隔膜和热压后的P（VAc/LVAc）/PVC复合隔膜基本没有出现明显的收缩，颜色也未发生改变。从以上对比可知，木质素的加入可明显提高聚烯烃类锂离子电池隔膜的热稳定性能，热压后的P（VAc/LVAc）/PVC复合隔膜相较于PP膜可以显著提升锂离子电池的高温安全性。

(五)机械性能测试

图 9-19 为不同隔膜的应力-应变曲线,可以看出,PVC 隔膜的拉伸强度最低为 3.57MPa,木质素的加入提高了复合隔膜的力学性能,LA/PVC 的拉伸强度为 5.35MPa,比纯的 PVC 膜高。经过木质素改性的 P(VAc/LVAc)与 PVC 共混膜,其力学性能得到了很大的提高,经 100℃下热压后 P(VAc/LVAc)/PVC 复合隔膜拉

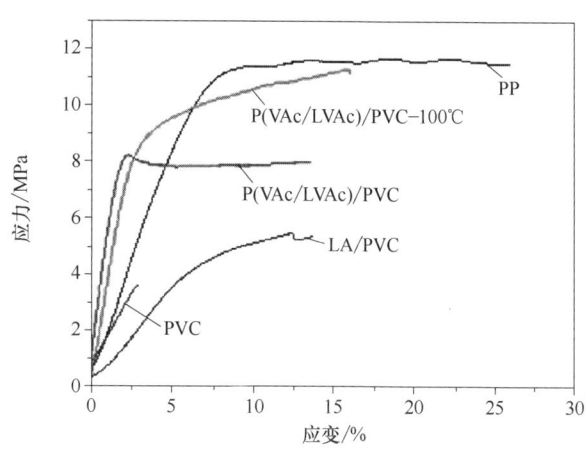

图 9-19 不同隔膜的应力-应变曲线

伸强度为 11.27MPa,明显高于纯的 PVC 隔膜,与商业化的 PP 膜(11.66MPa)相近。

这是因为木质素聚合物 P(VAc/LVAc)的引入能增强分子链的刚性,从而影响膜的力学性能,尤其是热压后的 P(VAc/LVAc)/PVC 隔膜部分纤维发生交联,纤维间的黏结性增强,能够提高隔膜的力学性能。

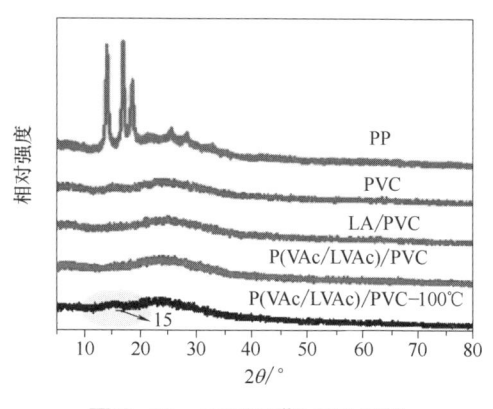

图 9-20 不同隔膜 XRD 图谱

(六)XRD 分析

图 9-20 为不同隔膜的 XRD 图谱。由图 9-20 可知,PP 膜为结晶性材料,其结晶峰主要分布在 θ = 13.92°、16.85°、18.63°和 25.23°。PVC 为无定型结构的聚合物,LA、P(VAc/LVAc)与 PVC 成膜后,非晶散射峰都分布在 θ = 26°左右。但经热压处理后的 P(VAc/LVAc)/PVC 复合隔膜在 15°左右出现了新的结晶峰,说明热压处理可以改善其结晶效果。复合隔膜的无定型结构与电解液有着良好的亲和性,使得 P(VAc/LVAc)/PVC 复合隔膜具有很高的吸液率。

(七)电极界面阻抗测试

根据图 9-21 可以发现,热压后的 P(VAc/LVAc)/PVC 复合隔膜组成的电池体系有着较小的电阻,其次是商业的 PP 膜、未热压的 P(VAc/LVAc)/PVC 复合隔膜,界面阻抗最大的是 PVC 膜,热压后的 P(VAc/LVAc)/PVC 复合隔膜符合锂离子电池的要求。改性木质素的复合隔膜因其含有多个极性基团,对电解液有较好的亲和能力,使得锂离子电池体系较为稳定,电池性能良好。热处理后的复合隔膜有着较高的孔隙率和尺寸稳定性,能够

提高存储电解液的能力。

(八) 电化学稳定窗口

图 9-22 为不同隔膜的电化学窗口测试图,在电压较小时,隔膜的电流几乎为零,热压前后的 P (VAc/LVAc) /PVC 复合隔膜和 PP 膜均可保持到 3.6V,当电压超过 3.6V 后,电流密度明显上升,隔膜体系发生极化反应,其能在 3.6V 电压内保持稳定,其电化学稳定窗口符合锂离子电池需求。但是电纺的 PVC 膜和 LA/PVC 复合隔膜在 3.2V 左右就发生了极化反应,其电化学稳定窗口较窄,不太适宜于锂离子电池,因为较宽的电化学窗口可以防止正负极发生极化反应,有利于提高电池的安全性能。

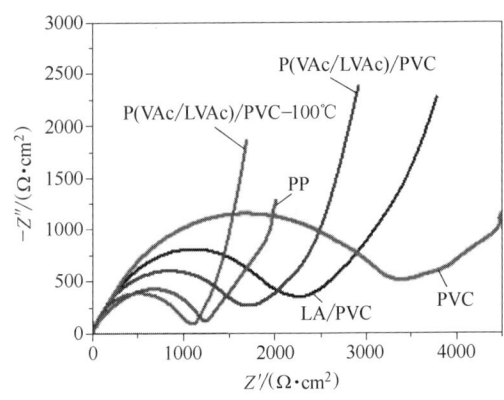

图 9-21 不同隔膜的电极界面阻抗图

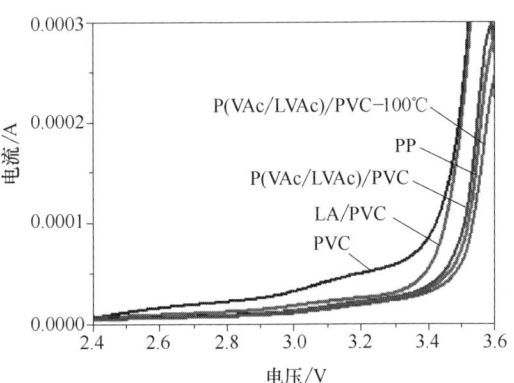

图 9-22 不同隔膜的电化学窗口测试图

(九) 倍率性能测试

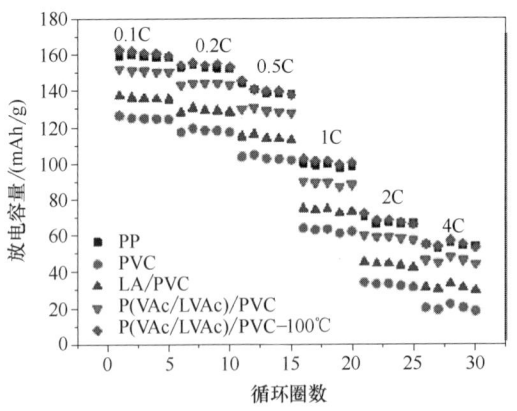

图 9-23 不同隔膜在不同电流密度下的倍率性能测试

如图 9-23 所示,热压后的 P (VAc/LVAc) /PVC 复合隔膜在不同电流密度下的循环都很稳定,当电流密度为 0.1C、0.2C、0.5C、1C、2C 和 4C 时,放电比容量分别为 160.5mAh/g、155.3mAh/g、139.7mAh/g、101.1mAh/g、72.2mAh/g 和 55.1mAh/g,与 PP 隔膜在各电流密度下的电池放电容量非常接近,再一次证明了 P (VAc/LVAc) / PVC 复合隔膜用于锂离子电池具有较好的性能。

(十) 循环性能测试

图 9-24 是不同隔膜组装的锂离子电池在 0.2C 的电流密度下经过 100 次循环充放电后的放电容量变化曲线。从图中可以看

出,热压后的P(VAc/LVAc)/PVC复合隔膜组装的电池和商用的PP膜放电容量衰减程度十分相似,下降幅度平稳缓慢,循环性能较好。经100次充放电循环之后,该复合隔膜放电容量保持率为91.2%,略高于商用PP隔膜的放电容量保持率(90.21%)。P(VAc/LVAc)/PVC复合隔膜由于热压,使纤维黏结在一起,纤维间的结合力明显提高,从而使其表现出更好的化学稳定性,以确保电池拥有良好的循环性能。而LA/

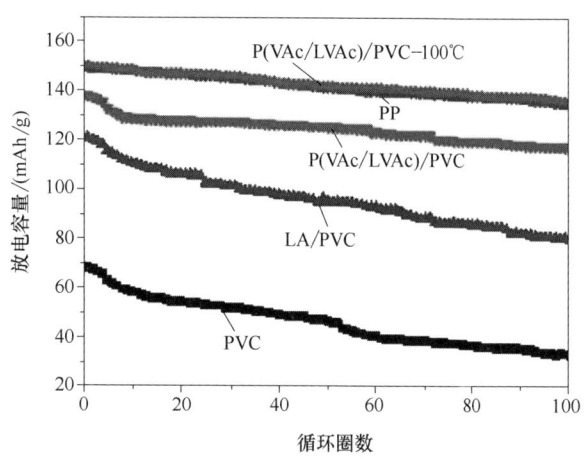

图9-24 不同隔膜在0.2C的电流密度下循环100次的放电容量比变化曲线

PVC复合隔膜的放电容量明显高于PVC膜,这是因为木质素的加入提高了隔膜与电解液的亲和能力,使电池拥有良好的稳定性。

(十一)首次充放电测试

图9-25为不同复合隔膜组装的锂离子电池在电流密度为0.1C下的首次充放电比容量曲线。从图中可以看出,热压前后的P(VAc/LVAc)/PVC复合隔膜组装的锂离子电池均具有稳定的充放电循环曲线,未热压的P(VAc/LVAc)/PVC复合隔膜组装的锂离子电池的首周放电效率达到了98.88%,热压后的P(VAc/LVAc)/PVC复合隔膜组装的锂离子电池的首次放电比容量为157.6mAh/g,首次放电效率达到了100%,略高于商用的PP膜组装的锂离子电池的首次放电效率(99.87%)。这是因为P(VAc/LVAc)/PVC复合隔膜拥有较高的孔隙率和吸液率,有利于锂离子的传输。

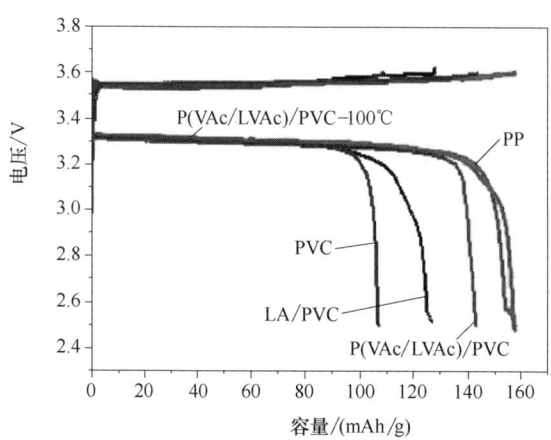

图9-25 不同隔膜在0.1C电流密度下的首次充放电比容量

参 考 文 献

[1] BI H,SUI G,YANG X. Studies on polymer nanofibre membranes with optimized core-shell structure as

outstanding performance skeleton materials in gel polymer electrolytes[J]. Journal of Power Sources, 2014,267:309-315.

[2] YANILMAZ M,DIRICAN M,ZHANG X. Evaluation of electrospun SiO_2/nylon 6,6 nanofiber membranes as a thermally-stable separator for lithium-ion batteries[J]. Electrochimica Acta,2014,133:501-508.

[3] PAMPAL E S,STOJANOVSKA E,SIMON B,et al. A review of nanofibrous structures in lithium ion batteries[J]. Journal of Power Sources,2015,300:199-215.

[4] 刘祖广,陈朝晖. 木质素的 Mannich 反应研究进展[J]. 中国造纸学报,2007,(1):104-108.

[5] SLAGMAN S,ESCORIHUELA J,ZUILHOF H,et al. Characterization of the laccase-mediated oligomerization of 4-hydroxybenzoic acid[J]. RSC Advances,2016,6(101):99367-99375.

[6] YU C,WANG F,FU S,et al. Laccase-assisted grafting of acrylic acid onto lignin for its recovery from wastewater[J]. Journal of Polymers and the Environment,2016,25(4):1072-1079.

[7] XU W,CHEN Y,KANG J,et al. Synthesis of polyaniline/lignosulfonate for highly efficient removal of acid red 94 from aqueous solution[J]. Polymer Bulletin,2018,76(8):4103-4116.

[8] VLAMINCK L,LINGIER S,HUFENDIEK A,et al. Lignin inspired phenolic polyethers synthesized via ADMET:Systematic structure-property investigation[J]. European Polymer Journal,2017,95:503-513.

[9] COSKUN M,TEMüZ M M. Grafting studies onto cellulose by atom-transfer radical polymerization[J]. Polymer International. 2005,54(2):342-347.

[10] JAWERTH M,LAWOKO M,LUNDMARK S,et al. Allylation of a lignin model phenol:a highly selective reaction under benign conditions towards a new thermoset resin platform[J]. RSC Advances,2016,6(98):96281-96288.

[11] YANG D,WU X,QIU X,et al. Polymerization reactivity of sulfomethylated alkali lignin modified with horseradish peroxidase[J]. Bioresource Technology,2014,155:418-421.

[12] GUTIERREZ A,RENCORET J,CADENA E M,et al. Demonstration of laccase-based removal of lignin from wood and non-wood plant feedstocks[J]. Bioresource Technology,2012,119:114-122.

[13] LIU H,CHUNG H. Lignin-based polymers via graft copolymerization[J]. Journal of Polymer Science Part A-Polymer chemistry,2017,55(21):3515-3528.

[14] SEMSARZADEH M A,AMIRI S J. Controlled free radical polymerization of vinyl acetate with cobalt acetoacetonate[J]. Journal of chemical Sciences. 2012,124(2):521-527.

[15] SELVASEKARAPANDIAN S,BASKARAN R,KAMISHIMA O,et al. Laser Raman and FTIR studies on Li+interaction in PVAc-$LiClO_4$ polymer electrolytes[J]. Spectrochim Acta A Mol Biomol Spectrosc,2006,65(5):1234-1240.

[16] YAN Z,GAN N,LI T,et al. A sensitive electrochemical aptasensor for multiplex antibiotics detection based on high-capacity magnetic hollow porous nanotracers coupling exonuclease-assisted cascade tar-

[17] GAI J,MA F,ZHANG Z,et al. Flexible organic-inorganic composite solid electrolyte with asymmetric structure for room temperature solid-state Li-ion batteries[J]. ACS Sustainable Chemistry & Engineering,2019,7(19):15896-15903.

[18] CHELAZZI D,CHEVALIER A,PIZZORUSSO G,et al. Characterization and degradation of poly(vinyl acetate)-based adhesives for canvas paintings[J]. Polymer Degradation and Stability,2014,107:314-320.

[19] CHRISSAFIS K,PARASKEVOPOULOS K M,BIKIARIS D N. Effect of molecular weight on thermal degradation mechanism of the biodegradable polyester poly(ethylene succinate)[J]. Thermochimica Acta,2006,440(2):166-175.

[20] MAMUN A,RAHMAN S M M,ROLAND S,et al. Impact of molecular weight on the thermal stability and the miscibility of poly(ε-caprolactone)/polystyrene binary blends[J]. Journal of Polymers and the Environment,2018,26(8):3511-3519.

[21] PANSERI S,CUNHA C,LOWERY J,et al. Electrospun micro-and nanofiber tubes for functional nervous regeneration in sciatic nerve transections[J]. BMC Biotechnology. 2008,8(1):39.

[22] SON W K,YOUK J H,LEE T S,et al. The effects of solution properties and polyelectrolyte on electrospinning of ultrafine poly(ethylene oxide) fibers[J]. Polymer. 2004,45(9):2959-2966.

[23] HUANG L Y,BRANFORD-WHITE C,SHEN X X,et al. Time-engineeringed biphasic drug release by electrospun nanofiber meshes[J]. International Journal of Pharmaceutics. 2012,436(1-2):88-96.

[24] RAMAKRISHNA S. An introduction to electrospinning and nanofibers[M]. Singapore:World Scientific,2005.

[25] JARUSUWANNAPOOM T,HONGROJJANAWIWAT W,JITJAICHAM S,et al. Effect of solvents on electro-spinnability of polystyrene solutions and morphological appearance of resulting electrospun polystyrene fibers[J]. European Polymer Journal,2005,41(3):409-421.

[26] BUCHKO C J,CHEN L C,SHEN Y,et al. Processing and microstructural characterization of porous biocompatible protein polymer thin films[J]. Polymer 1999,40(26):7397-7407.

[27] LEE K H,KIM H Y,LA Y M,et al. Influence of a mixing solvent with tetrahydrofuran and N,N-dimethylformamide on electrospun poly(vinyl chloride) nonwoven mats[J]. Journal of Polymer Science:Part B. Polymer Physics. 2002,40(19):2259-2268.

[28] JIA Y T,KIM H Y,GONG J,et al. Electrospun nanofibers of block copolymer of trimethylene carbonate and ϵ-caprolactone[J]. Journal of Applied Polymer Science. 2006,99(4):1462-1470.

[29] ZHANG C,YUAN X,WU L,et al. Study on morphology of electrospun poly(vinyl alcohol) mats[J]. European Polymer Journal,2005,41(3):423-432.